Wissenschaftspropädeutik und Mathematikunterricht in der gymnasialen Oberstufe

Empirische Studien zur Didaktik der Mathematik

herausgegeben von

Aiso Heinze und
Marcus Schütte

Band 45

Editorial

Der Mathematikunterricht steht vor großen Herausforderungen: Neuere empirische Untersuchungen legen (erneut) Defizite und Unzulänglichkeiten offen, deren Analyse und Behebung einer umfassenden empirischen Erforschung bedürfen. Der Erfolg derartiger Bemühungen hängt in umfassender Weise davon ab, inwieweit hierbei auch mathematikdidaktische Theoriebildung stattfindet. In der Reihe „Empirische Studien zur Didaktik der Mathematik" werden dazu empirische Forschungsarbeiten veröffentlicht, die sich durch hohe Standards und internationale Anschlussfähigkeit auszeichnen. Das Spektrum umfasst sowohl grundlagentheoretische Arbeiten, in denen empirisch begründete, theoretische Ansätze zum besseren Verstehen mathematischer Unterrichtsprozesse vorgestellt werden, als auch eher implementative Studien, in denen innovative Ideen zur Gestaltung mathematischer Lehr-Lern-Prozesse erforscht und deren theoretische Grundlagen dargelegt werden. Alle Manuskripte müssen vor Aufnahme in die Reihe ein Begutachtungsverfahren positiv durchlaufen. Diese konsequente Begutachtung sichert den hohen Qualitätsstandard der Reihe.

Patrick Fesser

Wissenschaftspropädeutik und Mathematikunterricht in der gymnasialen Oberstufe

Kompetenzen von Lernenden und Vorstellungen von Mathematiklehrkräften

Waxmann 2024
Münster • New York

Die vorliegende Arbeit wurde 2023 von der Fakultät für Mathematik der Otto-von-Guericke-Universität Magdeburg als Dissertation angenommen.

Bibliografische Informationen der Deutschen Nationalbibliothek
Die Deutsche Nationalbibliothek verzeichnet diese Publikation in der Deutschen Nationalbibliografie; detaillierte bibliografische Daten sind im Internet über http://dnb.dnb.de abrufbar.

Empirische Studien zur Didaktik der Mathematik, Band 45

ISSN 1868-1441
Print-ISBN 978-3-8309-4857-5
E-Book-ISBN 978-3-8309-9857-0

www.waxmann.com
info@waxmann.com

Umschlaggestaltung: Christian Averbeck, Münster
Titelbild: © Daniel de la Hoz – istockphoto.com
Druck: CPI books GmbH, Leck
Gedruckt auf alterungsbeständigem Papier, säurefrei gemäß ISO 9706

Dieses Buch wurde klimaneutral produziert

Printed in Germany

Vorwort

Die vorliegende Arbeit ist im Zeitraum von 2019 bis 2023, in welcher ich als wissenschaftlicher Mitarbeiter am Lehrstuhl Didaktik der Mathematik der Otto-von-Guericke-Universität Magdeburg tätig war, entstanden. In meiner Zeit als Student an der Otto-von-Guericke-Universität Magdeburg sowie in meiner vorausgehenden Tätigkeit als Lehrkraft für besondere Aufgaben im Bereich der Allgemeinen Didaktik bin ich unter anderem auf das übergeordnete Thema dieser Arbeit „Wissenschaftspropädeutik" gestoßen, was mich schon frühzeitig interessierte. Allerdings musste dieses Thema in mehreren Runden von Aushandlungsprozessen mathematikspezifisch konkretisiert werden.

An dieser Stelle gilt ein ganz besonderer Dank meiner Doktormutter Prof. Dr. Stefanie Rach – für die regelmäßigen Besprechungstermine, für die nötigen richtungsweisenden Vorschläge, aber auch für die notwendige Freiheit! Und auch wenn *eine Dissertation die Welt nicht retten kann*, hoffe ich, dass mit dieser Arbeit zumindest ein weiteres Puzzleteil erarbeitet werden konnte, um mathematisches Lernen in der gymnasialen Oberstufe besser beschreiben und erklären zu können. Ein weiterer Dank gebührt Prof. Dr. Aiso Heinze für die Übernahme des Zweitgutachtens und die Möglichkeit, mein Promotionsprojekt im Rahmen des Oberseminars des IPN vorstellen zu können und diskutieren zu lassen.

Wenn ich auf meine Promotionszeit zurückblicke, dann denke ich vor allem an unsere beispiellose, immer herzliche, hilfsbereite und natürlich hervorragend organisierte Arbeitsgruppe Didaktik der Mathematik, wobei letzteres zum Großteil auf Bestrebungen der Chefin zurückzuführen ist, und an die zahlreichen Doppelkopf-Abende mit den vielen (wenn auch nicht bei allen Mitspielenden beliebten) „Kneipenregeln". Für die wirklich schöne Zeit in der Arbeitsgruppe danke ich allen aktuellen und ehemaligen Kolleginnen und Kollegen! Zunächst möchte ich Frau Dr. Brigitte Leneke erwähnen, die während meines Lehramtsstudiums mein Interesse an der Mathematikdidaktik geweckt hat. Ich möchte mich bei meiner ersten Bürokollegin Silke Neuhaus-Eckhardt und dem „frühen Vogel" Sebastian Geisler für den (meistens) wissenschaftlichen Austausch und dafür bedanken, meine (manchmal) anstrengende Art ausgehalten zu haben. Im Hinblick auf die Schlussphase meiner Promotion bedanke ich mich bei meiner zweiten Bürokollegin Katrin Förtsch, bei dem wirklichen Frühaufsteher und meinem (quasi) dritten Bürokollegen Kolja Pustelnik und dem Arbeitsmotivator Michael Jonscher. Danke, dass ihr euch in dieser Zeit freiwillig gemeldet habt, um bestimmte Aufgaben zu übernehmen (z. B. Studieninfotag, diverse Vertretungsregelungen, Regale verschieben etc. ☺).

Ein wichtiger Bestandteil dieser Arbeit sind die durchgeführten Studien. Wie wir wissen, stehen und fallen empirische Studien mit ihren Studienteilnehmerinnen und -teilnehmern. Daher bedanke ich mich bei allen Studierenden und vor allem auch bei den Lehrkräften, die sich trotz zeitlicher Knappheit und der damaligen Pandemiesituation dazu bereit erklärt haben, an den Studien teilzunehmen.

Danke auch an dieser Stelle an unsere studentischen Hilfskräfte, die bei wichtigen Prozessen des Datenmanagements, aber auch beim Transkribieren und Codieren der qualitativen Daten mitgeholfen haben!

Schließlich gilt ein besonderer Dank meiner Familie, insbesondere meinen Eltern, ohne deren Unterstützung die Aufnahme und Durchführung meines Studiums kaum möglich gewesen wäre. Zudem danke ich meinen Korrekturleserinnen und -lesern für das genaue und kritische Lesen. Und vor allem bedanke ich mich bei Mario Teuscher für die sehr große Geduld, die vielen Durchhalteparolen und das Verständnis für die eine oder andere Stunde weniger Zeit.

Patrick Fesser

Zusammenfassung

Auf curricularer Ebene ist der Unterricht der gymnasialen Oberstufe so ausgerichtet, dass dieser eine vertiefte Allgemeinbildung, eine allgemeine Studierfähigkeit und eine wissenschaftspropädeutische Bildung ermöglichen soll. Durch die Zieldimension Wissenschaftspropädeutik ist curricular festgehalten, dass Schülerinnen und Schüler mit Wissenschaft in Kontakt kommen und dadurch *wissenschaftspropädeutische Kompetenzen* entwickelt respektive gefördert werden. Allerdings ist für das Unterrichtsfach Mathematik nicht geklärt, welche konkreten wissenschaftspropädeutischen Kompetenzen der Mathematikunterricht anbahnen soll/kann. Da bisher eine Konkretisierung von Wissenschaftspropädeutik für das Unterrichtsfach Mathematik fehlte, konnte bisher auch nicht der Frage nachgegangen werden, ob der aktuelle Mathematikunterricht dieser Zieldimension gerecht wird.

Vor diesem Hintergrund thematisiert die vorliegende Arbeit die Umsetzung der Zieldimension Wissenschaftspropädeutik im Mathematikunterricht und zielt auf eine evidenzbasierte Überprüfung dieser Zielerreichung. Um überprüfen zu können, inwieweit der Mathematikunterricht zur Zielerreichung von Wissenschaftspropädeutik beiträgt, muss zunächst geklärt werden, was die Zieldimension inhaltlich enthält. Ausgehend von curricularen, allgemeindidaktischen und fachmathematischen Überlegungen wird in einem ersten Schritt ein präskriptives Modell zur Beschreibung mathematikbezogener wissenschaftspropädeutischer Kompetenzen entwickelt. Dieses Kompetenzmodell ist als ein zweidimensionales Modell mit den Dimensionen (1) *Anforderungsbereiche* und (2) *Prozesse der mathematischen Erkenntnisgewinnung* konzeptualisiert. Anhand der konzeptualisierten Kompetenzstruktur konnten konkrete Kompetenzbeschreibungen formuliert werden, die im Rahmen des Mathematikunterrichts der gymnasialen Oberstufe erreicht werden sollen.

Für die Bearbeitung der Zielstellung der vorliegenden Arbeit wurden drei empirische Studien durchgeführt. Um überprüfen zu können, inwieweit der aktuelle Mathematikunterricht der gymnasialen Oberstufe der Zieldimension Wissenschaftspropädeutik gerecht wird, sind zwei Perspektiven denkbar, die im Rahmen dieser Arbeit eingenommen werden.

- *Perspektive auf die Lernenden*: Eine Möglichkeit zur Überprüfung, ob die Zieldimension Wissenschaftspropädeutik im Mathematikunterricht berücksichtigt wird, ist es, den Fokus auf die Lernenden und die Lernoutcomes zu legen. Daher wird in der ersten Studie mit 313 Studienanfängerinnen und -anfängern ein Instrument zur Erfassung von mathematikbezogenen wissenschaftspropädeutischen Kompetenzen entwickelt und empirisch validiert. Ausgehend von den Studienergebnissen wird in Studie 2 das Instrument im Rahmen von Mathematikvorkursen bei 183 Vorkursteilnehmerinnen und -teilnehmern eingesetzt, um ein Beschreibungswissen über mathematikbezogene wissenschaftspropädeutische Kompetenzen von Studienanfängerinnen und -anfängern zu generieren. Aus den Ergebnissen beider Studien zeigt sich, dass das entwickelte Instrument geeignet ist, um mathematikbezogene wissenschaftspropädeutische Kompetenzen zu erheben. Daneben zeigt sich, dass die mathematikbezogenen wissenschaftspropädeutischen Kompetenzen insgesamt ausbaufähig sind und sie auf Konstruktebene stärker mit kognitiven Lernvoraussetzungen als mit affektiven Merkmalen zusammenhängt.

- *Perspektive auf die Lehrenden*: Neben den erhobenen Personenmerkmalen ist es naheliegend anzunehmen, dass auch der erfahrene Mathematikunterricht mit dem Erwerb mathematikbezogener wissenschaftspropädeutischer Kompetenzen einhergeht. Dies verdeutlicht den Fokus auf die Lehrenden und den damit korrespondierenden Lerninputs. Im Rahmen einer qualitativen Interviewstudie (Studie 3) mit zehn Mathematiklehrkräften wird der Frage nachgegangen, was Mathematiklehrkräfte unter Wissenschaftspropädeutik verstehen und wie aus ihrer Sicht Wissenschaftspropädeutik unterrichtlich implementiert werden kann. Die Ergebnisse legen nahe, dass nicht alle Mathematiklehrkräfte Vorstellungen über Wissenschaftspropädeutik äußern können und die Lehrkräfte vordergründig die anwendungsorientierte Seite von Mathematik im Unterricht fokussieren.

Die Arbeit schließt mit einer zusammenfassenden Diskussion ab, in welcher aufbauend auf den Ergebnissen der vorangegangenen Studien weitere Forschungsperspektiven und praktische Implikationen entwickelt werden. Konkret werden ausgehend von der theoretischen Modellierung von mathematikbezogenen wissenschaftspropädeutischen Kompetenzen und den Studienergebnissen Vorschläge unterbreitet, die zur Weiterentwicklung des Mathematikunterrichts in der gymnasialen Oberstufe als auch zur Ausbildung von gymnasialen Mathematiklehrkräften beitragen können.

Abstract

On a curricular level, classes of upper secondary schools are designed to enable a deepened general education (*vertiefte Allgemeinbildung*), a general ability to study (*allgemeine Studierfähigkeit*) and scientific thinking (*Wissenschaftspropädeutik*). The aim of *Wissenschaftspropädeutik* is that students shall come into contact with sciences and therefore develop scientific propaedeutic skills (*wissenschaftspropädeutische Kompetenzen*). However, for the subject mathematics, it has not been clarified which specific scientific skills shall/can be developed. Since *Wissenschaftspropädeutik* has not been specified for mathematics so far, it also has not been possible to evaluate whether current mathematics classes meet the aim of *Wissenschaftspropädeutik*.

Against this background, this thesis addresses the implementation of *Wissenschaftspropädeutik* in mathematics classes and aims at an evidence-based evaluation of this implementation. In order to evaluate the extent to which mathematics classes contribute to the achievement of *Wissenschaftspropädeutik*, the first step is to specify *Wissenschaftspropädeutik* for mathematics. First, in regard to curricular, didactical and mathematical perspectives, a prescriptive model for the description of mathematics-related scientific propaedeutic skills (*mathematikbezogene wissenschafts-propädeutische Kompetenzen*) is developed. This competency model is conceptualized as a two-dimensional model with the dimensions (1) *levels of competency* and (2) *processes of mathematical inquiry*. Based on the conceptualized competency structure, concrete competency descriptions could be formulated, which can function as a starting point for implementing *Wissenschaftspropädeutik* in mathematics classes.

Then, three empirical studies were conducted to pursue the research aim of this thesis. In order to evaluate to what extent current mathematics classes meets the aim of *Wissenschaftspropädeutik*, two possible perspectives can be considered. In this thesis, both of these perspectives were taken into account.

- *Perspective on learners*: One way of evaluating whether the mathematics classes take *Wissenschaftspropädeutik* into account is to focus on the learners and the learning outcomes. Therefore, in the first study with 313 first year students, an instrument for measuring *mathematikbezogene wissenschafts-propädeutische Kompetenzen* will be developed and empirically validated. Based on those results, the instrument is used in study 2 to generate descriptive knowledge about *mathematikbezogene wissenschaftspropädeutische Kompetenzen*. The second study is situated in mathematics preparatory courses for first year mathematics students and includes data from 183 students. The results of both studies indicate that the developed instrument is suitable for measuring *mathematikbezogene wissenschaftspropädeutische Kompetenzen*. Additionally, the results show that those skills are overall improvable and the construct is stronger related to cognitive learning requirements rather than to affective variables.
- *Perspective on teachers*: In addition to learners' characteristics, it is natural to assume that the mathematics classes are related to the acquisition of *mathematikbezogene wissenschaftspropädeutische Kompetenzen*. This supports the focus

on the teachers and the corresponding learning inputs. A qualitative interview study (study 3) with ten mathematics teachers will deal with the question of teachers' beliefs concerning *Wissenschaftspropädeutik* and its practical realization in mathematics classes. The results suggest that not all interviewed teachers are able to express their beliefs about *Wissenschaftspropädeutik* and that teachers primarily focus on the applicative side of mathematics in their classrooms.

This thesis concludes with a discussion, in which further research perspectives and practical implications are developed based on the results of the conducted studies. Specifically, based on the theoretical modeling of *mathematikbezogene wissenschaftspropädeutische Kompetenzen* and the reported study results, recommendations were formulated that can contribute to an improvement of mathematics classes in upper secondary schools and teacher training programs.

Inhalt

1 Einleitung

1.1 Motivation

Wissenschaftspropädeutik gehört seit der Oberstufenreform von 1972 zu den drei zentralen Zieldimensionen von Unterricht in der gymnasialen Oberstufe. Neben vertiefter Allgemeinbildung und allgemeiner Studierfähigkeit sollen Schülerinnen und Schüler wissenschaftliche Grundbegriffe und -methoden erlernen, eine wissenschaftliche Grundhaltung entwickeln sowie über Charakteristika von Wissenschaften reflektieren (Huber, 1997). Dabei beinhalten die drei Zieldimensionen des gymnasialen Oberstufenunterrichts jeweils für sich unterschiedliche Ziele und bilden gemeinsam die Trias der gymnasialen Oberstufe (KMK, 1995). Wissenschaftspropädeutik gehört demnach zu einer der drei Säulen, auf denen der Unterricht in der gymnasialen Oberstufe fußt. Dabei spielen Ziele eine tragende und zentrale Rolle bei der Sicherung von unterrichtlicher Qualität. Die inhaltliche Auffassung dieser drei Ziele ist vorrangig durch die Erziehungswissenschaften geprägt. Durch unterschiedliche Konnotationen der Zieldimensionen können sich das Verständnis, abgeleitete Forderungen an die gymnasiale Oberstufe und die unterrichtliche Umsetzung der Zieldimensionen stark voneinander unterscheiden (Trautwein & Lüdtke, 2004). Einen besonderen Nachholbedarf attestiert Huber (1994) der Allgemeinen Didaktik als auch den Fachdidaktiken bezüglich der Konkretisierung und Ausgestaltung der Zieldimension Wissenschaftspropädeutik. In diesem Zusammenhang beschreibt Huber (1994, S. 246) Wissenschaftspropädeutik als „die *unerledigte Hausaufgabe*“ der Didaktiken. Zwar schreibt die KMK (2023) den Fächern Deutsch, der (fortgeführten) Fremdsprache und Mathematik eine herausragende Rolle hinsichtlich der Zielerreichung von Wissenschaftspropädeutik zu, allerdings ist unklar, was konkret die Unterrichtsfächer zur Zielerreichung von Wissenschaftspropädeutik beitragen sollen und ob sie der Forderung auch tatsächlich nachgehen.

Aus Sicht der empirischen Bildungsforschung muss angemerkt werden, dass sich Untersuchungen zur gymnasialen Oberstufe hauptsächlich auf fachliche Leistungen (eher im Sinne einer vertieften Allgemeinbildung), allgemein kognitive Fähigkeiten und weitere individuelle Merkmale (z. B. Interesse oder Selbstkonzept) fokussierten (Trautwein & Lüdtke, 2004). Die Frage nach Erreichung der Zieldimension Wissenschaftspropädeutik blieb dabei unberücksichtigt. Auch aus Sicht der Mathematikdidaktik blieb Wissenschaftspropädeutik lange Zeit ein blinder Fleck in der Forschungslandschaft. Mittlerweile gibt es erste Forschungsansätze aus der Mathematikdidaktik, die den Beitrag von extracurricularen respektive fakultativen Lernangeboten hinsichtlich Wissenschaftspropädeutik untersuchen. Neben der Entwicklung von wissenschaftspropädeutischen Lernszenarien für die Studieneingangsphase (Hoffkamp et al., 2016) gehören auf Schulebene zu solchen Lernangeboten unter anderem das Verfassen von mathematischen Facharbeiten (Krause, 2014; Möhringer, 2019) oder die Teilnahme an W-Seminaren[1] (Frank, 2020).

1 Mit dem Begriff „W-Seminar“ (Abkürzung für *wissenschaftspropädeutisches Seminar*) werden in dieser Arbeit institutionalisierte (Wahl-)Pflichtfächer in der gymnasialen Oberstufe bezeichnet. Bezeichnungen und Umfang des W-Seminars können je nach Bundesland variieren. Abhängig von der inhaltlichen Schwerpunktsetzung des Seminars sollen den Schülerinnen und Schülern Grundlagen des wissenschaftlichen Arbeitens vermittelt werden.

Allerdings sind theoretische Auseinandersetzungen mit Wissenschaftspropädeutik aus mathematikdidaktischer Sicht rar. Aufgrund der unzureichenden Kenntnislage zur Zieldimension Wissenschaftspropädeutik ergeben sich einige Problembereiche:

- Eine häufig geäußerte Kritik am Begriff Wissenschaftspropädeutik ist die verpasste Möglichkeit, die unterrichtliche Zieldimension im Rahmen von amtlich-rechtlichen Dokumenten auf Basis von theoretischen Vorüberlegungen zu konkretisieren (z. B. Huber, 2009a). Für eine solche Konkretisierung mangelt es nicht an theoretischen Ansatzpunkten aus den Erziehungswissenschaften (Weskamp, 2014). Allerdings können sich die erziehungswissenschaftlichen Positionen zum Begriff zum Teil stark voneinander unterscheiden (vgl. Huber, 2009a).
- Neben einer theoretischen Auseinandersetzung mit Wissenschaftspropädeutik aus einer allgemein didaktischen Perspektive ist es relevant, *welche Wissenschaft* durch Wissenschaftspropädeutik angebahnt werden soll. Im wissenschaftlichen Diskurs gibt es allerdings Uneinigkeit darüber, ob Wissenschaftspropädeutik das Allgemeine von Wissenschaft (z. B. wissenschaftsübergreifende Arbeitstechniken) oder eine konkrete wissenschaftliche Disziplin vorbereiten soll (Huber, 2009a). Der zweiten Auffassung von Wissenschaftspropädeutik folgend, muss geklärt werden, inwieweit der Fachunterricht die Fachsystematik der jeweiligen Wissenschaft berücksichtigen kann (Meyer & Keuffer, 2000) und welche konkreten Kompetenzen diesbezüglich von den Abiturientinnen und Abiturienten erwartbar sind.
- Zum Mathematikunterricht der gymnasialen Oberstufe liegen bisher nur wenige empirische Erkenntnisse vor. Zwar scheint ein Großteil der Schülerinnen und Schüler die allgemeinbildenden Ziele eines voruniversitären Mathematikunterrichts nicht zu erreichen (Kampa et al., 2016), jedoch ist nicht geklärt, worauf dieses Phänomen zurückzuführen ist. Generell ist es aus empirischer Sicht unklar, wie der Mathematikunterricht in der gymnasialen Oberstufe von den Lehrkräften strukturiert wird und inwieweit Lehrkräfte die weiteren Ziele der gymnasialen Oberstufe (darunter Wissenschaftspropädeutik) bei der Unterrichtsgestaltung fokussieren.
- Übereinstimmend mit der unzureichenden theoretischen Auseinandersetzung mit Wissenschaftspropädeutik liegen bis dato nur sehr wenige Messinstrumente vor, um überprüfen zu können, ob die Zieldimension Wissenschaftspropädeutik erreicht wird. Vor dem Hintergrund von Bestrebungen von schulnaher Evaluationsforschung ist es wichtig, die in Wissenschaftspropädeutik enthaltenen Zielstellungen fachlich auszubuchstabieren und zu operationalisieren.

Ausgehend von den identifizierten Problembereichen lässt sich die Relevanz der Arbeit ableiten. Im Rahmen dieser Arbeit soll sich einer für die Mathematikdidaktik längst überfälligen *Hausaufgabe* (Huber, 1994) angenommen werden. Nach Huber (1994) ist es die Aufgabe der Fachdidaktiken, die Zieldimension fachlich zu konkretisieren. Diese Konkretisierung ist vor allem von bildungspolitischer Relevanz. Denn aus Sicht von bildungspolitischen Bestrebungen (einschließlich schulnaher Evaluationsforschung) ist es von besonderer Bedeutung zu überprüfen, ob die curricular verankerten Zielsetzungen auch unterrichtlich umgesetzt werden, mit welchen mathematischen Kompetenzen Abiturientinnen und Abiturienten das Gymnasium verlassen und mit welchen Lernvoraussetzungen sie somit in den tertiären Bildungsbereich einmünden.

Neben einer bildungspolitischen Relevanz leistet die vorliegende Arbeit auch einen Beitrag für die Schulpraxis. Aufgrund von fehlenden fachlichen Konkretisierungen ist der Begriff Wissenschaftspropädeutik nicht derart geklärt, dass die darin enthaltene Zielstellung in der unterrichtlichen Praxis umsetzbar wäre (vgl. Weskamp, 2014). Um Mathematiklehrkräfte bei der Umsetzung der Zieldimension unterstützen zu können, ist es wichtig zu analysieren, was Wissenschaftspropädeutik für das Unterrichtsfach Mathematik umfasst. In diesem Kontext ist zu klären, was der Mathematikunterricht hinsichtlich Wissenschaftspropädeutik leisten soll (*normativ-konzeptionelle Sichtweise*) und was dieser bereits leistet (*empirische Sichtweise*).

1.2 Ziele der Arbeit

Mit den einleitenden Worten ist das grundsätzliche Ziel der Arbeit grob skizziert. Da es sich hierbei allerdings noch um ein zu weites Forschungsfeld für eine Dissertation im Bereich der Mathematikdidaktik handeln würde, bedarf es noch einer inhaltlichen Schwerpunktsetzung und Spezifizierung. Das Forschungsinteresse dieser Arbeit ist sowohl von theoretisch-konzeptioneller als auch von empirischer Natur. Dabei steht die Untersuchung der Zieldimension Wissenschaftspropädeutik im Mathematikunterricht der gymnasialen Oberstufe im Mittelpunkt der Betrachtung. Diese noch eher allgemeine Formulierung lässt die Bearbeitung von zwei verschiedenen Perspektiven zu: Perspektive auf den *Output* (Kompetenzen von Lernenden) und auf den *Input* (Vorstellungen von Mathematiklehrkräften). Zur weiteren Konkretisierung des Forschungsinteresses und der dazugehörigen Perspektiven werden vier Hauptzielstellungen für die vorliegende Arbeit formuliert, die im Folgenden kurz beschrieben werden.

Bezugnehmend zur Output-Perspektive ist es zunächst notwendig zu klären, (1) was Wissenschaftspropädeutik als Zieldimension für das Unterrichtsfach Mathematik bedeutet und wie das darin enthaltene Ziel, die Entwicklung und Förderung wissenschaftspropädeutischer Kompetenzen, für den Mathematikunterricht konkretisiert werden kann. Zur Konkretisierung von Wissenschaftspropädeutik für das Unterrichtsfach Mathematik wird für diese Arbeit ein neues Konstrukt theoriebasiert entwickelt: *mathematikbezogene wissenschaftspropädeutische Kompetenzen*. Eine Hauptzielstellung dieser Arbeit ist es daher, das Konstrukt der mathematikbezogenen wissenschaftspropädeutischen Kompetenzen theoretisch zu konzeptualisieren und mithilfe eines Kompetenzmodells zu spezifizieren. Wie bereits angeklungen ist, gibt es aktuell in der Mathematikdidaktik ein Forschungsdefizit hinsichtlich Wissenschaftspropädeutik, weswegen im Rahmen der Arbeit auch auf Literatur von Bezugsdisziplinen der Mathematikdidaktik (z. B. allgemeine Didaktik) eingegangen wird.

Neben der theoretischen Konzeptualisierung von mathematikbezogenen wissenschaftspropädeutischen Kompetenzen thematisiert die Arbeit drei weitere Hauptzielstellungen, die im Rahmen von empirischen Studien bearbeitet werden. Zu einer dieser Zielstellungen gehört (2) die Operationalisierung von mathematikbezogenen wissenschaftspropädeutischen Kompetenzen, welche im Zuge der ersten Studie bearbeitet wird. In diesem Rahmen soll ein Testinstrument zur Erfassung von mathematikbezogenen wissenschaftspropädeutischen Kompetenzen entwickelt und mithilfe empirischer Daten validiert werden. Das Vorliegen eines solchen Instruments ist wichtig, um überprüfen zu können, ob der aktuelle Mathematikunterricht der gymnasialen Oberstufe der Zieldimension Wissenschaftspropädeutik gerecht wird. Es wäre auch denkbar, den entwickelten Test als Diagnoseinstrument zu nutzen, um Schwierigkeiten von Schülerinnen und Schülern zu diagnostizieren und diese zu entsprechenden Fördermaßnahmen zuzuweisen.

Sofern ein validiertes Instrument zur Erfassung mathematikbezogener wissenschaftspropädeutischer Kompetenzen vorliegt, können weiterführende Ziel- und Fragestellungen bearbeitet werden. Da es sich bei mathematikbezogenen wissenschaftspropädeutischen Kompetenzen um ein neues Konstrukt handelt, liegt zu diesem Konstrukt noch kein Beschreibungswissen vor. Vorangegangene Forschungsprogramme (z. B. Baumert & Köller, 2000a; Hattie, 2015) und auch aktuellere Studien (z. B. Neuhaus-Eckhardt, 2022; Pustelnik, 2018) legen nahe, dass individuelle Merkmale (z. B. inhaltliches Vorwissen) mit kognitiven Outcome-Variablen (z. B. mathematische Kompetenzen) zusammenhängen. Vor dem Hintergrund, dass individuelle Merkmale den Erwerb von solchen Outcome-Variablen prädizieren können, ist (3) die Untersuchung von individuellen Merkmalen und möglichen Zusammenhängen mit mathematikbezogenen wissenschaftspropädeutischen Kompetenzen eine weitere Hauptzielstellung dieser Arbeit.

Neben individuellen Merkmalen ist davon auszugehen, dass vornehmlich der erfahrene Mathematikunterricht in der gymnasialen Oberstufe (als potentielle Lerngelegenheit) mit dem Erwerb von mathematikbezogenen wissenschaftspropädeutischen Kompetenzen in Beziehung steht. Für die Gestaltung des Mathematikunterrichts sind die jeweiligen Lehrkräfte verantwortlich, weshalb es interessant ist, (4) die Sicht von Lehrkräften auf Wissenschaftspropädeutik in den Blick zu nehmen. Demensprechend nähert sich die dritte Studie der Untersuchung von Wissenschaftspropädeutik im Mathematikunterricht eher aus einer Input-Perspektive. Um beleuchten zu können, ob Lehrkräfte Wissenschaftspropädeutik als eine Zieldimension ihres Mathematikunterrichts in der gymnasialen Oberstufe fokussieren, stellen sich die Fragen, was Lehrkräfte unter Wissenschaftspropädeutik verstehen und welche Vorstellungen sie zu unterrichtlichen Inszenierungsmöglichkeiten von Wissenschaftspropädeutik äußern. Daher kann als vierte Hauptzielstellung dieser Arbeit die Erfassung von Lehrkraftvorstellungen zu Wissenschaftspropädeutik festgehalten werden.

Überblickartig lassen sich die dargestellten Hauptzielstellungen der vorliegenden Arbeit wie folgt zusammenfassen:

- theoriebasierte Entwicklung eines Modells zur Beschreibung mathematikbezogener wissenschaftspropädeutischer Kompetenzen (Kapitel 4),
- Entwicklung und Validierung eines Testinstruments zur Erfassung mathematikbezogener wissenschaftspropädeutischer Kompetenzen (Kapitel 5),

- Untersuchung von Zusammenhängen zwischen mathematikbezogenen wissenschaftspropädeutischen Kompetenzen und weiteren individuellen Merkmalen (Kapitel 6) und
- Erfassung von Lehrkraftvorstellungen zu Wissenschaftspropädeutik im Mathematikunterricht der gymnasialen Oberstufe (Kapitel 7).

Die herausgestellten Hauptzielsetzungen werden im Laufe der Arbeit in der oben beschriebenen Reihenfolge bearbeitet. Für diese Bearbeitung der Hauptzielstellungen werden (in den jeweiligen Kapiteln) die Zielsetzungen mithilfe von untergeordneten Fragestellungen konkretisiert.

1.3 Vorgehensweise und Aufbau der Arbeit

Zur Bearbeitung der formulierten Zielsetzungen gliedert sich die vorliegende Dissertation in fünf thematische Teile. Neben der *Einleitung* (Kapitel 1) besteht die Arbeit aus einem *theoretischen Teil* (Kapitel 2 und 3), einem *konzeptionellen Teil* (Kapitel 4), einem *empirischen Teil* (Kapitel 5 bis 7) und einem *Diskussionsteil* (Kapitel 8 und 9), in welchem die Studien in ein Gesamtbild gebracht und abschließend diskutiert werden.

In Anschluss an diese Einleitung folgt der theoretische Teil, in welchem sich mit den für diese Arbeit grundlegenden Theoriebausteinen auseinandergesetzt wird. In Kapitel 2 wird Wissenschaftspropädeutik als eine Zieldimension des gymnasialen Oberstufenunterrichts thematisiert. Dabei wird es darum gehen, was unter den Begriffen Wissenschaftspropädeutik und wissenschaftspropädeutische Kompetenzen gefasst wird. Zusätzlich werden aus der Theorie Inszenierungsmöglichkeiten von Wissenschaftspropädeutik vorgestellt, die unter anderem auf eine Förderung von wissenschaftspropädeutischen Kompetenzen abzielen. Kapitel 3 beschäftigt sich dann mit den Besonderheiten der Wissenschaft Mathematik, wobei die strukturorientierte Seite der Disziplin im Fokus steht. Die theoretische Auseinandersetzung mit Mathematik als strukturorientierte Disziplin dient dazu, die Zieldimension Wissenschaftspropädeutik für das Unterrichtsfach Mathematik konkretisieren zu können.

Im konzeptionellen Teil dieser Arbeit wird auf Grundlage der theoretischen Vorüberlegungen eine Definition für den Begriff *mathematikbezogene wissenschaftspropädeutische Kompetenzen* vorgestellt. Neben der begrifflichen Klärung ist das Hauptanliegen dieses Teils der Arbeit die Entwicklung eines Modells zur Beschreibung dieser Kompetenzen. Zur Konkretisierung des entwickelten Kompetenzmodells werden die Modellstruktur und Kompetenzbeschreibungen dargelegt und begründet.

Der empirische Teil der Arbeit besteht aus drei empirischen Untersuchungen und ist dementsprechend in drei Kapitel untergliedert. In Studie 1 (Kapitel 5) wird der Aufgabe nachgegangen, ein Testinstrument zur Erfassung von mathematikbezogenen wissenschaftspropädeutischen Kompetenzen zu entwickeln und zu validieren. Ausgehend von dem entwickelten Kompetenzmodell wird das Konstrukt mithilfe von Items operationalisiert. Im Rahmen dieser Studie mit Studienanfängerinnen und -anfängern aus mathematikhaltigen Studiengängen (z. B. ingenieur- und wirtschaftswissenschaftliche Studiengänge) wird das entwickelte Instrument hinsichtlich seiner psychometrischen Güte überprüft. Mithilfe eines validierten Instruments zur Erfassung mathematikbezogener wissenschaftspropädeutischer Kompetenzen wird in Studie 2 (Kapitel 6) untersucht, wie diese Kompetenzen von Vorkursteilnehmenden ausgeprägt sind und inwieweit diese durch individuelle Merkmale prädiziert werden. In Kontrast zu den ersten beiden Studien fokussiert Studie 3 (Kapitel 7) die Perspektive von Lehrkräften. Es wird untersucht, welche Vorstellungen praktizierende Mathematiklehrkräfte zu Wissenschaftspropädeutik und ihrer unterrichtlichen Implementierung äußern.

Die Arbeit schließt mit einem Diskussionsteil ab, welcher sich in zwei Kapitel untergliedert. In Kapitel 8 wird auf Limitationen der gesamten Arbeit eingegangen und die Ergebnisse aus den zuvor berichteten Studien werden vor diesem Hintergrund diskutiert. Daneben werden neue Forschungsperspektiven als auch Implikationen für die Praxis, die sich aus den Ergebnissen ableiten lassen, thematisiert. Zum Abschluss werden die wichtigsten Erkenntnisse der Arbeit im Rahmen eines Fazits (Kapitel 9) zusammengefasst.

2 Wissenschaftspropädeutik und wissenschaftspropädeutische Kompetenzen – Theorie

Wie aus der Einleitung zu entnehmen war, geht es im Rahmen der vorliegenden Arbeit inhaltlich um Wissenschaftspropädeutik und der Frage, inwieweit die darin enthaltene Zielstellung im Mathematikunterricht erreicht wird. Demzufolge soll es in diesem Kapitel zunächst um eine Annäherung an den Begriff *Wissenschaftspropädeutik* und eine Klärung des Begriffs *wissenschaftspropädeutische Kompetenzen* gehen. Da „bis heute eine gewisse Unsicherheit, sowohl hinsichtlich der Begrifflichkeit, der wissenschaftspropädeutischen Kompetenzmerkmale und deren Vermittlung im Unterricht als auch hinsichtlich deren Erfassung" (Möhringer, 2019, S. 107) besteht, ist es nicht möglich, sich bei der theoretischen Konzeptualisierung von Wissenschaftspropädeutik respektive wissenschaftspropädeutischen Kompetenzen auf eine in der wissenschaftlichen Diskussion konsensfähige Auffassung zu stützen. Dies liegt vornehmlich daran, dass es eine allgemein akzeptierte Auffassung von Wissenschaftspropädeutik nicht gibt. Zudem können Aspekte von Wissenschaftspropädeutik und von wissenschaftspropädeutischen Kompetenzmerkmalen abhängig von der Bezugsdisziplin und Forschungstradition unterschiedlich stark akzentuiert werden. Aus diesem Grund wird bei der theoretischen Fundierung von Wissenschaftspropädeutik und wissenschaftspropädeutischen Kompetenzen ein besonderes Augenmerk darauf gelegt, dass möglichst viele theoretische Positionen zu Wissenschaftspropädeutik berücksichtigt werden.

In Anlehnung an die von Möhringer (2019) identifizierten Desiderate ist das Kapitel wie folgt strukturiert: Zunächst wird in Kapitel 2.1 Wissenschaftspropädeutik als Zieldimension der gymnasialen Oberstufe theoretisch geklärt und konkretisiert. Vor dem Hintergrund des dieser Arbeit zugrundeliegendem Verständnisses von Wissenschaftspropädeutik wird der Begriff der wissenschaftspropädeutischen Kompetenzen abgeleitet (Kapitel 2.2), welcher als zentral für die theoretische Konzeptualisierung des Begriffs der *mathematikbezogenen wissenschaftspropädeutischen Kompetenzen* gilt (Kapitel 4). Hiernach wird ein kurzer Überblick zu potentiellen Inszenierungsmöglichkeiten von Wissenschaftspropädeutik gegeben (Kapitel 2.3)[2]. Abschließend werden in Kapitel 2.4 die theoretischen Vorüberlegungen zu Wissenschaftspropädeutik und wissenschaftspropädeutischen Kompetenzen überblicksartig zusammengefasst.

2.1 Klärung von Wissenschaftspropädeutik

Wie beschrieben soll es anfangs um die Klärung und Konkretisierung von Wissenschaftspropädeutik als eine Zieldimension gymnasialen Unterrichts in der Sekundarstufe II gehen. In einem ersten Schritt wird sich dem Begriff Wissenschaftspropädeutik durch eine

---

2 Vollständigkeitshalber wird an dieser Stelle darauf hingewiesen, dass hier nicht explizit auf den Forschungsstand zu wissenschaftspropädeutischen Kompetenzen (Erfassung und empirische Erkenntnisse) eingegangen wird. Der Forschungsstand wird erst in Kapitel 5.1 angesprochen. Dies ist damit zu begründen, dass die Bearbeitung der ersten Hauptzielstellung der vorliegenden Arbeit (theoriebasierte Entwicklung eines Modells zur Beschreibung von mathematikbezogenen wissenschaftspropädeutischen Kompetenzen) vordergründig auf einer Auseinandersetzung mit bildungspolitischen und -theoretischen Ausführungen fußt.

Rezeption von curricularen Verlautbarungen, der Abgrenzung zu verwandten Konstrukten (z. B. vertiefte Allgemeinbildung) sowie der Nachzeichnung von bildungshistorischen Entwicklungen genähert. Als theoretische Fundierung werden Definitionsvorschläge zum Begriff Wissenschaftspropädeutik aus der wissenschaftlichen Literatur rezipiert und gegenübergestellt. Aufbauend auf den theoretischen Ausführungen zum Begriff Wissenschaftspropädeutik wird eine Arbeitsdefinition von Wissenschaftspropädeutik entwickelt, die das dieser Arbeit zugrundeliegende Verständnis von Wissenschaftspropädeutik konkretisiert.

2.1.1 Wissenschaftspropädeutik vor dem Hintergrund curricularer Vorgaben

Ein erster Ansatzpunkt zur Klärung und Konkretisierung von Wissenschaftspropädeutik als curricular verankerte Zieldimension gymnasialen Oberstufenunterrichts kann die Rezeption wesentlicher curricularer Vorgaben bieten. Da es sich bei Wissenschaftspropädeutik um keine neue Forderung der Bildungspolitik handelt, ist es notwendig, mit der *Saarbrücker Rahmenvereinbarung zur Ordnung des Unterrichts auf der Oberstufe der Gymnasien* von 1960 zu beginnen (KMK, 1960; zit. nach Scheuerl, 1962). Dabei handelt es sich um die erste Reform der gymnasialen Oberstufe, die für alle Länder der damaligen Bundesrepublik Deutschland wirksam wurde. Als Ziel für die gymnasiale Oberstufe wurde „die Erziehung [der Schülerin und] des Schülers zu geistiger Selbstständigkeit und Verantwortung“ (KMK, 1960; zit. nach Scheuerl, 1962, S. 162) festgehalten. Allerdings bleibt in diesem Dokument unklar, wie dieses Ziel auf unterrichtlicher Ebene umzusetzen sei. Hierfür beschloss die KMK (1961; zit. nach Scheuerl, 1962) ein Jahr später die *Stuttgarter Empfehlungen an die Unterrichtsverwaltung der Länder zur didaktischen und methodischen Gestaltung der Oberstufe der Gymnasien im Sinne der Saarbrücker Rahmenvereinbarung*, welche die Auswahl der Unterrichtsgegenstände sowie die methodische Arbeitsweise in der gymnasialen Oberstufe präzisierte. Dabei stellt die KMK (1961; zit. nach Scheuerl, 1962, S. 165) „allgemeine Grundbildung für wissenschaftliche Studien“ als zentrale Aufgabe des gymnasialen Unterrichts heraus, in welchem Schülerinnen und Schüler „propädeutisch in wissenschaftliche Arbeitsweisen eingeführt werden“ sollen. Diese Forderung wird jedoch als ein Ziel des gesamten Unterrichts an Gymnasien angesehen, wobei es im Rahmen der gymnasialen Oberstufe verstärkt zum Vorschein kommen soll. In diesem Dokument wird erstmals in einer amtlichen Verlautbarung der Begriff *propädeutisch* in Zusammenhang mit wissenschaftlichem Arbeiten in der gymnasialen Oberstufe genannt. Zur Erreichung dieser Forderung wird auf eine breite methodische Ausgestaltung des Unterrichts verwiesen, die vom Lehrervortrag bis zu projektorientierten Gruppenarbeiten reicht. Interessanter sind die Vorgaben hinsichtlich der fachspezifischen Auswahl der Unterrichtsgegenstände. Für das Unterrichtsfach Mathematik werden im Rahmen dieses Dokuments (KMK, 1961; zit. nach Scheuerl, 1962) das Definieren von mathematischen Begriffen sowie das Beweisen von mathematischen Aussagen als zentral herausgestellt. Dabei handelt es sich um Unterrichtsgegenstände, die das Wesentliche von Mathematik verdeutlichen und exemplarisch für den Prozess der mathematischen Erkenntnisgewinnung stehen. Ein inhaltliches Äquivalent beziehungsweise eine Fokussierung solch einer propädeutischen Einführung in wissenschaftliches Arbeiten gab es in der damaligen DDR nicht. Dies machte die KMK (1995, S. 102) „vor allem in den fehlenden wissenschaftspropädeutischen Kompetenzen und in der wenig ausgebildeten Selbstständigkeit der [Abiturientinnen und] Abiturienten“ der damaligen DDR fest.

Ein in Hinblick auf Wissenschaftspropädeutik richtungsweisendes Dokument ist der 1970 erarbeitete *Strukturplan für das Bildungswesen* vom Deutschen Bildungsrat (DBR, 1971). Zwar wird der Begriff „Wissenschaftspropädeutik“ nicht explizit als Ziel der gymnasialen Oberstufe benannt, jedoch wird der verwandte Begriff der Wissenschaftsorientierung aufgegriffen. Wissenschaftsorientierung meint, dass die ausgewählten Unterrichtsgegenstände vor dem Hintergrund der jeweiligen Fachwissenschaften als korrekt gelten müssen (DBR, 1971). Für die gymnasiale Oberstufe hat der DBR (1971, S. 169) das Prinzip der Wissenschaftsorientierung weiter ausdifferenziert: Unterricht soll „verstärkt die Ansprüche berücksichtigten [*sic*], welche die Hochschulen hinsichtlich der Fähigkeiten und Kenntnisse, insbesondere hinsichtlich der Befähigung zur wissenschaftlichen Arbeit stellen“. Dabei betont der DBR (1971), dass die erworbenen Kenntnisse und Fähigkeiten sich nicht vorrangig auf Hochschule beziehen und auch die Lernenden davon profitieren sollen, die nach der gymnasialen Oberstufe kein Studium anstreben. In diesem Kontext gewinnt vor allem die Vermittlung von Prozesszielen an Bedeutung. Solche fachlichen Prozessziele sind „an die Verfahren gebunden, die in den einzelnen Wissenschaften zur Lösung bestimmter Aufgaben entwickelt werden“ (DBR, 1971, S. 83). Insgesamt handelt es sich hierbei zunächst um Empfehlungen der Bildungskommission, welche als Grundlage für die folgende Oberstufenreform galt.

Im Zuge der Reform der gymnasialen Oberstufe von 1972 erschien Wissenschaftspropädeutik erstmals in einem amtlich-verbindlichen Dokument als eines von drei übergeordneten Zielen der gymnasialen Oberstufe. Im Rahmen des Dokuments zur *Vereinbarung zur Gestaltung der gymnasialen Oberstufe und der Abiturprüfung* (KMK, 2023), welches bis heute mehrmals novelliert wurde, wird den grundlegenden Fächern Deutsch, der fortgeführten Fremdsprache und Mathematik eine besondere Rolle bei der Vermittlung von Allgemeinbildung, Studierfähigkeit und Wissenschaftspropädeutik zugesprochen. Dabei unterscheidet die KMK (2023) bei Wissenschaftspropädeutik respektive wissenschaftspropädeutischer Bildung in ihrer Tiefe. Während Kurse auf grundlegendem Anforderungsniveau wissenschaftspropädeutisch zu gestalten sind, sollen Kurse auf erhöhtem Anforderungsniveau den Aspekt Wissenschaftspropädeutik vertieft berücksichtigen. Allerdings wird an keiner Stelle geklärt, was die KMK (2023) unter dem Begriff Wissenschaftspropädeutik versteht beziehungsweise inwieweit Wissenschaftspropädeutik in den Kursen auf erhöhtem Anforderungsniveau vertieft werden soll.

Eine inhaltliche Konkretisierung von Wissenschaftspropädeutik wurde durch die KMK erstmals 1977 im Rahmen der *Empfehlungen zur Arbeit in der gymnasialen Oberstufe* vollzogen. Hiernach soll ein wissenschaftspropädeutischer Unterricht grundlegende „Strukturen und Methoden von Wissenschaften“ (KMK, 1988, S. 4) vermitteln und wissenschaftliche Aussagen sowie ihre Grenzen im fachlichen und überfachlichen Sachzusammenhang aufzeigen. Darüber hinaus soll zur Reflexion über „wissenschaftstheoretische und philosophische Fragestellungen“ (KMK, 1988, S. 5) angeregt werden. Wird Wissenschaftspropädeutik wie von der KMK (1988, S. 11) als ein didaktisches Prinzip verstanden, dann zeichnet sich ein wissenschaftspropädeutischer Unterricht dadurch aus, dass Schülerinnen und „Schüler

- die Eigenart des jeweiligen Unterrichtsgegenstandes berücksichtigen,
- die Methoden des jeweiligen Sachgebietes kennenlernen und anwenden,
- über die angewendeten Methoden nachdenken und sie mit anderen Methoden vergleichen".

Mit diesen Konkretisierungen wird erstmals klar, dass Wissenschaftspropädeutik nach der KMK (1988) inhaltlich weiter gefasst ist als eine bloße *Einführung in das wissenschaftliche Arbeiten und Denken.* Zwar sollen die Schülerinnen und Schüler exemplarisch einen Einblick in die grundlegenden Bausteine der jeweiligen Wissenschaft erhalten, aber es geht auch um die exemplarische Anwendung, die Reflexion von fachspezifischen Methoden und damit um die Bewusstwerdung der methodenspezialisierten Eigenart der jeweiligen Bezugswissenschaft im Vergleich zur Methodik anderer Fachwissenschaften. Ebenso wird an dieser Stelle verdeutlicht, dass Wissenschaftspropädeutik sowohl fachspezifisch als auch fachübergreifend zu begreifen ist. Dabei wird Wissenschaftspropädeutik als ein didaktisches Prinzip des gymnasialen Oberstufenunterrichts aufgefasst, welches darauf abzielt, dass Schülerinnen und Schüler (1) die fachspezifischen Wissensbestände und fachautonomen Methoden der jeweiligen Fachwissenschaft kennenlernen sowie (2) über die Anwendung des Wissens und der Methoden reflektieren. In diesem Kontext soll eine Transzendierung fachlichen Wissens in andere Wissenschaften angestrebt werden, um Methoden verschiedener Wissenschaften miteinander zu vergleichen oder die Übertragbarkeit von fachspezifischen Methoden in andere wissenschaftliche Disziplinen zu überprüfen und zu reflektieren.

Zur wissenschaftlichen Beratung der KMK wurde 1995 eine Kommission aus Bildungsexpertinnen und -experten einberufen, die die Ziele und Aufgaben der gymnasialen Oberstufe vor dem Hintergrund von Studierfähigkeit und allgemeiner Hochschulreife beschreiben und kritisch einschätzen sollten. Die Ergebnisse der Kommissionsarbeit sind in einem von der KMK herausgegebenem Dokument zur *Weiterentwicklung der Prinzipien der gymnasialen Oberstufe und des Abiturs* festgehalten. Als übergeordnete Zielsetzung der gymnasialen Oberstufe wird die Zieltrias benannt, die aus vertiefter Allgemeinbildung, allgemeiner Studierfähigkeit und Wissenschaftspropädeutik besteht (KMK, 1995). Dabei wird von der KMK (1995) betont, dass die Erreichung der drei Zielsetzungen zentrale Aufgabe der einzelnen Unterrichtsfächer sei, welche gegebenenfalls durch fächerverbindenden Unterricht ergänzt werden können. Als zentraler Aspekt von Wissenschaftspropädeutik wird der Propädeutikaspekt hervorgehoben, denn „es geht um Initiation in die Denk- und Arbeitsweisen der Wissenschaft, nicht um wissenschaftliche Arbeit selbst; aber propädeutisch muß [*sic*] die Arbeit auch insofern sein, als die Initiation in die Wissenschaften von ihrer Reflexion und Kritik begleitet wird" (KMK, 1995, S. 73). Demnach geht es bei Wissenschaftspropädeutik nicht primär um ein selbstständiges wissenschaftliches Arbeiten, sondern um eine erste Anbahnung von wissenschaftlichen Denk- und Arbeitsweisen. Eng verknüpft mit Wissenschaftspropädeutik wird auch die Organisationsform von Unterricht als relevant angesehen. In diesem Kontext wird – wie auch schon im Rahmen der Reform von 1972 (KMK, 2023) beschrieben – erneut auf die Graduierung des wissenschaftspropädeutischen Niveaus hinsichtlich der Kursarten eingegangen. Grundkursunterricht zielt darauf ab, eine gründliche und allgemeine Bildung sicherzustellen, indem dieser Grundkenntnisse von wissenschaftlichen Verfahren und Erkenntnisweisen vermittelt (KMK, 1995). Leistungskursunterricht zeichnet sich hingegen dadurch aus, dass dieser „in besonderer Weise der Einführung in Methoden wissenschaftlichen Arbeitens" (KMK, 1995, S. 93) dienlich ist. Das vertiefte wissenschaftspropädeutische Arbeiten in den Leistungskursen zeichnet sich durch (1) die Vermittlung von spezialisiertem Fachwissen und -können, (2) der Anwendung von bestimmten Lern- und Arbeitstechniken und (3) das Vorhandensein von wissenschaftsbezogenen Einstellungen aus. In diesem Kontext ist es bedeutsam, dass Schülerinnen und Schüler mindestens zwei Leistungskurse belegen, um die Verschiedenartigkeit wissenschaftlicher Disziplinen vertieft kennenzulernen. Beispielsweise können Schülerinnen und Schüler im Rahmen einer mathematisch-naturwissenschaftlichen Profilierung die Leistungskurse Mathematik und eine Naturwissenschaft belegen, „wobei Mathematik für den systematischen Umgang mit abstrakten Symbolsystemen steht und das naturwissenschaftliche Fach (mathematische) Modellbildung mit dem experimentellen Durchgriff auf Realität verbindet" (KMK, 1995, S. 132).

Neben der Festlegung von vertiefter Allgemeinbildung, allgemeiner Studierfähigkeit und Wissenschaftspropädeutik als Trias der gymnasialen Oberstufen in Rahmendokumenten lässt sich die Zieltrias auch in fachbezogenen Curricula wiederfinden. Beispielsweise wird in der Fachpräambel der Bildungsstandards im Fach Mathematik für die Allgemeine Hochschulreife explizit auf die einzelnen Zieldimensionen der Trias verwiesen:

> Das Fach Mathematik leistet einen grundlegenden Beitrag zu den Bildungszielen der gymnasialen Oberstufe und der Kompetenzentwicklung der Schülerinnen und Schüler bis zur Allgemeinen Hochschulreife. Vermittelt werden eine vertiefte Allgemeinbildung, allgemeine Studierfähigkeit sowie wissenschaftspropädeutische Bildung. So werden die Grundlagen für fachliches und überfachliches Handeln mit Blick auf Anforderungen von Wissenschaft und beruflicher Bildung geschaffen. (KMK, 2012, S. 11)

Die KMK (2012) macht hiermit deutlich, dass das Unterrichtsfach Mathematik wesentlich zur Erreichung der Zieltrias der gymnasialen Oberstufe beiträgt. Dabei wird hier auch nochmals darauf verwiesen, dass der gymnasiale Oberstufenunterricht nicht ausschließlich auf Wissenschaft vorbereitet, sondern auch auf das System der beruflichen Bildung. Allerdings wird an keiner Stelle deutlich, welche konkreten Kompetenzen Schülerinnen und Schüler erwerben sollen, die vor dem Hintergrund von Wissenschaftspropädeutik bedeutsam sind. Solch eine Konkretisierung wäre allerdings notwendig, um Lehrkräfte bei der Zielerreichung und dementsprechend bei der Gestaltung von Lernangeboten zu unterstützen. Obwohl Wissenschaftspropädeutik (ausgehend von curricularen Dokumenten) nicht ausreichend konkretisiert ist, konnte mithilfe dieser Auseinandersetzung ein erstes Verständnis von Wissenschaftspropädeutik aufgebaut werden. Allerdings sind noch weitere Konkretisierungen nötig, um den Begriffsinhalt weiter zu schärfen.

2.1.2 Wissenschaftspropädeutik in Abgrenzung zu verwandten Konstrukten

Ein weiterer Schritt zur Klärung des Begriffsinhalts von Wissenschaftspropädeutik ist es, eine klare Abgrenzung von anderen Begriffen mit ähnlichem Begriffsinhalt vorzunehmen. Aus dem vorherigen Abschnitt wurden drei Begriffe angesprochen, die auf curricularer Ebene mit Wissenschaftspropädeutik eng verzahnt zu sein scheinen. Dazu gehört zum einen *Wissenschaftsorientierung* als übergeordnete Perspektive des deutschen Bildungssystems (DBR, 1971) und die weiteren zur Trias der gymnasialen Oberstufe gehörigen Zieldimensionen *Allgemeinbildung* und *Studierfähigkeit* (KMK, 1995, 2023).

Zunächst muss festgehalten werden, dass Wissenschaftspropädeutik nicht mit dem 1970 vom Deutschen Bildungsrat geforderten Prinzip der Wissenschaftsorientierung (DBR, 1971) gleichzusetzen ist. Wissenschaftsorientierung ist in erster Linie ein didaktisches Prinzip, das sich auf die Wahl der Unterrichtsgegenstände bezieht. Hiernach sollen die ausgewählten Unterrichtsgegenstände nicht in Widerspruch zu aktuellen Entwicklungen in der wissenschaftlichen Forschung stehen (Huber, 2009a). Dabei handelt es sich um ein universell gültiges Prinzip, welches für alle Stufen schulischen Lernens gleichermaßen gilt (KMK, 1995). Das Prinzip der Wissenschaftsorientierung steht demnach im engen Zusammenhang zur *fachlichen Korrektheit* als ein Merkmal von Unterricht. Nach dieser Auffassung kann Wissenschaftsorientierung als ein didaktisches Prinzip verstanden werden, welches Lehrkräfte bei der Planung, Durchführung und Reflexion von Unterricht unterstützt (Kirchner, 2020). Wissenschaftspropädeutik hingegen kann als Zieldimension eines solchen wissenschaftsorientierten Unterrichts der gymnasialen Oberstufe angesehen werden, die eine Initiation von Wissenschaft umfasst, wodurch es inhaltlich weiter gefasst ist als eine bloße Vermittlung fachadäquaten Wissens. Pointiert ausgedrückt kann Wissenschaftsorientierung als Voraussetzung für Wissenschaftspropädeutik aufgefasst werden, weshalb die beiden Begriffe nicht gleichgesetzt werden können.

Neben Wissenschaftsorientierung ist Wissenschaftspropädeutik eng mit zwei weiteren Zieldimensionen des gymnasialen Oberstufenunterrichts verbunden, die gemeinsam die Zieltrias der gymnasialen Oberstufe bilden: „Allgemeinbildung, Wissenschaftspropädeutik und Studierfähigkeit, die Trias der Ziele der gymnasialen Oberstufe, bezeichnet also nicht nur unterscheidbare, sondern auch je für sich begründbare Ziele. Aber erst in ihrer Gesamtheit repräsentieren sie den komplexen Anspruch, den gymnasiale Oberstufen traditionell vertreten haben“ (KMK, 1995, S. 74). Im Rahmen von curricularen Vorgaben wird die Zieldimension der *vertieften Allgemeinbildung* analog zum Konzept der Wissenschaftspropädeutik begrifflich auch nicht hinreichend präzisiert. Dies wird unter anderem daran deutlich, dass Huber (2009b, S. 121) schreibt, dass er „von keiner autoritativen Stelle [weiß], wo ‚vertiefte‘ Allgemeinbildung erklärt würde“. Klar zu sein scheint, dass vertiefte Allgemeinbildung als eine Erweiterung des Ziels der Allgemeinbildung, welches im Rahmen der Sekundarstufe I erreicht werden soll, angesehen werden kann (Rolfes & Heinze, 2022). Dabei wird mit dem Konzept der Allgemeinbildung das Mündigmachen verstanden, so dass die Lernenden respektive die zukünftigen Erwachsenen „für eine verständige, kritische und selbstdistanzierte Teilhabe am gesellschaftlichen und öffentlichen Leben“ (KMK, 1995, S. 72) in der Lage sind. Dadurch, dass Wissenschaft einen immer wichtiger werdenden Aspekt im öffentlichen Leben einnimmt (z. B. Umgang mit wissenschaftlichen Erkenntnissen zur pandemischen Entwicklung), soll der damit einhergehende Anspruch an das Lernen in der gymnasialen Oberstufe und besonders im Rahmen der vertieften Allgemeinbildung angegangen werden. Durch die fachliche Spezialisierung in der gymnasialen Oberstufe (z. B. durch das Kurssystem) sollen in Auseinandersetzung mit Fachinhalten allgemeine Fähigkeiten gefördert werden, die für die Bewältigung zukünftiger Lebenssituationen in einer von Wissenschaft durchzogenen Welt benötigt werden. Dazu gehören beispielsweise allgemeine und fachbezogene Lern-/Arbeitsmethoden, kritisches und logisches Denken oder die Entwicklung einer wissenschaftskritischen Haltung (Huber, 1995). Daran wird deutlich, dass sich vertiefte Allgemeinbildung durch zwei Seiten auszeichnet: (1) Orientierung an Lebenssituationen und (2) Orientierung an spezifischen Modi der Weltaneignung (Rolfes & Heinze, 2022). Während eine (1) Orientierung an Lebenssituationen darauf ausgerichtet ist, dass sich die Lernenden zukünftig in alltäglichen Lebens-/Problemsituationen kompetent verhalten können, fokussiert eine (2) Orientierung an spezifischen Modi der Weltaneignung die jeweils fachspezifischen Zugänge eines Fachs zur Beschreibung, Erklärung und Prognose von Objekten oder Zusammenhängen eines Phänomenbereichs. Gerade die zweite Seite der vertieften Allgemeinbildung weist inhaltliche Überlappungen mit der Zieldimension Wissenschaftspropädeutik auf. Auch bei Wissenschaftspropädeutik geht es darum, dass der Fachunterricht wissenschaftliche Denk- und Arbeitsweisen anbahnt, die für den jeweiligen Prozess der Erkenntnisgewinnung charakteristisch sind. Jedoch grenzt sich Wissenschaftspropädeutik von vertiefter Allgemeinbildung dadurch ab, dass Wissenschaftspropädeutik nicht nur das Kennenlernen von wissenschaftlichen Modi der Weltaneignung beinhaltet, sondern darüber hinaus stärker den Fokus auf die Anwendung und Reflexion von Prozessen der wissenschaftlichen Erkenntnisgewinnung richtet (Fesser & Rach, 2022a).

Dagegen handelt es sich bei der Zieldimension *Studierfähigkeit* um einen in der Literatur stärker vorkommenden Begriff. Dabei wird zwischen einer eher normativ orientierten und einer eher formal-qualifikatorischen Auffassung von Studierfähigkeit unterschieden (Fesser & Rach, 2022a). Von der KMK (1995) wird Studierfähigkeit als ein Konglomerat aus Fach- (sichere Kenntnisse und Fähigkeiten in den grundlegenden Fächern Deutsch, der fortgeführten Fremdsprache und Mathematik), Methoden- (z. B. Arbeits- und Lernmethoden), Sozial- (z. B. Kooperations- und Teamfähigkeit) und Selbstkompetenzen (z. B. Lernbereitschaft) verstanden, die sich auf Leistungsanforderungen in einem wissenschaftlichen Studium beziehen. Durch die Verwendung des Adjektivs *allgemein* („allgemeine Studierfähigkeit") wird verdeutlicht, dass es vordergründig nicht um die Vorbereitung auf ein spezielles Fachstudium geht. Das Ziel von Studierfähigkeit liegt vielmehr darin, Schülerinnen und Schüler derart mit grundlegenden Kenntnissen und Fähigkeiten auszustatten, dass sie prinzipiell jedes Studium aufnehmen könnten. Dies macht Huber (2009b) deutlich, indem er Studierfähigkeit als ein Kompetenzprofil beschreibt, welches zur erfolgreichen Aufnahme, Durchführung und Beendigung eines Studiums befähigt. Hieran kann die normativ orientierte Auffassung von Studierfähigkeit verdeutlicht werden, denn der Erwerb dieser bestimmten Kompetenzen ist konkret auf das Bewältigen von wissenschaftlichen Anforderungen in einem Studium bezogen. Nach dieser Auffassung kann hierunter das Kennenlernen von wissenschaftlichen Disziplinen als auch das Erlernen wissenschaftlicher Denk- und Arbeitsweisen verstanden werden (Ufer, 2022), um zukünftige Anforderungen in einem möglichen Studium bewältigen zu können. Hier ergibt sich eine Schnittmenge zwischen (dieser Auffassung von) Studierfähigkeit und Wissenschaftspropädeutik, da beide Zieldimensionen das Kennenlernen und Anwenden von wissenschaftlichen Denk- und Arbeitsweisen beinhalten. Neben diesem eher normativ geprägten Verständnis von Huber (2009b) wird Studierfähigkeit häufig direkt mit dem

Erwerb der allgemeinen Hochschulreife in Verbindung gebracht, wodurch die formal-qualifikatorische Seite von Studierfähigkeit betont wird. Nach solch einer formal-qualifikatorischen Lesart beschreibt Studierfähigkeit ein spezifisches Profil von Kompetenzen, welches erfolgreichen Abiturientinnen und Abiturienten anhand des Abiturzeugnisses automatisch zugesprochen wird (Ebner, 2009). „Damit hat Studierfähigkeit einen amtlichen Charakter, der dazu dient, Absolventinnen und Absolventen einen Zugang zur hochschulischen Bildung zu gewähren“ (Fesser & Rach, 2022a, S. 54). Im Gegensatz zur Studierfähigkeit fokussiert Wissenschaftspropädeutik eher den Bildungsaspekt und verfügt daher nicht über solch eine formal-qualifikatorische Seite.

In ihrer Gesamtheit soll die Zieltrias der gymnasialen Oberstufe Bildung ermöglichen (KMK, 1995). Dabei wird in diesem Kontext Bildung vielfältig aufgefasst: Die Lernenden erwerben Kompetenzen zur Bewältigung zukünftiger Lebenssituationen als Privatperson und als Staatsbürger/-in, stärken ihre eigene Persönlichkeit und sind in der Lage, Entscheidungen hinsichtlich Berufs- und Studienwahl zu treffen (Henkel, 2013). Trotz dessen, dass die drei Ziele einheitlich auf das Mündigmachen junger Erwachsener abzielen, fokussieren die einzelnen Zieldimensionen jeweils andere Aspekte und lassen sich durch bestimmte Akzentuierungen voneinander unterscheiden. Neben den herausgestellten Unterschieden muss allerdings auch festgehalten werden, dass sich die drei Zieldimensionen zum Teil inhaltlich überschneiden, nicht immer trennscharf voneinander abgrenzbar sind und demnach als Konglomerat zusammenwirken sollen.

2.1.3 Wissenschaftspropädeutik aus bildungshistorischer Perspektive

Bisher wurde Wissenschaftspropädeutik als eine Zieldimension eher von einer curricularen Perspektive betrachtet, indem sich vor allem auf amtliche Verlautbarungen von Bildungsgremien bezogen wurde. Um die theoretische Auseinandersetzung mit Wissenschaftspropädeutik auf eine stärker theoretische Ebene zu heben, soll im Folgenden ein Überblick zu bildungshistorischen Entwicklungen um Wissenschaftspropädeutik nachgezeichnet werden. Es kann davon ausgegangen werden, dass eine bildungshistorische Analyse des Begriffs Wissenschaftspropädeutik und seinen Ursprüngen inhaltliche Aspekte des Begriffs offenlegt.

Zunächst ist festzuhalten, dass ausgehend von der griechischen Wortbedeutung *Propädeutik* als „Vor-Unterricht“ verstanden werden kann. Dementsprechend kann Wissenschaftspropädeutik als ein voruniversitäres Bildungsangebot zum wissenschaftlichen Arbeiten aufgefasst werden. Damit beschreibt Wissenschaftspropädeutik in erster Linie ein Lernangebot und nicht – wie die rezipierten curricularen Vorgaben vermuten lassen – konkrete Lernergebnisse (Fesser & Rach, 2022a). Ein solch auf Wissenschaft vorbereitendes Lernangebot ist dabei kein neues Bestreben, sondern lässt sich auf Bildungsgedanken aus dem 4. Jahrhundert vor Christus zurückführen (Griese, 1983). Beispielsweise sah der griechische Philosoph Platon (427–347 vor Christus) die Bedeutung der enzyklischen Fächer (Arithmetik, Geometrie, Stereometrie, Astronomie, Harmonielehre) als eine Vorbereitung respektive Vorübung für eine spätere Auseinandersetzung mit Philosophie und zu einer ganzheitlichen Bildung des Menschen (Günzler, 1989; Martens, 1999).

Diese Ausrichtung von Wissenschaftspropädeutik als Vorbereitung auf ein Studium der Philosophie setzte sich auch über die Spätantike bis ins Mittelalter weiter fort (Kühnert, 1961). Durch die römische Pädagogik wurden die enzyklischen Fächer jedoch durch die *sieben freien Künste* (lat. *Septem artes liberales*) ersetzt (Günzler, 1989). Die sieben freien Künste, bestehend aus dem *Trivium* (Grammatik, Dialektik und Rhetorik) und dem *Quadrivium* (Arithmetik, Geometrie, Astronomie und Musik), gelten als allgemein anerkannt für die mittelalterliche Bildungs- und Geistesgeschichte (Kühnert, 1961). Auch bis ins Mittelalter zieht sich „das antike Verständnis von Propädeutik im Sinne der Vermittlung eines festen Kanons von Fächern zur Vorbereitung auf geistig anspruchsvolle Berufe“ (Möhringer, 2019, S. 117).

Auf konzeptioneller Ebene gewann der Begriff Wissenschaftspropädeutik als ein auf wissenschaftliches Arbeiten vorbereitender Unterricht mit der Entstehung der neuhumanistischen Gymnasien erneut an Bedeutung. Zu Beginn des 19. Jahrhunderts wurde die auf Allgemeinbildung ausgelegte Oberstufe der neuhumanistischen Gymnasien als *propädeutisch* bezeichnet (Hahn, 2009). Durch den stetig voranschreitenden Ausdifferenzierungs- und Spezialisierungsgrad von wissenschaftlichen Disziplinen im 19. Jahrhundert war es nicht länger möglich, dass einzelne Personen über Spezialwissen in allen wissenschaftlichen Disziplinen verfügten. Dies macht die Bedeutung einer breiten Allgemeinbildung des schulischen Unterrichts deutlich, welche einer Grundlage für ein späteres Fachstudium dient und auch darauf vorbereitet (Bosse, 2009). Eine solche Auffassung wird beispielsweise durch die folgenden Ausführungen von Wilhelm von Humboldt (1810/1984; zit. nach Habel, 1990, S. 41) verdeutlicht:

> *Auf der anderen Seite aber ist es hauptsächlich Pflicht des Staates, seine Schulen so anzuordnen, daß* [*sic*] *sie den höheren wissenschaftlichen Anstalten gehörig in die Hände arbeiten. Dies beruht vorzüglich auf einer richtigen Einsicht ihres Verhältnisses zu denselben und der fruchtbar werdenden Überzeugung, daß* [*sic*] *nicht sie als Schulen berufen sind, schon den Unterricht der Universitäten zu antizipieren, noch die Universitäten ein bloßes, übrigens gleichartiges Komplement zu ihnen, nur eine höhere Schulklasse sind, sondern daß* [*sic*] *der Übertritt von der Schule zur Universität ein Abschnitt im jugendlichen Leben ist, auf den die Schule im Falle des Gelingens den Zögling so rein hinstellt, daß* [*sic*] *er* [...] *eine Sehnsucht in sich tragen wird, sich zur Wissenschaft zu erheben, die ihm bis dahin nur gleichsam von fern gezeigt war.*

Diese Formulierung macht deutlich, wie Wilhelm von Humboldt (1810/1984; zit. nach Habel, 1990) das Verhältnis zwischen den Institutionen Gymnasium und Hochschule sieht. Gymnasien haben hiernach die Aufgabe, wissenschaftliche Denk- und Arbeitsweisen (wie es an den Universitäten üblich ist) anzubahnen. Allerdings sollen sich weder die Gymnasien an den Inhalten der Universitäten ausrichten noch sich die Universitäten als eine Weiterführung schulischen Lernens verstehen. Ziel des schulischen Lernens soll es sein, bei Schülerinnen und Schülern eine Neugier in Bezug auf Wissenschaft und einen Drang zur wissenschaftlichen Weiterbildung zu wecken. Nach dem Verständnis Humboldts macht sich (Wissenschafts-)Propädeutik „durch einen Kanon grundlegender Bildungsinhalte, die Betonung der Vermittlung formaler Bildung und die Erziehung zu wissenschaftlichen Einstellungen“ (Hahn, 2009, S. 9) erkennbar. Zentrales Ziel der neuhumanistischen Gymnasien war es, dass Schülerinnen und Schüler ein Verständnis für philosophische Frage- und Problemstellungen erwerben und grundlegende Werkzeuge des

Philosophierens kennen und anwenden können. Diese Anbahnung zum philosophischen Denken und Arbeiten sollte vor allem durch den Unterricht in den sprachlichen Fächern (Latein, Griechisch und Deutsch) und der Mathematik geleistet werden (Hahn, 2009).

Gegen Mitte des 19. Jahrhunderts wurden bereits erste kritische Äußerungen gegenüber der altsprachlichen Schwerpunktsetzung neuhumanistischer Gymnasien deutlich, da eine solche Schwerpunktsetzung als wenig anschlussfähig an die zukünftige Arbeits- und Berufswelt galt (Bosse, 2009). Aus dieser Forderung heraus entwickelten sich Realgymnasien und Oberrealschulen, die sich in der Stundentafel durch einen stärkeren Fokus auf moderne Fremdsprachen (Französisch und Englisch) sowie Mathematik und Naturwissenschaften auszeichneten. Allerdings waren bis 1900 diese drei Schultypen rechtlich nicht gleichgestellt, d. h., Schulabschlüsse von Realgymnasien und Oberrealschulen berechtigten Absolventen und zum Teil auch schon Absolventinnen nur für ein Studium ausgewählter Fächer. Im Jahre 1900 wurden die drei Schultypen durch einen kaiserlichen Erlass rechtlich gleichgestellt (Pahl, 2022), was allen drei Schultypen eine allgemeinbildende Funktion der Oberstufe zusprach und sich damit in einer allgemeinen Hochschulberechtigung aller drei Schultypen niederschlug.

Maßgeblich für die Etablierung des Begriffs *Wissenschaftspropädeutik* waren die Arbeiten von Wilhelm Flitner, der Wissenschaftspropädeutik als wissenschaftliche Grundbildung konzeptualisierte. Für Flitner steht die Frage im Mittelpunkt, wo sich die gymnasiale Oberstufe „zwischen einer Bildung ‚für die Welt‘ und einer Propädeutik für wissenschaftliche Studien, zwischen dem allen Schulen aufgegebenen Ziel der allgemeinen ‚Lebensreife‘ und dem spezifischen Gymnasialziel der ‚Hochschulreife‘ [befindet]“ (Scheuerl, 1964, S. 104). Eine Antwort auf diese Frage liegt in der Konzeption von Wissenschaftspropädeutik als grundlegende Geistesbildung, die

> *sich noch nicht im eigentlichen Raum der Wissenschaften [bewegt], die nur als speziale existieren, aber von der Philosophie umgriffen und überwölbt werden. Ihnen gegenüber handelt es sich nur um das Fundamentale und das Elementare, um die Grundbildung. Aber gegenüber anderen Formen geistiger Grundbildung handelt es sich um das Spezifikum einer Vorbereitung auf die wissenschaftlichen Studien im akademischen Sinne* (Flitner, 1967; zit. nach Habel, 1990, S. 97).

Im Rahmen seiner Grundbildungskonzeption geht es bei Flitner um die Vorbereitung auf wissenschaftliche Studien, indem Schülerinnen und Schüler einen Einblick in wissenschaftliche Denk- und Arbeitsformen erhalten. Wissenschaftliches Denken wird hier als Gesamtheit von positivistischen und geisteswissenschaftlichen Denkformen angesehen, wobei wie auch schon bei vorherigen Konzeptionen von Wissenschaftspropädeutik der Philosophie und ihren spezifischen Denken- und Arbeitsweisen eine den Einzelwissenschaften übergeordnete Rolle zugeschrieben wird (Hahn, 2009). Konkret soll sich jene wissenschaftspropädeutische Grundbildung in vier inhaltlichen Feldern vollziehen, um ein grundlegendes Verständnis von modernen Zugängen der Weltanschauung zu erhalten: (1) christliches, (2) philosophisch-literarisches, (3) exakt-naturwissenschaftliches und (4) historisch-politisches Feld (Dick, 1984). Dabei hat jedes Feld einen spezifischen Bildungsgehalt (Dick, 1984), so dass die vier Felder „nur in ihrer Vollständigkeit und Aufeinanderverwiesenheit den Charakter der intendierten Grundbildung erfüllen können“

(Hahn, 2009, S. 12). Neben der Fokussierung auf inhaltliche Felder (im Sinne einer Minimalforderung an fachliches Lernen) geht es bei der Konzeption von Flitner (1968) darum, Schülerinnen und Schüler exemplarisch an wissenschaftliche Denk- und Arbeitsweisen heranzuführen sowie bei ihnen eine Neugier für die wissenschaftliche Methode und ein Bedürfnis für die eigene (wissenschaftliche) Weiterbildung zu wecken. Dabei wird die Heranführung an wissenschaftliche Denkformen erst dann zu einer redlichen Grundbildung, wenn die zunächst singulär aufgebauten Denkformen zu einem Ganzen zusammengeführt werden (Hahn, 2009). Eine solche Zusammenführung kann beispielsweise derart erfolgen, dass die einzelnen Denkformen jeweils hinsichtlich ihres Erkenntnispotentials und ihrer Grenzen miteinander verglichen und in Beziehung zueinander gesetzt werden. In Auseinandersetzung mit den wissenschaftlichen Denkformen bekommen Lernende Einsicht in die Bedeutung der einzelnen Denkformen für die Erschließung der Welt: Lernende können erfahren, dass wissenschaftliche Denkformen verschiedene Blickwinkel auf lebensweltliche Phänomene ermöglichen beziehungsweise unterschiedliche Erklärungsansätze für dasselbe Phänomen liefern können.

Flitner (1968) macht deutlich, dass es für die Erreichung einer wissenschaftspropädeutischen Grundbildung ein „Einheitsgymnasium“ bedarf, welches sich durch einen festen Fächerkanon, (bestehend aus sprachlichen, mathematisch-naturwissenschaftlichen und geschichtlich-politischen Studien) und gegebenenfalls spezialisierten Zusatzstudien auszeichnet. Nur im Sinne einer breit angelegten Allgemeinbildung ist es möglich, dass Schülerinnen und Schüler Erfahrungen mit unterschiedlichen wissenschaftlichen Denkformen sammeln können. Eine verfrühte Spezialisierung im Rahmen der gymnasialen Oberstufe (z. B. durch ein Kurssystem mit viel Wahlfreiheit) könne nach Flitner (1968) die allgemeinbildende Funktion der gymnasialen Oberstufe einschränken und würde die Debatte um sprachlich- gegenüber naturwissenschaftlich-orientierten Schulen, die als überwunden schien, erneut aufflammen lassen.

Anders als es in den curricularen Bestimmungen festgehalten wurde (Kapitel 2.1.1), sieht Flitner (1968) Wissenschaftspropädeutik im Sinne einer wissenschaftlichen Grundbildung nicht als alleinige Aufgabe der gymnasialen Oberstufe. Flitner (1968, S. 12) fordert, dass jedem Kind ein auf Wissenschaftspropädeutik ausgerichtetes Angebot unterbreitet werden muss, „daß [*sic*] es [das Kind] in dieser Richtung gefördert werden muß [*sic*], auch schon in der Grundschule, erst recht in der Hauptstufe der Volks-, Mittel- und Realschule. Die traditionelle Zweiteilung in volkstümliche und wissenschaftspropädeutische Grundbildung ist nicht aufrechtzuerhalten, sie muß [*sic*] fortfallen“. Wie auch schon von Flitner (1968) angedeutet wurde, versteht von Hentig (1974, S. 34) Wissenschaftspropädeutik unter dem Aspekt des lebenslangen Lernens als „eine in der Vorschule beginnende und mit dem Grundstudium nicht endende Bemühung um die kategorische Funktion von Wissenschaft“. Im Gegensatz zu Flitner (1968) geht von Hentig (1971) bei seiner Konzeption von Wissenschaftspropädeutik über die institutionellen Grenzen der gymnasialen Oberstufe hinaus und fordert eine stärkere Verzahnung zwischen der allgemeinbildenden Funktion des Gymnasiums und des spezialisierten Studiums an Hochschulen, denn „sie müssen das Verhältnis von allgemeiner Bildung und Spezialausbildung, von Schulunterricht und Wissenschaftsdisziplin, von Praxis und Theorie der Wissenschaftspropädeutik gemeinsam verantworten, [...] das wissenschaftliche Wissen gemeinsam so strukturieren, daß [*sic*] es brauchbar und lernbar zugleich ist" (von Hentig, 1971, S. 30). Dies bedeutet, dass die in Wissenschaftspropädeutik enthaltene Zielstellung auch noch Gültigkeit für das Lernen im „Grundstudium" respektive in der Studieneingangsphase haben sollte.

Vor dem Hintergrund der bisherigen Auseinandersetzung mit Wissenschaftspropädeutik aus einer bildungshistorischen Sichtweise kann zusammenfassend festgehalten werden, dass Konzeptionen von Wissenschaftspropädeutik den Umgang mit Wissenschaft vorbereiten, aber keine konkreten universitären Inhalte vorwegnehmen sollen. Während ältere Konzeptionen die hauptsächliche Aufgabe in Wissenschaftspropädeutik in der vornehmlichen Vorbereitung philosophischer Studien sehen, liegt die Betonung neuerer Konzeptionen auf der Gesamtheit an wissenschaftlichen Disziplinen. Deutlich wird auch, dass sich aus der Historie heraus Wissenschaftspropädeutik als eine Aufgabe der höheren Schulen entwickelt hat, die sich zunächst funktional auf den Übergang Schule-Hochschule bezogen hat. Konzeptionen von Wissenschaftspropädeutik aus der zweiten Hälfte des 20. Jahrhunderts beschreiben Wissenschaftspropädeutik nicht als eine ausschließliche Aufgabe der gymnasialen Oberstufe, sondern auch anderer Schulformen und zum Teil auch noch der Studieneingangsphase.

2.1.4 Wissenschaftspropädeutik als Gegenstand der Bildungstheorie

Die bisherige Fokussierung auf curriculare Vorgaben und die Nachzeichnung des historischen Ursprungs von Wissenschaftspropädeutik konnten zwar einen ersten Überblick zum Begriff Wissenschaftspropädeutik verschaffen, aber nicht gänzlich klären. Daher sollen in einem nächsten Schritt anhand der bildungstheoretischen Diskussion um Wissenschaftspropädeutik wesentliche Aspekte des Begriffs herausgearbeitet werden.

Im Zuge des curricularen Etablierungsprozesses von Wissenschaftspropädeutik (Kapitel 2.1.1) setzt sich Habel (1990) mit Konzeptionen von Wissenschaftspropädeutik des 19. und 20. Jahrhunderts auseinander. Dabei konnte Habel (1990) bis dato zwei grundlegende Orientierungen bei der Konzeption von Wissenschaftspropädeutik festmachen: Orientierungen an (1) Gegenständen (Vermittlung von der Fachsystematik und fachautonomen Methoden einzelner Wissenschaften) und an (2) kognitiven Strukturen (Vermittlung von fachübergreifenden Kenntnissen und Fertigkeiten, die einer allgemeinen Denkerziehung dienlich sind, z. B. Kreativität, Kritik- und Urteilsfähigkeit). Frühere Konzeptionen von Wissenschaftspropädeutik haben allesamt gemein, dass sie vornehmlich kognitionsbezogene Aspekte (ob fachbezogen oder fachübergreifend) des Wissenschaftlichen fokussierten.

Für Schmidt (1994, S. 269) setzt sich Wissenschaftspropädeutik aus „psychischen Dispositionen für Wissenschaftsumgang" zusammen, die aus einer kognitiven (z. B. Anwendung von wissenschaftlichen Arbeitsweisen) und einer affektiven Komponente (z. B. Offenheit, Verantwortung) bestehen. Dabei zielt Wissenschaftspropädeutik nicht nur auf die Lernenden ab, die zukünftig ein Fachstudium anstreben, sondern auf alle Lernenden, da auch nichtakademische Berufe wie auch die ganze Lebenswelt zunehmend von Wissenschaft und wissenschaftlichen Erkenntnissen geprägt sind (Schmidt, 1994). Der (Allgemein-)Bildungs- und der Wissenschaftsaspekt stehen nach Schmidt (1994) in einem doppelten Verhältnis zueinander:

- *Bildung an der Wissenschaft*: Wissenschaftspropädeutik vollzieht sich an den Bildungsgegenständen der Fachdisziplinen, also konkret im Fachunterricht. Dabei geht es in erster Linie nicht um eine reine Vermittlung von fachlich anspruchsvollen Gegenständen, sondern um das Erkennen der jeweils fachspezifischen Modi der Weltanschauung.
- *Bildung zur Wissenschaft*: Da wissenschaftliche Disziplinen im Gefüge der Wissenschaften nicht isoliert betrachtet werden können, da sich wissenschaftliche Disziplinen an Universitäten weiterentwickeln (z. B. engere Verzahnung von Wissenschaften oder Entstehung von interdisziplinären Wissenschaften), muss Wissenschaftspropädeutik im Fachunterricht auch über die Grenzen des eigenen Fachs hinausblicken. In Auseinandersetzung mit verschiedenen Wissenschaften bekommen Lernende eine Einsicht darin, was wissenschaftliche Disziplinen (z. B. wissenschaftliche Grundhaltung) miteinander verbindet. Den Lernenden muss es auch ermöglicht werden, beispielsweise über Besonderheiten/Unterschiede zwischen Fächern oder die Bedeutung eines Fachs in anderen Fächern zu reflektieren.

Dabei betont Schmidt (1994) auch die Bedeutung der *Enkulturation*, die das Hineinwachsen in die wissenschaftliche Welt umfasst, die sich beispielsweise durch die Übernahme von Rollen und Werten auszeichnet (Langemeyer, 2019). Die Lernenden „wachsen hierdurch in die Kultur der Wissenschaft hinein. Wissenschaftspropädeutik meint Bildung zur Wissenschaft und zielt auf eine Haltung, die dem einzelnen [*sic*] Wissenschaft öffnet und erschließt und den Blick dafür schärft“ (Schmidt, 1994, S. 229). Für die Ausgestaltung des Enkulturationsprozesses sind dann die jeweiligen Lehrkräfte zuständig, aber stets „im Maße der Möglichkeiten der [Lehrerinnen und] Lehrer [sowie der Schülerinnen] und Schüler – also mehr oder weniger elaboriert“ (Schmidt, 1994, S. 224). Hinsichtlich der Schülerinnen- und Schülerschaft darf Wissenschaftspropädeutik nicht als eine Überforderung aufgefasst werden, sondern muss ihren vorbereitenden Charakter (im Sinne einer Heranführung an wissenschaftliche Denk- und Arbeitsweisen, die exemplarisch für das jeweilige Vorgehen der Einzelwissenschaft stehen) aufrechterhalten.

Für das heutige Verständnis von Wissenschaftspropädeutik sind die Arbeiten von Huber (z. B. 1997, 1998, 2009a), in denen er sich mehrfach mit der Konzeptualisierung von Wissenschaftspropädeutik beschäftigte, fundamental. Dabei wird in der Literatur häufig auf das von ihm entwickelte Ebenen-Modell (Huber, 1997) verwiesen, welches beispielsweise auch als Grundlage für empirische Studien benutzt wird (z. B. Dettmers et al., 2010). Basierend auf einer vergleichenden Synthese von bildungshistorischen und -theoretischen Ansätzen konnte Huber (1997) drei Ebenen von Wissenschaftspropädeutik ableiten. Besonders an dem Ebenen-Modell von Huber (1997) ist, dass weniger Charakteristika eines wissenschaftspropädeutischen Lernangebots im Fokus stehen, sondern ansatzweise präzisiert wurde, über welche Kenntnisse und Fähigkeiten Lernende am Ende der gymnasialen Oberstufe verfügen sollen (siehe Abbildung 1).

Ebene 3: Lernen über Wissenschaft	**Metawissenschaftliche Reflexion** • Reflexion von wissenschaftlichen Erkenntnissen vor dem Hintergrund ihrer Voraussetzungen, Reichweite und Implikationen • Reflexion von Verfahren der Erkenntnisgenerierung vor dem Hintergrund ihrer Grenzen und Übertragbarkeit in andere Wissenschaftsdisziplinen
Ebene 2: Lernen und Üben an Wissenschaft	**Wissenschaftliche Haltung und Kultur des Ergründens** • Einstellungen und Vorstellungen, die für das wissenschaftliche Arbeiten förderlich sind, z.B. epistemische Neugier • Wissenschaftliche Attitüde des Er- und Begründens von wissenschaftlichen Fragestellungen
Ebene 1: Lernen und Üben in Wissenschaft *Wissenschaftspropädeutik im engeren Sinne*	**Wissenschaftliche Grundbegriffe und -methoden** • Kenntnis von wissenschaftlichen Grundbegriffen sowie Strukturen von Wissenschaften • Kenntnis und Anwendung von wissenschaftlichen Arbeitstechniken und Prinzipien zur Erkenntnisgenerierung

Abbildung 1: Drei-Ebenen-Modell nach Huber (1997) modifiziert nach Müsche (2009). (Quelle: Fesser & Rach, 2022a, S. 52)

Auf der ersten Ebene, die Huber (1998) als *Wissenschaftspropädeutik im engeren Sinne* bezeichnet, wird die Kenntnis über grundlegende Begriffe und Methoden der Wissenschaften als auch ihre Anwendung in exemplarischen Situationen verortet. Dies beinhaltet sowohl das Wissen über konkrete, inhaltsübergreifende Begriffe, die im wissenschaftlichen Forschungsprozess von Relevanz sind (z. B. Grundbegriff „Definition"), als auch das Wissen und die Anwendung von wissenschaftlichen Methoden der Erkenntnisgewinnung (z. B. Experimente durchführen). Während es sich bei der ersten Ebene um kognitive Dispositionen handelt, fokussiert Huber (2009a) auf der zweiten Ebene eher eine affektive Komponente von Wissenschaftspropädeutik. Hier geht es um die Entwicklung einer wissenschaftlichen Haltung, die sich beispielsweise in Einstellungen zum wissenschaftlichen Arbeiten (z. B. Offenheit) niederschlägt, was wiederum in enger Beziehung zur Enkulturationsfunktion (Schmidt, 1994) steht. Für Huber (2009a) ist es wichtig, dass die auf den ersten beiden Ebenen erlernten Kenntnisse, Arbeits- und Verhaltensweisen nicht nur angewendet und eingeübt werden, sondern Schülerinnen und Schüler sollen von einer Metaebene heraus darüber reflektieren. Denn erst durch die meta-wissenschaftliche Reflexion kann „die konstitutive Differenz der Wissenschaftspropädeutik als Aufgabe der Oberstufe zur Wissenschaftsorientierung als einer Fundierung allen Unterrichts" (Huber, 2009a, S. 45) deutlich gemacht werden. Zur meta-wissenschaftlichen Reflexion gehört es über Einzelwissenschaften und ihre wissenschaftlichen Erkenntnisse (hinsichtlich ausgewählter Kriterien wie Voraussetzungen oder Reichweite) als auch über ihren Platz im System aus wissenschaftlichen Disziplinen zu reflektieren. Neben Reflexionen in interdisziplinären Kontexten sind auch Reflexionen in transdisziplinären Zusammenhängen denkbar, d. h. über die Bedeutung von wissenschaftlichen Erkenntnissen für den persönlichen oder gesellschaftlichen Nutzen nachzudenken. Hierfür muss der Unterricht so gestaltet sein, dass er genügend Räume und sinnvolle Reflexionsanlässe schafft. Damit die unterrichtlichen Reflexionsanlässe nicht in eine „kenntnislose Reflexion" (Huber, 2009a, S. 50) münden, ist es notwendig, dass Schülerinnen und Schüler ein Fundament an Kenntnissen von wissenschaftlichen Grundbegriffen und wissenschaftlichen Denk- und Arbeitsweisen verfügen.

Basierend auf einer Zusammenführung von bildungstheoretischen Ansätzen (z. B. Huber, 1998; Klafki, 2007) und bildungspolitischen Beschlüssen (z. B. KMK, 1988; KMK, 1995) entwickelt Müsche (2009) eine Konkretisierung für Wissenschaftspropädeutik. Nach Müsche (2009, S. 67) kann Wissenschaftspropädeutik verstanden werden

> als Anbahnung wissenschaftlichen Vorgehens, ein verbindliches Unterrichtsanliegen vor allem in der gymnasialen Oberstufe [...]. Wissenschaftspropädeutik impliziert, dass Schülerinnen und Schüler einen ersten und exemplarischen Einblick in wissenschaftliche Denk- und Arbeitsweisen erhalten. Dies beinhaltet zugleich die Auseinandersetzung mit den Grenzen wissenschaftlichen Arbeitens im Allgemeinen oder eines bestimmten methodischen Vorgehens im Besonderen.

Ausgehend von dieser Auffassung handelt es sich bei Wissenschaftspropädeutik um ein Unterrichtsangebot, das mit dem Ziel verbunden ist, bei Schülerinnen und Schülern anhand exemplarisch ausgewählter Inhalte wissenschaftliche Denk- und Arbeitsweisen herauszubilden. Dabei geht es wie bei Huber (1997) nicht allein um Kenntnisse über wissenschaftliche Grundbegriffe und -methoden, sondern darüber hinaus um eine reflektierte Auseinandersetzung mit der Bedingtheit des wissenschaftlichen Forschungsprozesses und ihren Erkenntnissen.

Dass es sich bei Wissenschaftspropädeutik nicht nur um eine Vorbereitung auf potentielle Anforderungen eines wissenschaftlichen Studiums handeln könne, wird schon oben angesprochen. Klafki (2007) macht dies jedoch nochmal deutlich, indem er die Vorbereitung auf ein zukünftiges Studium nur als sekundäres Ziel von Wissenschaftspropädeutik bezeichnet. In erster Linie soll es bei Wissenschaftspropädeutik darum gehen, dass die „Bedeutung der Wissenschaften für die Vermittlung eines angemessenen Wirklichkeits- und Selbstverständnisses sowie einer entsprechenden Handlungsfähigkeit des (jungen) Menschen in der modernen, in zunehmendem Maße von Wissenschaft bestimmten oder doch mitbestimmten Welt“ (Klafki, 2007, S. 166) herausgebildet wird. Damit setzt Klafki (2007) Wissenschaftspropädeutik mit dem Prinzip der Lernerorientierung in dem Sinne in Beziehung, dass die individuellen und sozialgeteilten Lebenswirklichkeiten der Schülerinnen und Schüler beim Erlernen wissenschaftlicher Denk- und Arbeitsweisen Berücksichtigung finden sollen. Hiernach wird Wissenschaftspropädeutik nicht nur als eine Zieldimension von Unterricht aufgefasst, sondern eher als ein didaktischer Rahmen für die gymnasiale Oberstufe. Mit dieser Auffassung impliziert Klafki (2007), dass sich die Inhaltswahl im Unterricht der gymnasialen Oberstufe an der Frage orientieren sollte, welche wissenschaftlichen Grundbegriffe und -methoden bedeutsam sind, damit die Lernenden ihre gegenwärtigen und zukünftigen Lebenswelten besser durchschauen und verstehen können. Nach Klafkis Auffassung wird für Wissenschaftspropädeutik die Lebensdienlichkeit von wissenschaftlichen Denk- und Arbeitsweisen in den Mittelpunkt der Betrachtung gestellt, wodurch Wissenschaftspropädeutik inhaltlich in die Nähe von (vertiefter) Allgemeinbildung rückt.

Möhringer (2019) versteht Wissenschaftspropädeutik als Bildungsziel, welches sich in der Gestaltung wissenschaftspropädeutischen Unterrichts niederschlägt. Dabei soll dieses Angebot zwei Funktionen erfüllen: Wissenschaftspropädeutischer Unterricht soll erstens wissenschaftliche Grundbegriffe vermitteln, in Prinzipien und Verfahrensweisen von wissenschaftlichen Disziplinen einführen und meta-wissenschaftliche Reflexionsanlässe schaffen. Zweitens soll dieser Bildung derart ermöglichen, dass Lernende dazu „befähigt werden, wissenschaftliche Erkenntnisse als notwendige Basis für politische, wirtschaftliche und gesellschaftliche Entscheidungen anzuerkennen und für persönliche Orientierungen zu nutzen" (Möhringer, 2019, S. 138). In Anlehnung an das Ebenen-Modell nach Huber (1997) beschreibt auch Möhringer (2019), dass sich Wissenschaftspropädeutik in unterschiedlichen Formen im Umgang mit Wissenschaft zeigt. Möhringer (2019) macht darüber hinaus deutlich, dass Wissenschaftspropädeutik in erster Linie nicht auf ein Fachstudium vorbereitet, sondern generell für zukünftige Bürgerinnen und Bürger ein grundlegendes Verständnis von Wissenschaft notwendig sei.

Ausgehend von den rezipierten Ansätzen zur Konkretisierung von Wissenschaftspropädeutik kann festgehalten werden, dass Wissenschaftspropädeutik ein vielschichtig diskutierter Begriff ist und auf einen reflektierten Umgang mit Wissenschaft abzielt. Dabei soll sich Wissenschaftspropädeutik zwar an den wissenschaftlichen Disziplinen orientieren und erste wissenschaftliche Denk- und Arbeitsweisen (*Aspekt des Wissenschaftlichen*) unterrichtlich vorbereiten, aber keine konkreten Inhalte der Universitätswissenschaften vorwegnehmen (*Aspekt des Propädeutischen*). Dies ist vor allem damit zu begründen, dass Wissenschaftspropädeutik eine Zieldimension der allgemeinbildenden Oberstufe darstellt und nicht auf die Vorbereitung eines konkreten Fachstudiums abzielt (*Aspekt des Allgemeinbildenden*). Hieraus lassen sich drei konsensfähige Aspekte der Zieldimension Wissenschaftspropädeutik herausarbeiten, die im Folgenden nochmals in gebündelter Form beschrieben werden und in eine Arbeitsdefinition des Begriffs Wissenschaftspropädeutik münden.

2.1.5 Zugrundeliegendes Verständnis von Wissenschaftspropädeutik

Die beschriebenen und zum Teil verschiedenen Ansätze zur Konkretisierung von Wissenschaftspropädeutik weisen darauf hin, dass es für den Begriff Wissenschaftspropädeutik in der Forschung keine einheitliche Definition gibt. Vor dem Hintergrund der Zielstellungen dieser Arbeit ist es allerdings erforderlich, eine Arbeitsdefinition festzulegen. Dabei soll sich die Arbeitsdefinition an Aspekten von Wissenschaftspropädeutik orientieren, die in den bisher betrachteten Definitionsvorschlägen vergleichsweise häufig vorkamen und daher als konsensfähig angesehen werden können. Dazu gehören konkret die folgenden drei Aspekte:

- *Aspekt des Wissenschaftlichen*: Wissenschaftspropädeutik beinhaltet den Aspekt des Wissenschaftlichen, d. h., Wissenschaftspropädeutik zielt auf eine Erschließung von Wissenschaft. Diese Erschließung von Wissenschaft knüpft an wissenschaftlichen Begriffen und Verfahren (wie sie in der Universität verwendet werden) sowie der fachlichen Systematik von Wissenschaften an. In diesem Sinne würde ein wissenschaftspropädeutischer Fachunterricht dadurch gekennzeichnet sein, dass solch ein Unterricht die Vermittlung von universitären Inhalten und Methoden der jeweiligen Fachwissenschaft (beispielsweise in ihrer Detailliertheit und Exaktheit) fokussiert. Damit ist jedoch die Befürchtung verknüpft, dass es zu einer Überforderung der Lernenden kommen kann.

- *Aspekt des Propädeutischen*: Dagegen betont der Aspekt des Propädeutischen, dass es bei Wissenschaftspropädeutik nicht um eine Vorwegnahme von universitären Inhalten geht, sondern um eine Vorbereitung auf wissenschaftliches Arbeiten. Nach dieser Auffassung geht es um die Vermittlung von wissenschaftlichen Arbeitstechniken, die nicht an ein konkretes Fachstudium gebunden sind (z. B. Recherchieren und Rezipieren von Literatur). Mit diesem Fokus würde Fachunterricht darauf abzielen, Schülerinnen und Schüler zu befähigen, solche wissenschaftlichen Arbeitstechniken einzuüben. Wenn jedoch jeder Fachunterricht auf die Vermittlung solcher Arbeitstechniken gerichtet sein soll, dann kann dies schnell zu unnötigen Redundanzen in der Bildung führen.
- *Aspekt des Allgemeinbildenden*: Daneben fokussiert der Aspekt des Allgemeinbildenden eine Orientierung an der gegenwärtigen und zukünftigen Lebenswelt der Schülerinnen und Schüler. In diesem Kontext geht es bei Wissenschaftspropädeutik darum, die Schülerinnen und Schüler derart mit Kompetenzen auszustatten, dass sie zukünftig wissenschaftliche Bereiche des gesellschaftlichen Lebens verantwortungsbewusst mitgestalten können. Diese Forderung ist eng verbunden mit einem Unterricht, der den Beitrag von Einzelwissenschaften hinsichtlich der Lösung lebensweltlicher Probleme, die auch im Erfahrungshorizont von Schülerinnen und Schülern liegen, aufzeigt, analysiert und reflektiert.

Aus den vorherigen Betrachtungen ließen sich drei Aspekte identifizieren, die als wesentliche Elemente von Wissenschaftspropädeutik angesehen werden können. Dabei können Überbetonungen einzelner Aspekte „zu Einseitigkeiten in der Bildung junger Menschen" (Weskamp, 2014, S. 19) führen. Unter etwa gleichstarker Berücksichtigung dieser Aspekte wurde die folgende Definition des Begriffs Wissenschaftspropädeutik als Arbeitsdefinition für die vorliegende Arbeit entwickelt:

Wissenschaftspropädeutik in der gymnasialen Oberstufe wird als *Anbahnung* einer *wissenschaftlichen Denk- und Arbeitsweise* verstanden, indem Kenntnisse über Grundbegriffe und Methoden des wissenschaftlichen Erkenntnisprozesses erworben und diese in exemplarischen Situationen angewendet werden sollen. In Auseinandersetzung mit Grenzen, Voraussetzungen und (In-)Konsistenzen von wissenschaftlichen Erkenntnissen soll Lernenden die Bedeutung von Prozessen kultureller Errungenschaften erschlossen werden sowie *Fähigkeiten erworben werden, in einer zunehmend wissenschaftlichen Welt selbstbestimmt und verantwortungsbewusst zu handeln.*

Ausgehend von dieser Arbeitsdefinition wird für die folgenden Ausführungen die Zieldimension Wissenschaftspropädeutik verstanden als ein auf wissenschaftliches Denken und Arbeiten vorbereitender Unterricht, um Schülerinnen und Schüler für ein mündiges Leben zu befähigen. Hierbei soll nochmals darauf hingewiesen werden, dass die Arbeitsdefinition als Synthese der beschriebenen Ansätze zu sehen ist und nicht alle Aspekte explizit (z. B. Bedeutung von Wissenschaftspropädeutik in Grund- und Leistungskursen) einbezogen wurden. Daher kann die Arbeitsdefinition als vergleichsweise allgemein aufgefasst werden. Zur Konkretisierung dieser Zieldimension ist es daher sinnvoll, einen Blick darauf zu werfen, was auf Ebene der Schülerinnen und Schüler hinsichtlich Lernoutcomes erreicht werden soll.

2.2 Konzeptualisierung von wissenschaftspropädeutischen Kompetenzen

Nachdem geklärt wurde, was in dieser Arbeit unter Wissenschaftspropädeutik verstanden wird und durch welche Aspekte sich diese Zieldimension auszeichnet, stellt sich nun die Frage, welche Kenntnisse, Fähigkeiten und Fertigkeiten Schülerinnen und Schüler hinsichtlich Wissenschaftspropädeutik letztlich erwerben sollen. In diesem Zusammenhang nimmt der Begriff der *wissenschaftspropädeutischen Kompetenzen* eine entscheidende Rolle ein, welcher bestimmte Leistungsmerkmale von Schülerinnen und Schülern umfasst. Vor dem Hintergrund der ersten Hauptzielstellung der vorliegenden Arbeit – der Konzeptualisierung von mathematikbezogenen wissenschaftspropädeutischen Kompetenzen (Kapitel 1) – ist die Klärung des Begriffs wissenschaftspropädeutische Kompetenzen von essentieller Bedeutung.

Zugrundeliegendes Verständnis des Kompetenzbegriffs
Bevor der Frage nachgegangen werden kann, was in dieser Arbeit unter dem Begriff „wissenschaftspropädeutische Kompetenzen" verstanden wird, muss vorab geklärt werden, welcher Kompetenzbegriff der vorliegenden Arbeit zugrunde gelegt wird. Der Kompetenzbegriff ist für die fachdidaktische und vor allem auch für die psychologische Forschung (gemessen an der Anzahl an Publikationen mit diesem Stichwort) ein bedeutender Begriff (Klieme & Hartig, 2007). Dabei bezeichnen mehrere Autorinnen und Autoren (z. B. Kurtz, 2010; Weinert; 2002) die Verwendung des Begriffs als *inflationär*. Dies ist möglicherweise darauf zurückzuführen, dass der Kompetenzbegriff in der wissenschaftlichen Literatur nicht immer sauber beschrieben und daher der Begriff zum Teil sehr unterschiedlich verwendet wird (Klieme & Hartig, 2007). Basierend auf Kaufhold (2006) ist es zumindest möglich, vier disziplinübergreifende Merkmale des Kompetenzbegriffs zu identifizieren: (1) Handlungsbezug, (2) Situationsbezug, (3) Subjektgebundenheit und (4) Veränderbarkeit. Diese vier Merkmale lassen sich auch in den Ausführungen von Weinert (2002) wiederfinden. Nach Weinert (2002, S. 27 f.) werden Kompetenzen definiert als

> die bei Individuen verfügbaren oder durch sie erlernbaren kognitiven Fähigkeiten und Fertigkeiten, um bestimmte Probleme zu lösen, sowie die damit verbundenen motivationalen, volitionalen und sozialen Bereitschaften und Fähigkeiten, um die Problemlösungen in variablen Situationen erfolgreich und verantwortungsvoll nutzen zu können.

Nach Weinerts (2002) Auffassung werden erlernbare sowie situations- und kontextspezifische Fähigkeiten und Fertigkeiten fokussiert, während allgemein kognitive Fähigkeiten (z. B. kritisches oder logisches Denken) eher vernachlässigt werden. Zusätzlich beinhaltet die Definition, dass erfolgreiches Handeln als Verbindung aus kognitiven Fähigkeiten und motivationalen, volitionalen und sozialen Aspekten angesehen wird. Daher verfügt eine kompetente Person nach Weinert (2002) beispielsweise nicht nur über inhaltsspezifisches Wissen, sondern auch über die Bereitschaft und den Willen, bestimmte Problemsituationen mithilfe dieses Wissens zu lösen.

Bezugnehmend zur Literaturlage und zum herausgearbeiteten Verständnis von Wissenschaftspropädeutik umfasst Wissenschaftspropädeutik vor allem kognitive Aspekte (z. B.

Wissen, Anwendung des Wissens und Reflexion). Daher erscheint es als sinnvoll, der Kompetenzdefinition von Klieme und Leutner (2006, S. 879) zu folgen, die „Kompetenzen als kontextspezifische kognitive Leistungsdispositionen“ verstehen, die benötigt werden, um Situationen anforderungsspezifisch bewältigen zu können. Im Einklang mit dem Verständnis von Wissenschaftspropädeutik werden bei Klieme und Leutner (2006) die kognitiven Aspekte des Kompetenzbegriffs fokussiert, während motivationale, volitionale und soziale Komponenten (wie sie bei Weinert (2002) hervorgehoben werden) ausgeklammert werden. Zusätzlich erlaubt die Kontextspezifität nach Klieme und Leutner (2006), wissenschaftspropädeutische Kompetenzen auf die Domäne Mathematik einzuschränken.

2.2.1 Begriffliche Klärung von wissenschaftspropädeutischen Kompetenzen

Die Verwendung des Begriffs „wissenschaftspropädeutische Kompetenzen“ respektive „wissenschaftspropädeutische Kompetenz“ geht auf die Ausführungen der gebildeten Expertenkommission zur *Weiterentwicklung der Prinzipien der gymnasialen Oberstufe und des Abiturs* (KMK, 1995) zurück. Mit der Einführung dieses Begriffs wurde das Ziel verfolgt, Wissenschaftspropädeutik nicht länger nur als Merkmale von Lehrplänen und unterrichtlichen Handelns anzusehen, sondern auch als „wohldefinierte Leistungsmerkmale des Lernenden selbst“ (KMK, 1995, S. 73). Dabei werden wissenschaftspropädeutische Kompetenzen als ein Konglomerat aus kognitiven und affektiven Dispositionen betrachtet, die im Rahmen von wissenschaftspropädeutischen Lernangeboten erworben werden. Während bereits in der Sekundarstufe I die Entwicklung und Überprüfung von wissenschaftspropädeutischen Kompetenzen eine Rolle spielen kann, wird die Förderung dieser Kompetenzen als vornehmliche Aufgabe der gymnasialen Oberstufe angesehen (KMK, 1995). Diese Auffassung wird auch von Frank (2020, S. 36 f.) geteilt, der wissenschaftspropädeutische Kompetenzen als Kompetenzen beschreibt, „welche [Schülerinnen und] Schüler sinnvollerweise im wissenschaftspropädeutischen Unterricht, insbesondere in der gymnasialen Oberstufe, erwerben sollen“. Wissenschaftspropädeutische Kompetenzen können demnach als Zielmodus von Wissenschaftspropädeutik respektive wissenschaftspropädeutischem Unterricht aufgefasst werden.

Wird ein Blick in die Literatur zu wissenschaftspropädeutischen Kompetenzen geworfen, fällt auf, dass in einem nicht vernachlässigbaren Anteil der Begriff kaum konkretisiert (z. B. Dettmers et al., 2010), nur unter Bezugnahme zu curricularen Vorgaben beschrieben (z. B. Asdonk & Sterzik, 2011) oder gänzlich auf eine explizite begriffliche Schärfung verzichtet wird (z. B. Daniel & Neumann, 2022). Dieser Befund ist in Hinsicht auf die übersichtliche Literaturlage zum Begriff Wissenschaftspropädeutik nicht verwunderlich. Dennoch soll im Folgenden ein Versuch unternommen werden, die Literaturlage zu wissenschaftspropädeutischen Kompetenzen strukturiert zu organisieren und wesentliche Aspekte von wissenschaftspropädeutischen Kompetenzen aus der Literatur herauszuarbeiten.

Abseits von curricularen Bestimmungen fasst Hahn (2008, S. 161) wissenschaftspropädeutische Kompetenzen als kognitive Leistungsdispositionen auf, die sich als „Fähigkeiten und Fertigkeiten [zeigen], bestimmte Formen des Perspektivwechselns zu vollziehen". Im Rahmen des Fachunterrichts sollen Schülerinnen und Schülern jeweilige Fachperspektiven (oder bestimmte „Linsen") vermittelt werden, mit denen sie bestimmte Phänomene wahrnehmen und erklären können. Ausgehend von dieser Konkretisierung lässt sich erkennen, dass das Hahn'sche Modell vor allem der Modellierung von wissenschaftspropädeutischen Kompetenzen in gesellschaftswissenschaftlichen Unterrichtsfächern (z. B. Wirtschaftsunterricht) dienlich ist (z. B. Kirchner, 2020), in welchen die Multiperspektivität eine wichtige Rolle spielt (Loerwald, 2008). Schülerinnen und Schüler mit wissenschaftspropädeutischen Kompetenzen sind in der Lage, verschiedene Perspektiven auf ein (wissenschaftliches) Phänomen einzunehmen und zwischen diesen zu differenzieren. Durch solche Perspektivwechsel lernen Schülerinnen und Schüler die Erklärungskraft verschiedener Fachperspektiven und damit auch von verschiedenen wissenschaftlichen Disziplinen kennen und können diese Fachperspektiven von einem übergeordneten Standpunkt miteinander vergleichen. Bei dieser Auffassung von wissenschaftspropädeutischen Kompetenzen wird deutlich, dass diese als kognitive Leistungsdispositionen verstanden werden, die sich auf das bewusste Einnehmen von bestimmten Perspektiven auf wissenschaftsbezogene Phänomene beziehen.

Müsche (2009) versteht unter Bezugnahme zu den Vorgaben der KMK (1995) wissenschaftspropädeutische Kompetenzen als deklaratives und prozedurales Wissen sowie als Fähigkeiten und Fertigkeiten, die für das Durchlaufen eines wissenschaftlichen Vorgehens (oder von Teilen davon) benötigt werden. Diese kognitiv geprägten Komponenten von wissenschaftspropädeutischen Kompetenzen werden in Anlehnung an Huber (1998) durch die Entwicklung einer wissenschaftlichen Haltung ergänzt. Dazu zählen eher affektiv-motivationale Dispositionen wie beispielsweise Kritikfähigkeit, Bereitschaft zum Ausüben von Kritik oder epistemische Neugier. „Auf einer kognitiven und operativen Ebene zählen vor allem logisches Denken und Schlussfolgern, das Argumentieren und Erörtern sowie Beweisführung, Begründung und Rechenschaftslegung zu einer wissenschaftlichen Haltung" (Müsche, 2009, S. 69). Dabei fokussiert Müsche (2009) bei ihrer Konzeptualisierung von Wissenschaftspropädeutik die Domäne des naturwissenschaftlichen Denkens und Arbeitens. Zusammenfassend beschreibt Müsche (2009) wissenschaftspropädeutische Kompetenzen als ein individuelles Merkmal von Lernenden mit einer Fokussierung auf kognitive Leistungsmerkmale.

Bezugnehmend zum Drei-Ebenen-Modell nach Huber (1997) heben Asdonk et al. (2009) hervor, dass die Förderung wissenschaftspropädeutischer Kompetenzen sich auf mehreren Ebenen vollzieht, wodurch die zum Konstrukt dazugehörigen Kenntnisse und Fähigkeiten stark hinsichtlich ihrer kognitiven Komplexität variieren. Zu wissenschaftspropädeutischen Kompetenzen gehören (1) methodenbezogene Aspekte (z. B. Informationsrecherche oder freies Vortragen), (2) fachspezifische Aspekte des empirischen Denkens und Arbeitens (z. B. Beschreibung von Problemen anhand mathematischer Modelle oder Darstellung von Umfrageergebnissen mithilfe von statistischen Mitteln) und (3) reflexionsbezogene Aspekte (z. B. Reflexion über Grenzen und Voraussetzungen von wissenschaftlichen Erkenntnissen) (Asdonk et al., 2009).

Für die Konzeptualisierung von wissenschaftspropädeutischen Kompetenzen bezieht auch Möhringer (2019) zwar fachspezifische Aspekte mit ein, aber ihr Modell beinhaltet eher allgemeine Aspekte des wissenschaftlichen Denkens und Arbeitens. Ausgehend von den Kompetenzbeschreibungen innerhalb der Bildungsstandards für die Fächer Deutsch und Mathematik werden überfachliche Kompetenzen entwickelt, die ein höheres Maß an Wissenschaftsbezogenheit als die in den Bildungsstandards formulierten Kompetenzen aufweisen (Möhringer, 2019). Nach der Auffassung von Möhringer (2019, S. 155) sind wissenschaftspropädeutische Kompetenzen so ausgerichtet, dass sie „den Umgang mit wissenschaftlichen Daten und Erkenntnissen für die Lösung beruflicher und lebenspraktischer Aufgaben *und* die Hinführung auf ein wissenschaftliches Studium" vorbereiten. Diese Auffassung wird mithilfe von vier Kompetenzbereichen untermauert: (1) Wissenschaftliche Arbeitsweisen anwenden (z. B. Wahl eines methodischen Zugangs zur Bearbeitung einer Problemstellung), (2) Wissenschaftlich schreiben/kommunizieren (z. B. sichere Verwendung von Fachsprache), (3) Mit Evidenz umgehen (z. B. auf Basis von Daten schlussfolgern) und (4) Epistemologisch reflektieren (z. B. Reflexion aus einer meta-wissenschaftlichen Perspektive) (Möhringer, 2019). Auch bei dieser Auffassung von wissenschaftspropädeutischen Kompetenzen wird die Akzentuierung von kognitiven Dispositionen, die sich auf den *Umgang mit Wissenschaft* (als Umgang mit wissenschaftlichen Arbeitsweisen, Erkenntnissen etc.) beziehen, deutlich.

Ausgehend von den theoretischen Betrachtungen können wissenschaftspropädeutische Kompetenzen respektive die Förderung dieser Kompetenzen als inhärentes Ziel von Wissenschaftspropädeutik aufgefasst werden. Zusammenfassend werden wissenschaftspropädeutische Kompetenzen als kognitive Leistungsdispositionen verstanden, die sowohl *Wissen* (erworbene Kenntnisse im Umgang mit Wissenschaft) als auch *Können* (erworbene Fähigkeiten und Fertigkeiten im Umgang mit Wissenschaft) umfassen. In diesem Kontext können sie als Maß dafür angesehen werden, wie sicher Schülerinnen und Schüler im Umgang mit Wissenschaft sind. Für die vorliegende Arbeit werden wissenschaftspropädeutische Kompetenzen unter Berücksichtigung der Arbeitsdefinition von Wissenschaftspropädeutik wie folgt aufgefasst:

Wissenschaftspropädeutische Kompetenzen umfassen jene kognitiven Leistungsdispositionen (Wissen und Können), welche von Schülerinnen und Schülern benötigt werden, um sich selbstbestimmt, verantwortungsbewusst und kritisch im Umgang mit Wissenschaft verhalten zu können.

Die noch sehr allgemein formulierte Arbeitsdefinition von wissenschaftspropädeutischen Kompetenzen bezieht sich auf die Domäne Wissenschaft (allgemein) und ist damit fachlich unspezifisch. Für das übergreifende Ziel dieser Arbeit ist es sinnvoll, die Arbeitsdefinition mithilfe von konkreten fachbezogenen Kompetenzbeschreibungen (wie es auch für die unterrichtliche Praxis notwendig ist) zu spezifizieren (beispielsweise in Anlehnung an die fachspezifischen Aspekte bei Asdonk et al., 2009).

2.2.2 Modelle zur Beschreibung wissenschaftspropädeutischer Kompetenzen

Im Anschluss an die inhaltliche Klärung des Begriffs wissenschaftspropädeutische Kompetenzen soll es nun um die Frage gehen, wie diese Kompetenzen modellhaft konkretisiert werden. Solche Modelle werden als *Kompetenzmodelle* (Kapitel 4.1) bezeichnet und können als Orientierungen für didaktisch-methodische Entscheidungen für den Unterricht dienen. Im Folgenden werden zwei Modelle zur Beschreibung wissenschaftspropädeutischer Kompetenzen vorgestellt, die im deutschsprachigen Raum vergleichsweise häufig zitiert werden. Hierbei handelt es sich zum einen um das Modell zur Reflexions-, Urteils- und Verständigungskompetenz nach Hahn (2008) und zum anderen um das Modell wissenschaftspropädeutischer Kompetenzen nach Müsche (2009). Dadurch, dass sich die beiden Modelle an unterschiedlichen Bezugswissenschaften orientieren, werden unterschiedliche Aspekte von Wissenschaften verschieden stark akzentuiert. Während das Modell von Hahn (2008) eher erziehungswissenschaftlich geprägt ist und damit eher für die Modellierung von wissenschaftspropädeutischen Kompetenzen in den Unterrichtsfächern des gesellschaftswissenschaftlichen Aufgabenfeldes geeignet ist (vgl. Kirchner, 2020), orientiert sich das dreidimensionale Modell nach Müsche (2009) eher an der Psychologie und dem naturwissenschaftlichen Erkenntnisprozess. Hinsichtlich der ersten Hauptzielstellung der vorliegenden Arbeit (Kapitel 1) soll anhand einer Gegenüberstellung beider Modelle dargestellt werden, ob sich die Modelle für eine theoretische Konzeptualisierung von *mathematikbezogenen wissenschaftspropädeutischen Kompetenzen* eignen.

Dem Modell von Hahn (2008) liegt das bildungstheoretische Konzept der Lebensdienlichkeit von Wissenschaften, was im Einklang zum Konzept allgemeiner Bildung von Klafki (1986) steht, zugrunde. Hahn (2008) macht deutlich, dass es bei Wissenschaftspropädeutik nicht darum gehen kann, ausschließlich theoretisches Wissen (im Sinne eines trägen Wissens) zu erwerben. Es soll viel stärker um eine Vermittlung von solchem Wissen gehen, mit welchem Schülerinnen und Schüler situationsbezogen umgehen können und durch welches sie zu handlungsfähigen Individuen werden. Neben der fachspezifischen Sozialisation als eine Funktion des Unterrichtsfachs ist nach Hahn (2008, S. 161) ebenfalls „die fachrelativierende überfachliche Reflexion und Kommunikation“ bedeutsam, d. h. „den ‚richtigen‘ Umgang mit Fachperspektiven also, den man mithilfe der Figur des Perspektivwechsels in einem Kompetenzmodell abbilden kann“. In diesem Zusammenhang versteht Hahn (2008) unter wissenschaftspropädeutischen Kompetenzen jene kognitiven Leistungsdispositionen, die benötigt werden, um solche Perspektivwechsel zu vollziehen. Während Perspektivwechsel für die mathematische Bildung weniger relevant sind, nehmen sie für Unterrichtsfächer aus dem gesellschaftswissenschaftlichen Aufgabenfeld eine wichtige Rolle ein. So ist beispielsweise Multiperspektivität ein zentrales didaktisches Prinzip des Wirtschaftsunterrichts (Loerwald, 2008).

In seinem Kompetenzmodell von wissenschaftspropädeutischen Kompetenzen unterscheidet Hahn (2008) zwischen drei Teilbereichen: (1) Reflexionskompetenz, was die Fähigkeit zur Unterscheidung zwischen mehreren Fachperspektiven beinhaltet, (2) Urteilskompetenz, was die Fähigkeit zur Unterscheidung zwischen Fachperspektive und einer fachübergreifenden Perspektive umfasst, und (3) Verständigungskompetenz, die sich auf die Unterscheidung zwischen der Perspektive von Laien und Expertinnen/Experten bezieht. Das Modell ist überblicksartig in Abbildung 2 dargestellt. Zur inhaltlichen Klärung des Kompetenzmodells wird im Folgenden genauer auf die drei Teilbereiche und ihre jeweilige Stufung eingegangen.

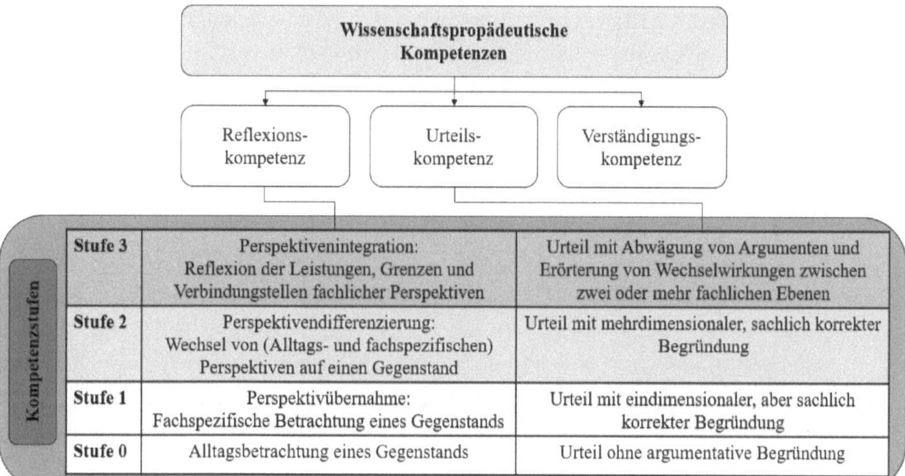

Abbildung 2: Teilbereiche wissenschaftspropädeutischer Kompetenzen nach Hahn. (Quelle: Eigene Darstellung in Anlehnung an Hahn, 2008, S. 162 ff.)

Die (1) Reflexionskompetenz beschreibt die Fähigkeit, bei der Behandlung eines Themas verschiedene fachspezifische Welt- und Wirklichkeitsdeutungen durchzuführen. Dabei sollen jeweils die kulturellen und historischen Formungen, die jeweiligen Grenzen, Unterschiede und Gemeinsamkeiten zwischen den fachspezifischen Zugängen erkennbar und diskutierbar gemacht werden. Zur Konkretisierung der Reflexionskompetenz hat Hahn (2008) vier Stufen der Reflexionskompetenz beschrieben. Hierbei ist anzumerken, dass das Modell nicht primär angelegt ist, um ein Personenmerkmal zu beschreiben, sondern als eine didaktische Orientierungshilfe, um das Reflexionsniveau im Unterricht zu erhöhen (Hahn, 2008). Während Stufe 0 einen Unterricht beschreibt, in dem (Forschungs-)Gegenstände vor dem Hintergrund eines Alltagsverständnisses und dementsprechend ohne Zuhilfenahme von fachlichen Perspektiven betrachtet werden, werden Schülerinnen und Schüler auf Stufe 3 dazu angeregt, einen Gegenstand aus mehr als einer fachlichen Perspektive zu betrachten, die Betrachtungsweisen auf ihr Erkenntnispotential miteinander zu vergleichen und darauf aufbauend „genauere Unterschiede zwischen den Fragestellungen, Methoden, analytischen Unterscheidungen sowie die Erkenntnisgrenzen der Fächer [zu] benennen“ (Hahn, 2008, S. 163).

Als zweiter Teilbereich wird die (2) Urteilskompetenz aufgeführt. Hierunter wird die Fähigkeit verstanden, zu einem gegebenen und (noch) fachunspezifischen Problem argumentativ einen Standpunkt unter einer Fachperspektive einzunehmen. Es sollen fachungebundene Probleme mit dem Wissen und den Methoden eines Fachs sachgerecht gelöst werden. Im Nachgang soll die Problemlösung als Anlass genutzt werden, um die Leistung der eingenommenen Fachperspektive meta-reflexiv zu beleuchten. Konkret geht es hier zunächst um die Unterscheidung zwischen einer Fachperspektive und einer fachungebundenen Problemperspektive sowie dem Wechsel zwischen diesen beiden Perspektiven. Daher steht die Urteilskompetenz in einem engen Zusammenhang zur Reflexionskompetenz und kann ebenfalls mithilfe von vier Stufen konkretisiert werden. Da es schwierig ist,

Urteile nach objektiven Kriterien als richtig oder falsch zu beurteilen, werden die Begründungen, die zur Urteilsbildung führen, nach ihrer argumentativen Tiefe bewertet. Unter Berücksichtigung der argumentativen Tiefe werden Urteile, die sich auf schlechte oder falsche Begründungen beziehen, auf Stufe 0 verortet. Urteile, die sich auf eine respektive mehrere korrekte Erklärungen stützen, werden als Urteile von Stufe 1 respektive Stufe 2 angesehen. Dagegen beinhaltet Stufe 3 argumentativ untermauerte Urteile, d. h., die Urteilsbildung basiert auf einer Abwägung von verschiedenen Argumenten.

Die (3) Verständigungskompetenz ist von Hahn (2008) weniger detailliert dargestellt und auch nicht mithilfe von konkreten Stufen spezifiziert. In seiner Arbeit versteht Hahn (2008) unter Verständigungskompetenz das sachgerechte Kommunizieren von Wissenschaft. Dazu gehört einerseits die Fähigkeit, nützliche Informationen aus verschiedenen Quellen entnehmen zu können, und andererseits die Fähigkeit, entnommene Informationen intersubjektiv nachvollziehbar mithilfe geeigneter Präsentationsformen (z. B. Referate) darstellen zu können. Durch den Prozess der Informationsbeschaffung sollen Laien Wissen von Expertinnen und Experten einholen sowie sich der Differenzierung dieser beiden Perspektiven bewusstwerden.

Wie oben schon angeklungen und aus der Beschreibung des Kompetenzmodells zu entnehmen ist, fokussiert Hahn (2008) weniger die individuelle als die unterrichtliche Ebene. In diesem Kontext betont Hahn (2008, S. 157), dass sein Stufenmodell „weniger einer psychometrisch praktikablen Logik [folgt], sondern […] als didaktische Heuristik" hervortritt, d. h., es wird sich vorrangig mit der Frage auseinandergesetzt, mit welchen Mitteln und in welchen Organisationsformen Unterricht gestaltet sein sollte, um möglichst *wissenschaftspropädeutisch* zu sein.

Der Frage, wie wissenschaftspropädeutische Kompetenzen aus psychologischer Sicht modelliert werden können, ist Müsche (2009) nachgegangen. Dabei legt Müsche (2009) ihren Ausführungen das Drei-Ebenen-Modell von Huber (1997) zugrunde, auf dessen Grundlage sie „ein normatives bzw. präskriptives Strukturmodell der Wissenschaftspropädeutik" (Müsche, 2009, S. 74) entwickelt. Wie bereits dargelegt wurde, kontrastiert Huber (1997) zwischen wissenschaftlichen Grundbegriffen und Arbeitstechniken (Ebene 1), einer wissenschaftlichen Grundhaltung (Ebene 2) und einer meta-wissenschaftlichen Reflexion (Ebene 3). In Anlehnung an Huber (1997) wurden von Müsche (2009) die folgenden drei Kompetenzdimensionen von wissenschaftspropädeutischen Kompetenzen beschrieben: (1) meta-wissenschaftliches Wissen, (2) Methodenbewusstsein und (3) meta-wissenschaftliche Reflexion. Überblicksartig ist das Modell in Abbildung 3 dargestellt. Zur Ausdifferenzierung der einzelnen Kompetenzdimensionen werden im Folgenden die Dimensionen nach aufsteigender Komplexität genauer beschrieben.

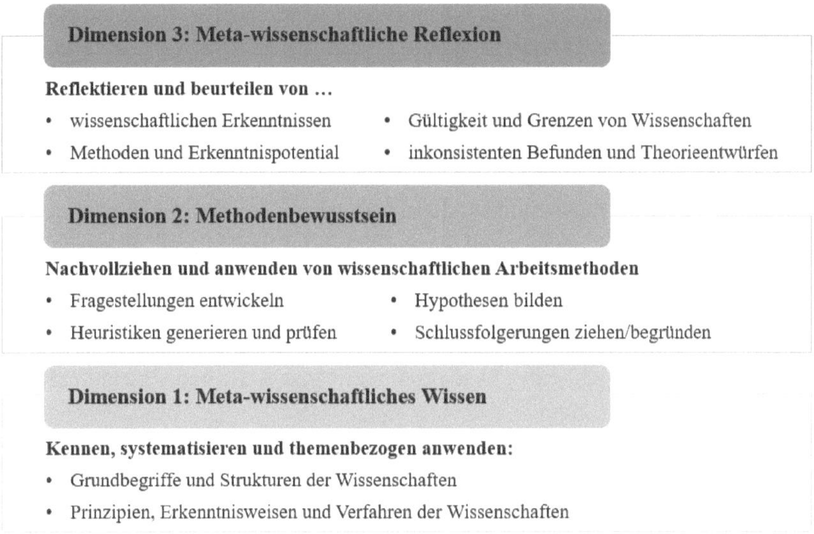

Dimension 3: Meta-wissenschaftliche Reflexion

Reflektieren und beurteilen von …

- wissenschaftlichen Erkenntnissen
- Gültigkeit und Grenzen von Wissenschaften
- Methoden und Erkenntnispotential
- inkonsistenten Befunden und Theorieentwürfen

Dimension 2: Methodenbewusstsein

Nachvollziehen und anwenden von wissenschaftlichen Arbeitsmethoden

- Fragestellungen entwickeln
- Hypothesen bilden
- Heuristiken generieren und prüfen
- Schlussfolgerungen ziehen/begründen

Dimension 1: Meta-wissenschaftliches Wissen

Kennen, systematisieren und themenbezogen anwenden:

- Grundbegriffe und Strukturen der Wissenschaften
- Prinzipien, Erkenntnisweisen und Verfahren der Wissenschaften

Abbildung 3: Modell wissenschaftspropädeutischer Kompetenzen nach Müsche. (Quelle: Eigene Darstellung in Anlehnung an Müsche, 2009, S. 74 ff.)

Aufbauend auf dem Drei-Ebenen-Modell von Huber (1997) umfasst Dimension 1 von Müsches Kompetenzmodell Wissen und Verständnis von grundlegenden wissenschaftstheoretischen Begriffen (z. B. „Theorie“ und „Hypothese“) und Verfahrensweisen zur wissenschaftlichen Erkenntnisgewinnung (z. B. „Experiment“). Hierzu zählt auch das Wissen um die Relevanz von wissenschaftlichen Gütekriterien, die Hinweise auf die Qualität des Erkenntnisprozesses und demnach auch der wissenschaftlichen Erkenntnisse geben. Auf Individualebene bedeutet dies, dass Schülerinnen und Schüler in der Lage sein sollen, solches Wissen korrekt wiederzugeben. Daneben beinhaltet Dimension 1 auch die Fähigkeit, anhand des eben beschriebenem Wissens Charakteristika der jeweiligen wissenschaftlichen Disziplin herauszuarbeiten und zu erkennen (z. B. „Was ist das zentrale Evidenzinstrument der Mathematik?“). Inhalt der Dimension 2 ist es nach Müsche (2009) ein Methodenbewusstsein zu etablieren. Konkret bedeutet dies, dass Schülerinnen und Schüler derart Fähigkeiten entwickeln sollen, dass sie in die Lage versetzt werden, einen gesamten Forschungsprozess oder zumindest Teile eines solchen Forschungsprozesses nachzuvollziehen oder sogar selbst zu durchlaufen. Im besten Fall werden die Lernenden im Sinne des forschenden Lernens selbst zu forschenden Subjekten (Roth & Weigand, 2014) oder aber sie werden zumindest in die Lage versetzt, getroffene Entscheidungen in einem Forschungsprozess nachzuvollziehen und zu erläutern. Im Gegensatz zu Hubers Drei-Ebenen-Modell gehören nach Müsche (2009) affektiv-motivationale Persönlichkeitsmerkmale (wie beispielsweise das Verfügen über *epistemische Neugier*) weder in diese Dimension noch in eine der beiden anderen Dimensionen des Kompetenzmodells. Zwar werden affektiv-motivationale Persönlichkeitsmerkmale nicht explizit berücksichtigt, aber da der Auf- und Ausbau einer forschenden Grundhaltung eng mit dem Ausführen von handlungspraktischen Aspekten verzahnt ist (Müsche, 2009), werden Einstellungen zur Wissenschaft und zum wissenschaftlichen Arbeiten implizit entwickelt und geformt. Die Dimension 3 des Kompetenzmodells ähnelt stark der dritten Ebene von Huber

(1997), weshalb Müsche (2009) diese kaum deskriptiv ausführt, sondern lediglich auf die erarbeiteten Kompetenzbeschreibungen verweist. Unter Bezugnahme auf Huber (1997) umfasst Dimension 3 die Fähigkeit, meta-wissenschaftlich über Forschungswege und Erkenntnisweisen zu reflektieren sowie diese vor dem Hintergrund von bestimmten Aspekten (z. B. Voraussetzungen, Grenzen etc.) zu beurteilen. Im weiteren Sinne gehört hierzu auch die Fähigkeit, (neu) wahrgenommene Phänomene in vorhandene Referenzsysteme reflektiert einzuordnen. Dies umfasst beispielsweise die Fähigkeit, eine reflektierte Standortbestimmung einer bestimmten Wissenschaft im System von wissenschaftlichen Disziplinen zu vollführen (beispielhafte Leitfragen: Welche Rolle nimmt die Wissenschaft im System von wissenschaftlichen Disziplinen ein (*Transferierbarkeit*)? Wie hängt die Wissenschaft mit anderen wissenschaftlichen Disziplinen zusammen (*Vernetzung*)? etc.). In diesem Kontext würde das System von wissenschaftlichen Disziplinen die Rolle des Referenzsystems einnehmen.

Es ist davon auszugehen, dass die Dimensionen hierarchisch angeordnet sind, d. h., die zu erwerbenden Kompetenzen einer Dimension bauen auf den Kompetenzen der vorherigen Dimension auf (z. B. setzt meta-wissenschaftliche Reflexion ein solides Vorwissen über die Systematik von wissenschaftlichen Disziplinen voraus). Zudem ist festzuhalten, dass die Komplexität der den einzelnen Dimensionen innewohnenden Anforderungen von der ersten bis zur dritten Dimension ansteigt.

Die beiden Modelle zur Beschreibung von wissenschaftspropädeutischen Kompetenzen von Hahn (2008) und Müsche (2009) bieten interessante Einblicke in die Konkretisierung dieser Kompetenzen, aber weisen auch limitierende Aspekte auf. Auffällig am Kompetenzmodell von Hahn (2008) ist die unverhältnismäßige Hervorhebung des Aspekts der Lebensbewältigung zuungunsten einer – wie von der KMK (2023) geforderten – Einführung in wissenschaftliche Fragestellungen, Kategorien und Methoden. In diesem Rahmen wird Wissenschaftspropädeutik darauf reduziert, Schülerinnen und Schüler derart vorzubereiten, dass sie „ihr Wissen kompetent zur Lösung beruflicher und lebensweltlicher Probleme ein[...]setzen" (Möhringer, 2019, S. 145) sollen. Ebenso muss an dieser Stelle kritisch hervorgehoben werden, dass das Hahn'sche Kompetenzmodell sein Potential nur dann ausschöpfen kann, wenn im Fachunterricht „fachlich initiiert und in einem Perspektiven integrierendem Seminar problembezogen reflektiert" (Hahn, 2008, S. 167) wird. Vor dem Hintergrund der ersten Hauptzielstellung dieser Arbeit, der Entwicklung eines für den Mathematikunterricht spezifischen Modells zur Beschreibung wissenschaftspropädeutischer Kompetenzen, ist dieses Modell somit wenig geeignet. Dies ist damit zu erklären, dass beim Modell nach Hahn (2008) die fachspezifische Diskussion durch eine überfachliche Diskussion in fachungebundenen Kursen ergänzt werden muss, was den Bedarf von außerfachunterrichtlichen Angeboten (z. B. W-Seminare) verdeutlicht. In dieser Arbeit wird allerdings das fachliche Lernen im Mathematikunterricht fokussiert und sich ausdrücklich von außer(fach)unterichtlichen Lernangeboten (wie beispielsweise in Kapitel 2.3 beschrieben) abgegrenzt.

Konträr zum Hahn'schen Modell, welches eher Merkmale des Unterrichts als Personenmerkmale beschreibt, versteht Müsche (2009) wissenschaftspropädeutische Kompetenzen stärker als ein individuelles Leistungsmerkmal. Zur inhaltlichen Konkretisierung dieses Konstrukts hat Müsche (2009) das bestehende Drei-Ebenen-Modell von Huber (1997) mithilfe konkreter Kompetenzbeschreibungen ausdifferenziert. In ihrem Modell werden im Gegensatz zu Huber (1997) affektive Merkmale, wie beispielsweise der Erwerb einer wissenschaftlichen Grundhaltung beziehungsweise die Entwicklung eines *Forschenden Habitus*, bewusst ausgeklammert. Ebenso ausgeklammert werden wissenschaftliche Arbeitstechniken, die allerdings fachungebunden sind (z. B. Recherchieren von Literatur oder das Halten von Vorträgen), weil solche Arbeitstechniken eher dem Konstrukt der Studierfähigkeit zugehörig sind. Einschränkend am Kompetenzmodell von Müsche (2009) ist anzumerken, dass es durch den durchgängigen Bezug zum empirisch-experimentellen Forschungsprozess stark auf den Unterricht der Naturwissenschaften zugeschnitten scheint. Dies wird vor allem daran deutlich, dass nach Müsche (2009) ihr Modell wesentliche Kongruenzen zu Forschungssträngen wie zur *Scientific Literacy* oder *Nature of Science* aufweist. Dabei handelt es sich um international diskutierte Konzepte, die im Rahmen der Didaktiken der Naturwissenschaften eine wichtige Rolle spielen. Auf diese Konstrukte und andere verwandte Konstrukte zu wissenschaftspropädeutischen Kompetenzen wird im folgenden Abschnitt eingegangen.

2.2.3 Wissenschaftspropädeutik in Bezug zu anderen fachdidaktischen Konstrukten

Da es sich bei Wissenschaftspropädeutik um einen aus der deutschen Bildungstheorie gewachsenen Begriff handelt, wurde sich bei der theoretischen Fundierung von Wissenschaftspropädeutik respektive wissenschaftspropädeutischen Kompetenzen ausschließlich auf deutschsprachige Literatur gestützt. Um die vorliegende Arbeit anschlussfähig an die internationale Diskussion zu machen, ist es notwendig, auch die übernationale Perspektive auf das Konstrukt der Wissenschaftspropädeutik miteinzubeziehen. Dies scheint auf den ersten Blick allerdings nicht trivial zu sein, da „es ein semantisches Pendant zum deutschen Begriff ‚Wissenschaftspropädeutik‘ im Englischen nicht gibt“ (Möhringer, 2019, S. 148). Daher wird im Folgenden Bezug genommen zu fachdidaktischen Konstrukten, die inhaltliche Überschneidungen zu Aspekten von Wissenschaftspropädeutik aufweisen. Für die Naturwissenschaften sind zwei wichtige Konstrukte, die die Anbahnung einer naturwissenschaftlichen Denk- und Arbeitsweise fassen, zum einen Scientific Literacy und zum anderen Nature of Science (Möhringer, 2019). Vor dem Hintergrund der vorliegenden Arbeit werden auch die jeweiligen mathematischen Entsprechungen Mathematical Literacy und Nature of Mathematics theoretisch beschrieben. In Anlehnung an Woltron (2020), der in seiner Arbeit Nature of Mathematics über das Konstrukt epistemologische Überzeugungen konzeptualisiert hat, soll auch möglichen Kongruenzen zwischen Wissenschaftspropädeutik und epistemologischen Überzeugungen nachgegangen werden. Ausgehend von den oben beschriebenen Überlegungen soll es zunächst um (1) funktional-orientierte Grundbildungskonzeptionen nach dem PISA-Framework (*Programme for International Student Assessment*) wie Scientific Literacy und ihr mathematisches Pendant Mathematical Literacy (Baumert et al., 2001), dann um (2) die fachdidaktischen Forschungsprogramme Nature of Science und Nature of Mathematics sowie letztlich um (3) epistemologische Überzeugungen als ein aus der Psychologie stammendes, aber mittlerweile auch in der Didaktik der Mathematik verbreitetes Konstrukt gehen.

Mit dem Konzept der *Scientific Literacy* werden heute die regelmäßig durchgeführten PISA-Erhebungen mit 15-jährigen Jugendlichen verbunden. Demzufolge bezieht sich Scientific Literacy eher auf Kompetenzen, die im Rahmen der Mittelstufe erworben werden sollen. Hierzulande ist Scientific Literacy unter dem Begriff der naturwissenschaftlichen Grundbildung geläufig. Scientific Literacy beziehungsweise naturwissenschaftliche Grundbildung wird als grundlegendes Verständnis von domänenspezifischen Inhalten und Verfahrensweisen konzeptualisiert, das zu einer Teilhabe am gesellschaftlichen Leben berechtigt und dementsprechend von einem Großteil der Schülerinnen und Schüler erreicht werden soll (Prenzel et al., 2001). Dieses Verständnis bezieht sich auf die Domäne der Naturwissenschaften (als eine ganzheitliche und über Fächergrenzen hinausdenkende Perspektive) und umfasst nach Fischler et al. (2018) sowohl Wissen über naturwissenschaftliche Konzepte und Zusammenhänge als auch ein Verständnis über den Nutzen von naturwissenschaftlichen Wissens in verschiedenen Kontexten (z. B. persönlicher oder gesellschaftlicher Kontext). Nach dieser Auffassung geht Scientific Literacy über domänenspezifisches Wissen hinaus und wird durch eine funktionale Perspektive, d. h. Fragen nach Nutzen und Verwertbarkeit von naturwissenschaftlichem Wissen, ergänzt. Diese Auffassung wird auch von Miller (1983, S. 31) geteilt, der Wissen über die Normen naturwissenschaftlichen Denkens und Arbeitens sowie Wissen über grundlegende naturwissenschaftliche Konzepte ergänzt durch „awareness of the impact of science and technology on society and the policy choices that must inevitably emerge“. In einer Literaturübersicht zum Konzept der Scientific Literacy von Laugksch (2000) wird deutlich, dass Scientific Literacy ein für die naturwissenschaftliche Bildung bedeutender Begriff ist, aber es an einer einheitlichen Definition von Scientific Literacy in der Literatur fehle. Damit dieser Arbeit ein einheitliches Verständnis vom Begriff der Scientific Literacy vorliegt, wird sich im Folgenden auf die Konkretisierung der OECD (2003)[3] orientiert, die als handlungsleitend für durchgeführte PISA-Erhebungen galt. In diesem Rahmen wird Scientific Literacy verstanden als „the capacity to use scientific knowledge, to identify questions and to draw evidence-based conclusions in order to understand and help make decisions about the natural world and the changes made to it through human activity“ (OECD, 2003, S. 133). Im Rahmen dieser Definition wird nochmals deutlich, dass Scientific Literacy über naturwissenschaftliches Wissen über Konzepte und Verfahren hinausgeht und auch die Anwendung dieses Wissens (z. B. Identifikation von Frage- und Problemstellungen oder das Ziehen von Schlussfolgerungen) zur Scientific Literacy dazugehört. Ein solches Konglomerat aus Wissens- und Könnenselementen soll Schülerinnen und Schüler respektive zukünftige Erwachsene dazu befähigen, Evidenz und Meinungen zu unterscheiden, auf Basis von Daten eigene Schlussfolgerungen zu ziehen und andere Positionen evidenzbasiert zu überprüfen (OECD, 2003). Zur inhaltlichen Konkretisierung von Scientific Literacy wird sich auf das Stufenmodell von Bybee (2002) gestützt, welches den PISA-Studien zugrunde gelegt wurde. Bybee (2002) formuliert im

3 An dieser Stelle sei darauf hingewiesen, dass 2018 das bisherige PISA-Framework substantiell überarbeitet und erneuert wurde. Da zum aktuellen Zeitpunkt noch keine belastbaren Ergebnisse dieses PISA-Durchgangs mit dem überarbeiteten Framework bekannt sind, wurde sich im Rahmen dieser Arbeit auf das PISA-Framework von 2003 fokussiert.

Rahmen seines Stufenmodells vier Stufen von Scientific Literacy, die nach ihrer kognitiven Komplexität hierarchisch angeordnet sind und mithilfe von Kompetenzbeschreibungen spezifiziert werden (siehe Abbildung 4).

Dimension	**Kompetenzbeschreibung** *Die Schülerinnen und Schüler ...*
Multidimensional	• unterscheiden Naturwissenschaften von anderen Disziplinen anhand ihrer Besonderheiten. • verstehen Naturwissenschaften als eine durch soziale Normen und kulturell-historische Gegebenheiten beeinflusste Disziplin.
Konzeptionell und prozedural	• verstehen naturwissenschaftliche Konzepte und Prozeduren der Naturwissenschaften (z. B. Experiment). • stellen zwischen naturwissenschaftlichen Begriffen, Fakten und Verfahrensweisen Beziehungen her.
Funktional	• haben Kenntnis über ein Vokabular an naturwissenschaftlichen Begriffen. • definieren naturwissenschaftliche Begriffe korrekt.
Nominal	• identifizieren naturwissenschaftliche Konzepte, Phänomene und Fragestellungen als solche. • verfügen über ein oberflächliches und fehlerhaftes Verständnis von naturwissenschaftlichen Begriffen etc.

Abbildung 4: Dimensionen von Scientific Literacy. (Quelle: Eigene Darstellung in Anlehnung an Bybee, 2002, S. 31)

Während auf der untersten Stufe der nominalen Scientific Literacy erste Erfahrungen mit der Natur und ihren Phänomenen gesammelt werden sollen, geht es auf der Stufe der funktionalen Scientific Literacy eher um die Reproduktion von deklarativem Wissen. Auf der nächsten Stufe wird konzeptionelles und prozedurales Wissen, welches im Bezug zu den Naturwissenschaften als relevant gilt, beschrieben. Hierbei geht es sowohl um das Verständnis von naturwissenschaftlichen Begriffen als auch ein Verständnis über den Prozess der naturwissenschaftlichen Erkenntnisgewinnung. Auf Ebene des prozeduralen Wissens zählt hierzu auch die Fähigkeit, in exemplarischen Situationen naturwissenschaftliche Untersuchungsmethoden (z. B. Protokollieren etc.) anzuwenden. Dies weist deutliche Überschneidungen zur ersten Ebene nach Huber (1997) beziehungsweise zum Methodenbewusstsein nach Müsche (2009) auf. Die höchste Stufe der Scientific Literacy nach Bybee (2002) weist wiederum einen klaren Bezug zur meta-wissenschaftlichen Reflexion (Huber, 1997; Müsche, 2009) auf. Anforderungen aus dieser Dimension sind, dass Schülerinnen und Schüler auf einer Metaebene über Charakteristika und Destinktionsmerkmale von den Naturwissenschaften sowie ihre Bedeutung für andere wissenschaftliche Disziplinen reflektieren sollen. Trotz der inhaltlichen Fokussierung von Scientific Literacy auf den naturwissenschaftlichen Erkenntnisprozess lassen sich inhaltliche Überschneidungen zwischen dem Konzept der Scientific Literacy und wissenschaftspropädeutischen Kompetenzen festmachen. Daher erscheint es vor dem Hintergrund der vorliegenden Arbeit als zweckmäßig, das mathematische Pendant zur Scientific Literacy näher zu beschreiben und eine mögliche Kompatibilität zum Konstrukt der wissenschaftspropädeutischen Kompetenzen zu beleuchten.

Ähnlich wie zum Konstrukt Scientific Literacy wird das mathematische Pendant der *Mathematical Literacy* von der OECD (2003) verwendet, um mathematische Kompetenzen zu messen. Wie auch beim Konzept der Scientific Literacy gibt es auch bezüglich Mathematical Literacy verschiedene Konzeptionen mit jeweils unterschiedlichen Akzentuierungen. Klar zu sein scheint allerdings, dass mit Mathematical Literacy die Forderung verbunden ist, Schülerinnen und Schüler derart mit Kompetenzen auszustatten, dass sie mathematikbezogene Situationen ihres zukünftigen Lebens erfolgreich bewältigen können, z. B. Wissen über mathematische Anwendungen in anderen wissenschaftlichen Disziplinen (Jablonka, 2003). In Anlehnung an die Konkretisierung von Scientific Literacy durch die OECD (2003) wird sich im Folgenden auf die den PISA-Erhebungen zugrundeliegende Definition von Mathematical Literacy bezogen:

> *Mathematical literacy is an individual's capacity to identify and understand the role that mathematics plays in the world, to make well-founded judgements and to use and engage with mathematics in ways that meet the needs of that individual's life as a constructive, concerned and reflective citizen* (OECD, 2003, S. 24).

Die Aufgaben, die bei den PISA-Erhebungen eingesetzt werden, lassen sich in drei Aufgabengruppen einordnen: (1) technische Aufgaben (z. B. routinierte Anwendung von mathematischen Verfahren), (2) rechnerische Modellierungsaufgaben (z. B. Aufgaben mit Realbezug, die durch das Durchführen von Rechnungen gelöst werden können) und (3) begriffliche Modellierungsaufgaben (z. B. Aufgaben mit Realbezug, die über das Abarbeiten von mathematischen Verfahren hinausgehen und beispielsweise das Treffen von sinnvollen Annahmen beinhalten) (Klieme et al., 2001; Neubrand et al., 2002). Ausgehend von dieser Begriffsdefinition und der Aufgabenbeschreibung umfasst Mathematical Literacy mehr als ein reines Faktenwissen über mathematische Konzepte und Verfahren. Vielmehr geht es um ein Verständnis von der Beziehung von Mathematik und der Welt. Zu solch einem Verständnis gehören beispielsweise die Analyse von mathematisch beschriebenen Zusammenhängen aus der realen Welt sowie die Entscheidungsfindung, die auf vorherigen Analysen basieren. Der Literacy-Ansatz macht deutlich, dass Mathematik aus einer funktionalen Sichtweise betrachtet und mit Mathematik die Lösung realer Problemstellungen verbunden wird (Rolfes & Heinze, 2022). Insgesamt weist das Konzept der Mathematical Literacy durch ihre inhaltliche Fokussierung auf die Lösung realer Probleme Bezüge zur allgemeinen mathematischen Kompetenz des mathematischen Modellierens (KMK, 2012) und durch ihre Zielstellung deutliche Bezüge zur Zieldimension der Allgemeinbildung (Rolfes & Heinze, 2022) auf. Obwohl sich Wissenschaftspropädeutik und (vertiefte) Allgemeinbildung in einigen Aspekten inhaltlich überschneiden (Kapitel 2.1.2), unterscheiden sie sich deutlich in ihrer inhaltlichen Schwerpunktsetzung. Während das Konzept der Mathematical Literacy einen deutlichen Schwerpunkt auf das mathematische Modellieren (und der Fokussierung auf die anwendungsorientierte Seite von

Mathematik) legt, werden im Rahmen dieser Arbeit wissenschaftspropädeutische Kompetenzen vor dem Hintergrund der strukturorientierten Seite von Mathematik konzeptualisiert (Kapitel 3 und 4). Umgekehrt bedeutet dies allerdings, dass für eine Konzeptualisierung von wissenschaftspropädeutischen Kompetenzen vor dem Hintergrund der anwendungsorientierten Seite von Mathematik das Konzept der Mathematical Literacy möglicherweise sinnvolle Anknüpfungspunkte bieten kann.

Ein eng mit Scientific Literacy verwandtes Konstrukt ist *Nature of Science*, was im deutschsprachigen Raum als *Natur der Naturwissenschaften* (Urhahne et al., 2008) bekannt ist. Dabei handelt es sich im Vergleich zur Scientific Literacy um ein jüngeres Konstrukt, welches sich aus der Forschung zur Scientific Literacy herausentwickelt hat. Bei Nature of Science handelt es sich aus theoretischer Sicht um ein nicht klar definiertes Konstrukt, welches Schnittstellen zu verschiedenen Forschungsrichtungen wie der „epistemology of science, science as a way of knowing, or the values and beliefs inherent to scientific knowledge or the development of scientific knowledge" (Ledermann, 2006, S. 303) aufweist. Urhahne et al. (2008) fassen Nature of Science als Kompetenz auf, da es sich beim Verstehen von Nature of Science um eine kognitive, domänenspezifische und erlernbare Fähigkeit beim Umgang mit naturwissenschaftlichen Erkenntnissen handelt. Nach Kircher (2007) gehören zum Konstrukt Nature of Science erkenntnistheoretische (z. B. Wissen über die Vorläufigkeit naturwissenschaftlicher Theorien), wissenschaftstheoretische (z. B. Wissen über wissenschaftstheoretische Grundbegriffe wie „Modell") und ethische (z. B. Reflexion über Risikopotentiale von neuen Entdeckungen für Mensch und Natur) Aspekte der Naturwissenschaften. Vor diesem Hintergrund wird die geforderte Erweiterung des Scientific-Literacy-Konzepts durch Miller (1983), welche unter anderem die Beziehung von Naturwissenschaften und der Gesellschaft beinhaltet, mit (den ethischen Aspekten von) Nature of Science in Verbindung gebracht (Laugksch, 2000). Bei der Konzeptualisierung von Nature of Science betonen verschiedene Autorinnen und Autoren jeweils andere Aspekte. Beispielsweise fokussieren Sodian et al. (2002, S. 192) bei ihrer Konzeption von Nature of Science den wissenschaftstheoretischen Aspekt, wodurch Fragen wie „Wie entsteht naturwissenschaftliches Wissen? Wie kommen [Wissenschaftlerinnen und] Wissenschaftler zu neuen Erkenntnissen? Was sind Experimente? […]" im Zentrum ihrer Betrachtungsweise stehen. Nach dieser Auffassung gehören zum Konstrukt Nature of Science explizite Wissenselemente über das Wesen der Naturwissenschaften. Dass es sich bei Nature of Science um explizite Wissenselemente oder allgemeiner ausgedrückt um kognitive Leistungsdispositionen handeln muss, wird unter anderem auch dadurch deutlich, dass es sich bei Nature of Science um einen konkreten Lerninhalt im Rahmen der US-amerikanischen Standards für den naturwissenschaftlichen Unterricht handelt (NRC, 1996). Nature of Science wird im Rahmen dieser Standards als eng verknüpft mit Elementen der Wissenschaftsgeschichte angesehen und umfasst beispielsweise die Kenntnis über Verfahrensweisen der Erkenntnisgewinnung, und die Einsicht darin, dass Wissenschaft stets ein menschenerzeugtes Ergebnis darstellt (NRC, 1996). Abhängig von der Konzeptualisierung von Nature of Science lassen sich deutliche Parallelen zu wissenschaftspropädeutischen Kompetenzen erkennen. Das Verständnis von Nature of Science umfasst Wissen über die Naturwissenschaften und die naturwissenschaftlichen Erkenntnisweisen (z. B. Wissen, was ein „Experiment" ist) als auch fachübergreifende Reflexionen (z. B. Reflexion über Konsequenzen von naturwissenschaftlichen Erkenntnissen). Dies steht in deutlicher Beziehung zu der ersten und dritten Ebene des Ebenen-Modells nach Huber (1997) respektive zu der ersten und dritten Dimension des Kompetenzmodells von Müsche (2009). Jedoch wird bei Nature of Science deutlich, dass es sich anders als wissenschaftspropädeutische Kompetenzen ausschließlich auf den *naturwissenschaftlichen* Erkenntnisprozess bezieht. Für die Zielsetzung der vorliegenden Arbeit ist daher sinnvoll, den Blick auf das mathematische Pendant zur Nature of Science zu werfen.

Im Gegensatz zur Nature-of-Science-Forschung ist das Forschungsprogramm zur *Nature of Mathematics* in der Literatur noch nicht so verbreitet. In Anlehnung an das Verständnis von Nature of Science (Urhahne et al., 2008) kann Nature of Mathematics als eine Kompetenz aufgefasst werden, die sich in Auseinandersetzung mit mathematischen Erkenntnissen und den dazugehörigen Denk- und Arbeitsweisen entwickelt und sich als kognitive Leistungsdispositionen verfestigen. Mit dieser Kompetenz können Personen den Prozess der mathematischen Erkenntnisgewinnung nachvollziehen, (in Zügen) selbst durchführen und reflektieren. Auffällig ist, dass Autorinnen und Autoren (z. B. Dossey, 1992; Ernest, 1992; Felbrich et al., 2012; Woltron, 2020) – anders als es aus der Nature-of-Science-Forschung bekannt ist (Neumann & Kremer, 2013) – das Konstrukt der Nature of Mathematics weniger als Wissenselemente auffassen, sondern an das Forschungsprogramm der epistemologischen Überzeugungen knüpfen. Beispielsweise gehören nach Woltron (2020) die folgenden acht Aspekte zur Nature of Mathematics, die mithilfe von Beispielfragen konkretisiert werden (siehe Tabelle 1):

Tabelle 1: Aspekte von Nature of Mathematics. (Quelle: Eigene Darstellung in Anlehnung an Woltron, 2020, S. 78 & S. 97 f.)

Nature-of-Mathematics-Aspekte	Beispielfrage zur Konkretisierung
(1) Definition der Mathematik	Was ist Mathematik?
(2) Philosophie der Mathematik	Werden mathematische Objekte und ihre Eigenschaften entdeckt oder konstruiert?
(3) Bild der wissenschaftsbetreibenden Personen	Wie sieht der Arbeitsalltag von Mathematikern/Mathematikerinnen hinsichtlich ihrer Tätigkeiten aus?
(4) Methodik des Erkenntnisgewinns und Absicherung von Wissen	Mit welchen Methoden kontrollieren Mathematiker/-innen den Wahrheitsgehalt ihrer Erkenntnisse?
(5) Veränderlichkeit von Wissen	Ist mathematisches Wissen absolut?
(6) Einfluss der Kreativität – Mathematik als Kunstform	Ist die Kreativität ein wichtiger Bestandteil der mathematischen Forschung?
(7) Allgemeinbildender Aspekt	Ist die Mathematik allgemeinbildend?
(8) Wechselwirkung zwischen der Mathematik und der Gesellschaft – das Bild der Mathematik	Welche Beziehungen zwischen der Mathematik, der Gesellschaft und kulturellen Werten existieren Ihrer Meinung nach?

Dabei handelt es sich nicht zwingend um eine vollständige Liste, sondern kann durch weitere Aspekte, die im Rahmen von Nature of Mathematics eine Rolle spielen können, ergänzt werden (Woltron, 2020). Dadurch, dass die Aspekte von Nature of Mathematics in Anlehnung an die Nature-of-Science-Forschung entstanden sind, gibt es auch zwischen Nature of Mathematics (z. B. Methodik des Erkenntnisgewinns und Absicherung von Wissen) und wissenschaftspropädeutischen Kompetenzen Parallelen. Beispielsweise könnte ein reflektiertes Verständnis über bestimmte Aspekte von Nature of Mathematics (z. B. die Veränderlichkeit von Wissen) mit der Fähigkeit, meta-wissenschaftlich zu reflektieren, einhergehen. Andererseits ist es auch vorstellbar, dass wissenschaftspropädeutische Lernangebote neben der Förderung von wissenschaftspropädeutischen Kompetenzen auch zu einem reflektierten Verständnis über Aspekte von Nature of Mathematics führen. Allerdings grenzen sich beide Konstrukte auch deutlich voneinander ab, denn wissenschaftspropädeutische Kompetenzen haben eine stärkere kognitive Ausrichtung (umfassen Wissens- und Könnenselemente) als das Konstrukt Nature of Mathematics, was sich am Forschungsprogramm zu epistemologischen Überzeugungen orientiert.

Bei *epistemologischen Überzeugungen* handelt es sich um ein in der Psychologie breit diskutiertes Konstrukt. Wird ein Blick in die psychologische Fachliteratur geworfen, so fällt auf, dass neben epistemologischen Überzeugungen auch der Begriff der epistemischen Überzeugungen als ein assoziiertes Konstrukt verwendet wird (Mason & Bromme, 2010). Im Folgenden soll sich aus Platzgründen jedoch nur auf den Begriff der epistemologischen Überzeugungen fokussiert werden. Epistemologische Überzeugungen werden in dieser Arbeit als „individual representations about knowledge and knowing" (Mason & Bromme, 2010, S. 1) verstanden. Auch Trautwein et al. (2004) beschreiben epistemologische Überzeugungen als subjektive Annahmen einer Person über das Wesen des menschlichen Wissens und des Wissenserwerbs. In der Literatur lassen sich zwei konkurrierende Sichtweisen auf epistemologische Überzeugungen und ihre Beschaffenheit identifizieren. Während aus entwicklungspsychologischer Sichtweise epistemologische Überzeugungen sich als Stufenmodelle der kognitiven Entwicklung (Kitchener et al., 2006) beschreiben lassen, wird im Rahmen der Kognitionspsychologie eher der Ansatz verfolgt, epistemologische Überzeugungen mithilfe mehrerer voneinander unabhängiger Dimensionen zu konzeptualisieren (Müsche, 2009). Die oben angedeutete Unterscheidung zwischen der Natur des Wissens und der Natur des Wissenserwerbs geht auf die Arbeit von Hofer und Pintrich (1997) zurück, die verschiedene Forschungsarbeiten zu epistemologischen Überzeugungen überblicksartig zusammengefasst und daraus die zwei Dimensionen abgeleitet haben. Dabei lassen sich diese zwei Dimensionen weiter ausdifferenzieren (Hofer & Pintrich, 1997): Die Dimension Natur des Wissens beinhaltet die zwei Subdimensionen *Sicherheit des Wissens* (z. B. Annahmen über die zeitliche Stabilität von Wissen) und *Einfachheit des Wissens* (z. B. Annahmen über die Vernetztheit von Wissen). Daneben besteht die zweite Dimension Natur des Wissenserwerbs aus den Subdimensionen *Quelle des Wissens* (z. B. Annahmen darüber, dass Wissen selbst konstruiert werden kann) und *Rechtfertigung von Wissen* (z. B. Annahmen über die Begründbarkeit von Wissen). Nach dem kognitionspsychologischen Ansatz werden alle vier Subdimensionen als Kontinuum mit zwei Polen betrachtet, die sich unabhängig voneinander entwickeln (Hofer & Pintrich, 1997). Epistemologische Überzeugungen in den einzelnen Subdimensionen können dann zwischen den Polen *naiv* (weniger erfahrene, ausgereifte Annahmen) und *reflektiert* (erfahrungsbasierte, gereifte Annahmen) ausgeprägt sein. Zwei Merkmale von epistemologischen Überzeugungen, die besonders vor dem Hintergrund fachlicher

Lernprozesse als relevant erscheinen, sind (1) die Gegenstandsbezogenheit und (2) die Veränderbarkeit von epistemologischen Überzeugungen. Epistemologische Überzeugungen (1) können sich auf den Erwerb von Wissen allgemein als auch auf den Erwerb von domänenspezifischen Wissens (wie z. B. mathematischen Wissens) beziehen und (2) können sich durch neue Erfahrungen verändern (Hofer & Pintrich, 1997). Ausgehend von dieser Auffassung lässt sich feststellen, dass epistemologische Überzeugungen durch ihre Konzeptualisierung als subjektive Annahmen eine eher affektive Komponente aufweisen. Dadurch unterscheiden sie sich deutlich von dem in dieser Arbeit beschriebenem Verständnis von wissenschaftspropädeutischen Kompetenzen, die als kognitive Leistungsdispositionen aufgefasst werden. Allerdings zeigen sich ähnliche Parallelen zwischen diesen beiden Konzepten wie zwischen wissenschaftspropädeutischen Kompetenzen und der Nature-of-Mathematics-Konzeption nach Woltron (2020), was darauf basiert, dass sich Woltron (2020) bei seiner Konzeptualisierung auf das Konstrukt der epistemologischen Überzeugungen bezieht. Wie schon oben beschrieben wird die Nähe zwischen der Dimension der meta-wissenschaftlichen Reflexion (Huber, 1997; Müsche, 2009) und epistemologischen Überzeugungen besonders deutlich. Beispielsweise steht die Dimension zur Natur des Wissens mit ihren Subdimensionen in enger Beziehung zur Reflexion über den Geltungsbereich von wissenschaftlichen Erkenntnissen. Müsche (2009, S. 85) hält fest, dass zwischen epistemologischen Überzeugungen und wissenschaftspropädeutischen Kompetenzen „aufgrund der wesentlichen konzeptuellen Überlappungen und […] Unterschieden im Bewusstheitsgrad […] von einer nicht unerheblichen (wechselseitigen) Beeinflussung“ auszugehen ist.

Zusammenfassend lässt sich festhalten, dass auf Konstruktebene Scientific Literacy und Nature of Science, bei denen es sich um breit diskutierte Konzepte in den Didaktiken der Naturwissenschaften handelt, deutliche Überschneidungen zu wissenschaftspropädeutischen Kompetenzen aufweisen. Dabei handelt es sich allerdings um Konzepte des naturwissenschaftlichen Unterrichts, die vor dem Hintergrund der Zielstellung der vorliegenden Arbeit eher weniger von Interesse sind. Bei den jeweiligen mathematischen Pendants wird die inhaltliche Nähe zu wissenschaftspropädeutischen Kompetenzen (wie oben beschrieben) nicht explizit deutlich. Anders als bei Wissenschaftspropädeutik haben Aspekte von Scientific Literacy und Nature of Science auch explizit Einzug in Curricula der naturwissenschaftlichen Fächer gehalten und sind durch inhaltliche Kompetenzbeschreibungen konkretisiert (Möhringer, 2019). Dadurch, dass für Wissenschaftspropädeutik solche Kompetenzlisten nicht in Curricula stehen, kann es für Lehrkräfte unter Umständen schwierig sein, Wissenschaftspropädeutik umzusetzen.

2.3 Inszenierungsmöglichkeiten von Wissenschaftspropädeutik

Zur Umsetzung von Wissenschaftspropädeutik bedarf es eines klaren Verständnisses darüber, was Wissenschaftspropädeutik ist. Da bisher Wissenschaftspropädeutik eher als ein unscharfes Konstrukt beschrieben wurde, stellt Weskamp (2014) heraus, dass es schwierig ist, diese Zielstellung in der unterrichtlichen Praxis umzusetzen. Ein möglicher Erklärungsansatz für diese Konfusion ist, dass im wissenschaftlichen Diskurs ein Dissens darüber besteht, ob die in Wissenschaftspropädeutik enthaltenen Zielstellungen fachübergreifend oder fachspezifisch sind (Huber, 2009a) und in welchen Modi des Unterrichtens eben die in Wissenschaftspropädeutik enthaltenen Zielsetzungen (z. B. Fachunterricht oder institutionalisierte Wahlpflichtangebote) vermittelt werden sollen (z. B. Boggasch, 2011; Frank, 2020). Während von der KMK (2023) die bedeutende Rolle des Fachs Mathematik für die Zielerreichung betont wird, stellen Betz et al. (2019, S. 2) jedoch fest, dass in den Bildungsstandards unklar bleibe, „welche fachbezogenen exemplarischen wissenschaftlichen Fragestellungen, Kategorien und Methoden einerseits für die schulische Vermittlung, andererseits für ein angemessenes Bild der Wissensvermittlung geeignet sind". Diese Unschärfe kann als ein möglicher Grund angesehen werden, weshalb sich in der mathematikdidaktischen Forschungslandschaft nur wenige Arbeiten mit Wissenschaftspropädeutik beschäftigen (Fesser & Rach, 2022a). Bei diesen Arbeiten handelt es sich zumeist um bestimmte Lernangebote und ihren Beitrag zur Zieldimension Wissenschaftspropädeutik.

Inszenierungsmöglichkeiten von Wissenschaftspropädeutik variieren stark hinsichtlich ihrer inhaltlichen (z. B. Erwerb von allgemein wissenschaftlichen oder fachbezogenen Denk- und Arbeitsweisen) und didaktisch-methodischen Ausgestaltung. Auf didaktisch-methodischer Ebene kann nach Weskamp (2014) Wissenschaft im Rahmen der Schulpraxis in zweifacher Hinsicht inszeniert werden: Schülerinnen und Schüler …

- … erleben sich selbst in der Rolle von Forschenden, indem sie wissenschaftliche Denk- und Arbeitsweisen einüben und anwenden oder
- … nehmen an wissenschaftlichen Kommunikationsformaten teil und lernen die Bedeutung von Wissenschaftskommunikation kennen.

Zur Illustrierung dieser beiden Perspektiven auf Initiation von Wissenschaft werden im Folgenden überblicksartig Konzeptionen von Wissenschaftspropädeutik aus der Literatur vorgestellt. Dabei soll ausdrücklich darauf verwiesen werden, dass die folgenden Inszenierungsmöglichkeiten nur eine Auswahl darstellen, weshalb kein Anspruch auf Vollständigkeit erhoben wird.

Forschendes Lernen als didaktisches Prinzip

Das didaktische Prinzip des *forschenden Lernens* ist eng mit Wissenschaftspropädeutik verbunden und kann als lerntheoretische Fundierung verstanden werden (Kirchner, 2020). Basierend auf einer konstruktivistischen Auffassung von Lehr-Lern-Prozessen stellt das forschende Lernen interessengeleitete und selbstbestimmende Erkundungs- und Entdeckungsprozesse in den Mittelpunkt (Reitinger, 2013). Diese Erkundungs- und Entdeckungsprozesse zeichnen sich nach Messner (2009) dadurch aus, dass das Stellen von erkenntnisleitenden Fragen und das Generieren von Erkenntnissen, durch welches die Lernenden neues Wissen erwerben, zentral sind. In einem nächsten Schritt ist es wichtig, dass die Erkenntnisse durch ein systematisches und regelgeleitetes Vorgehen abgesichert werden (analog zum Vorgehen in einem wissenschaftlichen Erkenntnisprozess). Damit weist das forschende Lernen einen starken Bezug zum in der Mathematikdidaktik bekannten Ansatz des *entdeckenden Lernens* auf. Da sich die Konzepte stark ähneln und die Konzepte konturenlos ineinander übergehen, ist eine klare Abgrenzung beider Konzepte nur schwer möglich. Im schulischen Kontext werden die Konzepte des forschenden und entdeckenden Lernens meist synonym verwendet, während im Hochschulkontext entdeckendes Lernen eher als eine Vorstufe des forschenden Lernens angesehen wird (Messner, 2009). Zu den Zielen des forschenden Lernens fassen Roth und Weigand (2014) unter anderem den Erwerb und die Sicherung von fachlichem Wissen, die Entwicklung einer forschenden Grundhaltung oder die Stärkung der Selbstbestimmungs- und Reflexionsfähigkeit der Lernenden. Damit weisen die Ziele des forschenden Lernens deutliche Kongruenzen zu Wissenschaftspropädeutik und konkret zum Drei-Ebenen-Modell von Huber (1997) auf. Das Prinzip des forschenden Lernens gilt eher als didaktischer Orientierungsrahmen, so dass es noch eine konkrete Ausgestaltung von Inszenierungsmöglichkeiten von Wissenschaftspropädeutik bedarf, die dieses Prinzip berücksichtigen. Dabei kann das Prinzip des forschenden Lernens sowohl für unterrichtliche (den Fachunterricht), außerfachunterrichtliche (z. B. *Wissenschaftspropädeutische Seminare*) als auch für außerschulische Konzeptionen herangezogen werden.

Lernen an außerschulischen Lernorten

Nach wie vor ist Schule der zentrale Ort, an dem formelle Lernprozesse von Kindern und Jugendlichen initiiert werden. Jedoch gewinnen besonders vor dem Hintergrund des forschenden Lernens (z. B. weil Schulen nicht über eine entsprechende Ausstattung verfügen) außerschulische Lernorte an Bedeutung. Bei außerschulischen Lernorten handelt es sich um die Initiation von Bildungs- und Lernprozesse außerhalb des Orts Schule (Erhorn & Schwier, 2016). Nach diesem sehr allgemeinen Verständnis von außerschulischen Lernorten können eine Vielzahl von Orten dazugezählt werden, z. B. Schülerinnen- und Schülerlabore, Museen und Ausstellungen, zoologische und botanische Gärten, aber auch Wälder und Wiesen. Zur Fokussierung auf eine bestimmte Menge von außerschulischen Lernorten wird sich auf die Systematisierung von Thomas (2009) bezogen, der zwischen primären (didaktisch-methodisch geplante Veranstaltungen) und sekundären Lernorten (Orte und Veranstaltungen, die nicht pädagogische Ziele priorisieren) unterscheidet. An dieser Stelle sollen konkret Schülerinnen- und Schülerlabore fokussiert werden, die zum Teil als strukturierte Angebote von Forschungseinrichtungen zu den primären Lernorten gehören, weil diese bezogen auf Wissenschaftspropädeutik von größerer Bedeutung zu sein scheinen. Bezogen auf Mathematik zielen solche Schülerinnen- und Schülerlabore auf eine Vermittlung eines adäquaten Bilds der Mathematik, indem Schülerinnen und Schüler „anhand von entsprechenden Lernumgebungen forschend lernen, also mathematischen Fragestellungen selbstständig, problem- und handlungsorientiert nachgehen“ (Roth, 2013, S. 12). Nach Baum et al. (2013) können Schülerinnen- und Schülerlabore mit Bezug zur Mathematik der Steigerung des Interesses an Mathematik sowie dem Entdecken von neuen mathematischen Erkenntnissen in authentischen Lehr-Lern-Settings dienlich sein. Während in der mathematikdidaktischen Forschung Schülerinnen- und Schülerlabore noch eine eher untergeordnete Rolle spielen, stellen empirische Studien zu Schülerinnen- und Schülerlaboren im Bereich der Didaktiken der Naturwissenschaften kein Novum dar. Beispielsweise konnte Pawek (2009) mit Gruppen von Schülerinnen und Schülern (am Ende der Sekundarstufe I oder in der Sekundarstufe II) zeigen, dass das Experimentieren in Laboren (unter Kontrolle von individuellen Merkmalen) mit epistemischen Interesse zusammenhängt. Mit Blick auf kognitive Outcome-Variablen hat Ungermann (2022) im Rahmen einer experimentellen Studie mit Schülerinnen und Schülern der Sekundarstufe I untersucht, ob ein Laborbesuch das Verständnis von Nature of Science positiv beeinflusst. Es zeigt sich, dass bestimmte Aspekte des Konstrukts Nature of

Science nachhaltig gefördert werden konnten. Ausgehend von den positiven Effekten auf affektive und kognitive Outcome-Variablen kann darauf geschlossen werden, dass Schülerinnen- und Schülerlabore auch hinsichtlich der Zieldimension Wissenschaftspropädeutik förderlich sein können.

Schülerinnen- und Schülerwettbewerbe
Wenn Schülerinnen- und Schülerwettbewerbe von außerschulischen Akteuren entwickelt und Schulen ihren Schülerinnen und Schülern die Teilnahme an solchen Wettbewerben anbieten, dann können Schülerinnen- und Schülerwettbewerbe als außerschulische Impulse für die Zielerreichung von Wissenschaftspropädeutik verstanden werden. Als Schülerinnen- und Schülerwettbewerbe werden „Wettbewerbe verstanden, die sich an einzelne oder Gruppen von Schüler(n) [und Schülerinnen] wenden und in denen meist schulische oder schulnahe Leistungen auf einem besonders hohen Anspruchsniveau gezeigt werden müssen" (Prenninger & Altrichter, 2012, S. 166). In Deutschland haben solche Wettbewerbe eine lange Tradition und sind mittlerweile so weit verbreitet, dass es Wettbewerbe in allen schulischen Fachdomänen gibt (Wagner & Neber, 2007). Ein besonders prominentes Beispiel aus der Domäne Mathematik ist die jährlich stattfindende *Mathematik-Olympiade*. In der Literatur wird die Teilnahme an Schülerinnen- und Schülerwettbewerben meist mit Begabtenförderung in Verbindung gebracht (z. B. Prenninger & Altrichter, 2012; Wagner & Neber, 2007), jedoch können solche Wettbewerbe auch ein Potential hinsichtlich der Förderung wissenschaftspropädeutischer Kompetenzen aufweisen. Messner (2014) verweist ausdrücklich darauf, dass nicht alle Schülerinnen- und Schülerwettbewerbe per se auf Begabtenförderung abzielen. Angelehnt am Prinzip des forschenden Lernens sollen solche Wettbewerbe Schülerinnen und Schüler zum Fragenstellen und dem methodengeleiteten Suchen nach Antworten motivieren. Im Rahmen einer Fallstudie mit Oberstufenschülerinnen und -schülern des *PhysikClubs Kassel* (eine Arbeitsgemeinschaft von verschiedenen Kasseler Gymnasien) konnte Messner (2014) Thesen zu Gelingensbedingungen von Schülerinnen- und Schülerwettbewerben hinsichtlich Wissenschaftspropädeutik entwickeln. Dazu zählen beispielsweise die Anwendung und Reflexion von fachbezogenen Methoden, das Präsentieren von Forschungsergebnissen vor Teams aus Expertinnen und Experten, aber auch ein angemessenes Verhältnis von Eigenaktivität der Lernenden und konstitutiver Lehrerinnen- und Lehrerunterstützung (Messner, 2014). Vor diesem Hintergrund können sich Schülerinnen und Schüler im Rahmen von solchen Wettbewerben mit authentischen und fachgenuinen Problemstellungen (zum Teil selbst in der Rolle als Forschende) auseinandersetzen, wodurch ihre wissenschaftspropädeutischen Kompetenzen gefördert werden.

Wissenschaftspropädeutisches Seminar
Neben eher allgemeinen didaktischen Prinzipien (wie dem forschenden Lernen) oder dem Lernen an außerschulischen Lernorten werden in der Literatur auch schulische Lernangebote zur Zielerreichung von Wissenschaftspropädeutik beschrieben. Neben dem Fachunterricht (siehe unten) können sogenannte *Wissenschaftspropädeutische Seminare* (kurz: W-Seminare) belegt werden. Abhängig von verschiedenen Länderbestimmungen kann die Bezeichnung dafür variieren (z. B. Projektkurs, Seminarfach, Seminarkurs etc.). Bei W-Seminaren handelt es sich um institutionalisierte (Wahl-)Pflichtfächer, die Schülerinnen und Schüler des Gymnasiums im Rahmen ihrer Qualifikationsphase belegen.

Dabei sind auch hier die Art und der Umfang eines solchen Angebots abhängig von den länderspezifischen Bestimmungen. Ein W-Seminar kann prinzipiell von jeder Lehrkraft eines Gymnasiums angeboten werden, die bei der Gestaltung des Seminars viele Freiheiten hat (Frank, 2020). Konkret bedeutet dies, dass die fachliche Ausgestaltung der W-Seminare von den jeweiligen Lehrkräften abhängig ist, d. h., Schulen sind nicht verpflichtet, zu jedem Unterrichtsfach ein passendes W-Seminar anzubieten. Übergeordnetes Ziel eines W-Seminars ist es, wissenschaftspropädeutisches Lernen unter anderem durch forschendes und selbstständiges Lernen zu ermöglichen (Frank, 2020). Für ein mathematisches W-Seminar bedeutet dies, dass anhand von exemplarisch ausgewählten Fachinhalten mathematische Denk- und Arbeitsweisen angewendet, vertieft und erweitert sowie reflektiert werden.

Demnach liegt die Aufgabe des wissenschaftspropädeutischen Lernens in mathematischen W-Seminaren darin, die Schülerinnen und Schüler an mathematische Denk- und Arbeitsweisen heranzuführen und so die Kluft zwischen dem mathematischen Denken und Arbeiten in den Institutionen Schule und Hochschule zu verringern (Frank, 2020). Im Kontext von W-Seminaren fokussiert Frank (2020) die Förderung von neun wissenschaftspropädeutischen Kompetenzen, die für die Mathematik von Bedeutung sind:

- *Mathematisches Wissen*: Die Schülerinnen und Schüler verfügen über ein solides Fachwissen, welches an exemplarischen fachlichen Inhalten erweitert und vertieft wird.
- *Mathematisches Interesse*: Die Schülerinnen und Schüler verfügen über ein reges Interesse an der Mathematik, um sich aus eigenem Antrieb mit mathematischen Frage- und Problemstellungen auseinanderzusetzen.
- *Bewusstsein für die Wissensgenese*: Die Schülerinnen und Schüler entwickeln anhand von historischen und philosophischen Aspekten der Mathematik ein Bewusstsein dafür, wie der Prozess der mathematischen Erkenntnisgewinnung (zumindest in Grundzügen) abläuft.
- *Logische Denkfähigkeit, Bewusstsein für Strenge und Abstraktion*: Die Schülerinnen und Schüler lernen (neue) mathematische Inhalte von einem höheren Standpunkt kennen, der sich durch eine erhöhte Abstraktionsebene und stärkeren Formalisierungsgrad auszeichnet. Dabei nehmen die für die Mathematik charakteristischen Arbeitsweisen des Definierens und Beweisens eine entscheidende Rolle ein (Kapitel 3).
- *Mathematische Stilsicherheit*: Die Schülerinnen und Schüler sind in der Lage, ihre mathematischen Ideen – sowohl in schriftlicher als auch mündlicher Form – fachlich korrekt und präzise unter Nutzung von symbolischen Aspekten darzustellen. Daneben können sie auch mathematische Texte lesen und mathematische Formulierungen verstehen.
- *Ethische Wertehaltung*: Die Schülerinnen und Schüler entwickeln beim Durchführen von respektive Reflektieren über Prozesse der mathematischen Erkenntnisgewinnung ethische Werte wie *Verantwortung* und *Pflichtbewusstsein* weiter, die beim Betreiben von Mathematik (und Wissenschaft allgemein) eine wichtige Rolle einnehmen.

- *Ästhetisches Gefühl*: Die Schülerinnen und Schüler entwickeln ein Bewusstsein für ästhetische Aspekte der Mathematik (z. B. Eleganz oder Einfachheit von Beweisen).
- *Bewusstsein für die praktische Relevanz der Mathematik*: Die Schülerinnen und Schüler sollen sich bewusstmachen, dass Mathematik für die quantitative Beschreibung von Phänomenen der realen Welt (z. B. in den Naturwissenschaften) relevant ist. Diese Relevanz wird ihnen bewusst, indem sie selbst reale Problemstellungen mithilfe von mathematischen Methoden bearbeiten.
- *Adäquates Mathematikbild*: Die Schülerinnen und Schüler reichern ihr bestehendes Bild von Mathematik in redlicher Auseinandersetzung mit ausgewählten fachlichen Inhalten so weiter an, dass es zu einem angemessenen und breit gefächerten Mathematikbild wird.

Mit diesen Kompetenzbeschreibungen hat Frank (2020) erstmals aus mathematikdidaktischer Sicht konkrete Erwartungen an Schülerinnen und Schüler hinsichtlich Wissenschaftspropädeutik formuliert, die sich auf das Arbeiten in mathematischen W-Seminaren beziehen und damit auch für das Unterrichtsfach Mathematik relevant sein könnten. Trotz dessen, dass es sich bei den formulierten Beschreibungen um Präzisierungen von wissenschaftspropädeutischen Kompetenzen für die Domäne Mathematik handelt, scheinen diese für die vorliegende Arbeit wenig zielführend zu sein. Erstens sind einige der Kompetenzerwartungen von Frank (2020) nicht mit der in dieser Arbeit fokussierten Definition von Kompetenzen nach Klieme und Leutner (2006), die sich ausschließlich auf kognitive Leistungsdispositionen beziehen, kompatibel. Kompetenzerwartungen, die beispielsweise unter die Aspekte *mathematisches Interesse* oder *ethische Wertehaltung* fallen (Frank, 2020), haben eine starke affektive Komponente und fallen daher nicht unter das dieser Arbeit zugrundeliegende Verständnis von Kompetenz. Zweitens wird im Rahmen der von Frank (2020) formulierten Kompetenzbeschreibungen (explizit beim *Bewusstsein für die praktische Relevanz der Mathematik* und implizit beim *adäquaten Mathematikbild*) deutlich, dass sich die Kompetenzen nicht allein auf die strukturorientierte Seite von Mathematik beziehen, sondern auch die anwendungsorientierte Seite von Mathematik streifen. Daneben ist es fraglich, inwieweit *mathematisches Wissen* (konzeptualisiert als Fachwissen) als ein genuiner Bestandteil von wissenschaftspropädeutischen Kompetenzen aufgefasst werden kann, was aus den zuvor rezipierten Modellen eher nicht hervorgeht. Aus diesen Gründen wurde sich dafür entschieden, die von Frank (2020) entwickelten Beschreibungen von wissenschaftspropädeutischen Kompetenzen für die Domäne Mathematik nicht als Grundlage für die vorliegende Arbeit auszuwählen. Jedoch werden im Laufe der Arbeit (Kapitel 5 und 6) einige der hier referenzierten Konstrukte (mathematisches (Vor-)Wissen, Interesse und logisches Denken), die aus theoretischer Sicht in einer engen Beziehung zu wissenschaftspropädeutischen Kompetenzen stehen, aufgegriffen, theoretisch genauer beleuchtet und empirisch untersucht.

Facharbeit

Eine zusätzliche Form des wissenschaftspropädeutischen Arbeitens in der gymnasialen Oberstufe stellt die Erbringung einer *besonderen Lernleistung* dar (KMK, 2023). Abhängig von den länderspezifischen Bestimmungen können sich Schülerinnen und Schüler für eine besondere Lernleistung, die in der Regel zwei Schulhalbjahre umfasst (z. B. fachübergreifendes Projekt, Teilnahme an einem Schülerinnen- und Schülerwettbewerb etc.), oder das Verfassen einer (Seminar-)Facharbeit, die sich über ein Schulhalbjahr erstreckt, entscheiden. Die besondere Lernleistung respektive die Facharbeit bestehen jeweils aus einer schriftlichen Dokumentation und einem Kolloquium, in welchem die Schülerinnen und Schüler die Ergebnisse der Arbeit in mündlicher Form vorstellen und auf potentielle Rückfragen antworten (KMK, 2023). Das Verfassen der Facharbeit ist in bestimmten Ländern eng verknüpft mit dem Belegen eines W-Seminars, indem für die Facharbeit relevante wissenschaftliche Arbeitstechniken (wie z. B. Literaturrecherche oder wissenschaftliches Schreiben) vorbereitet werden. Für die Themenfindung, den Begleit- und Bewertungsprozess sind dann die Lehrkräfte der W-Seminare verantwortlich. In Ländern, in denen es kein Angebot von W-Seminaren gibt, kann die Facharbeit in einem ausgewählten Schulfach geschrieben werden. In diesem Fall wird die Facharbeit von der jeweiligen Fachlehrkraft betreut und ersetzt eine Klausur, während in anderen Ländern das Verfassen einer Facharbeit eine Abiturprüfung ersetzen kann. Ein wesentlicher Unterschied zwischen den Ländern liegt in der Verbindlichkeit des Verfassens einer Facharbeit. Während in einigen Ländern das Verfassen einer Facharbeit verpflichtend ist (meist in Verbindung mit der verpflichtenden Belegung von W-Seminaren), ist beispielsweise in Sachsen-Anhalt das Verfassen einer Facharbeit ein fakultatives Angebot und ist stark an den Gestaltungsrahmen von Einzelschulen geknüpft (Krause, 2014). Ziel von besonderen Lernleistungen respektive von Facharbeiten ist die Ermöglichung von selbstständigem und forschendem Arbeiten im Sinne von Wissenschaftspropädeutik (Boggasch, 2011). Hinsichtlich des Ebenen-Modells von Huber (1997) weisen Facharbeiten ein wesentliches Potential zur Ausgestaltung von Wissenschaftspropädeutik auf. Im Rahmen von Facharbeiten können Schülerinnen und Schüler ihr erworbenes Wissen exemplarisch anwenden, indem sie eine fachbezogene Problemstellung fachadäquat und methodengeleitet bearbeiten. Darüber hinaus stärken sie ihre Reflexionsfähigkeit, indem sie den Wert ihrer Ergebnisse bewerten und die Grenzen ihres methodischen Vorgehens kritisch einschätzen, und entwickeln im Bearbeitungsprozess ihre Einstellungen gegenüber wissenschaftlichem Arbeiten weiter. Trotz des hiesigen Potentials von Facharbeiten hinsichtlich Wissenschaftspropädeutik muss einschränkend hervorgehoben werden, dass Facharbeiten teilweise nur ein fakultatives Angebot von Schulen sind, weshalb nicht alle Schülerinnen und Schüler eine Facharbeit zwingend verfassen müssen, und sich das wissenschaftspropädeutische Arbeiten im Rahmen von Facharbeiten nur auf einen ausgewählten Gegenstandsbereich (dementsprechend meist nur auf eine Fachkultur) bezieht. Damit Schülerinnen und Schüler wissenschaftspropädeutisches Arbeiten in Breite und die Spezifika verschiedener Erkenntnisweisen kennenlernen, erscheint wissenschaftspropädeutisches Arbeiten im Fachunterricht unerlässlich zu sein.

Wissenschaftspropädeutik und Mathematikunterricht

Wird das dieser Arbeit zugrundeliegende Verständnis von Wissenschaftspropädeutik auf den Mathematikunterricht übertragen, dann zielt Wissenschaftspropädeutik im Mathematikunterricht auf das Erlernen von mathematischen Denk- und Arbeitsweisen. Um beschreiben zu können, wie Wissenschaftspropädeutik im Mathematikunterricht umgesetzt werden kann, stellt sich zunächst die Frage, welche mathematischen Inhalte (Kenntnisse und Arbeitsweisen) einerseits exemplarisch für das wissenschaftliche Denken und Arbeiten in der Mathematik stehen und andererseits auch für die Lebenswelt der Schülerinnen und Schüler von Bedeutung sind. Dies ist deshalb wichtig, weil für den Mathematikunterricht der gymnasialen Oberstufe curriculare Vorgaben vorliegen und die Frage, inwieweit die Zieldimension Wissenschaftspropädeutik anhand der curricular festgelegten Inhalten sowie Denk- und Arbeitsweisen erreicht werden kann. Zusammenhängend mit dieser Frage sind Überlegungen anzustellen, wie konkret Mathematiklehrkräfte ihren Fachunterricht in der gymnasialen Oberstufe wissenschaftspropädeutisch aufbereiten können und welche konkreten wissenschaftspropädeutischen Kompetenzen die Schülerinnen und Schüler dabei erwerben sollen.

Eine erste Entwicklung des Mathematikunterrichts, die Flitner (1968) als wissenschaftspropädeutisch und erstrebenswert beschrieb, war die Orientierung an der „Neuen Mathematik“, die in den 60er und 70er Jahren zu einer Welle von Reformen führte. Ziel dieser Reformen war es, dass Schulen nicht länger ihr Augenmerk auf das Erlernen und Üben von Kalkülen richten dürfen, „sondern ein kreatives Denken anstreben und auch auf elementare Stufen [...] den Weg zu abstrakten mathematischen Denken einzuschlagen suchen“ (Flitner, 1968, S. 20). Einen besonderen Fokus legt Flitner (1968, S. 20) auf didaktische Bemühungen, um „die Lücke zwischen der Schulmathematik und der Universität zu schließen“. Diese Forderungen hatten beispielsweise auf Ebene der Sekundarstufen zur Folge, dass der Mathematikunterricht durch eine stärkere Fokussierung auf mengen- und strukturtheoretische Elemente (z. B. durch Gruppen- und Körperaxiome) geprägt war (Sill, 2019). Aufgrund von unterschiedlichen Beschwerden seitens der Schülerinnen und Schüler, der Eltern und Lehrkräfte wurden diese Änderungen relativ schnell wieder rückgängig gemacht (Tietze, 2000). Die grundlegende Idee, die hinter den Bestrebungen der „Neuen Mathematik“ lag, war die Orientierung des Mathematikunterrichts an der Beschaffenheit der Lerngegenstände in einem Mathematikstudium, um die Kluft zwischen der Schul- und Universitätsmathematik zu verkleinern. Es stellt sich allerdings die Frage, ob diese Annäherung ein einseitiger Prozess sein muss oder ob sich nicht auch die Universitäten an den Lernvoraussetzungen der Studienanfängerinnen und -anfänger orientieren müssten, da „besonders die Universität um ihre Eingangssemester besorgt sein muß [*sic*]“ (Flitner, 1968, S. 20). Dies eröffnet beispielsweise die Debatte um eine *wissenschaftspropädeutische Eingangsphase* in einem Mathematikstudium, was aufgrund des begrenzten Umfangs dieser Arbeit nicht weiter ausgeführt werden kann.

Es ist prinzipiell anzunehmen, dass die Literatur Ansatzpunkte für Konzeptionen von Wissenschaftspropädeutik im Mathematikunterricht diskutiert. Wird allerdings der Stand der Diskussion in der Mathematikdidaktik zu Wissenschaftspropädeutik beleuchtet, fällt im Bereich der deutschsprachigen fachdidaktischen Forschung auf, dass Wissenschaftspropädeutik im Kontext von Mathematikunterricht kaum Beachtung findet. Aus der mathematikdidaktischen Literatur bleibt es zunächst offen, ob Wissenschaftspropädeutik per se für den Mathematikunterricht von Bedeutung ist, geschweige denn, welche Inszenierungsmöglichkeiten von Wissenschaftspropädeutik für den Mathematikunterricht fruchtbar sein könnten. Möglicherweise wurden solche Fragen bewusst zurückgehalten, denn die Schwierigkeit, die sich im Besonderen für den Mathematikunterricht ergibt, ist die Frage danach, „welche“ Mathematik der Mathematikunterricht anbahnen soll. Nach von

Hentig (1980, S. 282) soll der Mathematikunterricht zwei wissenschaftspropädeutischen Funktionen gerecht werden: Zum einen geht es „darum, dass der Mathematik innewohnende Prinzip der durchgängigen Rationalität zu erkennen [...] Hiermit wird die Mathematik als eine ‚Geisteswissenschaft' etabliert, ja, als die strengste aller Geisteswissenschaften". Hiernach sollte der Mathematikunterricht so konzipiert werden, dass dieser Schülerinnen und Schülern die Möglichkeit eröffnet, die hinter der Mathematik liegende rationale Struktur erlebbar zu machen. Dies wird im Rahmen dieser Arbeit als die *strukturorientierte* Seite von Mathematik aufgefasst. Es soll darum gehen, den Unterricht so auszurichten, dass sich den Schülerinnen und Schülern der logisch-strukturelle Aufbau der Mathematik samt ihrer charakteristischen Denk- und Arbeitsweisen (z. B. Beweisführung) erschließt.

Die zweite wissenschaftspropädeutische Funktion von Mathematikunterricht sieht von Hentig (1980, S. 282) darin, dass Schülerinnen und Schüler „die mathematischen Prozeduren beherrschen, die man auf den verschiedensten Gebieten in verschiedenen Formen entwickelt hat, kurz: die Anwendung jenes Prinzips der durchgängigen Rationalität". Neben dem Kennenlernen der strukturorientierten Seite von Mathematik soll der Unterricht auch Mathematik hinsichtlich ihrer außermathematischen Anwendungen verdeutlichen. Im Rahmen dieser Arbeit wird dies als die *anwendungsorientierte* Seite von Mathematik bezeichnet. Nach dieser Auffassung soll den Schülerinnen und Schülern illustriert werden, inwiefern sich Mathematik eignet, um außermathematische Problemstellungen (z. B. aus den Naturwissenschaften) mithilfe mathematischer Modelle zu bearbeiten. Bereits Winter (1975) verweist auf die beiden Seiten von Mathematik. Er verknüpft die strukturorientierte Seite (Mathematik als beweisende, deduzierende Wissenschaft) mit der Zielstellung, dass Schülerinnen und Schüler das Beweisen lernen sollen, und die anwendungsorientierte Seite (Mathematik als anwendbare Wissenschaft) mit dem Ziel, dass Schülerinnen und Schüler das Mathematisieren lernen sollen (Winter, 1975).

Für Tietze (2000) geht es bei Wissenschaftspropädeutik im Mathematikunterricht darum, dass Schülerinnen und Schüler anhand von exemplarischen Lernsituationen innerhalb der Mathematik allgemeine verhaltensbezogene Qualifikationen erwerben, die nicht an fachliche Inhalte gebunden sind. Dies umfasst allgemein-kognitive Kompetenzen wie etwa Anschauungsvermögen oder die Fähigkeit, rational zu argumentieren (Tietze, 2000). Laut Tietze (2000, S. 16) lassen sich für den Mathematikunterricht in der gymnasialen Oberstufe drei sogenannte Grundtätigkeiten ableiten, die er als wissenschaftspropädeutisch bezeichnet und „in denen *allgemeine verhaltensbezogene Qualifikationen* erworben werden sollen:

- Hypothesen entwickeln und überprüfen, Probleme formulieren und lösen;
- Mathematisieren, Modellbilden, Anwenden;
- rationales Argumentieren, Begründen, Beweisen".

Anhand dieser drei Grundtätigkeiten lassen sich die zwei Seiten von Mathematik ebenfalls ableiten. Während die zweite Grundtätigkeit Teilprozesse des mathematischen Modellierens beschreibt und demnach die anwendungsorientierte Seite der Mathematik hervorhebt, kann die dritte Grundtätigkeit der strukturorientierten Seite von Mathematik zugeordnet werden, denn die deduktive Struktur der Mathematik basiert auf einem logischen System aus Definitionen, Sätzen und Beweisen (Kapitel 3). Die erste von Tietze (2000) beschriebene Grundtätigkeit lässt sich in beiden Seiten der Mathematik wiederfinden. Sowohl innerhalb der struktur- als auch innerhalb der anwendungsorientierten Seite von Mathematik werden Aussagen (z. B. Vermutungen) über einen möglichen Zielzustand aufgestellt und ihre Gültigkeit mithilfe mathematischer Methoden und Heurismen nachgeprüft. Diese Dualität der Mathematik gilt es als Mathematiklehrkraft den Schülerinnen und Schülern erlebbar zu machen, denn nur, wenn Lernende diesen Doppelcharakter von Mathematik kennen, können sie Mathematik im breiten Fächerspektrum reflektiert einordnen, und die Eigenart von Mathematik und ihren Erkenntnissen verstehen.

Insgesamt muss festgehalten werden, dass die mathematikdidaktische Literatur zwar erste Ansatzpunkte für Wissenschaftspropädeutik im Mathematikunterricht liefert, aber keine konkreten Kompetenzbeschreibungen formuliert. Anstatt wissenschaftspropädeutische Kompetenzen zu formulieren, die der Mathematikunterricht fördern soll, werden eher Tätigkeiten beschrieben (vgl. Tietze, 2000), die Lernende im Rahmen des Mathematikunterrichts ausführen sollen. Demzufolge erscheint es zielführend, zunächst wissenschaftspropädeutische Kompetenzen für den Mathematikunterricht zu spezifizieren.

2.4 Zusammenfassung

Das Leitbild der gymnasialen Oberstufe fordert nicht nur das Lernen des Allgemeinen oder den Erwerb von fachübergreifenden Kompetenzen, sondern verlangt auch das Lernen des Speziellen. Dieses Lernen des Speziellen wird als Wissenschaftspropädeutik bezeichnet, vollzieht sich in den Unterrichtsfächern und zielt auf eine Vermittlung von fachspezifischen Denk- und Arbeitsweisen. Wissenschaftspropädeutik wurde erstmals 1972 in einem amtlich-curricularen Dokument als Zieldimension des gymnasialen Oberstufenunterrichts festgehalten (KMK, 2023). Seitdem wurde mithilfe von verschiedenen Ansätzen (curriculare Konkretisierungen, Definitionsvorschläge oder Modellen) versucht, Wissenschaftspropädeutik zu präzisieren.

Schwerpunktmäßig ist die theoretische Auseinandersetzung mit Wissenschaftspropädeutik im Bereich der Erziehungswissenschaften zu verorten. Ein in diesem Fachgebiet bedeutendes und viel zitiertes Modell zur Konkretisierung von Wissenschaftspropädeutik geht auf Huber (1997) zurück. Das entwickelte Modell von Wissenschaftspropädeutik basiert auf einer Synthese von bildungstheoretischen Ansätzen und umfasst drei Ebenen. Wissenschaftspropädeutischer Unterricht soll dabei das Lernen und Üben in Wissenschaft (Ebene 1), an Wissenschaft (Ebene 2) und über Wissenschaft (Ebene 3) ermöglichen. Kritisch an diesem Modell ist anzumerken, dass nicht ganz klar ist, ob das Modell darauf abzielt, Modi eines wissenschaftspropädeutischen Unterrichts oder erwartbare (wissenschaftspropädeutische) Kompetenzen von Schülerinnen und Schülern zu beschreiben. Aktuellere Modellentwürfe fokussieren eher die Ebene der Lernergebnisse und zielen auf die Konkretisierung von wissenschaftspropädeutischen Kompetenzen.

Auf Ebene der Lernergebnisse beinhaltet die Zieldimension Wissenschaftspropädeutik die Entwicklung und Förderung von wissenschaftspropädeutischen Kompetenzen. Unter wissenschaftspropädeutischen Kompetenzen werden in der vorliegenden Arbeit kognitive Leistungsdispositionen verstanden, die sich auf den Umgang mit Wissenschaft beziehen. Dazu gehören sowohl Aspekte des Wissens und Könnens. Hahn (2008) versteht unter wissenschaftspropädeutischen Kompetenzen vornehmlich die Fähigkeit, Perspektivwechsel zu vollführen, und bezieht sich nur auf den Könnensaspekt. Dagegen werden im dreidimensionalen Kompetenzmodell von Müsche (2009), welches in Anlehnung an das Ebenen-Modell von Huber (1997) entstanden ist, sowohl Wissens- (Dimension 1) als auch Könnensaspekte (Dimension 2 und 3) inkludiert. Allerdings ist es wichtig hervorzuheben, dass beide Modelle nicht empirisch validiert sind und es nach aktuellem Kenntnisstand daneben keine empirisch validierten Modelle zur Beschreibung von wissenschaftspropädeutischen Kompetenzen gibt.

Für die Konzeptualisierung und Operationalisierung von mathematikbezogenen wissenschaftspropädeutischen Kompetenzen in dieser Arbeit erscheint das Modell von Müsche (2009) gegenüber dem Modell von Hahn (2008) angemessener und vorteilhafter zu sein. Der wesentliche Vorteil des Kompetenzmodells von Müsche (2009) liegt darin, dass hier der Output fokussiert wird und konkrete Kompetenzbeschreibungen entwickelt wurden, während Hahn (2008) eher Modi des Unterrichts beschreibt (Input-Perspektive), die er als wissenschaftspropädeutisch bezeichnet. Da auch in dieser Arbeit die Output-Perspektive fokussiert wird (Hauptzielstellung 2 und 3), scheint das Kompetenzmodell von Müsche (2009) passender zu sein. Ein anderer Vorteil vom Modell von Müsche (2009) ist, dass hier das fachliche Lernen im Mittelpunkt steht, während das Hahn'sche Modell die Relevanz von Diskussionen in fachungebundenen Kursen betont. Allerdings muss einschränkend angemerkt werden, dass bei Müsche (2009) der naturwissenschaftliche Erkenntnisprozess im Fokus steht. Im weiteren Verlauf der Arbeit wird es eine wichtige Aufgabe sein, zu überprüfen, ob und inwiefern dieses Modell auf mathematische Denk- und Arbeitsweisen überführbar ist. Um diese Aufgabe anzugehen, muss zunächst geklärt werden, durch welche Besonderheiten Mathematik als wissenschaftliche Disziplin charakterisiert wird.

3 Mathematik als strukturorientierte Wissenschaft

Wissenschaftspropädeutik zielt auf die Hinführung zu wissenschaftlichen Denk- und Arbeitsweisen in einer bestimmten fachlichen Domäne. Beispielhaft modelliert Müsche (2009) im Rahmen ihres Kompetenzmodells wissenschaftspropädeutische Kompetenzen vor dem Hintergrund der naturwissenschaftlichen Domäne. Hieran knüpft die Fragestellung an, inwieweit dieses Modell für Mathematik adaptiert werden kann (erste Hauptzielstellung der Arbeit). Bezugnehmend zu von Hentig (1980) scheint der Mathematikunterricht zwei wissenschaftspropädeutische Funktionen zu haben, d. h., zum einen soll dieser Mathematik als strukturorientierte und zum anderen Mathematik als anwendungsorientierte Disziplin anbahnen. Da sich beide Funktionen zum Teil deutlich voneinander unterscheiden (Fesser & Rach, 2022a), wird aus Gründen der Komplexitätsreduktion in dieser Arbeit ausschließlich die strukturorientierte Seite von Mathematik fokussiert. Daher werden in diesem Kapitel die besonderen Charakteristika von Mathematik als strukturorientierte Wissenschaft herausgestellt, um darauf aufbauend das Modell von Müsche (2009) für Mathematik zu adaptieren (Kapitel 4). Zunächst wird in Kapitel 3.1 die Wissenschaft Mathematik begrifflich aus verschiedenen Perspektiven beschrieben. Zur Herausbildung der Besonderheiten von Mathematik als strukturorientierte Wissenschaft wird Mathematik sowohl auf Ebene von mathematikphilosophischen Ansichten (Kapitel 3.2), der fachspezifischen Produkte (Kapitel 3.3) und Prozesse (Kapitel 3.4) beleuchtet. Zur übersichtlichen Zusammenstellung der besonderen Charakteristika von Mathematik als strukturorientierte Wissenschaft werden zum Kapitelende nochmals die wesentlichen Aspekte zusammengefasst.

3.1 Charakterisierung von Mathematik als strukturorientierte Wissenschaft

Anders als z. B. das Studienfach (und die gleichnamige Wissenschaft) Medizin ist Mathematik ein Schulfach und gehört zum verpflichtenden Fächerkanon von allgemeinbildenden Schulen. In Abgrenzung zu den Schulfächern wie beispielsweise Deutsch, Politik oder Religion bezeichnet der Begriff Mathematik sowohl das Schulfach als auch die an Universitäten betriebene Wissenschaft, was möglicherweise den Anschein erwecken könnte, dass Mathematik als Schulfach und die gleichnamige Wissenschaft viel gemeinsam haben. Diese Annahme lässt sich allerdings nicht bestätigen, da sich beispielsweise schon beim Übergang von der Schul- zur Hochschulmathematik der Charakter von Mathematik substantiell ändert (Fischer et al., 2009). Daher wird in diesem Abschnitt eine erste Charakterisierung von Mathematik als strukturorientierte Wissenschaft (wie sie an Universitäten betrieben wird) vorgenommen, um darauf aufbauend im Folgenden auf die besonderen Charakteristika von Mathematik gezielter eingehen zu können.

3.1.1 Charakterisierung von Mathematik über historische Betrachtungen

Die Charakterisierung von Mathematik mithilfe von historischen Betrachtungen ist sinnvoll, um wesentliche Entwicklungen der Mathematik aufzuzeigen und anhand dessen zu illustrieren, wie sich das Selbstverständnis der Mathematik kulturell-historisch bedingt verändert hat. In diesem Zuge wird sich in diesem Abschnitt nur auf wesentliche Meilensteine in der Geschichte fokussiert, weil eine umfassende historische Betrachtung der

Mathematik zum einen wenig zielführend wäre und zum anderen es den Umfang der vorliegenden Arbeit deutlich überschreiten würde. Außerdem wurde die Geschichte der Mathematik schon im Rahmen anderer Arbeiten und Werke detailliert beschrieben (z. B. Burton, 2011; Wußing, 2013a, 2013b).

Die Entstehung der Mathematik kann nicht anhand eines konkreten Ereignisses festgelegt werden. Erste Nachweise von Zählprozessen oder der Darstellung von geometrischen Figuren lassen sich als Einkerbungen auf Knochen oder als Ornamente auf Gefäßen finden, die mehr als 30.000 Jahre alt sind (Wußing, 2013a). Es ist wissenschaftlich weitestgehend akzeptiert, dass Mathematik aus lebensweltlichen Problemen entstand, die das Zählen und das Festhalten der Anzahl von Objekten umfasste (Burton, 2011). Neben basalen Abzählprozessen, die die Anfänge der Mathematik prägten, ist auch das „Wahrnehmen" von geometrischen Mustern und Beziehungen zwischen ebenen Figuren auf die Anfänge der Mathematik zurückzuführen (Cooke, 2005). Vor etwa 4.000 Jahren wurde die Mathematik vor allem durch die Hochkulturen der Ägypter und Babylonier geprägt. Besondere Errungenschaften im alten Ägypten waren die Einführung des altägyptischen Zahlensystems (mithilfe von Zehnerpotenzen), das Operieren mit den Zahlen (Grundrechenarten) sowie die Lösung von geometrischen Problemen wie etwa die Berechnung des Volumens eines Kegelstumpfes (Wußing, 2013a). Auch die Babylonische Mathematik zeichnete sich durch mathematische Errungenschaften in der Arithmetik und Geometrie aus. Die Babylonier entwickelten ebenfalls ein eigenes Zahlensystem (Sexagesimalsystem), operierten mit Zahlen (beispielsweise das Bestimmen von Quadratzahlen und -wurzeln mithilfe von Tabellen) und konnten den Flächeninhalt von elementaren geometrischen Figuren bestimmen (Wußing, 2013a). Darüber hinaus hatten die mathematischen Überlegungen beider Hochkulturen gemeinsam, dass mathematische Problem- und Fragstellungen stark durch lebensweltliche Probleme (wie beispielsweise durch Anwendungsprobleme im Bau- und Wirtschaftswesen) motiviert waren.

Während Mathematik in der Zeit der Ägypter und Babylonier stark anwendungsorientiert betrieben wurde und keine überlieferten Beweise von mathematischen Erkenntnissen bekannt sind, wird Mathematik in der griechischen Antike restrukturiert (Loos et al., 2022). In der griechischen Antike wird unter anderem die Beschäftigung mit mathematischen Inhalten als eine Art Vorstudium zur Auseinandersetzung mit der Philosophie angesehen (Günzler, 1989; Martens, 1999). Daher ist es nicht verwunderlich, dass zur Zeit der griechischen Antike die Entwicklung der Mathematik vor allem durch Philosophen geprägt wurde. Die Entwicklungen der Mathematik in der griechischen Antike basieren auf Überlegungen von Thales von Milet (um 585 vor Christus), auf den der „Satz von Thales" über rechtwinklige Dreiecke im Kreisbogen zurückgeht (Wußing, 2013a). Es ist bekannt, dass Thales solche Sätze formulierte und auch begründete, aber es ist unklar, wie genau diese Begründungen aussahen (Loos et al., 2022).

Auf die Zeit um 500 vor Christus werden mit Eleaten (Vertreterinnen und Vertreter einer der ältesten Philosophieschulen der griechischen Antike) die Anfänge der Logik verbunden (Wußing, 2013a), die als Teil der Philosophie einen wesentlichen Einfluss auf die weiteren Entwicklungen der Mathematik nahmen. So unternahm Euklid (um 330 nach Christus) einen ersten Versuch der Axiomatisierung der Mathematik nach logischen Prinzipien. Im Rahmen seines Buches *Elemente* fasste Euklid das ihm bekannte, bisherige mathematische Wissen zusammen und strukturierte seine Ausführungen nach der axiomatischen Methode (Loos et al., 2022). Die axiomatische Methode meint, dass aufbauend auf einem Fundament aus Grundbegriffen (z. B. „Punkt"), Axiomen und Definitionen abgeleitete Sätze mithilfe von logischen Schlussregeln bewiesen wurden. Damit wurde auch erstmals der kumulative Aspekt der Wissenschaft Mathematik verdeutlicht (Heintz, 2000a), d. h., einerseits ergeben sich mathematische Erkenntnisse aus vorherigen Erkenntnissen und sind letztlich auf die Grundbegriffe, Axiome und Definitionen zurückzuführen und andererseits ermöglichen neue mathematische Erkenntnisse das Stellen neuer Fragen und bringen somit die Weiterentwicklung der mathematischen Theorie voran. Trotz dessen, dass das Buch „Elemente" aus heutiger Sicht einige mathematische Lücken aufweist (z. B. basieren geführte Beweise auf intuitiven und anschaulichen Begründungen), gilt das Buch dennoch als ein wesentlicher Meilenstein zur Entwicklung von Mathematik zu einem axiomatischen System (Bedürftig & Murawski, 2019).

Mit dem Zusammenbruch des weströmischen Reichs begann die Epoche des Mittelalters (etwa 6. bis 15. Jahrhundert), die durch Völkerwanderung, Machtkämpfe und großflächige Krankheitswellen geprägt war (Wußing, 2013a). Dies waren unter anderem Gründe für eine Verlangsamung des wissenschaftlichen Fortschritts, auch in der Mathematik. Mathematik beziehungsweise die Teilgebiete der Arithmetik und Geometrie entwickelten sich in dieser Zeit allerdings zu wichtigen Unterrichtsfächern. Im Zuge der Christianisierung Europas wurden Dom- und Klosterschulen errichtet, die anfangs für die Ausbildung von Geistlichen und später auch von Bürgerlichen zuständig waren. Der Unterricht orientierte sich vor allem an den sieben freien Künsten, zu welchen die Arithmetik (Arten von Zahlen und ihre Eigenschaften, Grundrechenarten) und die Geometrie (Elemente der euklidischen Geometrie sowie der Planimetrie und Stereometrie) gehörten (Kühnert, 1961). Ein Wiederaufblühen erlebte die Mathematik während der Renaissance und vor allem während der *wissenschaftlichen Revolution* (16. bis zum Beginn des 18. Jahrhunderts), was den rasanten Fortschritt der Wissenschaft in dieser Zeit beschreibt (Wußing, 2013a). Zu dieser Zeit wurden viele mathematische Erkenntnisse generiert, die prägend für die Inhalte des heutigen Mathematikunterrichts sind. Dazu gehören beispielsweise die Anfänge der Wahrscheinlichkeitsrechnung (Wußing, 2013b), die Koordinatisierung der Geometrie und die Anfänge der Infinitesimalrechnung (Wußing, 2013a).

Auch im 19. Jahrhundert wurden die Elemente von Euklid sowohl aufgrund des Inhalts als auch aufgrund der axiomatischen Grundlegung weiterhin positiv angesehen (Wußing, 2013b). Allerdings wurde daran Kritik geäußert, dass Euklids Elemente sich an der wahrnehmbaren Realität und konkreten Objekten orientierten. Mit dem Ziel, die Geometrie von der Anschauung realer Objekte zu trennen, hat David Hilbert sein Buch über die *Grundlagen der Geometrie* publiziert. Besonders auffällig an der Grundlegung der Geometrie Hilberts ist zum einen der Verzicht auf eine Konkretisierung der geometrischen Grundbegriffe und zum anderen die Einteilung der Axiome in fünf Axiomengruppen (Wußing, 2013b). Aufgrund der Klarheit und Einfachheit der von Hilbert genutzten Axiome und der Verwendung von möglichst wenigen und unnötigen Symbolen fand Hilberts Versuch der Axiomatisierung der Geometrie den größten Zuspruch der mathematischen Community. Damit ist es Hilbert gelungen, die damaligen Mathematikerinnen und Mathematiker von der abstrakten und formalen Seite der Geometrie zu überzeugen (Burton,

2011). Mit seinem Buch hat Hilbert nicht nur die axiomatische Methode in der Geometrie etabliert, sondern die Methode lässt sich auch allgemein auf die Mathematik übertragen, was bis heute ein wesentliches Charakteristikum der modernen Mathematik ist. Neben der Axiomatisierung der Geometrie ist Hilbert auch für die von ihm auf dem 1900 stattfindenden Internationalen Mathematik-Kongress vorgestellten Hilbert'schen Probleme bekannt (Loos et al., 2022). Diese Probleme umfassen beispielsweise Fragestellungen wie „Ist das arithmetische Axiomensystem widerspruchsfrei?“. Mit den 1930 von Kurt Gödel präsentierten Unvollständigkeitssätzen lassen sich einige der von Hilbert formulierten Probleme lösen. Die Unvollständigkeitssätze beschäftigen sich mit den Grenzen formaler Systeme in der Mathematik: „Die Widerspruchsfreiheit der Grundlagen der Mathematik ist prinzipiell nicht beweisbar und in jeder hinreichend komplexen Theorie gibt es nichtentscheidbare Sätze“ (Loos et al., 2022, S. 8). Konkret bedeutet dies, dass in einem widerspruchsfreien Axiomensystem Aussagen existieren, die weder beweisbar noch widerlegbar sind. Daraus folgt, dass von der Korrektheit von formalen Systemen ausgegangen werden muss, denn die Korrektheit lässt sich nicht beweisen. Damit hat Gödel gewisse Limitationen für die von Hilbert verfolgte Programmatik (das Darlegen der formalen Widerspruchsfreiheit der Mathematik) aufgezeigt. Vor dem Hintergrund der Unvollständigkeitssätze bewies Gödel 1938 beispielsweise, dass es mit den üblich verwendeten Mengenaxiomen nicht möglich ist, die Kontinuumshypothese zu widerlegen (Wußing, 2013b).

Die Mathematik hat sich somit im Laufe der Zeit maßgeblich geändert und ist erst seit der Axiomatisierung durch Hilbert als ein *formal-axiomatisches System* etabliert. Die Nachzeichnung der historischen Entwicklung gibt einen ersten Einblick in die Wissenschaft Mathematik und gilt als Fundierung für die folgenden Ausführungen.

3.1.2 Charakterisierung von Mathematik über Forschungsgegenstände und -methoden

Einen weiteren Anhaltspunkt bei der Charakterisierung von wissenschaftlichen Disziplinen bietet die Betrachtung von Forschungsgegenständen und -methoden der jeweiligen wissenschaftlichen Disziplin. Hinsichtlich der *Forschungsgegenstände* kann Mathematik als *„science of quantity and space“* (Davis & Hersh, 1981, S. 6) definiert werden. Die Charakterisierung von Mathematik als diejenige Wissenschaft, die Quantität und Raum beforscht, lässt sich historisch betrachtet vor allem auf die Entstehung der Mathematik (Kapitel 3.1.1) zurückführen. Mit der Darstellung von Mathematik als Wissenschaft von Quantität und Raum geht allerdings eine Reduktion der Mathematik auf die inhaltlichen Gebiete der Arithmetik und Geometrie einher. Während die Ursprünge der Mathematik in (Aus-)Zähl- und Messprozessen liegen (Heintz, 2000a), was konkrete Aspekte der Arithmetik und Geometrie sind, bilden diese zwei inhaltlichen Gebiete nur einen äußerst kleinen Teil der modernen Mathematik. Heutzutage ist Mathematik als wissenschaftliche Disziplin in mehr als 60 große Forschungsfelder untergliedert, worunter beispielsweise Gebiete wie *partial differential equations* oder *combinatorics* fallen (Loos et al., 2022). Durch den stetig voranschreitenden Prozess der Ausdifferenzierung und Spezialisierung von mathematischen Teilgebieten ist die Charakterisierung von Mathematik als Disziplin von Quantität und Raum heute nicht mehr tragfähig. Eine andere und breitere Definition von Mathematik ist die Verwendung der Bezeichnung: *Mathematik als Wissenschaft von abstrakten Mustern* (Stewart, 2001). Muster meint in diesem Zusammenhang eine logische Beziehung zwischen mathematischen Objekten, „die allerdings in einem bestimmten Bereich *regelmäßig* auftritt und für diesen Bereich allgemeine Gültigkeit besitzt" (Lüken, 2012, S. 21). In diesem Kontext meint „regelmäßig", dass solche identifizierten Beziehungen nicht nur für wenige Einzelfälle gelten, sondern bei Erfüllung der Voraussetzungen für alle Repräsentanten eines bestimmten mathematischen Begriffs. Beispielsweise bedeutet dies für den Zwischenwertsatz, dass *jede* auf einem Intervall $[a, b] \subseteq \mathbb{R}$ stetige Funktion $f: [a, b] \rightarrow \mathbb{R}$ jeden Wert zwischen $f(a)$ und $f(b)$ annimmt.

Eng verknüpft mit den Inhalten von Wissenschaften steht die Frage, wie die Gegenstände beforscht respektive wie neue Erkenntnisse gewonnen werden. Ausgehend vom obigen Verständnis von Mathematik als Wissenschaft von abstrakten Mustern bedeutet dies konkret, welche Eigenschaften solche Muster aufweisen, wie bestimmte Muster in Beziehung zueinanderstehen und vor allem wie solche Erkenntnisse mathematisch abgesichert werden. Charakteristisch für den *mathematischen Erkenntnisgewinnungsprozess* (umfasst die von Wissenschaftlerinnen und Wissenschaftlern durchgeführten Tätigkeiten, die für die Generierung neuer Erkenntnisse charakteristisch sind) ist die deduktive Methode. Im mathematischen Kontext meint diese Methode, dass ausgehend von einer Menge elementarer, augenscheinlicher Objekte mithilfe von logischen Schlüssen neue Erkenntnisse hergeleitet werden können (Davis & Hersh, 1981). Bei diesen Herleitungen nach logischen Schlüssen handelt es sich um Beweise (Jahnke & Ufer, 2015), die für die Mathematik das zentrale Instrument zur Absicherung mathematischer Erkenntnisse darstellen (Heintz, 2000a). Daher kann Mathematik als eine beweisende, deduzierende Wissenschaft (Winter, 1975) bezeichnet werden. Wird der deduktive Charakter der Mathematik fokussiert, so lässt sich Mathematik beschreiben als eine Wissenschaft „that exhibits the pattern of assumption-deduction-conclusion" (Davis & Hersh, 1981, S. 7). Nach dieser Auffassung spielen mathematische Inhalte eine untergeordnete Rolle, während die Suche und das Begründen von Regelmäßigkeiten und Strukturen von Mustern im Mittelpunkt stehen. Zum methodischen Vorgehen im Rahmen von mathematischen Erkenntnisgewinnungsprozessen gehören sowohl induktive (Suche nach Vermutungen) als auch deduktive Phasen (Konstruieren von Beweisen), die beide wichtige Rollen im mathematischen Erkenntnisgewinnungsprozess einnehmen. Auf weitere Charakteristika des mathematischen Erkenntnisgewinnungsprozesses wird noch im weiteren Verlauf des Kapitels (Kapitel 3.4) genauer eingegangen.

Ausgehend von der Betrachtung von Mathematik über ihre Inhalte und Methodik lässt sich keine einheitliche Definition für Mathematik formulieren. Es ist auch evident, dass sich die Auffassung von Mathematik abhängig von dem kulturell-historischen Rahmen ändern kann (Kapitel 3.1.1). Dies stellten auch schon Davis und Hersh (1981, S. 8) fest: „The definition of mathematics changes. Each generation and each thoughtful mathematician within a generation formulates a definition according to his lights". Bezugnehmend dazu scheinen sich auch nicht alle Mathematikerinnen und Mathematiker einer „Generation" über die Definition von Mathematik einig zu sein. Diese Aussage illustriert, dass eine Klärung und Konkretisierung von Mathematik über ihre Inhalte und Methoden nur eingeschränkt möglich ist. Allerdings kann sich die realisierte Charakterisierung von Mathematik mithilfe ihrer Gegenstände und Methoden bei der folgenden Einordnung von Mathematik in das System von wissenschaftlichen Disziplinen als hilfreich erweisen.

3.1.3 Charakterisierung von Mathematik über eine Abgrenzung zu anderen Wissenschaften

Eine andere Möglichkeit zur Charakterisierung und Konkretisierung von Mathematik ist die Klärung, wie Mathematik im System aus wissenschaftlichen Disziplinen kategorisiert wird. Eine bekannte Systematisierung von wissenschaftlichen Disziplinen ist die klassische Dichotomisierung wissenschaftlicher Disziplinen in Natur- und Geisteswissenschaften. Ausgehend von den theoretischen Überlegungen der beiden vorangegangenen Abschnitte (Kapitel 3.1.1 und 3.1.2) soll im Folgenden überprüft werden, ob Mathematik als strukturorientierte Wissenschaft in eine der beiden Kategorien fällt beziehungsweise welche Kategorie aus theoretischer Sicht besser geeignet ist, um Mathematik zu klassifizieren.

Wenn Studierende aus mathematikhaltigen Studiengängen zu Beginn ihres Studiums gefragt werden, ob Mathematik eine Naturwissenschaft sei, dann stimmen dieser Aussage etwa die Hälfte der Befragten zu (Fesser & Rach, 2022b). Nach Dummett (1994, S. 11) ist diese Einordnung allerdings nicht überzeugend, denn „what is immediately striking about mathematics is how *unlike* any other science it is“. Zwar eignen sich die mathematischen Erkenntnisse dafür, Phänomene der Natur quantitativ zu beschreiben oder aufgestellte Hypothesen zu testen, aber dies sind noch keine Gründe, die eine Kategorisierung von Mathematik als Naturwissenschaft legitimieren. Denn es sind lediglich Beispiele, welche die Anwendung von Mathematik in den Naturwissenschaften illustrieren. Ein wesentlicher Unterschied zwischen Mathematik und den Naturwissenschaften liegt in den unterschiedlichen Forschungsgegenständen: Während die Mathematik mittlerweile abstrakte Strukturen hinsichtlich ihrer Eigenschaften und Muster untersucht, liegt der Fokus bei den Naturwissenschaften auf der Erforschung der Natur beziehungsweise von realen Phänomenen (Heintz, 2000a). Auch der methodische Zugang unterscheidet sich zwischen der Mathematik und den Naturwissenschaften. Zwar spielt in beiden Wissenschaftsdisziplinen ein deduktives Vorgehen eine besondere Rolle, aber die Bedeutung des deduktiven Vorgehens unterscheidet sich zwischen den Disziplinen. Während in den Naturwissenschaften theoriegeleitet und ausgehend von bestimmten Prämissen Hypothesen (falsifizierbare Aussagen) deduziert werden, werden in der Mathematik mithilfe eines deduktiven Vorgehens neue mathematische Erkenntnisse abgesichert (Dummett, 1994). Der empirisch-experimentelle Zugang (Überprüfung der aufgestellten Hypothesen mithilfe von Experimenten), durch den sich der naturwissenschaftliche Erkenntnisprozess auszeichnet, spielt für die Mathematik eine eher untergeordnete Rolle. Diesen Unterschied veranschaulicht Dummett (1994, S. 12) mithilfe des folgenden Beispiels: „We are all familiar with the idea of observations designed to test – to confirm or refute – the general theory of relativity; but we should be unable to conveice of observations designed to test number theory or group theory“. Auch wenn für den mathematischen Forschungsprozess deduktive Herleitungen bei der Absicherung von mathematischen Erkenntnissen von zentraler Bedeutung sind, können auch quasi-experimentelle Phasen in ausgewählten Prozessen des mathematischen Tuns eine nicht zu vernachlässigende Rolle spielen (Kapitel 3.2 und 3.4).

Wenn Mathematik nicht eindeutig als Naturwissenschaft klassifizierbar ist, dann liegt die Vermutung nahe, Mathematik könne als eine Geisteswissenschaft aufgefasst werden. Bezugnehmend auf Kapitel 3.1.2 spricht die Betrachtung der Gegenstände der Mathematik und ihren Eigenschaften für eine Kategorisierung von Mathematik als Geisteswissenschaft. So argumentieren Davis und Hersh (1981, S. 410):

> Mathematics does have a subject matter, and its statements are meaningful. The meaning, however, is to be found in the shared understanding of human beings, not in an external nonhuman reality. In this respect, mathematics is [...] intelligible only within the context of culture.

Hieraus wird deutlich, dass sich die Mathematik ähnlich wie andere Geisteswissenschaften (z. B. Kunst-, Literatur- und Sprachwissenschaften) mit der Analyse von Erzeugnissen menschlichen Geistes beschäftigt. Trotz dieser Gemeinsamkeit unterscheiden sich Mathematik und Geisteswissenschaften darin voneinander, wie sicher beziehungsweise verlässlich die erzeugten Erkenntnisse der jeweiligen Wissenschaften sind. Während die Erkenntnisse der Geisteswissenschaften auf persönlichen Meinungen und Urteilen basieren (damit ein gewisses Maß an Subjektbezogenheit aufweisen) und abhängig von jeweils vorherrschenden kulturell-historischen Deutungsmustern sind, sind mathematisch gewonnene Erkenntnisse zweifelsfrei (vgl. Davis & Hersh, 1981). Meinungsverschiedenheiten treten in der Mathematik (z. B. bezüglich der Akzeptanz von gewissen Schlussregeln) deutlich seltener auf als in den Geisteswissenschaften (z. B. Uneinigkeit über die Auslegung von wissenschaftlichen Texten). Dazu kommt, dass anders als in den Geisteswissenschaften es in der Mathematik nur sehr wenige überdauernde Meinungsverschiedenheiten gibt.[4] Dies ist damit zu erklären, dass über solche Meinungsverschiedenheiten aufgrund des kohärenten und kumulativen Aufbaus der Mathematik in der Regel rational entschieden werden kann (Heintz, 2000a).

Damit lässt sich die Mathematik weder eindeutig als Natur- noch als Geisteswissenschaft klassifizieren. Auch Woltron (2020, S. 21) kommt zu diesem Urteil: „Die Mathematik ist somit weder eine reine Natur-, noch eine reine Geisteswissenschaft“. Da sich die (moderne) Mathematik zu keiner dieser beiden Kategorien eindeutig zuordnen lässt, wird Mathematik als Formalwissenschaft klassifiziert (Byers & Erlwanger, 1984). Eine Klassifizierung von Mathematik als Formalwissenschaft ist daher gerechtfertigt, weil zum einen sich die Mathematik mit der Untersuchung von abstrakten und formalen Systemen beschäftigt (Meister & Sonar, 2019) und zum anderen der Formalisierungsgrad von mathematischen Erkenntnissen charakteristisch für die Mathematik ist (Byers & Erlwanger, 1984). So zeichnet sich die Mathematik vor allem durch ihre formalisierte Sprache aus, mit welcher der Wahrheitsgehalt von mathematischen Aussagen festgestellt werden kann

4 Allerdings gibt es auch in der Mathematik Ausnahmen. Ein prominentes Beispiel ist hierfür ein 2012 vorgelegter Beweis der *abc*-Vermutung von Mochizuki, welcher dabei wenig etablierte Methoden angewendet hat. In einem 2021 erschienenen Review macht Scholze (2021) deutlich, dass aus seiner Sicht die Methoden nicht geeignet sind, um die *abc*-Vermutung zu beweisen und damit die *abc*-Vermutung noch unbewiesen ist.

(Frougny & Pfeiffer, 1985). Bezugnehmend zum historischen Abriss zur Entstehung von Mathematik (Kapitel 3.1.1) war eine Klassifizierung von Mathematik als Formalwissenschaft allerdings nicht immer gerechtfertigt. Beispielsweise sind die Anforderungen, die an einen mathematischen Text gestellt werden, abhängig vom kulturell-historischen Rahmen und daher prinzipiell veränderbar (Byers, 1982). So ist die heutige Einordnung von Mathematik als Formalwissenschaft erst seit der axiomatischen Wende durch David Hilbert legitimierbar (Kapitel 3.1.1).

3.1.4 Resümee: Charakterisierung von Mathematik

Die bisherige Charakterisierung der strukturorientierten Wissenschaft Mathematik beruht auf (1) historischen Betrachtungen, einer (2) ersten Analyse der mathematischen Gegenstände sowie Methoden und der (3) Einordnung von Mathematik in das System aus wissenschaftlichen Disziplinen. Hinsichtlich der (1) historischen Betrachtungen hat sich das Verständnis von Mathematik über die Geschichte hinweg deutlich verändert. Während die Anfänge der Mathematik stark durch außermathematische Anwendungen motiviert und an frühen mathematischen Fähigkeiten des Menschen (Frank, 2020) angelehnt waren, wurde die Mathematik durch Euklid und später durch Hilbert restrukturiert. In diesem Kontext löste sich die Mathematik von der Realität und die axiomatische Methode wurde zentral für den mathematischen Theorieaufbau. Damit wurde Mathematik zu einer axiomatisch-geprägten Wissenschaft. Hinsichtlich der Konkretisierung von Mathematik mithilfe ihrer (2) Gegenstände und Methoden lässt sich kein einheitliches Bild erzeugen. Während eine Fokussierung auf die Gegenstände zu einer Beschreibung von Mathematik als Wissenschaft von Quantität und Raum führt, resultiert eine Betrachtung der Methoden darin, Mathematik als eine Wissenschaft zu bezeichnen, die deduktiv Regelmäßigkeiten von beziehungsweise zwischen Mustern untersucht. Auch bei der (3) Einordnung von Mathematik in das System aus wissenschaftlichen Disziplinen gibt es Unklarheiten, wie Mathematik zu charakterisieren ist. Klar zu sein scheint, dass Mathematik sich nicht in die dichotome Unterteilung des Systems aus wissenschaftlichen Disziplinen einordnen lässt, denn Mathematik gehört weder eindeutig zu den Natur- noch zu den Geisteswissenschaften. Aufgrund der Gegenstände und Methoden, mit denen Mathematik wissenschaftlich arbeitet, kann Mathematik jedoch als Formalwissenschaft klassifiziert werden.

Zusammenfassend kann festgehalten werden, dass Mathematik als strukturorientierte Wissenschaft eine vielschichtige, kulturell-historisch geprägte und axiomatische Wissenschaft ist. Aufgrund ihrer Vielschichtigkeit ist es nur schwer möglich, Mathematik mithilfe einer Definition zu konkretisieren. Stattdessen werden Eigenschaften genutzt, um die Mathematik als strukturorientierte Wissenschaft zu charakterisieren.

3.2 Philosophie der Mathematik und ihre Bedeutung

Neben der Fachwissenschaft Mathematik an sich entwickelte sich über die Geschichte hinweg auch die Philosophie der Mathematik, d. h. die Wissenschaft des Nachdenkens über die Mathematik. „Denn Philosophie der Mathematik beginnt dort, wo wir unser Denken auf die Mathematik und unser mathematisches Tun richten“ (Bedürftig & Murawski, 2019, S. 29). Demnach hat die Philosophie der Mathematik einen meta-wissenschaftlichen Charakter, weil sie die Forschungsgegenstände und Methoden der Mathematik und ihre Charakteristika zum Gegenstand der eigenen Untersuchung macht. Aufgrund der Besonderheiten der Mathematik und ihrer Abgrenzung von anderen wissenschaftlichen Disziplinen (Kapitel 3.1.3) ist die philosophische Betrachtung der Mathematik für Philosophinnen und Philosophen von großem Interesse. Fragen, die in diesem Kontext aufgeworfen werden, haben meist einen ontologischen (Frage nach der Beschaffenheit von (Forschungs-)Objekten) oder epistemologischen (Fragen nach Charakteristika von Erkenntnisgewinnungsprozessen) Charakter (Hoffmann & Even, 2023), z. B. nach der Beschaffenheit von mathematischen Konzepten, nach der Besonderheit der deduktiven in Abgrenzung zur experimentellen Methode oder nach der Sicherheit von mathematischem Wissen. Demnach bietet die Philosophie der Mathematik Ansätze an, um Gegenstände, Methoden, Voraussetzungen und Grenzen von mathematischem Wissen zu beschreiben und zu verstehen. Neben diesem vorrangig deskriptiven Charakter der Philosophie der Mathematik können auch bestimmte Denkschulen (z. B. Konstruktivismus) normativen Charakter aufweisen, die konkret Aussagen darüber treffen, wie Mathematik betrieben werden soll.

Einen detaillierten Überblick zur Philosophie der Mathematik kann die vorliegende Arbeit nicht leisten: Zum einen kann aufgrund des begrenzten Umfangs nicht jede inhaltliche Betrachtung in höchstem Detailliertheitsgrad dargestellt werden und zum anderen wäre eine solch detaillierte Betrachtung für das Erreichen des Ziels der Arbeit wenig zweckmäßig. Für interessierte Leserinnen und Leser sei hier auf Grundlagenwerke zur Philosophie der Mathematik (z. B. Bedürftig & Murawski, 2019) verwiesen, in denen umfassende und chronologische Darstellungen der Entwicklung von philosophischen Denkschulen zu finden sind. An dieser Stelle sollen nur ausgewählte Grundfragen der Philosophie der Mathematik angerissen und einige Antworten auf diese Fragen von bekannten Denkschulen dargelegt werden.

Natur der mathematischen Konzepte

Eine zentrale Frage, mit der sich im Rahmen der Philosophie der Mathematik beschäftigt wird, ist die Frage nach der Natur beziehungsweise Beschaffenheit von mathematischen Konzepten. Abhängig von der jeweiligen Denkschule können Antworten auf diese Frage deutlich variieren. So können beispielsweise mathematische Konzepte als abstrakte und unabhängig von der realen Welt existierende Entitäten (Platonismus), als allein durch menschliches Handeln entstandene Entitäten (Intuitionismus) oder als Elemente einer symbolischen und formalen Sprache (Formalismus) aufgefasst werden (Loos et al., 2022). Allerdings gibt es neben den unterschiedlichen Sichtweisen auf die Natur der mathematischen Konzepte auch einen Konsens zwischen den bedeutendsten Denkschulen. Der Konsens besteht dahingehend, dass Mathematik als ein Theoriegebäude aus abstrakten Wissenselementen aufgefasst werden kann, welches durch rationales und logisches Denken erweitert wird (Hoffmann & Even, 2023).

Natur des mathematischen Tuns

Deutlich unterschiedlicher und kontroverser diskutiert werden die Auffassungen der einzelnen Denkschulen zur Natur des mathematischen Tuns: Wird Mathematik *entdeckt* oder *erfunden* (Ernest, 1999)? Während Personen, die sich den Platonimus zu eigen machen, der Auffassung sind, dass Mathematik entdeckt wird, d. h. Menschen gelangen durch Nachdenken zu mathematischen Konzepten und Aussagen, die in einer idealen Weise in einer Ideenwelt bereits existieren, würden Vertreterinnen und Vertreter des Intuitionismus sich eher zu der Auffassung bekennen, dass Mathematik erfunden wird (Loos et al., 2022). Nach dieser Auffassung werden mathematische Erkenntnisse durch mathematisches Handeln *konstruiert* und sind daher an menschliches Handeln gebunden. Aus Sicht des Formalismus sind die elementaren Bausteine der Mathematik, Axiome und grundlegende Begriffe (z. B. „Punkt"), von Menschen konstruiert (Dossey, 1992). Mathematische Erkenntnisse lassen sich dann aus diesen elementaren Bausteinen mithilfe eines logischen Kalküls deduktiv ableiten.

Wahrheitsgehalt von mathematischen Aussagen und Rolle der Formalität

Ein weiterer Aspekt der Mathematik, der von verschiedenen Denkschulen kontrovers gehalten wird, ist die Frage nach dem Wahrheitsgehalt von mathematischen Aussagen. Antworten auf diese Frage sowie die dazugehörigen Argumentationen unterscheiden sich stark von der jeweiligen Denkschule. Nach der Auffassung des Platonismus ist es eindeutig entscheidbar, ob mathematische Aussagen wahr oder falsch sind. Mithilfe von Beweisen, die aus der sogenannten Ideenwelt kommen, lässt sich der Wahrheitsgehalt von mathematischen Aussagen eindeutig festlegen. Dabei hat jede sinnvolle Frage über ein mathematisches Konzept eine eindeutige und präzise Antwort (in der Ideenwelt), die aber womöglich nicht allen Menschen offenliegt (Davis & Hersh, 1981). Neben mathematischen Aussagen, deren Wahrheitsgehalt eindeutig bestimmbar ist, gibt es aber auch mathematische Aussagen, die im Rahmen eines Axiomensystems weder beweisbar noch widerlegbar sein können (vgl. Gödelsche Unvollständigkeitssätze). Während aus Sicht von Vertreterinnen und Vertretern des Platonismus eine solche dritte Möglichkeit auszuschließen ist, ist der Wahrheitsgehalt solcher Aussagen für Vertreterinnen und Vertreter des Intuitionismus nicht entscheidbar. Zur Absicherung von mathematischen Wissens sind auch aus Sicht des Intuitionismus Beweise von entscheidender Bedeutung. Dabei ist der Grad der Formalität von Beweisen weniger wichtig, denn es handelt sich vielmehr „um einen intuitiv annehmbaren Beweis, das heißt, um eine bestimmte Art geistiger Konstruktion" (Dummett, 2005, S. 151). Aus Sicht des Intuitionismus sind Beweise Produkte der geistigen Schöpfung. Dass sich diese Beweise mithilfe einer formalen Sprache niederschreiben lassen, ist aus Sicht des Intuitionismus nicht relevant und zum Teil zweifeln Vertreterinnen und Vertreter dieser Denkschule die Formalisierung an.

Für Vertreterinnen und Vertreter des Formalismus besteht die Mathematik aus Axiomen, Definitionen und Sätzen (Davis & Hersh, 1981). Neue mathematische Erkenntnisse (Sätze) lassen sich aus den Axiomen, Definitionen und bekannten (und damit bereits bewiesenen) Sätzen unter Verwendung von strengen Schlussregeln der formalen Logik beweisen. Davis und Hersh (1981, 340) fassen zusammen, was Personen, die sich den Formalismus zu eigen machen, als Wahrheit ansehen:

> One cannot assert that a theorem is true, any more than one can assert that the axioms are true. As statements in pure mathematics, they are neither true nor false, since they talk about undefined terms. All we can say in mathematics is that the theorem follows logically from the axioms. Thus the statements of mathematical theorems have no content at all; they are not *about* anything. On the other hand, according to the formalist, they are free of any possible doubt or error, because the process of rigorous proof and deduction leaves no gap or loopholes.

Nach dieser Auffassung spielt die Frage nach der Relevanz von mathematischen Aussagen keine Rolle, denn die Erkenntnisse der Mathematik lassen sich nicht anhand anderer Phänomene (z. B. Beobachtungen in der Natur) verifizieren. Nur die logische Herleitung von mathematischen Erkenntnissen kann korrekt oder falsch sein. Wenn eine mathematische Aussage korrekt hergeleitet wurde, dann gibt es keinen Zweifel über die Richtigkeit der mathematischen Aussage. Während die philosophischen Ansätze unterschiedliche Standpunkte vertreten, gibt es doch Einigkeit über die zugelassenen Argumentationsprinzipien, die für die Mathematik gelten (Davis & Hersh, 1981).

Neuere philosophische Strömungen

Ab Mitte des 20. Jahrhunderts haben sich neuere philosophische Ansätze entwickelt, die zum Teil aus den bekannten Denkschulen entstanden sind und sich komplementär entwickelt haben. Im Vergleich zu den älteren philosophischen Auseinandersetzungen mit Mathematik fokussieren die neueren Strömungen spezifische Tätigkeiten wie das Erklären und Verstehen von Mathematik (Mancosu, 2008). Ein Beispiel hierfür ist der quasi-empirische Ansatz nach Lakatos (1976), der die Bedeutung von heuristischen Prinzipien (z. B. Versuch-Irrtum-Prinzip) für den mathematischen Erkenntnisgewinnungsprozess beschreibt. Demnach kommen Mathematikerinnen und Mathematiker in einem fortlaufenden Prozess des Spekulierens zu neuen Vermutungen, wovon die meisten Vermutungen durch eine kritische Überprüfung (z. B. mithilfe von Methoden der formalen Logik) widerlegt werden. In diesem Zuge ist nach Lakatos (1976) die mathematische Forschungspraxis durch ein kontinuierliches Verbessern von intuitiven und kreativen Ideen charakterisiert. Einen anderen Ansatz verfolgt Hersh (1995, S. 591), der in seinem Beitrag die jeweiligen Probleme der klassischen Denkschulen niederschreibt und Mathematik als „social-cultural-historical" bezeichnet. Damit wird vor allem darauf aufmerksam gemacht, dass Mathematik eine kulturell gewachsene Wissenschaft ist, die menschengemacht ist und durch den sozialen Austausch zwischen Mathematikerinnen und Mathematikern voranschreitet (Hersh, 1995). Unter anderem daraus haben sich sozialkonstruktivistische Ansätze (z. B. Cole, 2009) entwickelt, die mathematische Entitäten als konstitutiv soziale Konstrukte beschreiben, welche im Rahmen der mathematischen Forschungspraxis durch Mathematikerinnen und Mathematiker gebildet werden. Solche Ansätze betonen stark, dass Mathematik an mathematische Aktivitäten, die sich durch Kreativität und Freiheit der betreibenden Personen auszeichnet, geknüpft ist.

Zusammenfassend ist die Philosophie der Mathematik eine Wissenschaft, die verschiedene Ansätze bietet, um die Besonderheiten von mathematischen Erkenntnissen und vom mathematischen Erkenntnisgewinnungsprozess im Allgemeinen besser verstehbar zu machen. Dieses Kapitel hatte zum Ziel, der Leserin und dem Leser einen ersten Einblick in die Grundfragen der Philosophie der Mathematik zu geben und Positionen der bekanntesten Denkschulen zu diesen Grundfragen nachzuzeichnen. Für die vorliegende Arbeit spielt die Betrachtung der Philosophie der Mathematik dahingehend eine Rolle, dass ausgehend von den Gemeinsamkeiten der prominenten Denkschulen verdeutlicht werden konnte, wodurch sich Mathematik aus philosophischer Perspektive auszeichnet.

Hinsichtlich der Hauptzielstellungen der vorliegenden Arbeit muss festgehalten werden, dass sich die philosophischen Positionen nicht direkt in Leistungsmerkmale (wie im Rahmen dieser Arbeit wissenschaftspropädeutische Kompetenzen verstanden werden) übersetzen lassen. Solche philosophischen Auffassungen von der Mathematik können weder als „richtig“ noch als „falsch“ beurteilt werden, denn „die wahre, die richtige Haltung, aus der dann die eindeutigen, die wahren Antworten [auf die Grundfragen der Philosophie der Mathematik] folgen, wird es nicht geben“ (Bedürftig & Murawski, 2019, S. 29). Allerdings sind die Ausführungen zu philosophischen Betrachtungsweisen hilfreich, um den Gegenstand (Mathematik als strukturorientierte Wissenschaft), auf den sich wissenschaftspropädeutische Kompetenzen beziehen sollen (Kapitel 4 und 5), klarer zu fassen.

3.3 Mathematischer Theorieaufbau: Grundbegriffe und Struktur

Eine Besonderheit, die jede wissenschaftliche Disziplin auszeichnet, ist die Verwendung einer spezifischen Sprache, die sich aus wissenschaftlichen Grundbegriffen zusammensetzt. Mit wissenschaftlichen Grundbegriffen sind nicht fachspezifische Begriffe (wie z. B. „Funktion“) gemeint, sondern jene Begriffe, die als grundlegend für den Theorieaufbau der jeweiligen wissenschaftlichen Disziplin gelten. Beispielsweise lassen sich in dem dreidimensionalen Modell von Müsche (2009) wissenschaftliche Grundbegriffe der Naturwissenschaften (wie z. B. „Experiment“ oder „Theorie“) identifizieren. Mathematik als eine beweisende, deduzierende Wissenschaft (Winter, 1975) basiert auf anderen Grundbegriffen als die Naturwissenschaften. Im Rahmen der vorherigen Betrachtungsweisen auf Mathematik wurden zum Teil schon einige Grundbegriffe, die für die Mathematik charakteristisch sind (wie z. B. „Axiom“ oder „Beweis“), verwendet. Zu den Grundbegriffen, die bedeutsam für die Mathematik als strukturorientierte Wissenschaft sind, gehören zusätzlich Definition, Aussage und Vermutung.[5] Neben diesen wissenschaftlichen Grundbegriffen zeichnen sich wissenschaftliche Disziplinen auch durch ihre jeweilige Struktur aus, d. h., wie stehen diese Grundbegriffe zueinander und wie ist das wissenschaftliche „Theoriegebäude“ aufgebaut. Daher werden im Folgenden die wissenschaftlichen Grundbegriffe sowie die Struktur der Wissenschaft Mathematik beschrieben.

Axiome

Anders als in den Naturwissenschaften, in denen die Beobachtung und das Experiment eine entscheidende Rolle beim Erkenntnisgewinnungsprozess einnehmen, spielen in der Mathematik vor allem Beweise eine wichtige Rolle (Kapitel 3.1.1 und 3.1.2). Zwar gibt es in der Mathematik auch Phasen, die quasi-experimentell ablaufen können (z. B. kann das Messen von Winkelgrößen und Seitenlängen in einem Dreieck zur Vermutung führen, dass in einem beliebigen Dreieck dem größten Winkel auch die längste Seite gegenüberliegt), und auch bestimmte „Gesetze“ (Festlegungen und Erkenntnisse), aber dennoch unterscheidet sich die Mathematik von den Naturwissenschaften hinsichtlich der verwendeten Begriffe und methodischen Zugänge (Kapitel 3.1.1). In der Mathematik wird ein solches „Gesetz“ erst akzeptiert, wenn es bewiesen wird. Allerdings können nicht alle solche

---

5 Hierbei handelt es sich um eine durch den Autor der Arbeit getroffene Auswahl an Grundbegriffen der Mathematik und um *keine* vollständige Auflistung. Diese Grundbegriffe sind allerdings wichtig, um den grundlegenden Aufbau der Mathematik als strukturorientierte Wissenschaft zu illustrieren. Weitere Grundbegriffe, die im Rahmen der Mathematik bedeutsam sind, aber im Rahmen dieser Arbeit nicht fokussiert werden, sind beispielsweise „Beispiel“, „Bemerkung“, „Lemma“ oder „Korollar“.

„Gesetze“ bewiesen werden, denn dafür bedarf es zuvor bewiesener Sätze (Schoenfield, 1967). Daher können die „ersten Gesetze“ der Mathematik nicht bewiesen werden. Die „ersten Gesetze“ werden *Axiome* genannt, die auch ohne Beweis akzeptiert werden. Schon seit Euklid besteht die Mathematik aus Axiomen, die nach Loos et al. (2022, S. 7) auch als „Grundannahmen“ bezeichnet werden. Dieser Begriff verdeutlicht, dass es sich bei Axiomen um den Grund beziehungsweise das Fundament des mathematischen Theoriegebäudes handelt, die als Annahmen keines Beweises bedürfen.

Es stellt sich die Frage, wie solche Axiome entstehen und wodurch sie akzeptiert werden. Nach Schoenfield (1967) orientiert sich der Entstehungsprozess von Axiomen daran, welche Gesetzmäßigkeiten im Umgang mit mathematischen Begriffen oder zwischen mathematischen Begriffen als augenscheinlich wahr angenommen werden können. Bei diesen mathematischen Begriffen wird zwischen grundlegenden (mathematische Konzepte, die beispielsweise aufgrund ihrer Anschaulichkeit keine strenge Definition erfordern, sondern umschrieben werden können) und abgeleiteten Begriffen (mathematische Konzepte, die auf den grundlegenden Begriffen basieren) unterschieden. Sowohl Axiome als auch die grundlegenden Begriffe der Mathematik sollen möglichst einfach und klar sein (Schoenfield, 1967). Das gesamte Gebäude, bestehend aus grundlegenden und abgeleiteten Begriffen sowie aus Axiomen und (mathematischen) Sätzen wird Axiomensystem genannt (Schoenfield, 1967). Dabei ist bei der Wahl der Axiome darauf zu achten, dass die Axiome vollständig, widerspruchsfrei und unabhängig voneinander sind (Jahnke & Ufer, 2015).

Die bisherige Auffassung von Axiomen lässt die Vermutung zu, dass es sich bei Axiomen um den Beginn jedes mathematischen Erkenntnisprozesses handelt. Dies ist nach Hersh (1997, S. 6) allerdings nicht die Realität, denn „in developing and understanding a subject, axioms come late. Then in the formal presentations, they come early. [...] Examples, problems and solutions come first. Later come axiom sets on which the already existing theory can be based“. Ähnlich argumentiert Heintz (2000a, S. 138), dass die Axiome erst für den Aufschrieb mathematischer Erkenntnisse relevant sind, „um Ordnung zu schaffen und Transparenz herzustellen“. Während anfangs Axiome noch einer inhaltlichen Rechtfertigung bedurften, führte Hilberts Axiomatisierung der Geometrie dazu, dass Axiome mehr oder weniger willkürlich festgesetzt werden können und nicht länger eine inhaltliche Deutung voraussetzen (Heintz, 2000b). Ausgehend von den Fragen nach der Entstehung und Akzeptanz von Axiomen wird deutlich, dass die Wahl von Axiomen nicht trivial ist, sondern es sich um „das Ergebnis eines jahrhundertelangen Erkenntnisprozesses“ (Fleischhack, 2010, S. 151) handelt.

Definitionen

Ein mathematischer (Fach-)Begriff umfasst eine Klasse von Objekten, die gemeinsame Eigenschaften haben. Zu einem Begriff gehören beispielsweise eine Begriffsbezeichnung (unter Umständen auch ein neues Symbol) und eine *Definition*, durch die präzise und eindeutig festgelegt wird, welche Objekte zum Begriff gehören. Konkret werden in dieser Arbeit Definitionen wie folgt verstanden: Definitionen „should be regarded as conventions stipulating what meanings are to be attributed to expressions which previously did not appear in a certain discipline, and which may therefore not be comprehensible“

(Tarski, 1994, S. 30). Beispielsweise wird der Absolutbetrag $|\cdot|$ einer reellen Zahl x typischerweise wie folgt definiert:

$$|x| = \begin{cases} -x & \text{für } x < 0 \\ x & \text{für } x \geq 0 \end{cases}.$$

Es ist wichtig darauf hinzuweisen, dass sich Definitionen von Begriffen über die Zeit hinweg verändern können und dass bestimmte Begriffe nicht nur *eine* Definition haben (Edwards & Ward, 2008). So kann der Absolutbetrag einer reellen Zahl x auch als

$$|x| = \sqrt{x^2}$$

definiert werden, was von einigen Mathematikerinnen und Mathematiker als eleganter angesehen wird (Vinner, 1991). Neben der Eleganz von Definitionen gibt es noch weitere Kriterien, um Definitionen in der Mathematik zu klassifizieren. So unterscheiden van Dormolen und Zaslavsky (2003) zwischen notwendigen Kriterien (*critical features*) und Kriterien, die aus der mathematischen Community erwachsen sind und von Mathematikerinnen und Mathematikern präferiert werden (*preferable features*). Zu den notwendigen Kriterien gehören (van Dormolen & Zaslavsky, 2003):

- *Criterion of hierachy*: Nach diesem Kriterium soll jeder neu eingeführte Begriff ein Spezialfall eines bereits definierten Begriffs sein. Der neu eingeführte Begriff unterscheidet sich durch weitere Eigenschaften von dem bereits definierten Begriff (z. B. Quadrat als Spezialfall eines Rechtecks).
- *Criterion of existence*: Nach diesem Kriterium muss es zu einem neu eingeführten Begriff, welcher durch die dazugehörige Definition bestimmt wird, mindestens einen Repräsentanten geben.
- *Criterion of equivalence*: Nach diesem Kriterium dürfen nur dann zwei oder mehrere Definitionen eines Begriffs existieren, wenn diese äquivalent sind.
- *Criterion of axiomatization*: Nach diesem Kriterium müssen sich neu eingeführte Begriffe dazu eignen, um Teil eines Axiomensystems zu sein.

Hingegen gehören zu den von den Mathematikerinnen und Mathematikern präferierten Kriterien von Definitionen die folgenden Merkmale (van Dormolen & Zaslavsky, 2003):

- *Criterion of minimality*: Nach diesem Kriterium sollen Definitionen so kurz wie möglich sein und nicht mehr charakteristische Eigenschaften eines Begriffs umfassen als notwendig.
- *Criterion of elegance*: Nach diesem Kriterium gelten Definitionen eleganter als andere, wenn sie beispielsweise weniger Wörter, weniger Symbole oder grundlegendere Begriffe nutzen.
- *Criterion of degenerations*: Einige Definitionen bieten den Raum, um bestimmte Objekte zu einem Begriff (nicht) dazugehören zu lassen. Abhängig vom Kontext kann es teilweise sinnvoll sein, bestimmte Fälle ein- oder auszuschließen.

Damit Definitionen möglichst kurz und zugleich möglichst präzise sind, sind Begriffsdefinitionen häufig formalisiert. Für diese Formalisierung wird in der Mathematik eine formale Sprache verwendet, die sich durch Symbole, z. B. Junktoren oder Quantoren, und auch durch bestimmte, sich wiederholende grammatikalische Strukturen, z. B. „Sei

$(a_n)_{n\in\mathbb{N}}$ eine reelle Zahlenfolge.“ auszeichnet. Zu einem mathematischen Begriff gehören aber auch mentale Repräsentationen, Beispiele und Gegenbeispiele sowie Eigenschaften (Weigand, 2015).

Aussagen
Begriffe werden durch (mathematische) Definitionen festgelegt, die unter anderem aus einer Beschreibung von bestimmten Eigenschaften bestehen. Allerdings können definierte Begriffe auch darüber hinaus noch über weitere Eigenschaften verfügen, „die über das Definierte hinausgehen, aber logisch daraus folgen“ (Schwindt, 2020, S. 36). Für die Formulierung solcher weiteren Eigenschaften oder Zusammenhänge zwischen Begriffen werden in der Mathematik *Aussagen* verwendet.

Bei einer Aussage handelt es sich um „eine gemäß der mathematischen Syntax ‚korrekt gebildete‘ Zeichenkette“ (Fleischhack, 2010, S. 151). Neue Eigenschaften (oder Aussagen allgemein) werden meist als Aussagesätze formuliert (Schwindt, 2020), z. B. „Das Quadrat des Absolutbetrags einer reellen Zahl x ist das Quadrat von x, oder formal:

$$|x|^2 = x^2 \text{“}.$$

Mathematischen Aussagen kann prinzipiell ein Wahrheitsgehalt zugeordnet werden. Eine (mathematische) Aussage ist entweder wahr, falsch oder nichtentscheidbar, d. h., es ist nicht eindeutig geklärt, ob die Aussage wahr oder falsch ist. Zusätzlich sollten Aussagen auch nur Begriffe verwenden, die vorher schon definiert wurden. Für die obige Aussage bedeutet dies, dass neben der Definition des Absolutbetrags auf $\mathbb{R}$ auch das Quadrat einer reellen Zahl x bereits definiert wurde.

Vermutungen
Eine Aussage, deren Wahrheitsgehalt noch nicht endgültig bestimmt wurde, aber prinzipiell für wahr angenommen wird, wird *Vermutung* genannt (Fleischhack, 2010; Schwindt, 2020). Ein bekanntes Beispiel dafür ist die Riemann’sche Vermutung, die bis heute unbewiesen ist. Zum Teil ist es möglich, dass komplett neue Teilgebiete der Mathematik entstehen, die auf Vermutungen basieren (Fleischhack, 2010). In diesem Fall wird vorausgesetzt, dass die zugrundeliegenden Vermutungen wahr sind. Dieses Vorgehen birgt das prinzipielle Risiko, dass solche Vermutungen später widerlegt werden können, was zur Folge hätte, dass der Wahrheitsgehalt aller abgeleiteten Aussagen nicht länger eindeutig bestimmt ist (Fleischhack, 2010).

Beweise
Der Wahrheitsgehalt von Aussagen respektive Vermutungen wird mithilfe von *Beweisen* gestützt. Beweise gelten in der Mathematik als das zentrale Evidenzinstrument, um neue Erkenntnisse formal abzusichern (Heintz, 2000a). Eine bewiesene Aussage wird in der Mathematik als Satz (neue Erkenntnis) bezeichnet (Schwindt, 2020). Allerdings gibt es in der Literatur keine einheitliche Definition vom Begriff Beweis (z. B. Kempen, 2019). Dies ist unter anderem darauf zurückzuführen, dass abhängig von der philosophischen Denkrichtung bestimmte Aspekte unterschiedlich stark akzentuiert werden. Neben der traditionellen Sichtweise, dass Beweise die alleinigen Evidenzinstrumente der Mathematik sind, kann aus heutiger Sicht Evidenz auch anders generiert werden. Beispielsweise

kann Evidenz für die Gültigkeit von Aussagen aus Beweisen für schwächere Vermutungen abgeleitet werden oder numerisch durch das Überprüfen von vielen Beispielen (empirische Evidenz) generiert werden (Aberdein, 2019).

Eine wichtige Funktion von Beweisen ist, sich selbst und andere Mathematikerinnen und Mathematiker davon zu überzeugen, dass eine (neue) Aussage wahr ist (z. B. Hersh, 1993; Weber et al., 2014). Nach Hersh (1993, S. 389) würden Mathematikerinnen und Mathematiker in einer idealen Welt einen Beweis wohl als eine „permutation of logical symbols according to certain formal rules" bezeichnen. Ein Beweis wird hiernach als eine Kette oder Folge von logischen Schlussfolgerungen aufgefasst, die unter Nutzung von Axiomen, Definitionen und hergeleiteten Aussagen zur beweisenden Aussage führt. Auch Jahnke und Ufer (2015, S. 331) verstehen unter einem (mathematischen) Beweis „die deduktive Herleitung eines mathematischen Satzes aus Axiomen und zuvor bewiesenen Sätzen nach spezifizierten Schlussregeln". Abhängig vom zugrunde gelegten Grad an formaler Strenge dürften bei Beweisen nach vollkommener Strenge nur jene Deduktionsschritte akzeptiert werden, die die Regeln der formalen Logik berücksichtigen (Jahnke & Ufer, 2015). Da allerdings solche deduktiven Herleitungen nach dieser Strenge bei fast allen mathematischen Aussagen sehr viel Raum und Zeit in Anspruch nehmen würden (vgl. Jahnke & Ufer, 2015), spiegeln publizierte Beweise meist nur die dahinterliegenden Ideen wider und stellen keinen vollständig ausformulierten Beweis dar. Damit ist die Akzeptanz eines Beweises nicht automatisch gegeben, sondern wird vor allem durch eine Community festgelegt. Diese Auffassung wird auch bei Hersh (1993, S. 390) deutlich, der einen (mathematischen) Beweis als *„a convincing argument, as judged by competent judges"* beschreibt. In ihrer Gesamtheit bilden die kompetenten Beurteilerinnen und Beurteiler eine mathematische Community und legen implizit fachkulturelle Normen und Regeln fest, anhand dessen Beweise auf ihre Überzeugungskraft überprüft und beurteilt werden. Inwiefern andere Formen von Beweisen, z. B. computergestützte Beweise, als Evidenzinstrument gelten können, ist unter Mathematikerinnen und Mathematikern umstritten (z. B. Fleischhack, 2010; Heintz, 2000b).

Darstellung des Aufbaus von Mathematik als strukturorientierte Wissenschaft

In der Schule werden mathematische Begriffe meist unter Berücksichtigung von inhaltlichem Vorwissen *und* individuellen Vorerfahrungen mit realen Objekten erarbeitet. So kann der Mathematikunterricht darauf abzielen, dass Schülerinnen und Schüler zunächst Objekte durch konkrete Handlungen erfassen oder mithilfe von Heuristiken selbst entdecken. In Kontrast dazu wird in Vorlesungen an Universitäten Mathematik meist als „eine fertige, formal-axiomatische Theorie" (Reichersdorfer et al., 2014, S. 41) nach einem konkreten Schema präsentiert. Unter Bezugnahme auf die zuvor beschriebenen Grundbegriffe der Mathematik lässt sich dieses schematische Vorgehen (zumindest für den Produktcharakter der Mathematik) modellhaft illustrieren. Hierfür bezieht sich die Arbeit auf das *definition-theorem-proof model* (oder kurz: DTP-Modell) von Mathematik (Thurston, 1994):

- Definitionen (**d**efinitions) und Axiome (axioms): Mathematik baut auf wenig definierten Begriffen und einer Sammlung von Axiomen zu den Begriffen auf.

- Vermutungen (conjectures) und Aussagen (theorems): In Auseinandersetzung mit den Begriffen und Axiomen können unterschiedliche Aussagen über Eigenschaften, Strukturen oder Zusammenhänge von beziehungsweise zwischen Begriffen entstehen.
- Beweise (proofs): Die Aufgabe ist es dann, mithilfe von deduktiven Schlüssen aus Axiomen und bewiesenen Sätzen die Aussagen zu beweisen oder zu widerlegen.

Bei der Vermittlung von Mathematik wird sich im Rahmen von universitären Lehrveranstaltungen häufig an der DTP-Struktur orientiert (Vinner, 1991), so dass Vorlesungen teilweise „entirely of definition, theorem, proof, definition, theorem, proof, in solemn and unrelieved concatenation" (Davis & Hersh, 1981, S. 151) bestehen. Auch Weber (2004) bekräftigt, dass es weitestgehend akzeptiert sei, dass universitäre Mathematikvorlesungen nach dem DTP-Modell aufgebaut sind. Trotzdem wird die DTP-Struktur von Mathematikvorlesungen in der Literatur kritisch gesehen. Zwar wird mit der DTP-Struktur der beweisend-deduzierende (Produkt-)Charakter der Mathematik deutlich, aber die dahinterliegenden Prozesse (*Was heißt es, Mathematik zu betreiben?*) bleiben unberücksichtigt. Gerade der Prozess des Beweisens läuft nicht geradlinig ab, sondern beginnt meist mit dem Entwickeln und Durchlaufen eines ersten Gedankenexperiments, an welches solange weitere Gedankenexperimente anschließen, bis ein möglicher Beweis (Produkt) gefunden wurde. Nach diesem Versuch-Irrtum-Prinzip erhält Mathematik einen quasi-experimentellen Charakter (Bloor, 1978). Damit hat Mathematik neben ihrem Produktcharakter, der sich beispielsweise im fertigen mathematischen Aufschrieb zeigt, auch einen Prozesscharakter, der die Tätigkeiten beim Mathematiktreiben in den Mittelpunkt rückt.

3.4 Mathematischer Erkenntnisgewinnungsprozess

Ein wesentliches Problem der DTP-Struktur liegt darin, dass unklar ist, woher die Vermutungen und Aussagen kommen (Thurston, 1994). Dabei verdeutlicht die Phase des Generierens von Vermutungen besonders den Prozesscharakter der Mathematik. In dieser Phase, die durch Kreativität, mentale Flexibilität und auch zum Teil durch logisch-deduzierendes Arbeiten gekennzeichnet ist, geht es darum, dass Verbindungen zwischen (bisher) unverbundenen Begriffen hergestellt werden (Tall, 2002). Um diese wichtige Phase zu berücksichtigen, haben Jaffe und Quinn (1993) den Begriff der Spekulation (*speculation*) bemüht. Dazu gehören Tätigkeiten wie das Aufwerfen von neuen Fragestellungen, das Entwickeln von Vermutungen und die Suche nach ersten potentiellen Argumenten, die die entwickelte Vermutung plausibel erschienen lassen. Thurston (1994) merkt allerdings an, dass die Integration des *Spekulierens* in das DTP-Modell (als DSTP-Modell) immer noch nicht die Komplexität und Breite der Prozesshaftigkeit der mathematischen Erkenntnisgewinnung umfangreich darstellt. So wird das mathematische Arbeiten hier noch als ein scheinbar linear ablaufender Prozess dargestellt, der neben dem Spekulieren andere Prozesse noch weitestgehend außen vorlässt. Dabei stellt gerade auch der Prozess des Beweisens eine wichtige Aktivität dar, der sich beispielsweise durch seinen besonderen sprachlichen und deduktiv-logischen Aufbau von anderen argumentativen Tätigkeiten deutlich unterscheidet (Ufer & Reiss, 2009).

Die Prozesshaftigkeit der explorativen Phase des „Spekulierens“ und der Phase des deduktiv-logischen Herleitens wird in dem von Boero (1999) vorgeschlagenen Prozessmodell des Beweisens deutlich. Dabei ist das Modell an den Beweisprozess von Expertinnen und Experten (also aktiv forschenden Mathematikerinnen und Mathematikern) angelehnt. Im Rahmen dieses Modells werden sowohl induktive (z. B. Explorationsprozesse zur Generierung von Vermutungen) als auch deduktive Phasen (z. B. Bildung von logischen Argumentationsketten) beschrieben. Boero (1999) untergliedert den Beweisprozess in die folgenden sechs Phasen:

1. Entdecken einer Vermutung aus der Literatur oder einer Problemsituation,
2. Formulieren der Vermutung nach mathematischen Konventionen,
3. Explorieren der Grenzen und Gültigkeit der Vermutung mithilfe von Heuristiken,
4. Auswählen und Anordnen von Argumenten zu einer logischen Schlusskette,
5. Aufschreiben der logischen Argumentationskette nach mathematischen Konventionen,
6. Anpassung an einen formalen Beweis.

Aus diesen sechs Phasen lassen sich drei Tätigkeiten extrahieren, die auch von Schwarz et al. (2010) als die drei wesentlichen Tätigkeiten beim mathematischen Erkenntnisgewinnungsprozess herausgearbeitet wurden: Vermutungen generieren (*Enquiring*), Beweisen (*Proving*) und Aufschreiben des Beweises (*Inscribing proofs*). Allerdings bleibt im Prozessmodell von Boero (1999) die Validierung von Beweisen durch die mathematische Community, was nach Hersh (1993) Beweise charakterisiert, unberücksichtigt. Daher haben Ufer und Reiss (2009, S. 162) das Modell zusätzlich um eine siebte Phase „Akzeptanz durch die mathematische Community“ ergänzt. In dieser Phase wird die Argumentationskette des vorliegenden Beweises von der mathematischen Community überprüft und gegebenenfalls im Rahmen einer Publikation veröffentlicht.

Bei diesem sechs- (Boero, 1999) respektive siebenphasigen Prozessmodell (Ufer & Reiss, 2009) handelt es sich um ein idealtypisches Modell des mathematischen Erkenntnisgewinnungsprozesses. Dabei merkt Boero (1999) an, dass es sich dabei in der Realität um keinen linearen Prozess handelt, sondern die einzelnen Phasen auch interdependent zusammenhängend sind (beispielweise, wenn in Phase 5 ein Gegenbeispiel gefunden wird).

Im Kontext dieser Arbeit wird ein Modell des mathematischen Erkenntnisgewinnungsprozesses benötigt, um die Zieldimension Wissenschaftspropädeutik dahingehend spezifizieren zu können. Hierfür wird als Ausgangspunkt das sechs- beziehungsweise siebenphasige Modell (Boero, 1999; Ufer & Reiss, 2009) gewählt. Ausgehend davon wurde ein Phasenmodell des mathematischen Erkenntnisgewinnungsprozesses entwickelt, welches sich aus drei übergeordneten Phasen zusammensetzt (siehe Abbildung 5):

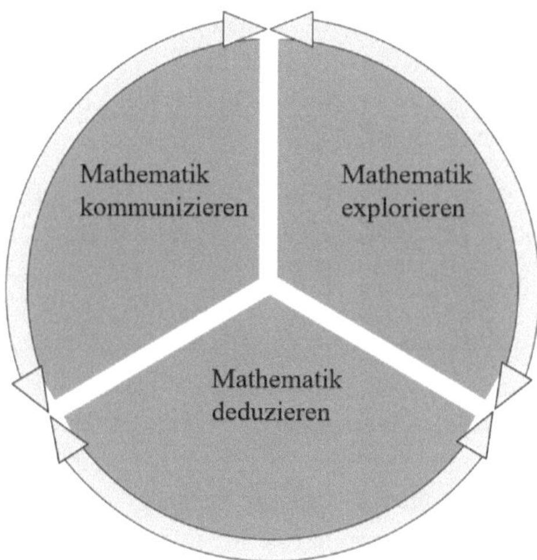

Abbildung 5: Phasen des mathematischen Erkenntnisgewinnungsprozesses.

Dabei sind die folgenden drei Phasen entstanden: (1) Mathematik *explorieren*, d. h. die Generierung von Vermutungen, die Verschaffung eines fachlichen Überblicks zum Problembereich, die Entwicklung von (generischen) Beispielen etc., (2) Mathematik *deduzieren*, d. h. die Sammlung und Anordnung von Argumenten, das Aufschreiben eines (potentiellen) Beweises etc., und (3) Mathematik *kommunizieren*, d. h. die Validierung des (potentiellen) Beweises durch die mathematische Community, das Publizieren etc. Im Folgenden werden die drei Phasen der mathematischen Erkenntnisgewinnung genauer beschrieben.

Mathematik explorieren

Wie oben bereits beschrieben ist, läuft der mathematische Erkenntnisgewinnungsprozess von Mathematikerinnen und Mathematikern nicht so linear ab, wie es beispielsweise die Produkte der Mathematik (z. B. aufgeschriebene Beweise) vermuten lassen würden. Neue mathematische Erkenntnisse lassen sich in der Regel weder deduktiv aus der bestehenden mathematischen Theorie ableiten, denn sie müssen in einem induktiven Explorationsprozess entwickelt werden, noch lassen sie sich immer nach formal-logischen Kriterien vollständig beweisen (Heinze & Reiss, 2007). So ist es nicht verwunderlich, dass nicht alle Phasen beim mathematischen Erkenntnisgewinnungsprozess mit derselben formalen Strenge ablaufen und Mathematikerinnen sowie Mathematiker nicht ausschließlich axiomatisch-deduktiv arbeiten. Gerade der Prozess des Explorierens, in welchem nach neuen mathematischen Aussagen gesucht wird, zeichnet sich durch ein induktives Vorgehen aus (Pólya, 1985).

Bezugnehmend zum Prozessmodell des Beweisens von Boero (1999) gehören zum Prozess des mathematischen Explorierens die Phasen eins bis drei. Diese erste Phase des Explorierens stellt einen (meist) sehr langen Prozess dar, in welchem Mathematikerinnen und Mathematiker mithilfe von Heurismen versuchen, sich in einer neuen Problemsituation zurecht zu finden und neue Zusammenhänge zu finden (Heintz, 2000a). Ausgehend von dieser Prozesshaftigkeit des mathematischen Tuns und der Auffassung, dass es sich bei Mathematik vor allem um eine menschliche Praxis handle (z. B. Cole, 2009; Hersh,

1995; Lakatos, 1976; Pólya, 1954), kann Mathematik als eine Welt angesehen werden, die ohne Menschen nicht voranschreitet (Reid, 2002). Zwei prominente Vertreter dieser Auffassung sind Pólya (1954) und Lakatos (1976), auf deren Arbeiten im Folgenden nochmals genauer eingegangen wird.

Bevor in der nächsten Phase die aufgestellte Vermutung formal bewiesen wird und die einzelnen Beweisschritte niedergeschrieben werden können (Frank, 2020), müssen zunächst plausible Vermutungen generiert werden. Pólya (1954) unterscheidet zwischen *demonstrative reasoning* (finaler, formaler Beweis) und *plausible reasoning* (plausibles Schließen). Das plausible Schließen kann als Grundlage für das Schaffen neuer Vermutungen angesehen werden (Pólya, 1954). Durch die Verwendung von heuristischen Strategien (z. B. Analogiebildung, systematisches Probieren, Betrachtung von Grenz- und Spezialfällen etc.) können neue Muster und Strukturen erkannt werden, die zu (potentiell) neuen Vermutungen führen können. Dabei gibt es für das plausible Schließen keine rigorosen Standards, an denen sich Mathematikerinnen und Mathematiker orientieren müssen, sondern der Prozess gilt als *fluid* (Pólya, 1954). Nach der Formulierung einer Vermutung wird diese hinsichtlich ihrer Plausibilität überprüft.

Nach Lakatos (1976) vollzieht sich dieser Prozess in einem Wechsel aus Beweisen (oder eher „Bestätigungen") und Widerlegungen. Ausgehend von der formulierten Vermutung werden Argumente, die für die Gültigkeit der Vermutung sprechen, gesammelt, sinnvolle Beispiele überprüft und möglicherweise auch Gegenbeispiele gefunden, die zu einer Verwerfung respektive Überarbeitung der ursprünglichen Vermutung führen. In diesem Prozess können auch schon Argumente oder Argumentationslinien entstehen, die für den nächsten Prozess des Deduzierens herangezogen werden können. Diese Phase des Explorierens und der Überprüfung der Glaubwürdigkeit neuer Vermutungen zeichnet sich durch drei Merkmale aus: „empirische Bestätigung, Schönheit und ‚Fruchtbarkeit' […] – das sind die drei hauptsächlichen Kriterien, die [Mathematikerinnen und] Mathematiker *vor* dem Beweis benützen" (Heintz, 2000a, S. 145). Die empirische Bestätigung meint, dass die aufgestellte Vermutung nach einer empirischen Überprüfung mithilfe von ausgewählten Beispielen beibehalten werden kann (Heintz, 2000a). Gerade dieses quasi-empirische Vorgehen ist für die mathematische Praxis besonders wichtig, weil durch das konsequente Operieren mit mathematischen Konzepten die Mathematikerinnen und Mathematiker implizites Wissen zum Gegenstandsbereich erwerben, was der Problemlösung zuträglich ist (Frank, 2020). Daneben orientieren sich Mathematikerinnen und Mathematiker in dieser Phase an zwei weiteren Merkmalen: zum einen an der „Schönheit", d. h., dass die Vermutung innerlich strukturiert ist und dem kohärenten Theorieaufbau dienlich ist (Heintz, 2000a), und zum anderen an der „Fruchtbarkeit", d. h., dass die Vermutung bei Anwendung in anderen Situationen zu keinen Widersprüchen führt (Frank, 2020).

Zusammenfassend lässt sich festhalten, dass sich der Prozess des mathematischen Explorierens stark durch induktive und quasi-experimentelle Phasen auszeichnet, denn „many mathematical results were found by induction first and proved later. Mathematics presented with rigor is a systematic deductive science but mathematics in the making is an experimental inductive science" (Pólya, 1985, S. 117).

Mathematik deduzieren

Nach der (informellen) Überprüfung der Gültigkeit der Vermutung (z. B. mithilfe von Beispielen) muss in einem nächsten Schritt die Gültigkeit der Vermutung formal bewiesen werden. Bezugnehmend zum Phasenmodell nach Boero (1999) umfasst der Prozess des Deduzierens die Phasen vier bis sechs. Ähnlich zum naturwissenschaftlichen Erkenntnisgewinnungsprozess können Aussagen respektive Hypothesen (im naturwissenschaftlichem Sinne) aus ersten (teilweise unsystematischen) Beobachtungen entwickelt und zur weiteren Validierung ausformuliert werden. Während es allerdings in den Naturwissenschaften keine höhere Autorität zur Überprüfung des Wahrheitsgehalts von Hypothesen gibt als Beobachtungen und die induktive Methode, gibt es in der Mathematik formale Beweise, die den Wahrheitsgehalt von Aussagen absichern (Pólya, 1985). Bewiesene Aussagen gelten daher als „safe, beyond controversy and final" (Pólya, 1954, S. v).

Beweise als deduktive Herleitungen sind demnach die allgemein akzeptierte Methode, um neue mathematische Aussagen zu verifizieren und den kumulativen Aufbau der mathematischen Theorie voranzubringen (Frank, 2020). Dabei ist die Frage nach der Entstehung von Beweisen nicht einfach. Ähnlich zum vorherigen Prozess des Explorierens zeichnet sich der Prozess des Deduzierens dadurch aus, dass Mathematikerinnen und Mathematiker gewisse Heurismen einsetzen (z. B. Analogisieren, d. h. Nutzung von Beweisideen bekannter Beweise, Zerlegung des ursprünglichen Problems in mehrere, kleinere Teilprobleme etc.). Die Prozesse des Explorierens und Deduzierens unterscheiden sich vor allem in ihren Zielen. Während es beim Explorieren primär um das Suchen und Aufstellen von Vermutungen geht, ist das Ziel des Deduzierens, gefundene Argumente so anzuordnen, dass eine logische Schlusskette entsteht, die nur Axiome, Definitionen und bereits bewiesenen Sätze verwendet (vgl. Lakatos, 1976). Bei diesem Prozess können Mathematikerinnen und Mathematiker auf sogenannte *lokal vorhandene Ressourcen* (Kiesow, 2016) zurückgreifen, die wie ein Katalysator auf den Prozess des Deduzierens wirken können. Nach Kiesow (2016) gehören dazu beispielsweise die Orientierung an bisherigen Forschungsarbeiten von Mitgliedern der Arbeitsgruppe, Gespräche mit anderen Wissenschaftlerinnen und Wissenschaftlern oder zufällige Erfolge.

Nachdem eine logische Schlusskette (beispielsweise unter Zuhilfenahme von lokal vorhandenen Ressourcen) gebildet wurde, folgt der Prozess des Aufschreibens, d. h. der Überführung der Beweisidee in einen (formalen) Beweis. Beim *Aufschreiben* geht es darum, den Beweis als logische Schlusskette nach den Normen der jeweiligen mathematischen Community so darzustellen, dass dieser an den mathematischen Theorieaufbau anschlussfähig ist (Heintz, 2000a). Für den mathematischen Aufschrieb ist die Art der Sprache entscheidend. Während beim Prozess des Explorierens, der zum Teil als *privat* angesehen werden kann, jede Mathematikerin und jeder Mathematiker nach eigenen Präferenzen ihre/seine Ideen niederschreiben kann, ist die Sprache innerhalb eines (formalen) Beweises eher standardisiert (Fleischhack, 2010). Die Übersetzung in die Wissenschaftssprache kann unter Umständen ein langer Prozess sein, weshalb es keine triviale Aufgabe darstellt. Dies erfordert von Mathematikerinnen und Mathematikerin unter anderem ein hohes Maß an Ausdauer und Konzentration (Kiesow, 2016). Daneben gehört zu diesem Übersetzungsprozess das Auffinden und Schließen potentieller Lücken in der

Argumentation, das Definieren aller notwendigen Begriffe und das Einhalten einer festgelegten Notation (Heintz, 2000a).

Der mathematische Aufschrieb eines Beweises ist in den meisten Fällen nicht vollständig, sondern es wird eine Art *Beweisgerüst* vorgeschlagen, bei welchem nicht jeder einzelne Beweisschritt explizit aufgeführt ist (Heintz, 2000a). Demnach haben aufgeschriebene Beweise bewusste Lücken, weil der Aufschrieb eines formal vollständigen Beweises zu zeitintensiv wäre. Meistens wird auf solche Lücken im Text explizit hingewiesen (Heintz, 2000a), z. B. mit „Es lässt sich leicht nachrechnen, dass …“. Statt dem Darbieten eines formal vollständigen Beweises wird beim mathematischen Aufschrieb vorausgesetzt, dass die Leserinnen und Leser über „Intuition und Erfahrung, Vorwissen und Übung“ (Fleischhack, 2010, S. 154) mit solchen Texten verfügen. Damit wird impliziert, dass von den Leserinnen und Lesern erwartet wird, dass sie die Lücken im Beweis selbstständig und richtig füllen können (Heintz, 2000a). Jedoch schließt das Finden und der Aufschrieb eines korrekten Beweises den mathematischen Erkenntnisgewinnungsprozess nicht ab. Wie auch in anderen Wissenschaften ist es wichtig, die eigenen mathematischen Erkenntnisse zu publizieren und durch die mathematische Community validieren zu lassen (Kiesow, 2016).

Mathematik kommunizieren

Während beim Prozess des mathematischen Deduzierens eine individuelle Validierung von mathematischen Aussagen fokussiert wurde, steht beim nächsten Schritt die Validierung durch die mathematische Community im Fokus. Die Gültigkeit eines präsentierten Beweises wird erst durch die Überprüfung der mathematischen Community gesichert (Heintz, 2000a), weshalb (potentielle) Beweise erst durch die soziale Akzeptanz zu Beweisen werden (Manin, 2010). Dies umfasst den im Prozessmodell des mathematischen Beweisens ergänzten Schritt sieben durch Ufer und Reiss (2009). Dieser Validierungsprozess durch die mathematische Community stellt das Kommunizieren über Mathematik in den Fokus. Dabei hat der Kommunikationsprozess im Rahmen der mathematischen Praxis viele Aspekte, die das Kommunizieren über Mathematik besonders machen, z. B. die Frage nach der formal-sprachlichen Darstellung eines Beweises (Heintz, 2000a), die Frage nach potentiellen „Orten“ der Kommunikation über Beweise (Fleischhack, 2010), aber auch die Bedeutung der *Face-to-Face-Kommunikation im mathematischen Forschungsprozess* (Kiesow, 2016). Auf diese Aspekte wird im weiteren Teil des Abschnitts genauer eingegangen.

Beweise sind in erster Linie das zentrale Evidenzinstrument in der Mathematik, d. h., mithilfe von Beweisen kann entschieden werden, ob eine mathematische Aussage *wahr* ist beziehungsweise von der mathematischen Community als wahr akzeptiert wird (Heintz, 2000a). Ausgehend von dem Verständnis, dass Beweise erst durch die Akzeptanz der mathematischen Community zu Beweisen werden, werden dadurch der mathematischen Community und den durch sie entwickelten Vorgaben (z. B. Konventionen zum mathematischen Aufschrieb) eine wichtige Rolle beim mathematischen Validierungsprozess zugeschrieben. Konkret bedeutet dies aber auch, dass ein Ändern solcher Vorgaben unter Umständen dazu führen kann, dass sich der Wahrheitsgehalt von bisher als wahr angenommenen Sätzen ändern könnte. Beispielsweise würden heute Beweise aus dem 18. Jahrhundert, die noch auf anschaulichen und intuitiven Argumenten beruhten, nicht mehr als Beweise akzeptiert werden (Heintz, 2000a). Dies erklärt Heintz (2000a, S. 222) vor allem damit, dass sich der *Normierungsgrad* geändert hat; so „zeichnet sich der ‚moderne' Beweis durch grössere [*sic*] ‚*Strenge*' aus, d. h. durch Axiomatisierung, weitgehende Formalisierung, Präzision der Notation und Explizitheit der verwendeten Begriffe und Definitionen". Dementsprechend gibt es beim Beweisen konkrete Vorgaben, an die sich Mathematikerinnen und Mathematiker halten müssen. Die hoch standardisierte und formalisierte Sprache sorgt dafür, dass die Forschenden ihre Gedanken in die Form eines Beweises nach den jeweilig geltenden Konventionen bringen müssen (Heintz, 2000a). Dieses regelgeleitete Vorgehen sorgt für eine Reproduzierbarkeit und intersubjektive Nachvollziehbarkeit der mathematischen Erkenntnisse (Heintz, 1993).

Über Mathematik kann in vielen Situationen respektive Orten kommuniziert werden. Wie auch für andere Wissenschaften typisch werden mathematische Erkenntnisse in Form von wissenschaftlichen Artikeln, Vorträgen oder als Buchbeiträge publiziert. Unabhängig von der jeweiligen Situation, in welcher über Mathematik kommuniziert wird, haben die Darstellungen gemein, dass sie sich an der typischen DTP-Struktur orientieren (Fleischhack, 2010). Im Rahmen solcher Präsentationen werden sowohl erzeugte Erkenntnisse präsentiert (Produkte entlang der DTP-Struktur) als auch mögliche offene Fragen aufgeworfen und über Ideen diskutiert, wie an solche Fragen zukünftig herangegangen werden kann (Prozesse). Wissenschaftliche Publikationen und Vorträge haben in der Mathematik das Ziel, den Leserinnen und Lesern respektive den Zuhörerinnen und Zuhörern eine bestimmte Problemstellung anschaulich und zugänglich zu machen (Fleischhack, 2010). Während im Rahmen dieser wissenschaftlichen Kommunikationsformate sowohl der Produkt- als auch der Prozesscharakter verdeutlicht werden kann, wird im Rahmen von mathematischen Vorlesungen an Universitäten (besondere Art von Vorträgen) Mathematik meist als ein fertiges Produkt dargestellt.

Wie oben bereits angesprochen, ist ein wichtiges Element im mathematischen Erkenntnisgewinnungsprozess der Publikations- und damit einhergehend der Review-Prozess. Anders als in empirischen Wissenschaften, in denen die Reliabilität von Erkenntnissen auch im Rahmen von Replikationsstudien nachgegangen werden kann, spielt eine strenge Überprüfung von mathematischen Erkenntnissen vor der Publikation eine entscheidende Rolle. Die Zuverlässigkeit von mathematischen Erkenntnissen wird auf offizieller Ebene durch einen Peer-Review-Prozess[6] und auf inoffizieller Ebene durch Rückmeldungen von Kolleginnen und Kollegen zu Preprints (Vorversionen) eines wissenschaftlichen Artikels überprüft (Heintz, 2000a). Damit nicht nur ausgewählte Kolleginnen und Kollegen Zugang zu solchen Preprints haben, ist es wichtig, diese zentral zu sammeln und zu veröffentlichen. Dies ist deshalb so relevant, damit Wissenschaftlerinnen und Wissenschaftler

6 Dabei handelt es sich in der wissenschaftlichen Praxis um ein gängiges Verfahren zur Qualitätssicherung von wissenschaftlichen Beiträgen durch unabhängige und meist anonyme Gutachterinnen und Gutachter. In Double-Blind-Peer-Review-Prozessen werden sowohl die begutachtenden Personen als auch der zu begutachtende Artikel anonymisiert. Trotzdem gibt es im wissenschaftlichen Diskurs auch Kritik am Peer-Review-Prozess. Zum Beispiel ist die Verfasserin oder der Verfasser eines Artikels meist mithilfe einer Recherche einfach zu identifizieren, es gibt nicht immer klare Beurteilungskriterien und die Reviews können sich aufgrund fehlender Incentives (z. B. geringe Wertschätzung) hinsichtlich ihrer Qualität stark voneinander unterscheiden (Boldt, 2010).

kenntlich machen, woran sie gerade arbeiten, und andere sich einen Überblick über aktuelle Forschungsvorhaben verschaffen können. Für die Mathematik und auch andere Wissenschaften (z. B. Physik oder Informatik) hat sich die Website arXiv.org etabliert. Nach einer ersten Sichtung durch einen Moderator respektive eine Moderatorin werden auf dieser Webseite Preprints hochgeladen und im Idealfall nach durchlaufendem Review-Prozess durch den begutachteten Beitrag ausgetauscht (Boldt, 2010). Damit enthält arXiv.org nicht nur Preprints, sondern kann auch als eine Datenbank von peer-reviewten Beiträgen genutzt werden.

Neben dem Publikationsprozess ist auch die mündliche Face-to-Face-Kommunikation charakteristisch für den mathematischen Forschungsprozess. Während der mathematische Forschungsprozess (beispielsweise in Abgrenzung zum naturwissenschaftlichen Forschungsprozess) zumeist unabhängig von technischen und ökonomischen Voraussetzungen stattfinden kann (Heintz, 2000a), „wird die regelmäßige Kommunikation mit wenigen ausgewählten [Partnerinnen und] Partnern von allen befragten Akteuren dennoch überaus geschätzt und als wesentlicher Bestandteil des eigenen Forschungsprozesses begriffen“ (Kiesow, 2016, S. 110). Bei den *ausgewählten Partnerinnen und Partnern* handelt es sich beispielsweise um Mitglieder der Arbeitsgruppe, um Gastwissenschaftlerinnen und -wissenschaftler sowie um Wissenschaftlerinnen und Wissenschaftler von Kooperationsstandorten. Dabei ist die Gruppe dieser ausgewählten Personen zumeist vergleichsweise klein, weil es sich bei den aktuellen mathematischen Forschungsgebieten um jeweils hochspezialisierte Fachgebiete handelt, die nur von einem kleinen Teil von Mathematikerinnen und Mathematikern bearbeitet werden. Nach Kiesow (2016) hat die Face-to-Face-Kommunikation vier Aspekte, die die Relevanz dieser Kommunikationssituation illustrieren: (1) Einbringen neuer Impulse bei Problemen (die ausgewählten Partnerinnen und Partner verfügen unter Umständen über andere Vorerfahrungen und werfen neue Ideen zur Problemlösung ein), (2) Zeitersparnis (das Arbeiten in Teams ist zeitlich effizienter), (3) Artikulation eines Problems schärft das eigene Gespür für das Problem (das Vortragen einer mathematischen Idee kann dazu führen, dass der eigenen Person noch gewisse Lücken in der Argumentation auffallen) und (4) Motivation (die Zusammenarbeit kann bei der Bearbeitung langer und schwieriger Probleme zur gegenseitigen Motivierung führen). Demnach weisen Kooperationen in der Mathematik einen „hochgradig personalisierten Charakter“ (Heintz, 2000a, S. 192) auf. Ausgehend von diesen vier Aspekten, die die Relevanz der Face-to-Face-Kommunikation deutlich machen, lassen sich die Ziele dieses Kommunikationsformats ableiten. Während die vorher beschriebenen Kommunikationsformate (z. B. Artikel, Buchbeiträge oder Vorlesungen) eher auf die Vermittlung und Verbreitung von Wissen (Produkte) abzielen, fokussiert die Face-to-Face-Kommunikation vor allem den (potentiellen) Fortschritt innerhalb laufender Forschungsarbeiten, aber auch die Eröffnung neuer Forschungsperspektiven (Prozess). Zur Erreichung dieses Ziels werden verschiedene Kommunikationsmedien (vor allem Sprache, aber auch externe Repräsentationssysteme wie Schrift und formale Symbole) eingesetzt, um sich in der Face-to-Face-Kommunikation zu verständigen. Daneben können auch nonverbale Mittel zur gegenseitigen Verständigung (wie z. B. Gestik) genutzt werden (Heintz, 2000b; Kiesow, 2016).

Wie schon Boero (1999) angemerkt hat, kann der Prozess der mathematischen Erkenntnisgewinnung nicht mit einem linearen und in sich abgeschlossenen Prozess gleichgesetzt werden, sondern muss als ein stark vernetzter Prozess angesehen werden. Zwar bauen die Phasen offenkundig sinnvoll aufeinander auf und stellen damit einen idealtypischen Verlauf dar, aber es gibt auch Querbeziehungen zwischen den drei Teilprozessen. Beispielsweise kann im Rahmen des Deduzierens zufällig ein Gegenbeispiel gefunden werden oder Mitglieder der mathematischen Community fallen bei der Überprüfung des Beweises gewisse Lücken oder Fehler im mathematischen Aufschrieb auf. In solchen Fällen müssen Schritte im Prozess der mathematischen Erkenntnisgewinnung erneut durchlaufen oder unter Umständen eine Vermutung gänzlich verworfen werden. Ein anderes Beispiel ist, dass im Rahmen von Kommunikationsprozessen (z. B. in Artikeln oder Vorträgen) neue Problemsituationen herausgebildet werden, was zu einer neuen Vermutung führen kann, die es im Rahmen eines neuen Prozesses der mathematischen Erkenntnisgewinnung zu überprüfen gilt. Solche Querbeziehungen zwischen den Teilprozessen weisen darauf hin, dass verschiedene Aspekte im Prozess der mathematischen Erkenntnisgewinnung stark miteinander verwoben sind. Daher ist es aus theoretischer Sicht nicht trivial, den übergeordneten Prozess der mathematischen Erkenntnisgewinnung mit geeigneten Teilprozessen trennscharf abzubilden. Für empirische Untersuchungen bedeutet dies, dass es wenig sinnvoll ist, Kompetenzen hinsichtlich der Teilprozesse zu trennen. Auch wenn die Unterteilung des Prozesses der mathematischen Erkenntnisgewinnung mithilfe der drei beschriebenen Phasen etwas verkürzt erscheint, ist sie für die theoretische Auseinandersetzung mit den Besonderheiten von Mathematik als strukturorientierte Wissenschaft als zielführend zu bezeichnen.

3.5 Zusammenfassung

Ausgehend von den theoretischen Betrachtungen in diesem Kapitel lässt sich zusammenfassend festhalten, dass Mathematik als strukturorientierte Wissenschaft sich durch ihren Produkt- und ihren Prozesscharakter auszeichnet. Während es sich bei den Produkten um die Resultate und Ergebnisse der Wissenschaft (z. B. Beweise) handelt, geht es bei den Prozessen um Charakteristika der mathematischen Denk- und Arbeitsweisen, die zu den Produkten führen (z. B. formale Strenge der Beweisführung). Dementsprechend kann Mathematik als strukturorientierte Wissenschaft als Vereinigung der beiden Mengen von (1) Produkten der Mathematik und (2) Prozessen der Mathematik aufgefasst werden.

Auf der einen Seite ist die strukturorientierte Wissenschaft Mathematik durch ihre Produkte charakterisiert. Dazu gehören sowohl die Grundbegriffe als auch der Aufbau, durch welche sich Wissenschaften auszeichnen. Charakteristisch für die Mathematik sind die Grundbegriffe Axiome, Definitionen, Aussagen, Vermutungen und Beweise. Der mathematische Theorieaufbau ist dabei durch seine DTP-Struktur (Thurston, 1994) gekennzeichnet, die den axiomatisch-deduktiven Aufbau der Mathematik verdeutlicht. In diesem Kontext baut die Mathematik auf einer bestimmten Menge an Axiomen und Definitionen auf. Neue (potentielle) mathematische Erkenntnisse werden als Aussagen respektive als Vermutungen formuliert, die durch Beweise (zentrales Evidenzinstrument der Mathematik) verifiziert werden. Beweise werden als deduktive Herleitungen von Aussagen verstanden, die auf Axiomen, Definitionen und bereits bewiesenen Sätzen basieren (Jahnke

& Ufer, 2015). Während Beweise zu den zentralen Grundbegriffen der Mathematik gehören, ist unter anderem das Konstruieren von Beweisen eine wichtige Aktivität in der mathematischen Forschungspraxis.

Auf der anderen Seite kann die strukturorientierte Wissenschaft Mathematik durch ihren charakteristischen Erkenntnisgewinnungsprozess beschrieben werden. In dieser Arbeit wird der mathematische Erkenntnisgewinnungsprozess mithilfe von drei (Teil-)Prozessen charakterisiert: (1) Mathematik explorieren, (2) Mathematik deduzieren und (3) Mathematik kommunizieren. Im ersten Teilprozess des (1) Explorierens geht es darum, dass ein neues Problem identifiziert wird, aus welchem sich dann für die weitere Betrachtung konkrete Vermutungen ableiten lassen. Dieser Prozess weist meist einen induktiven Charakter auf, der beispielsweise ein quasi-experimentelles Vorgehen („Experimentieren" mit mathematischen Objekten) umfassen kann. Im nächsten Schritt des (2) Deduzierens geht es darum, die Vermutung mithilfe einer deduktiven Herleitung (Beweis) zu verifizieren. Hierfür werden Argumente in Form einer logischen Schlusskette aneinandergereiht, die sich ausschließlich auf Axiome, Definitionen und bereits bewiesene Sätze stützen. Der Aufschrieb des Beweises erfolgt nach von der mathematischen Community festgelegten Konventionen. Damit ist der mathematische Forschungsprozess jedoch noch nicht abgeschlossen, denn erst die soziale Akzeptanz der jeweiligen Community entscheidet darüber, ob die gebildete Argumentationskette für einen mathematischen Beweis angemessen ist. Die (3) Kommunikation über Mathematik erfolgt an verschiedenen „Orten". Beispielsweise werden im Rahmen von wissenschaftlichen Artikeln oder Vorträgen meist mathematische Erkenntnisse als Produkte vorgestellt. Andere Kommunikationsformate wie Face-to-Face-Interaktionen können allerdings auch schon in vorherigen Teilprozessen eine Rolle spielen, z. B. bei der Anordnung von Argumenten zu einer logischen Schlusskette.

Ein wichtiges Merkmal, durch den sich der Prozess der mathematischen Erkenntnisgewinnung auszeichnet, ist die Interdependenz der drei beschriebenen Teilprozesse. Konkret bedeutet dies, dass die drei beschriebenen Teilprozesse nicht in Form eines linearen Ablaufschemas vonstattengehen, sondern die Teilprozesse untereinander verwoben sind. Durch die beschriebene Interdependenz erscheint aus theoretischer Sicht eine trennscharfe Abgrenzung der drei Teilprozesse nicht sinnvoll.

Ausgehend von den Zielstellungen der vorliegenden Arbeit (Kapitel 1) gilt es, zunächst mathematikbezogene wissenschaftspropädeutische Kompetenzen zu konzeptualisieren. Grundlegend für die Konzeptualisierung dieser Kompetenzen ist das Kompetenzmodell von Müsche (2009), welche allerdings in ihrem Modell den naturwissenschaftlichen Erkenntnisprozess fokussiert. Daher war es das Ziel dieses Kapitels, relevante Charakteristika von Mathematik als strukturorientierte Wissenschaft sowie ihren Erkenntnisgewinnungsprozess theoretisch zu beschreiben, um in einem nächsten Schritt das Kompetenzmodell von Müsche (2009) auf den mathematischen Erkenntnisgewinnungsprozess einschließlich der fachspezifischen Denk- und Arbeitsweisen zu überführen. Nachdem aus theoretischer Sicht geklärt wurde, durch welche Besonderheiten sich Mathematik als strukturorientierte Wissenschaft auszeichnet, sollen im nächsten Kapitel unter Bezugnahme auf die Kapitel 2 und 3 mathematikbezogene wissenschaftspropädeutische Kompetenzen theoriebasiert konzeptualisiert werden

4 Mathematikbezogene wissenschaftspropädeutische Kompetenzen – Modellentwicklung

Der ersten Hauptzielstellung der vorliegenden Arbeit (Kapitel 1) entsprechend geht es in diesem Kapitel um die theoretische Konzeptualisierung von mathematikbezogenen wissenschaftspropädeutischen Kompetenzen und die Entwicklung eines Kompetenzmodells zur Beschreibung von mathematikbezogenen wissenschaftspropädeutischen Kompetenzen. Zu Beginn wird in Kapitel 4.1 ein theoretischer Überblick über den aktuellen Forschungsstand zur Kompetenzmodellierung[7] gegeben, wobei näher auf die verschiedenen Arten von Kompetenzmodellen eingegangen wird. Hieraus lassen sich für die Hauptzielstellung Fragestellungen begründen (Kapitel 4.2), aus welchen im Anschluss das methodische Vorgehen für die Modellentwicklung abgeleitet wird (Kapitel 4.3). Daran anschließend folgt eine überblicksartige Zusammenführung der in den Kapiteln 2 und 3 beschriebenen theoretischen Vorüberlegungen (Kapitel 4.4). In Kapitel 4.5 wird das entwickelte Modell anhand seiner theoretischen Struktur vorgestellt. Abschließend wird die in Kapitel 4 beschriebene Modellentwicklung kurz zusammengefasst, bevor das Modell im folgenden Kapitel als Grundlage für die Entwicklung eines Erhebungsinstruments genutzt wird.

4.1 Modelle zur Beschreibung mathematischer Kompetenzen

Schulisches Lernen ist mit dem Ziel verbunden, Schülerinnen und Schüler mit Kompetenzen auszustatten. Demnach spielen bei der Erfassung von Lernergebnissen und der Bilanzierung von Bildungsprozessen respektive der Evaluation von Bildungssystemen die Modellierung und Messung von Kompetenzen eine wichtige Rolle (Fleischer et al., 2013). Bei der Frage nach der Möglichkeit von Ansätzen zur Kompetenzmodellierung lassen sich grundsätzlich drei Arten von Kompetenzmodellen unterscheiden: Kompetenzstruktur-, Kompetenzniveau- und Kompetenzentwicklungsmodelle. Für diese Arbeit sind vor allem Kompetenzstrukturmodelle von besonderer Bedeutung, während Kompetenzniveaumodelle eine eher nachgeordnete Rolle einnehmen. Vor diesem Hintergrund werden diese beiden Modelltypen genauer betrachtet. Kompetenzentwicklungsmodelle sind aus aktueller Sicht weniger geeignet, um mathematikbezogene wissenschaftspropädeutische Kompetenzen zu beschreiben, weil Kompetenzentwicklungsmodelle auf theoretischen Vorüberlegungen zum Erwerb der jeweiligen Kompetenzen basieren und dementsprechend auf Ergebnissen einer hinreichend breiten Forschungslage aufbauen. Da in der Literatur wenig zu wissenschaftspropädeutischen Kompetenzen bekannt ist, soll sich im Rahmen der vorliegenden Arbeit vornehmlich auf Kompetenzstruktur- und Kompetenzniveaumodelle bezogen werden. Zur Illustration von Kompetenzmodellen werden aus dem Bereich der Mathematikdidaktik exemplarisch einige Modelle vorgestellt. Demzufolge wird in diesem Kapitel aus theoretischer Perspektive beschrieben, welche Arten von

---

7 Der Begriff Kompetenzmodellierung folgt in dieser Arbeit einem weiten Begriffsverständnis und umfasst die Konzeptualisierung als auch die Operationalisierung von Kompetenzen. Kompetenzmodellierung und die damit korrespondierende Umschreibung „Modellierung von Kompetenzen" werden synonym verwendet.

Kompetenzmodellen es grundlegend gibt, und der aktuelle Forschungsstand zur Modellierung von mathematischen Kompetenzen skizziert.

Arten von Kompetenzmodellen

Dem Kompetenzverständnis von Klieme und Leutner (2006) folgend (Kapitel 2.2) werden Kompetenzen als ein Bündel aus kognitiven Leistungsdispositionen verstanden, die sich auf Anforderungen in bestimmten Domänen (hier: Mathematik) beziehen. Nach diesem Verständnis fokussieren Kompetenzmodelle samt ihren Facetten und dazugehörige Testverfahren vor allem kognitive Aspekte. Trotz der Fokussierung auf kognitive Aspekte von Kompetenzen ist die Modellierung von Kompetenzen keine triviale Aufgabe, weil sie sich zum einen (1) zwischen Grundlagen- und Anwendungsforschung befindet und zum anderen (2) auf verschiedenen Ebenen (Wissenschaft, Bildungsadministration und Schule) von den jeweiligen Akteuren über Kompetenzmodelle diskutiert wird (Leuders, 2014). Leuders (2014) spricht den Fachdidaktiken bei der Modellierung von Kompetenzen eine zentrale Rolle zu, weil die Fachdidaktiken wissenschaftlich sowohl Grundlagen- als auch Anwendungsforschung betreiben und sich inhaltlich mit relevanten Themen der Kompetenzmodellierung (z. B. empirischer Lern-Lern-Forschung, normativen Fragen zu Bildungszielen etc.) befassen. Um sich fortlaufend mit Kompetenzmodellen beschäftigen zu können, ist es zunächst ratsam zu klären, was in dieser Arbeit unter dem Begriff *Kompetenzmodell* verstanden wird.

Leuders (2014, S. 9) versteht unter dem Begriff Kompetenzmodell „eine theoretische, inhaltliche Abgrenzung und strukturelle Beschreibung eines bestimmten Kompetenzbereiches". Konkretisiert werden Kompetenzmodelle durch qualitative und quantitative Kompetenzbeschreibungen auf inter- oder intraindividueller Ebene (Fleischer et al., 2013). „Das typische Kompetenzmodell strukturiert eine Kompetenz nach Kompetenzdimensionen und es graduiert jede dieser Dimensionen nach Niveaus" (Fleischer et al., 2013, S. 9). In der wissenschaftlichen Praxis hingegen wird der Begriff Kompetenzmodell nicht immer einheitlich verwendet, sondern kommt in weiteren Bedeutungen vor:

- als Instrument zur Erfassung von Kompetenzen (festgelegt durch konkrete Anforderungssituationen und korrekte Lösungsalternativen),
- als psychometrisches Modell zur Beschreibung von latenten Variablen durch Modellgleichungen und
- als Möglichkeit der Rückmeldung durch eine Einteilung von Niveaus (Leuders, 2014).

Durch die verschiedenen Bedeutungen von Kompetenzmodellen erscheint es als sinnvoll zwischen *Kompetenzmodell im engeren Sinne* (umfasst ausschließlich die im wissenschaftlichen Kontext konsensfähige Bedeutung) und *Kompetenzmodell im weiteren Sinne* (umfasst alle vier Bedeutungen) zu unterscheiden. Ein weiterer Vorschlag zur Begriffsklärung ist es, zwischen *Kompetenzmodell* und *Kompetenzmodellierung* zu unterscheiden. Während der Begriff Kompetenzmodell ausschließlich die theoretische, inhaltliche Strukturierung eines Kompetenzbereichs umfasst, ist Kompetenzmodellierung weiter gefasst und impliziert auch Prozesse der Konstruktion und Validierung von Messmodellen, die zum Kompetenzmodell gehören.

Klieme und Leutner (2006, S. 880) beschreiben im Rahmen des DFG-Schwerpunktprogramms „Kompetenzmodelle zur Erfassung individueller Lernergebnisse und zur Bilanzierung von Bildungsprozessen", dass eine Aufgabe der Kompetenzforschung „die Entwicklung von Modellen der Struktur, Stufung und Entwicklung von Kompetenzen" ist. Hieraus lassen sich die drei Arten von Kompetenzmodellen ableiten. Es werden Kompetenzstrukturmodelle, Kompetenzniveaumodelle und Kompetenzentwicklungsmodelle unterschieden (z. B. Fleischer et al., 2013).

Kompetenzstrukturmodelle gehen der Frage nach, aus welchen und wie vielen inhaltlich begründbaren Dimensionen, die sich wiederum in Facetten (Unterskalen) unterteilen lassen, sich die Kompetenzen aus einem spezifischen Bereich zusammensetzen. Die entstehende Binnenstruktur dieser Dimensionen wird einerseits durch (1) die in dem festgelegten Bereich bewältigbaren Anforderungen und andererseits durch (2) die kognitiven Leistungen, die für die Bewältigung der spezifischen Anforderungssituationen notwendig sind, charakterisiert (Hartig & Klieme, 2006). Die Entwicklung von Strukturmodellen basiert auf theoretischen Annahmen zu abgrenzbaren Anforderungsbereichen. Der Frage nach der Dimensionalität einer jeweiligen Kompetenz kann dann empirisch nachgegangen werden. So können Aufgaben entwickelt werden, die ein breites Anforderungsspektrum aus einem abgrenzbaren Bereich abbilden. Die einzelnen Aufgaben können als Messvariablen interpretiert werden, die faktorenanalytisch ausgewertet werden (Hartig & Klieme, 2006). Messvariablen, die miteinander hoch korrelieren, werden gemeinsam zu Faktoren (oder in unserem Kontext: Dimensionen) gruppiert, die aus empirischer Sicht dieselbe Dimension messen. Die Messung und Charakterisierung von interindividuellen Unterschieden erfolgt dann auf Basis von psychometrischen Modellen (z. B. Modelle der Item-Response-Theorie) mit stetigen, latenten Variablen (Hartig & Frey, 2013).

Kompetenzniveaumodelle sind dafür geeignet, qualitativ sowie kriteriumsorientiert zu beschreiben, welche Anforderungen Personen mit einer bestimmten Kompetenzausprägung bewältigen können (Fleischer et al., 2013). Diese qualitative Beschreibung erfolgt mithilfe von Kategorien, den sogenannten *Kompetenzniveaus* oder *Kompetenzstufen.* Grundlegend werden Kompetenzen auf einer kontinuierlichen Skala (mithilfe von numerischen Testwerten) gemessen. Allerdings ist es nicht zweckmäßig und aus zeitökonomischen Gründen nur schwierig umsetzbar, jeden theoretisch erreichbaren Testwert einer kontinuierlichen Kompetenzskala inhaltlich zu interpretieren (Beaton & Allen, 1992). Für die Generierung von Kompetenzniveaus wird grundlegend zwischen zwei Formen unterscheiden. Die (1) A-priori-Bestimmung von Kompetenzniveaus ist ein theoriebasierter Ansatz, bei welchem nach festgelegten Kriterien Aufgaben entwickelt werden. Danach werden die Aufgaben nach bestimmten Merkmalen gruppiert, wodurch die Kompetenzniveaus entstehen. Dabei liegt die Annahme zugrunde, dass Personen, die mindestens ein bestimmtes Kompetenzniveau erreichen, „wahrscheinlich" in der Lage sind, die zum Kompetenzniveau zugehörigen Aufgaben zu lösen. Dieses Vorgehen wird in einem nächsten Schritt empirisch validiert. Bei der (2) A-posteriori-Bestimmung von Kompetenzniveaus, die eher einem empirischen Ansatz folgt, wird die kontinuierliche Skala mithilfe von empirischen Daten abschnittsweise in ordinale Kategorien unterteilt. Diese ordinalen Kategorien werden durch eine qualitative Beschreibung der ausgeprägten Kompetenzen zu Kompetenzniveaus. Dabei ist darauf zu achten, dass sich die kriteriumsorientierte Beschreibung der Kompetenzniveaus auf die Anforderungen und Inhalte der für die Kompetenzmessung eingesetzten Aufgaben bezieht (Hartig & Frey, 2013). Hierfür eignen sich Modelle der Item-Response-Theorie (IRT) besonders gut, weil diese die Möglichkeit bieten, Aufgabenschwierigkeiten und die Kompetenz der getesteten Personen auf einer Skala abzubilden. Die Herausbildung von Kompetenzniveaus durch die Unterteilung einer Kompetenzskala mit darauf abgebildeten Aufgabenschwierigkeiten ist in Abbildung 6 zu sehen.

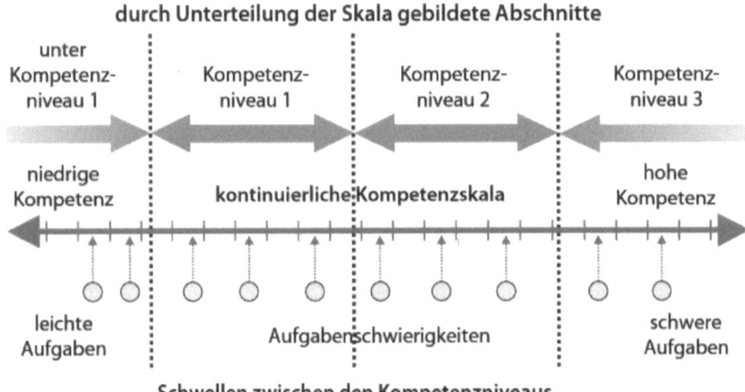

Abbildung 6: Unterteilung einer kontinuierlichen Kompetenzskala. (Quelle: Hartig & Frey, 2013, S. 135)

Interindividuelle Unterschiede innerhalb eines Kompetenzniveaus werden dabei nicht betrachtet, sondern lediglich Unterschiede zwischen den festgelegten Niveaus. Demnach nehmen die Grenzen respektive Schwellen zwischen einzelnen Kompetenzniveaus eine entscheidende Rolle ein. Eine nichttriviale Frage ist, wie diese Schwellen zwischen einzelnen Kompetenzniveaus festgelegt werden. Hierfür wurden aus der Literatur mehrere Verfahren, die in der Praxis Anwendung finden, identifiziert: (1) äquidistante Einteilung der kontinuierlichen Kompetenzskala, (2) unter Berücksichtigung von externen Kriterien (z. B. Schulnoten) oder (3) durch eine A-priori-Zuordnung von Aufgaben zu erwarteten Kompetenzniveaus (Hartig & Frey, 2013). Ein Verfahren, welches sich in der Bildungsforschung durchgesetzt hat, gibt es noch nicht. Dies liegt unter anderem daran, dass die Modellierung von Kompetenzniveaus noch aktuellen Entwicklungen unterliegt und bislang wenige Kompetenzmodelle auf hinreichend theoretischen Vorüberlegungen basieren (Hartig & Frey, 2013).

Neben Kompetenzstruktur- und Kompetenzniveaumodellen gibt es Kompetenzentwicklungsmodelle. Bei diesen Modellen steht die Frage nach der zeitlichen Entwicklung von Kompetenzen im Mittelpunkt (Fleischer et al., 2013). Da sowohl Kompetenzstruktur- als auch Kompetenzniveaumodelle anlässlich spezifischer Kontexte für spezifische Populationen zu spezifischen Zeitpunkten entwickelt werden, sind diese nicht geeignet, um Entwicklungsverläufe von Kompetenzen nachzuzeichnen (Robitzsch, 2013). Auch wenn Kompetenzniveaumodelle augenscheinlich eine Kompetenzentwicklung durch den hierarchischen Aufbau anhand der Kompetenzniveaus suggerieren, sind sie dennoch nicht geeignet, um die Entwicklung von Kompetenzen darzustellen, weil „die Entwicklung [von Kompetenzen] nicht notwendigerweise einer monoton wachsenden Funktion folgt" (Robitzsch, 2013, S. 43). Allerdings gibt es in der Forschungsliteratur kaum Kompetenzentwicklungsmodelle, die in hinreichenden Maße theoretisch fundiert und wissenschaftlich validiert wurden (eine Ausnahme hierfür bilden z. B. Ufer et al. (2009b)). Dies liegt vor allem daran, dass bereits sehr viele Forschungsergebnisse zu einem bestimmten Kompetenzbereich vorliegen müssen, um Kompetenzentwicklungsmodelle zu entwickeln. Daher ist es bisher unklar, ob die Entwicklung von Kompetenzen als ein stetiger, systematischer Prozess oder eher als ein diskontinuierlicher Prozess, bei welchem beispielsweise Kompetenzniveaus übersprungen werden, angesehen wird (Fleischer et al., 2013).

Neben diesen drei eher prototypischen Arten von Kompetenzmodellen gibt es noch eine Vielzahl an Misch- respektive hybriden Modelltypen, die sich in der fachdidaktischen Forschung etabliert haben. Diese Modelle orientieren sich stark an jenen Leistungsanforderungen, die für Schule und Unterricht als relevant gelten, sodass sie die folgenden drei Merkmale aufweisen: (1) Inhalte, (2) Anforderungsbereiche und (3) prozessbezogene (Teil-)Kompetenzen (Bernholt et al., 2009). Abbildung 7 visualisiert die drei Dimensionen in einem allgemeinen Modell.

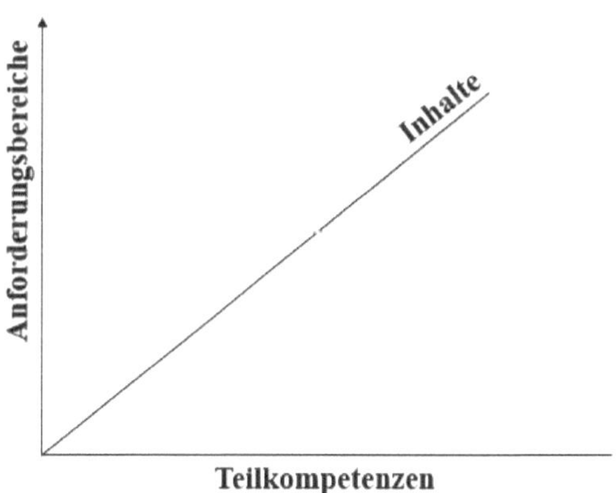

Abbildung 7: Kompetenzdimensionen allgemein. (Quelle: Eigene Darstellung in Anlehnung an Bernholt et al., 2009)

Dabei handelt es sich bei den *Inhalten* um fachspezifische Wissensbestände, welche die Struktur des Fachs darstellen und durch die jeweiligen Curricula abgedeckt werden. *Anforderungsbereiche* dienen der Charakterisierung von Aufgaben nach ihrem Schwierigkeitsgrad. Es wird davon ausgegangen, dass „je anspruchsvoller die Anforderungsmerkmale der Aufgabe, desto höher die notwendige Kompetenzausprägung auf Seiten der Schüler-/innen, um die Aufgabe zu bewältigen" (Bernholt et al., 2009, S. 222). *(Teil-) Kompetenzen* beziehen sich auf die Praktiken des Fachs und beschreiben kognitive Prozesse respektive Tätigkeiten, die notwendig sind, um eine bestimmte Anforderungssituation zu bewältigen oder Aufgaben zu lösen. Am Beispiel des Fachs Mathematik (KMK, 2012) wird dies in Abbildung 8 veranschaulicht.

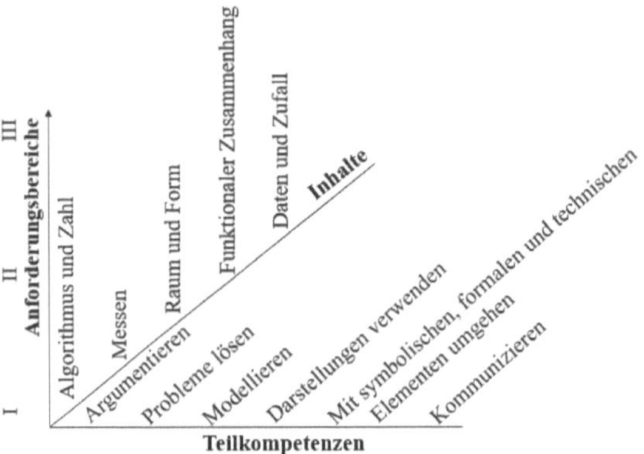

Abbildung 8: Kompetenzdimensionen nach den Bildungsstandards. (Quelle: Eigene Darstellung in Anlehnung an KMK, 2012, S. 12)

Neben der Kompetenzmodellierung in den Fachdidaktiken der Naturwissenschaften sind auch in der Fachdidaktik der Mathematik Modellentwürfe entstanden, die in einigen Aspekten Kongruenzen zu den dreidimensionalen Hybridmodellen aufweisen, aber auch nicht gänzlich kompatibel sind. Im folgenden Abschnitt wird der aktuelle Forschungsstand zu Kompetenzmodellen für den Mathematikunterricht rezipiert und systematisiert.

Kompetenzmodelle für den Mathematikunterricht – Forschungsstand

Im Vergleich zu anderen Fachdidaktiken zeichnen sich die Didaktik der Mathematik genauso wie die Didaktiken der Naturwissenschaften dadurch aus, dass bereits viele Kompetenzmodelle theoretisch entwickelt und empirisch validiert wurden. Dabei unterscheiden sich die einzelnen Kompetenzmodelle zum Teil stark voneinander und basieren auf unterschiedlichen Entwicklungsansätzen. Für die Kompetenzmodellierung in der Domäne Mathematik hat Leuders (2014) im Rahmen einer Literatursynthese vier prototypische Ansätze identifiziert:

- Eindimensionale Kompetenzskalen (Typ 1): Hierbei handelt es sich um Modellierungen, die Kompetenzen auf einer kontinuierlichen Skala erfassen.
- Mehrdimensionale Kompetenzskalen (Typ 2): Hierbei handelt es sich um Modellierungen, die (Teil-)Dimensionen von Kompetenzen auf mehreren kontinuierlichen Skalen erfassen.
- Kompetenzniveaumodelle (Typ 3): Hierbei handelt es sich um Modellierungen, die Kompetenzen mithilfe einer ordinalen Fähigkeitsvariable erfassen.
- Kategoriale Kompetenzstrukturmodelle (Typ 4): Hierbei handelt es sich um Modellierungen, die Kompetenzen mithilfe einer Menge aus kategorialen Fähigkeitsvariablen beschreiben.

Durch eindimensionale Kompetenzskalen (Typ 1) werden Kompetenzen modelliert, die ein großes Spektrum an curricular festgelegten Inhalten abdecken und sich dementsprechend durch eine breit angelegte Aufgabensammlung erfassen lassen. Diese Skalen zeichnen sich dadurch aus, dass sie die zu erfassenden Kompetenzen mit einer kontinuierlichen Fähigkeitsvariable messen, was den Vorteil birgt, dass Individuen oder Gruppen direkt verglichen werden können (Leuders, 2014). In Deutschland ist diese Form der Kompetenzmodellierung die Bekannteste. Beispiele hierfür sind unter anderem internationale Schulleistungsstudien, wie z. B. PISA (Schleicher, 2019) und TIMSS (Mullis et al., 2012), als auch nationale Schulvergleichsstudien, wie z. B. VERA (Lorenz, 2005). Dazu zählt auch die Entwicklung, Erprobung und Normierung von Aufgaben zur Entwicklung von Skalen, die auf nationalen und fachgebundenen Bildungsstandards basieren (Köller, 2008).

Mehrdimensionale Kompetenzskalen (Typ 2) werden zur Modellierung von Kompetenzen innerhalb eines curricular eher engeren Bereichs genutzt. Die Kompetenzen werden mithilfe von Aufgabensätzen zu mehreren (Teil-)Dimensionen auf mehreren kontinuierlichen Kompetenzskalen erfasst. Der Vorteil von solchen Kompetenzskalen liegt darin, intraindividuelle Unterschiede zwischen (Teil-)Dimensionen zu beschreiben und folglich Kompetenzprofile zu identifizieren (Leuders, 2014). Damit gibt es die Möglichkeit, Schülerinnen und Schüler zu einzelnen Kompetenzprofilen zuzuweisen, um dann beispielsweise auf Grundlage der Zuweisung differenzierte Unterstützungsangebote zu entwickeln. Ausgangspunkt für solche Ansätze sind Kompetenzen, die theoretisch aus mehreren unabhängigen (Teil-)Dimensionen bestehen, welche möglicherweise auch unabhängig voneinander entwickelt werden können (Leuders, 2014). Ein Beispiel für eine solche Kompetenzmodellierung ist das Projekt *Heureko* (Bayrhuber et al., 2010), welches das mathematische Problemlösen von Schülerinnen und Schülern und die Fähigkeit zur Durchführung von Repräsentationswechseln innerhalb des Kompetenzbereichs „Wachstum und Veränderung“ untersucht. Das der Untersuchung zugrundeliegende Kompetenzmodell besteht aus vier Dimensionen, die das Mathematisieren (1) innerhalb von graphischen und (2) innerhalb von numerischen Repräsentationen, den Repräsentationswechsel (3) zwischen situativer und graphischer Darstellung sowie (4) zwischen situativer und numerischer Darstellung umfassen. Das Kompetenzkonstrukt wurde mithilfe von 80 Items operationalisiert und mit insgesamt 872 Schülerinnen und Schülern der siebten und achten Klasse erprobt. Die Daten wurden mithilfe von IRT-Modellen skaliert, wobei einschränkend angemerkt werden sollte, dass die EAP-Reliabilität einzelner Skalen (zumindest) diskutabel ist. Es zeigte sich, dass die vierdimensionale Struktur empirisch bestätigt werden konnte. Anschließend konnten mithilfe einer latenten Klassenanalyse sechs Kompetenzprofile identifiziert werden, die sich durch ihre Ausprägung in den vier Kompetenzdimensionen unterscheiden.

Kompetenzniveaumodelle (Typ 3) zeichnen sich nach Leuders (2014) dadurch aus, dass sie darauf abzielen, eine Kompetenz nach (a priori) festgelegten Niveaus zu beschreiben. Hierfür ist es notwendig, Aufgabensituationen mit unterschiedlichem Schwierigkeitsgrad zu entwickeln, wodurch Lernenden mithilfe von einer ordinalen Fähigkeitsskala eine Kompetenzstufe, die die Kompetenzen qualitativ beschreibt, zugewiesen werden kann. Ähnlich wie der Zuweisung zu Kompetenzprofilen können auch bei der Zuweisung von Kompetenzniveaus differenzierte Fördermaßnahmen entwickelt und angeboten werden. Anhand des Projekts *Bigmath* (Ufer et al., 2009b) lassen sich wesentliche Charakteristika von Kompetenzniveaumodellen und deren Entwicklung illustrieren. Ziel des Projekts war es, aufbauend auf dem Forschungsstand zur Kompetenzmodellierung von mathematischen Kompetenzen ein Modell mathematischer Kompetenzen für die Primarstufe zu entwickeln und mithilfe einer empirischen Modellprüfung zu validieren. Das A-priori-Modell, welches theoriebasiert entwickelt, für drei Jahrgangsstufen (2., 3. und 4.) spezifiziert und mithilfe von Beispielitems illustriert wurde, besteht aus den folgenden fünf Niveaus: (1) Numerisches und begriffliches Grundlagenwissen, (2) Grundfertigkeiten im Umgang mit dem Zehnersystem, der ebenen Geometrie und Größen, (3) Sicheres Rechnen im curricularen Umfang und einfaches Modellieren, (4) Beherrschung der Grundrechenarten unter Nutzung der Dezimalstruktur und begriffliche Modellierung sowie (5) Anspruchsvolles Problemlösen im mathematischen Kontext. Im Rahmen der längsschnittlichen Studie nahmen insgesamt 660 Schülerinnen und Schüler der 2. Jahrgangsstufe aus 30 Klassen bayerischen Grundschulen teil. Die Teilnehmenden wurden jeweils am Ende der 2., 3. und 4. Jahrgangsstufe befragt. Von 399 Schülerinnen und Schülern liegen Daten zu allen drei Messzeitpunkten vor, worauf die durchgeführten Analysen beruhen. Die Tests wurden zu jedem Messzeitpunkt mithilfe eines eindimensionalen Rasch-Modells skaliert. Bei der Modellprüfung zeigte sich, dass es keine signifikanten Abweichungen vom angenommenen Modell gibt. Die Reliabilitäten der Tests für die einzelnen Schuljahrgänge liegen in einem akzeptablen bis guten Bereich. Die Analyse der den einzelnen Kompetenzniveaus zugeordneten Items anhand der empirisch berechneten Itemschwierigkeiten zeigte insgesamt, dass die Kompetenzmodelle eine gute Prädiktionskraft für die relativen Itemschwierigkeiten aufweisen. Dies kann als Validierung des A-priori-Modells interpretiert werden. Mithilfe des entwickelten Modells können nicht nur Kompetenzniveaus unterschieden werden, sondern auch die Entwicklung von mathematischen Kompetenzen in der Primarstufe, weshalb es auch als Kompetenzentwicklungsmodell aufgefasst werden kann. Ein aktuelleres Beispiel stellt die Studie von Schadl und Lindmeier (2022) dar, in welcher Fähigkeiten zum proportionalen Schließen von Schülerinnen und Schülern aus Jahrgangsstufe 5 modelliert werden. Der Test wurde digital eingesetzt und besteht aus 14 Items. Insgesamt liegen von 93 Schülerinnen und Schülern vollständige Datensätze vor. Die Daten wurden mithilfe des Rasch-Modells skaliert. Die Ergebnisse legen nahe, dass von vier Kompetenzniveaus ausgegangen werden kann: (1) proportionales Schließen in typischen kaufmännischen Kontexten, (2) proportionales Schließen in weniger typischen Kontexten (z. B. Mischverhältnisse), (3) proportionales Schließen in weiteren Strukturen (auch mit rationalen Verhältnissen) und (4) proportionales Schließen in verschiedenen Strukturen und in vielfältigen Kontexten. Es konnte gezeigt werden, dass die digitale Erfassung der Fähigkeiten zum proportionalen Schließen zu ähnlichen Ergebnissen wie eine Durchführung in Form eines paper-and-pencil-Designs führte.

Bei kategorialen Kompetenzstrukturmodellen (Typ 4) handelt es sich um Modelle, die „(i) in einem engeren Fähigkeitsbereich auf der Basis kognitiver Theorien Teilfähigkeiten durch (ii) einen Satz von Aufgabensituationen mit a priori beschriebenen Teilanforderungen und (iii) einem entsprechenden Satz kategorialer Fähigkeitsvariablen“ (Leuders, 2014, S. 10) beschreiben. Kategoriale Kompetenzstrukturmodelle ermöglichen es, Rückmeldungen auf Schul- oder Klassenebene zu geben als auch individualisiertes Feedback auf Grundlage der Zuweisung von Lernenden zu Kompetenzprofilen. Diese Art von Kompetenzmodellen ist in der Literatur auch unter dem Begriff *kognitive Diagnosemodelle* beziehungsweise *cognitive diagnosis models* (kurz: CDMs) geläufig (George & Robitzsch, 2015). Ein bekanntes Beispiel hierfür ist der Fraction-Subtraction-Test, bei dem es um die Fähigkeit der Subtraktion von Brüchen geht (George, 2021). Dieser Test wurde unter anderem von Tatsuoka (1984) eingesetzt und besteht aus 20 Items. Nach der Einschätzung von Expertinnen und Experten konnten acht Fähigkeiten identifiziert werden, die benötigt werden, um alle 20 Testitems korrekt zu lösen. Dazu gehören beispielhaft das Umwandeln von ganzen Zahlen in Brüche, das Finden eines gemeinsamen Nenners und das Subtrahieren der Zähler. Den Items werden vorab jene Fähigkeiten zugeordnet, die nötig sind, um das Item korrekt zu lösen (George, 2021). Mithilfe einer *Q*-Matrix (enthält Informationen darüber, welche der acht Fähigkeiten für die Lösung jedes Items notwendig sind) und eines statistischen Analyseverfahrens aus der Klasse der CDMs können Lösungen von Schülerinnen und Schülern ausgewertet werden. Auf Basis der Ergebnisse können sowohl Informationen für die Gesamtstichprobe als auch für bestimmte Schülerinnen und Schüler entnommen werden. Beispielsweise zeigen die Ergebnisse, dass die Fähigkeit des Subtrahierens der Zähler von mehr als 80% der Schülerinnen und Schülern beherrscht wurde und es sich damit eher um eine einfache Fähigkeit handelt (George, 2021). Daneben ist es auch möglich, Aussagen über einzelne Schülerinnen und Schüler (z. B. Anton ist in der Lage, zwei Brüche auf einen gemeinsamen Nenner zu bringen, aber ihm fällt es schwer, ganze Zahlen in einen Bruch umzuwandeln) zu gewinnen (George & Robitzsch, 2015).

Der Abschnitt 4.1 hatte die Funktion, ein theoretisches Fundament zu schaffen und einzelne (für die mathematikdidaktische Forschungslandschaft typische) Kompetenzmodellierungsansätze vorzustellen. Zur Illustration dieser Ansätze wurden exemplarisch Kompetenzmodelle ausgewählt, anhand derer beispielhaft Entwicklungs- und Validierungsprozesse verdeutlicht werden konnten. Auf den konzeptionellen Vorüberlegungen zu wissenschaftspropädeutischen Kompetenzen (Kapitel 2) und zur Mathematik als strukturorientierte Wissenschaft (Kapitel 3) als auch aufbauend auf den theoretischen Ausführungen zur Kompetenzmodellierung soll im Folgenden ein Modell mathematikbezogener wissenschaftspropädeutischer Kompetenzen für die gymnasiale Oberstufe entwickelt werden.

4.2 Fragestellungen

Aus der ersten Hauptzielstellung der vorliegenden Arbeit, die theoretische Modellierung von mathematikbezogenen wissenschaftspropädeutischen Kompetenzen von Schülerinnen und Schülern, leitet sich die übergeordnete Fragestellung (üFF) für dieses Kapitel ab:

üFF *Wie können mathematikbezogene wissenschaftspropädeutische Kompetenzen mithilfe eines Kompetenzmodells theoretisch konzeptualisiert werden?*

Diese Fragestellung impliziert zum einen die Klärung des Begriffs der mathematikbezogenen wissenschaftspropädeutischen Kompetenzen und zum anderen die theoretische Entwicklung eines Modells zur Beschreibung eben dieser Kompetenzen. Um dieser Frage nachzugehen, wird auf den Erkenntnissen aus den Kapiteln 2 und 3 aufgebaut:

- In Kapitel 2 wurden die Konstrukte Wissenschaftspropädeutik und wissenschaftspropädeutische Kompetenzen theoretisch beschrieben. Es wurden ebenfalls Kompetenzmodelle zur Beschreibung wissenschaftspropädeutischer Kompetenzen vorgestellt, die als Grundlage für die Modellierung mathematikbezogener wissenschaftspropädeutischer Kompetenzen dienen können. Beispielsweise wurde das dreidimensionale Modell nach Müsche (2009) beschrieben, welches allerdings eher den naturwissenschaftlich-empirischen Erkenntnisgewinnungsprozess fokussiert.

- Kapitel 3 beschäftigt sich mit zentralen Aspekten der Disziplin Mathematik. Die Darstellung orientiert sich hauptsächlich an der strukturorientierten Seite der Mathematik. Zur Charakterisierung dieser Seite von Mathematik werden typische Distinktionsmerkmale von wissenschaftlichen Disziplinen (unter anderem Inhalte und Methoden) herangezogen.

Vor diesem Hintergrund stellt sich nun die Frage, inwieweit auf dem Forschungsstand zu wissenschaftspropädeutischen Kompetenzen ein Kompetenzmodell entwickelt werden kann, welches für die strukturorientierte Seite von Mathematik angepasst ist. Diese handlungsleitende Fragestellung bestimmt das methodische Vorgehen bei der Adaption des Kompetenzmodells an die Mathematik als strukturorientierte Disziplin.

4.3 Methodisches Vorgehen

In der vorliegenden Arbeit orientiert sich das methodische Vorgehen zur theoretischen Entwicklung und Begründung eines Kompetenzmodells zu mathematikbezogenen wissenschaftspropädeutischen Kompetenzen an verschiedenen Forderungen und Empfehlungen zur Kompetenzmodellierung. Dazu zählen Anforderungen an die Entwicklung von Bildungsstandards (Klieme et al., 2003), am DFG-Schwerpunktprogramm zu Kompetenzmodellen (Klieme & Leutner, 2006) und an den Forderungen an Kompetenzmodellierungen für den Mathematikunterricht (Biehler & Leuders, 2014; Leuders, 2014). Darüber hinaus orientiert sich diese Arbeit an der Dissertation von Töpfer (2017), in welcher „sportbezogene Gesundheitskompetenz" als neues Konstrukt in der Sportdidaktik modelliert wurde. Dabei sind die Berücksichtigung und der Einbezug des mathematikdidaktischen Forschungsstandes von besonderer Bedeutung, weil insbesondere die Fachdidaktiken das fachliche Lernen und demzufolge den dazugehörigen Kompetenzerwerb systematisch untersuchen. Denn die „Fachdidaktiken rekonstruieren Lernprozesse in ihrer fachlichen Systematik und zugleich in der je spezifischen, domänen-abhängigen Logik des Wissenserwerbs und der Kompetenzentwicklung" (Klieme et al., 2003, S. 75).

Vorgehen bei der Entwicklung des Kompetenzmodells

Mit Blick auf die Bestimmungen zur Kompetenzmodellierung aus zunächst allgemeindidaktischer Sicht haben Helmke und Hosenfeld (2004; zit. nach Gehlen, 2016) ein Prozessmodell zur Modellierung von Kompetenzen entwickelt (siehe Abbildung 9). Nach dem Prozessmodell entstehen die fachspezifischen Bildungsstandards, die den Rahmen für unterrichtliche Lernziele vorgeben, auf Grundlage von allgemeinbildenden Zielen des jeweiligen Unterrichtsfachs als auch auf Basis von curricularen Vorgaben zu verbindlich vermittelnden Inhalten des Unterrichtsfachs. Neben den Bildungsstandards, die als ein Bezugspunkt bei der Entwicklung von Kompetenzmodellen für den Unterricht gelten, soll auch der jeweilige Theorie- und Forschungszusammenhang aus den Fachdidaktiken, aus der Kognitions- und Entwicklungspsychologie, aus der Lehr-Lern-Forschung sowie aus der Methodenlehre (z. B. testtheoretische Überlegungen) berücksichtigt und eingepflegt werden. Durch die theoretische Konzeptualisierung der zu erfassenden Kompetenzen können im Schritt der Operationalisierung Testaufgaben entwickelt werden, die das Konstrukt inhaltlich abdecken und verschieden schwierig sind. Dann gilt es, die Aufgaben im Rahmen einer Testung empirisch zu erproben und die Daten mithilfe geeigneter Methoden auszuwerten. Die Daten können dafür verwendet werden, um die theoretische Modellstruktur empirisch zu bestätigen oder zu verwerfen. Aus den empirischen Ergebnissen lassen sich Ansatzpunkte ableiten, um die bisherigen Bildungsstandards um das jeweils entwickelte Kompetenzmodell zu erweitern.

Ausgehend von dem Prozessmodell (siehe Abbildung 9) spielen neben der theoretischen Fundierung auch curriculare Vorgaben eine wichtige Rolle (Helmke & Hosenfeld, 2004; zit. nach Gehlen, 2016). Der Einbezug von curricularen Vorgaben bei der Entwicklung von Kompetenzmodellen wird in der Literatur jedoch kontrovers diskutiert. Die Orientierung an curricularen Vorgaben birgt den großen Vorteil, dass das entwickelte Kompetenzmodell durch die Curricula legitimiert und dadurch direkt in die unterrichtliche Praxis überführbar ist (Töpfer, 2017). In jüngerer Vergangenheit wurden Curricula respektive Lehrpläne jedoch dafür kritisiert, dass sie weder theoretisch noch empirisch hinreichend fundiert wären (Scholl, 2009) und nicht den Anforderungen der Kompetenzorientierung entsprechen würden (z. B. Spinner, 2008).

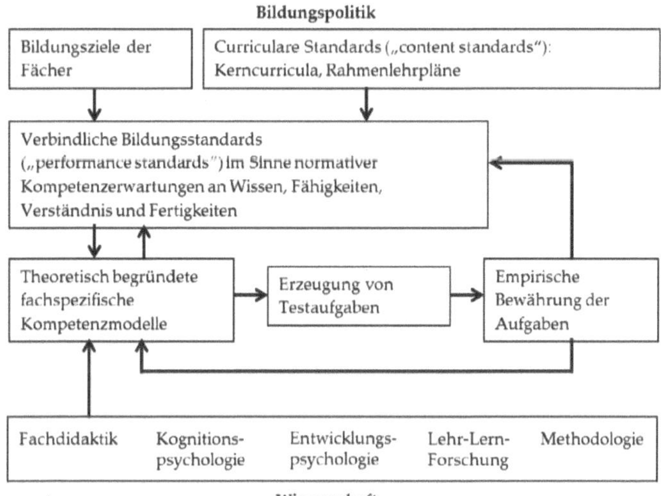

Abbildung 9: Theoriebasiertes Vorgehen bei der Entwicklung von Kompetenzmodellen. (Quelle: Helmke & Hosenfeld, 2004; zit. nach Gehlen, 2016, S. 12)

Die Kompetenzmodellierung im Rahmen dieser Arbeit soll sich vordergründig an theoretischen Konzeptionen zu wissenschaftspropädeutischen Kompetenzen und an der strukturorientierten Seite von Mathematik orientieren, allerdings die curriculare Perspektive auch miteinbeziehen. Dies liegt vor allem daran, dass die Bildungsstandards Mathematik für die Allgemeine Hochschulreife (KMK, 2012) als fachlich fundierte und kompetenzorientierte Vorgaben angesehen werden können (Blum, 2015).

Die theoriebasierte Entwicklung des Kompetenzmodells für mathematikbezogene wissenschaftspropädeutische Kompetenzen orientiert sich am vorgeschlagenem Vorgehen von Töpfer (2017), welche auf Empfehlungen der empirischen Bildungsforschung (Klieme & Leutner, 2006) sowie theoretischen Ansätzen zur Kompetenzmodellierung (z. B. Knigge, 2010) basiert. Hierfür ist es notwendig, zunächst die für die Kompetenzmodellierung relevanten theoretischen Zugänge zu identifizieren und diese nach ausgewählten Kriterien zu bearbeiten. Für diese Arbeit sind als theoretische Zugänge (1) die curriculare Perspektive (Kapitel 4.1), (2) die allgemeindidaktische Perspektive auf Wissenschaftspropädeutik (Kapitel 2) und (3) die fachmathematische Perspektive (Kapitel 3) von Bedeutung. Die Kriterien, anhand welcher (innerhalb dieser theoretischen Zugänge) (Teil-)Modelle ausgewählt respektive adaptiert werden, werden im Folgenden beschrieben.

Vor dem Hintergrund der *curricularen Perspektive* auf mathematische Kompetenzen liegt die Zielstellung darin, das Kompetenzmodell für mathematikbezogene wissenschaftspropädeutische Kompetenzen so zu entwickeln, dass es im Rahmen der curricularen Vorgaben der Bildungsstandards (KMK, 2012) umsetzbar und dadurch legitimierbar ist. Dies ist deshalb sinnvoll, weil die Bildungsstandards …

- die Ziele und damit implizit die didaktisch-methodische Gestaltung des Mathematikunterrichts bestimmen.
- fachlich ausbuchstabiert sind und damit unter anderem das Ziel verfolgt wird, Schülerinnen und Schülern Mathematik als strukturorientiere Disziplin näherzubringen (vgl. Winter, 1995).
- ein Kompetenzmodell für den Mathematikunterricht sind, deren Entwicklung sowohl Erkenntnisse der empirischen Bildungsforschung als auch fachdidaktische Theoriebefunde berücksichtigt hat.
- mit einer prinzipiellen Offenheit für die unterrichtliche Gestaltung einhergehen, so dass sie dahingehend genügend Raum für eine mögliche Fokussierung auf wissenschaftspropädeutische Aspekte bieten.

In Anbetracht der *allgemeindidaktischen Perspektive* auf wissenschaftspropädeutische Kompetenzen geht es darum, ein Kompetenzmodell als theoretisches Fundament für die Modellierung mathematikbezogener wissenschaftspropädeutischer Kompetenzen auszuwählen. Für die Auswahl des Modells wurden Kriterien formuliert, die beinhalten, dass das Modell …

- vor dem Hintergrund der für die Kompetenzmodellierung relevanten Wissenschaften (Fachdidaktik, Kognitions- und Entwicklungspsychologie, Lehr-Lern-Forschung und Methodenlehre) theoretisch fundiert sein sollte.
- bildungstheoretisch begründbare Zielstellungen von Wissenschaftspropädeutik explizit oder zumindest implizit beinhalten sollte.
- die aktuellen Entwicklungen der allgemeinen Kompetenzdiskussion berücksichtigen und Möglichkeiten für eine kompetenztheoretische Operationalisierung (in Hinblick auf wissenschaftspropädeutische Kompetenzen) bieten sollte.

- entweder der mathematikdidaktischen Kompetenzforschung entstammen oder in Hinblick auf das fachliche Lernen des Fachs Mathematik adaptierbar sein sollte.

Das entwickelte Kompetenzmodell soll vor dem Hintergrund einer *fachmathematischen Perspektive* relevante Charakteristika und den Erkenntnisprozess der strukturorientierten Seite von Mathematik berücksichtigen. Dementsprechend soll das entwickelte Modell …

- wissenschaftspropädeutische Kompetenzen beschreiben, wobei in der vorliegenden Arbeit die Wissenschaft Mathematik als strukturorientierte Disziplin angebahnt wird.
- inhaltliche Aspekte der strukturorientierten Seite von Mathematik fokussieren, die prinzipiell in einem Konsens zu den in den Bildungsstandards verankerten Zielvorstellungen stehen.
- vor dem Hintergrund mathematiksoziologischer und -philosophischer Perspektiven theoretisch hinreichend fundiert sein.
- die als typisch identifizierten Phasen des mathematischen Erkenntnisprozesses (Mathematik explorieren, deduzieren und kommunizieren) beinhalten (Kapitel 3.4).

Der Entwicklungsprozess des Kompetenzmodells orientiert sich am Vorgehen von Töpfer (2017) und der Entwicklung eines Kompetenzmodells für eine sportbezogene Gesundheitskompetenz. Dabei orientiert sich der Entwicklungsprozess des Kompetenzmodells entlang der genannten Perspektiven die in den vorherigen Kapiteln 2 (allgemeindidaktische), 3 (fachmathematische) und 4.1 (curriculare Perspektive) aufgegriffen wurden. Bei mehreren möglichen Modellen innerhalb eines theoretischen Bezugsfeldes (z. B. Modelle von wissenschaftspropädeutischen Kompetenzen) wird jeweils die Konzeption ausgewählt, die am passendsten das Zusammenspiel der drei theoretischen Bezugsfelder komplementiert. Der konkrete Entwicklungsprozess ist in die folgenden fünf Phasen untergliedert:

1. Vor dem Hintergrund curricularer Anhaltspunkte soll begründet werden, inwieweit sich die Bildungsstandards (KMK, 2012) als Orientierungsrahmen für die Entwicklung des Kompetenzmodells für mathematikbezogene wissenschaftspropädeutische Kompetenzen eignen.
2. Abhängig von Phase 1 soll ein Kompetenzmodell aus der allgemeindidaktischen Diskussion um wissenschaftspropädeutische Kompetenzen begründet ausgewählt werden.
3. Es sollen zentrale Aspekte der strukturorientierten Seite von Mathematik und ihre charakteristischen Prozesse der Erkenntnisgewinnung herausgestellt werden.
4. Aus den Phasen 1, 2 und 3 sollen die ausgewählten Konzeptionen auf etwaige Kongruenzen überprüft und in ein gemeinsames Kompetenzraster überführt werden.
5. Abschließend soll auf Grundlage des in Schritt (4) entwickelten Kompetenzrasters konkrete Kompetenzbeschreibungen für den Mathematikunterricht formuliert werden.

Validierung des entwickelten Kompetenzmodells

Da die vorliegende Arbeit darauf abzielt, eine Kompetenzskala zur Beschreibung sowie zur anschließenden empirischen Erfassung von mathematikbezogenen wissenschaftspropädeutischen Kompetenzen zu entwickeln, soll hierfür eine eindimensionale Skala entwickelt werden. Demnach wird im Folgenden ein Fokus auf die Validierung von eindimensionalen Kompetenzskalen (z. B. in schulischen Vergleichsstudien wie PISA oder TIMSS) gelegt. Bezugnehmend zu Leuders (2014) wird kurz beschrieben, wie die jeweils vorgeschlagenen Validitätsaspekte bei der Entwicklung des Kompetenzmodells (als eine eindimensionale Kompetenzskala) berücksichtigt werden:

Die (1) inhaltliche Validität, bei der es um die „curriculare und theoretische Absicherung des modellierten Bereichs" (Leuders, 2014, S. 11) geht, wird dadurch berücksichtigt, dass das Kompetenzmodell sowohl theoretische Überlegungen zu Wissenschaftspropädeutik und Mathematik als strukturorientierte Disziplin als auch curriculare Vorgaben durch die Bildungsstandards (KMK, 2012) integriert. Beispielsweise greift das entwickelte Modell Kongruenzen zwischen der strukturorientierten Seite von Mathematik und den prozessbezogenen Kompetenzen im Rahmenmodell der Bildungsstandards auf (siehe unten). Die (2) kognitive Validität, welche als „Passung der kognitiven Prozesse bei der Kompetenzerfassung zum postulierten theoretischen Kompetenzmodell" (Leuders, 2014, S. 11) beschrieben wird, bezieht sich auf die Frage, inwieweit die zum Modell konstruierten Items die zu messenden Kompetenzen umfassend und inhaltlich korrekt erfassen. Der kognitiven Validität wird meistens durch eine Befragung von Expertinnen und Experten (z. B. Wissenschaftlerinnen und Wissenschaftler aus der Kognitionspsychologie oder Fachdidaktiken) oder durch eine Überprüfung in *cognitve labs* nachgegangen. Da die Itemkonstruktion an dieser Stelle von einer untergeordneten Relevanz ist, wird hierfür auf Kapitel 5 hingewiesen. Daneben spielt die (3) strukturelle Validität, die als „Passung von theoretischem Kompetenzmodell und gewähltem psychometrischem Messmodell" (Leuders, 2014, S. 11) aufgefasst werden kann, eine größere Rolle. Dabei stellt sich die Frage, weshalb eine Modellierung des jeweiligen Kompetenzkonstrukts als eindimensionale Kompetenzskala möglich erscheint. Bei wissenschaftspropädeutischen Kompetenzen handelt es sich um mehrere (Teil-)Kompetenzen, die prinzipiell schon beginnend mit der Vorschule aufgebaut werden und systematisch miteinander in Verbindung stehen. Daher ist es plausibel anzunehmen, dass die einzelnen (Teil-)Kompetenzen so stark miteinander verwoben sind, dass es praktisch nur sehr schwer möglich ist, diese empirisch zu trennen (Baumert et al., 2007), und es deshalb sinnvoll ist, von einem integrativen Konstrukt auszugehen. Ein weiteres Validitätskriterium ist die (4) Verallgemeinerbarkeit, welche die „Angemessenheit einer über die Aufgaben- und Personengruppe hinausgehenden Interpretation" (Leuders, 2014, S. 12) umfasst. Hierbei spielen Fragen zur Repräsentativität der Stichprobe beziehungsweise der Fairness zwischen Teilpopulationen (z. B. Benachteiligung von bestimmten Schülerinnen und Schülern durch einzelne Items) eine entscheidende Rolle. Diesen Fragen wird bei der empirischen Überprüfung des Kompetenzmodells und der Itemkonstruktion (Kapitel 5.3) nachgegangen. Die (5) externe Validität oder externale Validität ist ein weiteres Validitätskriterium, wobei es sich hierbei um die „Angemessenheit mit Blick auf konvergente, diskriminante und prädiktive Zusammenhänge mit anderen Konstrukten" (Leuders, 2014, S. 12) handelt. Ähnlich wie bei der kognitiven Validität und der Verallgemeinerung wird die externe Validität auch erst im folgenden Kapitel anhand empirischer Daten überprüft (Kapitel 5.2). Als letzte Validitätsdimension nennt Leuders (2014, S. 12) die (6) konsequentielle Validität, die die Überprüfung der „Angemessenheit der Nutzung im pädagogischen oder bildungspolitischen Kontext" beinhaltet. Dabei handelt es sich um ein eher neueres Validitätskriterium und thematisiert, inwieweit die Kompetenzmodellierung einen praktischen Nutzen (z. B. Bildungsmonitoring) erfüllt, welche Folgen der Einsatz des Instruments auf System-, Schul- und Klassenebene hat und ob es sich bei den Folgen um erwartbare (z. B. langfristig um eine positive Entwicklung der Lernendenleistungen in Hinblick auf mathematikbezogene wissenschaftspropädeutische Kompetenzen) Folgen handelt. Dadurch, dass es sich bei der Modell- und Testentwicklung (Kapitel 4 und 5) zunächst eher um Grundlagenforschung handelt, ist die konsequentielle Validität durch den begrenzten Umfang dieser Arbeit nicht überprüfbar. Im Rahmen der abschließenden Diskussion (Kapitel 8) wird jedoch auf Möglichkeiten zur Überprüfung der konsequentiellen Validität eingegangen und diskutiert, wie dieser Validitätsaspekt zukünftig berücksichtigt werden kann.

4.4 Theoretische Vorüberlegungen zu mathematikbezogenen wissenschaftspropädeutischen Kompetenzen

In diesem Abschnitt soll zunächst die Auswahl der fokussierten Modelle begründet werden. Aufbauend darauf soll das dieser Arbeit zugrundeliegende Verständnis von mathematikbezogenen wissenschaftspropädeutischen Kompetenzen abgeleitet und theoretisch begründet werden. In Abbildung 10 werden die berücksichtigten Perspektiven und die herangezogenen Modelle zur theoretischen Konzeptualisierung von mathematikbezogenen wissenschaftspropädeutischen Kompetenzen überblicksartig dargestellt.

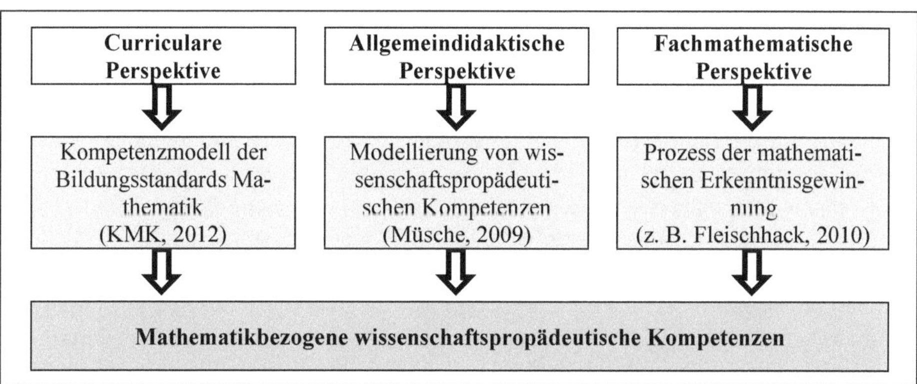

Abbildung 10: Theoretische Perspektiven und Konzepte im Rahmen der Modellentwicklung.

4.4.1 Theoretische Ausgangspunkte der Modellentwicklung

Kompetenzmodell der Bildungsstandards in Mathematik: Die Bildungsstandards für die Allgemeine Hochschulreife (KMK, 2012) zeichnen sich dadurch aus, dass (1) sie theoretisch fundiert abgeleitet wurden, (2) sie die Bildungsstandards für die Grundschule, den ersten und mittleren Schulabschluss sinnvoll fortführen und (3) sich an die Zielstellungen eines allgemeinbildenden Mathematikunterrichts angliedern (Blum, 2015). Ebenso zeichnet sich das Kompetenzmodell durch seine dreidimensionale Modellstruktur aus, welche für schulische Curricula (z. B. der Naturwissenschaften) als etabliert gilt (Bernholt et al., 2009). Konkret bestehen die Bildungsstandards aus den drei Dimensionen: einer Inhalts- (Leitideen), einer Prozess- (Kompetenzen) und einer Anspruchsdimension (Anforderungsbereiche).

Hinsichtlich der Zieldimension von Wissenschaftspropädeutik im Fach Mathematik bietet das Kompetenzmodell der Bildungsstandards deutliche Anknüpfungspunkte. Eingangs wird von Blum (2015) die grundlegende Orientierung des Kompetenzmodells an den Winterschen Grunderfahrungen herausgestellt. Nach der zweiten Grunderfahrung von Winter (1995) soll es den Lernenden ermöglicht werden, Mathematik als deduktiv geordnete Welt samt ihrer Sprache und Symbolik zu erfahren. Unter Einbezug dieser Grunderfahrung, die deutliche Kongruenzen zur Zielstellung von Wissenschaftspropädeutik aufweist, unter anderem Mathematik als strukturorientierte Disziplin kennenzulernen, wird zumindest implizit Wissenschaftspropädeutik innerhalb der Bildungsstandards für die Allgemeine Hochschulreife berücksichtigt. Deutlicher werden die Verbindungen zu Wissenschaftspropädeutik, wenn die einzelnen Dimensionen des Modells betrachtet werden. Dabei nehmen die Prozessdimension und die damit einhergehenden allgemein mathematischen Kompetenzen die zentrale Rolle im Rahmen der Bildungsstandards ein, weil „deren Erwerb im Mittelpunkt des Unterrichts stehen soll" (Blum, 2015, S. 18). Der Erwerb dieser kognitiv ausgerichteten Kompetenzen ist nicht nur vor dem Hintergrund eines allgemeinbildenden Unterrichts von Bedeutung, sondern ist auch für die Zielerreichung von Wissenschaftspropädeutik relevant. Um Mathematik als strukturorientierte Disziplin mit samt ihren Charakteristika kennenzulernen, kann dies vor allem bei Aktivitäten, die (1) das mathematische Argumentieren, (2) das mathematische Problemlösen sowie (3) das mathematische Kommunizieren fokussieren, erreicht werden (vgl. hierzu Fesser & Rach, 2022a).

Neben den für die Mathematik charakteristischen Prozessen stellt sich die Frage, woran diese Kompetenzen erworben werden. Die Bildungsstandards legen fest, dass der Erwerb der Kompetenzen anhand der Auseinandersetzung mit konkreten Inhalten erfolgt (Blum, 2015). Diese konkreten Inhalte werden in fünf Leitideen zusammengefasst, die die Leitideen aus der Sekundarstufe I fortsetzen, z. B. (L1) Algorithmus und Zahl etc. Für die gymnasiale Oberstufe werden die Leitideen durch die fachlichen Stoffgebiete (Analysis, lineare Algebra und analytische Geometrie sowie Stochastik) ergänzt. Der Vorteil von diesen drei eher allgemein formulierten Stoffgebieten ist, dass sie einen vergleichsweise großen Interpretationsspielraum zulassen und es damit leicht möglich ist, in allen Stoffgebieten Inhalte zu identifizieren, anhand welcher wissenschaftspropädeutische Aspekte illustriert werden können (vgl. hierzu Fesser & Rach, 2022a). Dadurch, dass die Inhaltsdimension des Modells für Lehrkräfte einen nötigen Spielraum lässt, ist eine potentielle Ausdifferenzierung der Inhaltsdimension unter wissenschaftspropädeutischen Aspekten durchaus denkbar. Damit bieten die Bildungsstandards prinzipiell einen Rahmen für den Mathematikunterricht, in welchem Wissenschaftspropädeutik als Zieldimension der gymnasialen Oberstufe berücksichtigt werden kann. Vor diesem Hintergrund kann das

Kompetenzmodell der Bildungsstandards Mathematik für die Allgemeine Hochschulreife als ein an Wissenschaftspropädeutik anknüpfbares Kompetenzmodell angesehen werden.

Modellierung von wissenschaftspropädeutischen Kompetenzen: Ausgehend von den curricularen Vorgaben zu Wissenschaftspropädeutik (Kapitel 2.1 und 2.2) können wissenschaftspropädeutische Kompetenzen als ein Konglomerat aus kognitiven Dispositionen aufgefasst werden, die sich auf ein Wissen und die Anwendung von wissenschaftlichen Denk- und Arbeitsweisen beziehen. Auch wenn wissenschaftspropädeutische Kompetenzen und die übrigen zwei Zieldimensionen in diesem Dokument nur wenig konkretisiert und nicht immer trennscharf unterschieden werden, so gelten sie dennoch als für sich „unterscheidbare, [...] auch je für sich begründbare Ziele" (KMK, 1995, S. 74). Da es sich bei dem curricular geprägten Begriff der wissenschaftspropädeutischen Kompetenzen eher um ein wenig geklärtes Konstrukt in der Wissenschaft handelt (Kapitel 2), wird die in Kapitel 2.2 vorgeschlagene Arbeitsdefinition von wissenschaftspropädeutischen Kompetenzen als ein Orientierungsrahmen für die theoretische Modellierung von mathematikbezogenen wissenschaftspropädeutischen Kompetenzen herangezogen. Vor dem Hintergrund dieser curricularen Aspekte fasste Müsche (2009) die allgemeindidaktische Diskussion um Wissenschaftspropädeutik zusammen und konnte zentrale Merkmale von Wissenschaftspropädeutik identifizieren: Wissenschaftsverständnis, wissenschaftliche Arbeitstechniken und -weisen, Verständnis von wissenschaftlichen Erkenntnisprozessen, wissenschaftsbezogene Attitüden und meta-wissenschaftliche Reflexion. Auf Basis dieser identifizierten Merkmale entwarf Müsche (2009) ein dreidimensionales Modell von wissenschaftspropädeutischen Kompetenzen, welches als grundlegend für die Entwicklung der mathematikbezogenen wissenschaftspropädeutischen Kompetenzen in dieser Arbcit gilt.

Ein wichtiges Merkmal, welches das dreidimensionale Modell nach Müsche (2009) aufweist, ist die kompetenztheoretische und insbesondere kognitive Ausrichtung ihres Modells, wodurch es auch heute noch an die aktuelle Diskussion um Kompetenzen anbindbar ist. Diese Ausrichtung wird vor allem deutlich, wenn die inhaltliche Struktur des dreidimensionalen Modells nach Müsche (2009) betrachtet wird. So setzt sich ihr Modell aus den folgenden drei Dimensionen zusammen: (1) Meta-wissenschaftliches Wissen, (2) Methodenbewusstsein (im Sinne eines Nachvollzugs oder eines selbstständigen Anwendens von wissenschaftlichen Methoden) und (3) Meta-wissenschaftliche Reflexion. Wie in Kapitel 2 genauer beschrieben, lässt sich innerhalb des Modells eine hierarchische Struktur von der ersten bis zur dritten Dimension, von einfachen bis hin zu komplexen kognitiven Tätigkeiten, erkennen. Damit zeigt sich ein weiteres wichtiges Merkmal des Modells auf: die Anbindung an das Kompetenzmodell der Bildungsstandards (KMK, 2012). Das dreidimensionale Modell nach Müsche (2009) kann analog zur Anspruchsdimension respektive den Anforderungsbereichen gesehen werden. Während es im Anforderungsbereich I vornehmlich um die Reproduktion von *Wissen* geht, soll im Anforderungsbereich II fachspezifische Sachverhalte unter selbstständiger Vernetzung von mathematischen Begriffen sowie unter Anwendung von mathematischen Prozeduren gelöst werden. Noch expliziter werden die Kongruenzen zwischen dem dreidimensionalen Modell nach Müsche (2009) und der Anspruchsdimension in Anforderungsbereich III, in welchem es unter anderem „um Reflexionen auf einer Metaebene" (Blum, 2015, S. 23) geht. Dementsprechend weist das dreidimensionale Modell nach Müsche (2009) Anknüpfungspunkte an die curriculare Diskussion – insbesondere an die Bildungsstandards Mathematik für die Allgemeine Hochschulreife der KMK (2012) – auf.

Prozess der mathematischen Erkenntnisgewinnung: Das dreidimensionale Modell nach Müsche (2009) fokussiert jedoch den naturwissenschaftlichen Erkenntnisprozess, was die Frage aufwirft, inwieweit dieses Modell in Hinblick auf die Prozesse der mathematischen Erkenntnisgewinnung adaptiert werden kann. Anders als die Naturwissenschaften beschäftigt sich Mathematik mit der systematischen Erforschung von Objekten, Regeln und Strukturen zwischen bestimmten Objekten (Stewart, 2001). Als Grundlage für den mathematischen Erkenntnisprozess gelten die mathematischen Objekte, die als Axiome oder Definitionen formuliert werden (z. B. Definition eines Rechtecks: Ein ebenes Viereck heißt Rechteck, wenn seine Innenwinkel jeweils 90° groß sind). In einem Erkundungs- respektive Explorationsprozess (mithilfe von heuristischen Hilfsmitteln, Prinzipien und Strategien) mit den mathematischen Objekten können beispielsweise auf Basis von einzelnen Beispielen Vermutungen für einen mathematischen Zusammenhang entwickelt werden. Ein Beispiel für eine Vermutung könnte Folgendes sein: „In einem Rechteck halbieren sich die Diagonalen.“ Anschließend wird versucht, basierend auf logischen Schlussketten die aufgestellte Vermutung zu beweisen. Sofern ein Beweis geführt werden konnte und dieser auch in der mathematischen Community (z. B. im Rahmen von Publikationsprozessen) akzeptiert wird, liegt ein mathematischer Satz respektive Theorem (neue mathematische Erkenntnis) vor (z. B. Manin, 2010).

Aus den theoretischen Vorüberlegungen zur strukturorientierten Seite von Mathematik (Kapitel 3.4) wird deutlich, dass sich der mathematische Erkenntnisgewinnungsprozess grob mithilfe von drei Phasen charakterisieren lässt: (1) Mathematik explorieren, (2) Mathematik deduzieren und (3) Mathematik kommunizieren. Insgesamt fällt auf, dass es sich bei den identifizierten Prozessen um kognitive Tätigkeiten handelt, die deutliche Schnittmengen mit den prozessbezogenen Kompetenzen aus dem Kompetenzmodell der Bildungsstandards (vordergründig mit dem mathematischen Argumentieren und Kommunizieren) aufweisen. Zum anderen lassen sich die drei Prozesse der mathematischen Erkenntnisgewinnung jeweils mithilfe des dreidimensionalen Modells nach Müsche (2009) graduieren. So können jeweils (1) meta-wissenschaftliches Wissen, (2) Methodenbewusstsein und (3) meta-wissenschaftliche Reflexion innerhalb der drei Prozesse (über die jeweiligen mathematischen Grundbegriffe und -methoden) operationalisiert werden. Beispielsweise spielt Vermutung als mathematischer Grundbegriff eine wichtige Rolle bei Explorationsprozessen, während der Begriff des Beweises eher beim Prozess des mathematischen Deduzierens in den Vordergrund rückt. Insgesamt zeigt sich, dass die Prozesse der mathematischen Erkenntnisgewinnung zum einen schon teilweise im Kompetenzmodell der Bildungsstandards berücksichtigt werden und dadurch als schulrelevant angesehen werden können und zum anderen geeignet sind, um das dreidimensionale Modell nach Müsche (2009) inhaltlich an den mathematischen Erkenntnisgewinnungsprozess anzupassen.

4.4.2 Mathematikbezogene wissenschaftspropädeutische Kompetenzen – Definition

Ausgehend von den drei theoretischen Zugängen ist es sinnvoll, das dieser Arbeit zugrundeliegende Verständnis von mathematikbezogenen wissenschaftspropädeutischen Kompetenzen genauer zu beschreiben. Hierfür sollen die gemeinsamen Aspekte der drei Zugänge herausgestellt werden. Alle drei Zugänge haben gemeinsam, dass sie Fähigkeiten beschreiben, die für das erfolgreiche Bewältigen von Anforderungssituationen in Wissenschaft allgemein respektive speziell in Mathematik bedeutsam sind. Dabei handelt es sich um verfügbare und erlernbare Dispositionen, die in unterschiedlichen Anforderungssituationen flexibel eingesetzt werden können. Beispielhaft gehören zu solchen Kompetenzen, mathematisch argumentieren und kommunizieren zu können (KMK, 2012), Grundbegriffe und Strukturen von Wissenschaften zu kennen oder die Fähigkeit über Mathematik aus einer meta-wissenschaftlichen Perspektive zu reflektieren (Müsche, 2009). Dabei geht aus den sprachlichen Ausformulierungen hervor, dass Kompetenzen sich entweder als Wissens- oder Könnensbeschreibungen zeigen.

Ziel des Vorgehens ist es, mathematikbezogene wissenschaftspropädeutische Kompetenzen zu modellieren und mithilfe von Kompetenzbeschreibungen zu konkretisieren. Hierfür wurde sich aus forschungspragmatischen Gründen ausschließlich auf die Erkenntnisprozesse der strukturorientierten Seite von Mathematik bezogen, während die anwendungsorientierte Seite der Mathematik im Rahmen dieses Modells ausgeklammert bleibt. Für die strukturorientierte Seite von Mathematik nehmen vor allem die Prozesse (mathematisches Argumentieren und Kommunizieren sowie Probleme mathematisch lösen) eine herausragende Rolle ein, welche wichtige Aspekte des mathematischen Erkenntnisgewinnungsprozesses beinhalten und curricular in den Bildungsstandards (KMK, 2012) verankert sind.

Ausgehend von dem dieser Arbeit zugrundeliegendem Kompetenzverständnis und den vorliegenden theoretischen Vorüberlegungen zu mathematikbezogenen wissenschaftspropädeutischen Kompetenzen werden kognitive Leistungsdispositionen fokussiert. Dies umfasst sowohl *Wissen* über Mathematik als strukturorientierte Disziplin als auch *Können* (im Sinne einer Fähigkeit, Fertigkeit) in Bezug auf die Durchführung von mathematischen Denk- und Arbeitsweisen. Der Nachweis über solche Leistungsdispositionen soll es Schülerinnen und Schülern ermöglichen, sich mündig in einer zunehmend von Wissenschaft geprägten Welt zu verhalten. Basierend auf den drei theoretischen Zugängen und den damit korrespondierenden Anhaltspunkten kann hiernach die folgende Arbeitsdefinition von mathematikbezogenen wissenschaftspropädeutischen Kompetenzen formuliert werden:

> Mathematikbezogene wissenschaftspropädeutische Kompetenzen umfassen jene mathematikspezifische kognitive Leistungsdispositionen (Wissen und Können), welche von Schülerinnen und Schülern benötigt werden, um sich selbstbestimmt, verantwortungsbewusst und kritisch im Umgang mit Wissenschaft (im Allgemeinen) und insbesondere mit Mathematik verhalten zu können.

Die vorliegende Arbeit und die nachfolgenden Überlegungen rekurrieren auf das in dieser Arbeitsdefinition innewohnende Verständnis von mathematikbezogenen wissenschaftspropädeutischen Kompetenzen. Vor dem Hintergrund der abgeleiteten Arbeitsdefinition von mathematikbezogenen wissenschaftspropädeutischen Kompetenzen lassen sich bestimmte Eigenschaften und Funktionen von eben diesen beschreiben.

Mathematikbezogene wissenschaftspropädeutische Kompetenzen …

- sind kognitive Leistungsdispositionen, die aus Wissen und Können bestehen.
- beziehen sich auf das Handlungsfeld *Mathematik im System von wissenschaftlichen Disziplinen* sowie alle darunter subsummierten wissenschaftlichen Formen des Mathematiktreibens.
- basieren auf einem engen Verständnis von Mathematik als strukturorientierte Disziplin.
- sind nicht an bestimmte Inhalte gebunden, sondern fokussieren Prozesse der mathematischen Erkenntnisgewinnung.
- berücksichtigen die curricularen Vorgaben, sodass der Erwerb von mathematikbezogenen wissenschaftspropädeutischen Kompetenzen integrativ im aktuellen Mathematikunterricht erfolgen kann.
- sind in Anlehnung an die Modellierung von wissenschaftspropädeutischen Kompetenzen (Müsche, 2009) entstanden und als Adaption für Mathematik als strukturorientierte Disziplin zu verstehen.

4.5 Modellstruktur mathematikbezogener wissenschaftspropädeutischer Kompetenzen

Die theoretische Modellstruktur der mathematikbezogenen wissenschaftspropädeutischen Kompetenzen ist an die Struktur des Kompetenzmodells der Bildungsstandards im Fach Mathematik für die Allgemeine Hochschulreife angelehnt (KMK, 2012). Durch die formal-organisatorische Nähe zum curricular verankerten Kompetenzmodell ist eine potentielle Berücksichtigung des entwickelten Modells durch bildungsadministrative Institutionen nicht ausgeschlossen. Die inhaltliche Dimension der Bildungsstandards wird in diesem Modell nicht berücksichtigt, da angenommen werden kann, dass der Erwerb von mathematikbezogenen wissenschaftspropädeutischen Kompetenzen prinzipiell in allen mathematischen Leitideen (respektive Stoffgebieten) der gymnasialen Oberstufe erfolgen kann (Fesser & Rach, 2022a). So ist beispielsweise der Inhalt der Begriffe *Definition*, *Aussage* oder *Beweis* unabhängig vom mathematischen Teilgebiet (z. B. Algebra, Analysis etc.). Dementsprechend ist das Modell der mathematikbezogenen wissenschaftspropädeutischen Kompetenzen durch die zwei Dimensionen Anforderungsbereiche und Prozesse der mathematischen Erkenntnisgewinnung strukturiert (siehe Abbildung 11).

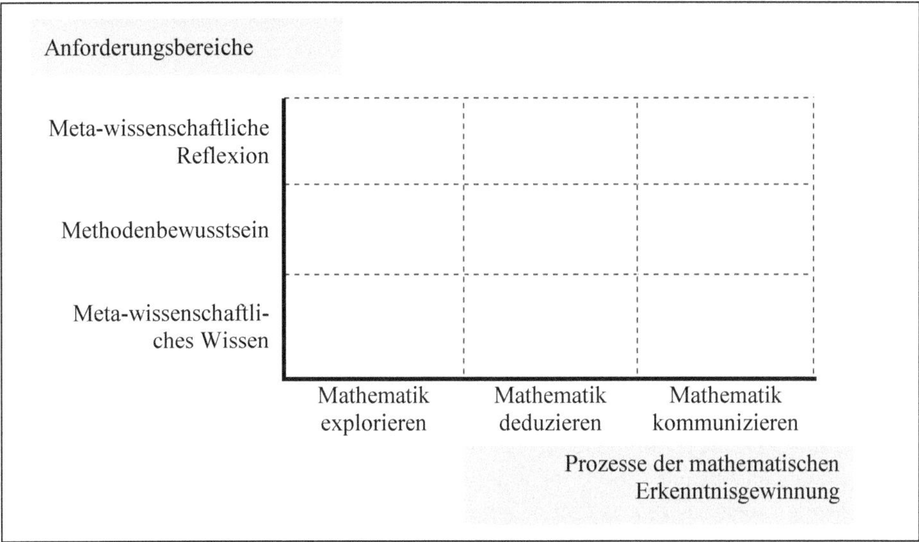

Abbildung 11: Theoretische Modellstruktur der mathematikbezogenen wissenschaftspropädeutischen Kompetenzen.

Die entwickelte Modellstruktur von mathematikbezogenen wissenschaftspropädeutischen Kompetenzen wird im Folgenden genauer erläutert. In diesem Zusammenhang werden vor allem die zwei Dimensionen mit ihren jeweiligen drei Facetten beschrieben und die theoretisch abgeleitete Arbeitsdefinition berücksichtigt. Abschließend werden basierend auf den theoretischen Überlegungen zu beiden Dimensionen konkrete Kompetenzbeschreibungen formuliert und in eine theoretische Modellstruktur integriert.

Anforderungsbereiche

Die Anforderungsbereiche entstammen dem dreidimensionalen Modell nach Müsche (2009). Die Dimensionen im Modell nach Müsche (2009) sind analog zu den Anforderungsniveaus der Bildungsstandards (KMK, 2012) hierarchisch angeordnet. Während der erste Anforderungsbereich vor allem Aspekte des *Wissens* (z. B. Die Schülerinnen und Schüler wissen, dass Beweise der deduktiven Methode der Erkenntnisgewinnung zuzuordnen sind.) fokussiert, beinhalten der zweite und dritte Anforderungsbereich eher Könnensbeschreibungen (z. B. Die Schülerinnen und Schüler können grundlegende Beweisverfahren exemplarisch anwenden.). Da die Anforderungsbereiche eine gewisse Analogie zu den drei Anforderungsniveaus der Bildungsstandards (KMK, 2012) aufweisen, werden gewisse Aspekte der Anforderungsniveaus mitaufgegriffen. Es werden die folgenden drei Anforderungsbereiche unterschieden: (1) meta-wissenschaftliches Wissen, (2) Methodenbewusstsein und (3) meta-wissenschaftliche Reflexion.

Anforderungsbereich 1: meta-wissenschaftliches Wissen

Als *meta-wissenschaftliches Wissen* wird das Wissen über Mathematik als strukturorientierte Disziplin verstanden. Es umfasst sowohl die Kenntnis über wissenschaftliche Grundbegriffe der Mathematik (z. B. „Definition“) als auch Wissen über den Aufbau der Wissenschaft (z. B. die Bedeutung der Definition-Satz-Beweis-Struktur). Dementsprechend geht es in der ersten Facette der Dimension Anforderungsbereiche um eine prototypische Charakterisierung von Mathematik nach grundlegenden Distinktionsmerkmalen (z. B. Gegenstandsbereich, Methoden, Forschungsziele etc.). Neben dem Wissen über wissenschaftliche Grundbegriffe und über den strukturellen Aufbau der Mathematik umfasst es auch das Wissen über den mathematischen Erkenntnisgewinnungsprozess. Dazu gehört auch das Wissen, dass der mathematische Erkenntnisprozess nicht so systematisch abläuft, wie es die Produkte (z. B. der Aufschrieb mathematischer Texte) vermuten lassen, da das mathematische Arbeiten zumeist mit einem induktiven und damit mit einem teilweise unsystematischen Erkundungsprozess beginnt. Daneben gehört zum meta-wissenschaftlichem Wissen auch jenes Wissen darüber, wie mathematische Erkenntnisse an die mathematische Community weitergegeben werden und welche Bedeutung die mathematische Community für den mathematischen Erkenntnisprozess (z. B. Akzeptanz) hat.

Anforderungsbereich 2: Methodenbewusstsein

In Anlehnung an Müsche (2009) fokussiert das *Methodenbewusstsein* sowohl das Nachvollziehen als auch das selbstständige Anwenden von wissenschaftlichen Methoden der mathematischen Erkenntnisgewinnung. Dabei bleiben allerdings dispositionale Personenmerkmale und motivationale Aspekte (z. B. der Aufbau einer wissenschaftlichen Grundhaltung, epistemische Neugier etc.) vernachlässigt, wie es im Kompetenzmodell von Müsche (2009) vorgeschlagen wird. Konkret geht es beim Methodenbewusstsein darum, in exemplarischen Situationen das meta-wissenschaftliche Wissen über Mathematik zu verknüpfen und anzuwenden, um bestimmte Anforderungssituationen, die den mathematischen Erkenntnisgewinnungsprozess tangieren, zu bewältigen. Vor dem Hintergrund der Charakteristika der Mathematik gehören zu diesen Methoden unter anderem das Generieren von mathematischen Aussagen, die Konstruktion von Beweisen und das Kommunizieren von mathematischen Erkenntnissen. Das Methodenbewusstsein baut dementsprechend auf dem meta-wissenschaftlichen Wissen derart auf, dass gewisse Wissensbestände (z. B. Wissen über Aufbau von Beweisen) nötig sind, um Methoden der mathematischen Erkenntnisgewinnung (z. B. die Konstruktion von Beweisen) nachvollziehen respektive selbstständig durchführen zu können. Dementsprechend kann sich das Methodenbewusstsein „entweder passiv – im Sinne des Forschungsnachvollzugs – oder aber aktiv im Sinne einer reflektierten (und idealerweise integrierten) Ausführung von Einzelschritten im ‚wissenschaftlichen‘ Forschungsprozess äußern“ (Müsche, 2009, S. 77).

Anforderungsbereich 3: Meta-wissenschaftliche Reflexion

Im Rahmen der *meta-wissenschaftlichen Reflexion* sollen die Schülerinnen und Schüler „mit ‚Wissen über Wissenschaft‘ beziehungsweise den Voraussetzungen, Implikationen und Grenzen wissenschaftlicher Erkenntnis und Erkenntnisgewinnung vertraut gemacht werden, um schließlich wissenschaftliche Aussagen und Verfahren sachgerecht einordnen, gegeneinanderstellen und beurteilen zu können“ (Müsche, 2009, S. 70). Dies bedeutet, dass mithilfe von meta-wissenschaftlichem Wissen über Grundbegriffe und Verfahren von Wissenschaften wissenschaftliche Erkenntnisse analysiert, kritisch betrachtet und eingeordnet werden können. Konkret geht es bei der meta-wissenschaftlichen Reflexion zum einen um eine kriteriumsorientierte Beurteilung von wissenschaftlichen Erkenntnissen (z. B. aus einer wissenschaftstheoretischen, wissenschaftshistorischen oder ethischen

Perspektive) und zum anderen um das eigenständige Synthetisieren von Distinktionsmerkmalen beim Vergleichen bestimmter Wissenschaften. Dies wird beispielsweise bei der Fragestellung nach einer reflektierten Standortbestimmung des Fachs Mathematik im System der wissenschaftlichen Disziplinen besonders deutlich. Hier ist die Aufgabe, entweder auf das meta-wissenschaftliche Wissen zurückzugreifen und dieses anzuwenden oder selbstständig sinnvolle Kriterien beziehungsweise Kategorien (z. B. Methode) zu entwickeln, die geeignet sind, um die strukturorientierte Wissenschaft Mathematik begründet in das System der wissenschaftlichen Disziplinen einordnen zu können. Durch diesen Prozess des Synthetisierens entstehen Differenzkategorien, die nicht nur geeignet sind, um Mathematik einzuordnen, sondern allgemeinere Kategorien, die prinzipiell auch auf andere Wissenschaften übertragbar sind.

Prozesse der mathematischen Erkenntnisgewinnung
Die Prozesse der mathematischen Erkenntnisgewinnung gehen aus Kapitel 3 zu theoretischen Vorüberlegungen zur Wissenschaft Mathematik und ihrem Erkenntnisgewinnungsprozess hervor. Neben den theoretischen Vorüberlegungen (Kapitel 3) wird darauf geachtet, dass bei der konzeptionellen Ausgestaltung der drei Prozesse die entstehenden Anforderungen in gewisser Weise konform zu den Bildungsstandards stehen. Dieses Vorgehen dient einer Sicherstellung der inhaltlichen beziehungsweise curricularen Validität, was für die Entwicklung eines fachdidaktischen Modells als relevant angesehen wird (z. B. Knigge, 2010). Die curriculare Validität wird als Voraussetzung für das Überführen eines fachdidaktischen Kompetenzmodells in Testaufgaben gesehen (Hartig et al., 2012), was unter anderem die Zielstellung des nächsten Kapitels ist (Kapitel 5). Dies ist dadurch begründet, dass Schülerinnen und Schüler überhaupt eine theoretische Chance haben sollten, die jeweiligen Testaufgaben korrekt zu lösen.

In dem hier vorgeschlagenen Modell wird zwischen drei Prozessen der mathematischen Erkenntnisgewinnung differenziert: (1) Mathematik explorieren, (2) Mathematik deduzieren und (3) Mathematik kommunizieren. In ihrer Gesamtheit beschreiben sie ein umfassendes Bild der mathematischen Erkenntnisgewinnung, welches sich aus älteren (z. B. Pólya, 1954) und jüngeren Arbeiten (z. B. Loos et al., 2022) zu Prozessen der mathematischen Erkenntnisgewinnung speist. Aus curricularer Perspektive weisen diese drei Prozesse große Schnittmengen mit den prozessbezogenen Kompetenzen des mathematischen Argumentierens, Kommunizierens und Problemlösens auf, was bereits vor der inhaltlichen Ausgestaltung der einzelnen Prozesse die Nähe zu den Bildungsstandards für das Fach Mathematik aufzeigt.

Im Folgenden werden die drei Prozesse der mathematischen Erkenntnisgewinnung nacheinander vorgestellt. Um die Zweidimensionalität des Modells zu berücksichtigen, werden die drei Prozesse mithilfe des dreidimensionalen Modells nach Müsche (2009) hierarchisch untergliedert. Mit diesem Vorgehen werden für jede „Zelle" des zweidimensionalen Modells von mathematikbezogenen wissenschaftspropädeutischen Kompetenzen (siehe Abbildung 11) Kompetenzerwartungen formuliert. Bei der Formulierung der Kompetenzerwartungen wurde zum einen aus Gründen der besseren Lesbarkeit auf eine sprachliche Einheitlichkeit geachtet und aus Gründen der einfacheren Unterscheidung der einzelnen „Zellen" wurden die jeweiligen Kompetenzerwartungen mithilfe von Beispielen unterlegt.

Prozess 1: Mathematik explorieren
Der mathematische Erkenntnisprozess beginnt idealtypisch mit einem Explorationsprozess. In Bezug auf diesen ersten Prozess, welcher als induktiv oder quasi-experimentell angesehen werden kann, spielt vor allem das Generieren von Vermutungen (als noch nicht bewiesene oder nicht beweisbare Aussagen) eine zentrale Rolle. Beim Generieren von Aussagen und Vermutungen nutzen Mathematikerinnen und Mathematiker häufig Heurismen (z. B. Analogisieren, systematisches Variieren etc.) und „experimentieren" mit Beispielen. Dementsprechend handelt es sich beim Explorieren um einen offenen Prozess, welcher kaum durch Regeln und Normen der wissenschaftlichen Community standardisiert ist. Im besten Fall liegt am Ende des Explorationsprozesses eine Aussage vor, die der Prüfung durch „viele" Beispiele standhielt und dadurch deren Wahrheitsgehalt als plausibel erscheint. Konträr hierzu kann ein Explorationsprozess aber auch mithilfe eines (Gegen-)Beispiels, das die Allgemeingültigkeit der identifizierten Aussage widerlegt, abschließen. In diesem Fall könnte es sich allerdings lohnen, die festgelegten Voraussetzungen oder Randbedingungen zu überprüfen und zu variieren, um möglicherweise eine neue Aussage zu generieren. Bei einem positiven Ergebnis (der Identifikation und Formulierung einer Aussage durch Validierung anhand von „vielen" Beispielen) kann allerdings noch nicht auf die Allgemeingültigkeit der Aussage geschlossen werden. In einem nächsten, für die Mathematik charakteristischen Prozess der Erkenntnisgewinnung werden die Gültigkeit und der Geltungsbereich überprüft (siehe hierzu Prozess 2: Mathematik deduzieren).

Mit Blick auf das Kompetenzmodell erscheint es als sinnvoll, dass die Schülerinnen und Schüler zunächst über grundlegendes Wissen zu den Grundbegriffen „Aussage" und „Vermutung" verfügen sowie den mathematischen Explorationsprozess beschreiben können. Aufbauend auf diesem grundlegenden Wissen sollen die Schülerinnen und Schüler in der Lage sein, Aussagen (im mathematischen Sinne) zu identifizieren. Neben der Identifikation von Aussagen sollen Schülerinnen und Schüler exemplarisch Heurismen anwenden, um Regelmäßigkeiten respektive mathematische Zusammenhänge zu erkunden und diese mithilfe von Aussagen sprachlich zu formulieren. Mit Blick auf die didaktische Einbettung empfiehlt es sich, das exemplarische Anwenden von Methoden des mathematischen Explorierens mit Reflexionsprozessen zu verknüpfen. In diesem Rahmen könnte über die Bedeutung von induktiven (Teil-)Prozessen beim Mathematiktreiben oder von „Experimenten" mit Beispielen (Leuders & Philipp, 2014; Philipp, 2013) reflektiert werden. Das mathematische Explorieren kann anhand der drei Anforderungsbereiche wie folgt konkretisiert werden:

i) Meta-wissenschaftliches Wissen:

Die Schülerinnen und Schüler …

- kennen Grundbegriffe und Strukturen von Mathematik, die beim Prozess des mathematischen Explorierens bedeutsam sind (z. B. Verständnis des Begriffs „Vermutung").
- kennen Prinzipien, Erkenntnisweisen und Verfahren von Mathematik, die beim Prozess des mathematischen Explorierens bedeutsam sind (z. B. Wissen über das induktive Vorgehen beim Generieren von Vermutungen).

ii) Methodenbewusstsein:

Die Schülerinnen und Schüler ...

- sind in der Lage, mathematische Denk- und Arbeitsweisen (a) nachzuvollziehen und gegebenenfalls (b) selbstständig anzuwenden, die beim Prozess des mathematischen Explorierens bedeutsam sind (z. B. Heuristiken zur Generierung von Vermutungen anwenden).

iii) Meta-wissenschaftliche Reflexion:

Die Schülerinnen und Schüler ...

- sind in der Lage, über den Prozess des mathematischen Explorierens aus einer meta-wissenschaftlichen Perspektive zu reflektieren (z. B. Reflexion über die Rolle von Beispielen für den mathematischen Explorationsprozess).

Prozess 2: Mathematik deduzieren

Eng verknüpft mit dem Explorieren ist der charakteristische Prozess des Deduzierens. Die Plausibilität einer Aussage wird demnach nicht länger durch das Identifizieren von weiteren Beispielen erhöht, sondern mithilfe logischer Strukturen, welche die Aussage deduktiv erklären (Leuders & Philipp, 2014). In der Mathematik nehmen an dieser Stelle Beweise als zentrales Evidenzinstrument zur Absicherung von mathematischen Erkenntnissen die zentrale Rolle ein. Für Mathematikerinnen und Mathematiker gilt es, basierend auf Axiomen, Definitionen und bereits bewiesenen Sätzen mithilfe von deduktiven Argumenten (mithilfe von anerkannten und richtigen Schritten) die zu zeigende Aussage herzuleiten (vgl. Toulmin, 2003). Für die Konstruktion von Beweisen kann aus einer Menge von Beweismethoden (z. B. direkter Beweis) ausgewählt werden. Abhängig von der Beweismethode variiert die Struktur des Beweises. Dabei kann der Beweisprozess komplex sein und zu scheinbar einfachen Aussagen gibt es zum Teil bis heute keine (vollständigen) Beweise (z. B. starke Goldbach'sche Vermutung).

Vor dem Hintergrund des mathematischen Prozesses des Deduzierens ist es zunächst notwendig, dass die Schülerinnen und Schüler den Begriff „Beweis" kennen und wissen, dass Beweise der deduktiven Methode der Erkenntnisgewinnung zugeordnet werden. Basierend darauf ist es wichtig, dass die Schülerinnen und Schüler lernen, (a) Beweise nachzuvollziehen und (b) Beweise selbstständig zu konstruieren. Für die Konstruktion von Beweisen ist es unerlässlich, dass sie mit dem Prozess des Beweisens vertraut sind und in der Lage sind, grundlegende Beweismethoden exemplarisch anzuwenden. Phasen des Nachvollziehens respektive des Konstruierens von Beweisen sollten unterrichtlich von Reflexionsprozessen begleitet werden. Reflexionsanlässe sollen die Reflexionsfähigkeit der Schülerinnen und Schüler stärken, beispielsweise bei der Reflexion über die Bedeutung von Beweisen für den mathematischen Erkenntnisgewinnungsprozess. Der Prozess des mathematischen Deduzierens lässt sich auch mithilfe der beschriebenen Anforderungsbereiche wie folgt untergliedern:

i) Meta-wissenschaftliches Wissen:

Die Schülerinnen und Schüler …

- kennen Grundbegriffe und Strukturen von Mathematik, die beim Prozess des mathematischen Deduzierens bedeutsam sind (z. B. Verständnis des Begriffs „Beweis").
- kennen Prinzipien, Erkenntnisweisen und Verfahren von Mathematik, die beim Prozess des mathematischen Deduzierens bedeutsam sind (z. B. Wissen über den deduktiven Erkenntnisprozess der Mathematik).

ii) Methodenbewusstsein:

Die Schülerinnen und Schüler …

- sind in der Lage, mathematische Denk- und Arbeitsweisen (a) nachzuvollziehen (z. B. Beweisverständnis) und gegebenenfalls (b) selbstständig anzuwenden, die beim Prozess des mathematischen Deduzierens bedeutsam sind (z. B. Beweiskonstruktion und -validierung).

iii) Meta-wissenschaftliche Reflexion:

Die Schülerinnen und Schüler …

- sind in der Lage, über den Prozess des mathematischen Deduzierens aus einer meta-wissenschaftlichen Perspektive zu reflektieren (z. B. Reflexion über mathematische Erkenntnisse auf Basis ihrer Bedingungen und Voraussetzungen).

Prozess 3: Mathematik kommunizieren
Nach dem erfolgreichen Konstruieren eines Beweises für eine mathematische Aussage gilt es, dieses Wissen in die mathematische Community zu transportieren. Dies kann beispielsweise im Rahmen eines wissenschaftlichen Vortrags oder einer Publikation realisiert werden. Darüber hinaus ist dieser Prozess wichtig, um den Beweis auf seine Überzeugungskraft durch die mathematische Community überprüfen zu lassen. Dabei können von Mitgliedern der mathematischen Community mögliche Erweiterungen beziehungsweise Ergänzungen (z. B. alternative Beweise oder Korollar) vorgeschlagen oder gegebenenfalls Einwände zur Korrektheit des Beweises eingebracht werden. Dies ist vor allem relevant, weil Beweise erst durch die Anerkennung der mathematischen Community zu einem akzeptierten Beweis werden (Manin, 2010). Die mathematische Korrektheit von Beweisen ist zwar das zentrale Merkmal von Beweisen, allerdings gibt es darüber hinaus noch weitere Merkmale (z. B. Schönheit oder Einfachheit), anhand derer Beweise beurteilt respektive miteinander verglichen werden können (Inglis & Aberdein, 2015).

Für den Prozess des mathematischen Kommunizierens ist vor allem ein grundlegendes Wissen über die Verwendung von der für die Mathematik charakteristischen Sprache von Bedeutung. Die mathematische Sprache ist sowohl durch Symbole und Quantoren als auch durch bestimmte sprachliche Wendungen beziehungsweise Ausdrücke geprägt. Daneben sollten Schülerinnen und Schüler in der Lage sein, die für den Prozess des mathematischen Kommunizierens typischen Methoden anwenden zu können. Dazu gehört beispielsweise das Validieren von Definitionen als auch das selbstständige Formulieren von zweckmäßigen Definitionen. Vor dem Hintergrund der standardisierten Wissenschaftssprache innerhalb der Mathematik können Reflexionen über die Relevanz von Standardisierung von Sprache im wissenschaftlichen Kontext angeregt werden. Da es sich hierbei nicht um ein singuläres Charakteristikum der strukturorientierten Seite von Mathematik handelt, kann ausgehend von diesem Merkmal die Frage nach einer möglichen Transzendierung auf andere wissenschaftliche Disziplinen motiviert werden. Analog zu den beiden vorherigen Prozessfacetten kann das mathematische Kommunizieren ebenfalls anhand der drei Anforderungsbereiche konkretisiert und graduiert werden:

i) Meta-wissenschaftliches Wissen:

Die Schülerinnen und Schüler ...

- kennen Grundbegriffe und Strukturen von Mathematik, die beim Prozess des mathematischen Kommunizierens bedeutsam sind (z. B. Verständnis des Begriffs „Axiom“).
- kennen Prinzipien, Erkenntnisweisen und Verfahren von Mathematik, die beim Prozess des mathematischen Kommunizierens bedeutsam sind (z. B. Wissen über den logisch-strukturellen Aufbau der Mathematik).

ii) Methodenbewusstsein:

Die Schülerinnen und Schüler ...

- sind in der Lage, mathematische Denk- und Arbeitsweisen (a) nachzuvollziehen und gegebenenfalls (b) selbstständig anzuwenden, die beim Prozess des mathematischen Kommunizierens bedeutsam sind (z. B. selbstständige Entwicklung von zweckmäßigen Definitionen).

iii) Meta-wissenschaftliche Reflexion:

Die Schülerinnen und Schüler ...

- sind in der Lage, über den Prozess des mathematischen Kommunizierens aus einer meta-wissenschaftlichen Perspektive zu reflektieren (z. B. Reflexion über die Bedeutung von wissenschaftlichen Publikationen für den mathematischen Theorieaufbau).

Ausgehend von den vollständig beschriebenen Dimensionen des Modells der mathematikbezogenen wissenschaftspropädeutischen Kompetenzen können systematisch Wissens- und Könnensbeschreibungen formuliert werden. Die Kompetenzbeschreibungen sind überblicksartig im zweidimensionalen Modell einsehbar (siehe Tabelle 2). In jeder Zelle befinden sich Kompetenzbeschreibungen, die sowohl einem Anforderungsbereich als auch einem Prozess der mathematischen Erkenntnisgewinnung zugeordnet sind. Das vorliegende Kompetenzmodell soll der Entwicklung von Testaufgaben und einer empirischen Modellprüfung dienlich sei.

Tabelle 2: Matrix mit Kompetenzbeschreibungen der mathematikbezogenen wissenschaftspropädeutischen Kompetenzen.

	Die Schülerinnen und Schüler …	Die Schülerinnen und Schüler …	Die Schülerinnen und Schüler …
Meta-wissenschaftliche Reflexion	• können die Rolle von Beispielen für den mathematischen Theorieaufbau reflektieren. • können untersuchen, inwieweit mathematische Erkenntnisse innerhalb der Mathematik in Beziehung zueinanderstehen. • können Zusammenhänge zwischen Mathematik und anderen wissenschaftlichen Disziplinen erkunden, hinsichtlich ausgewählter Merkmale reflektieren und Mathematik in das System aus wissenschaftlichen Disziplinen reflektiert einordnen.	• können die Gültigkeit und den Geltungsbereich mathematischer Aussagen vergleichen und hierarchisieren. • können mathematische Erkenntnisse auf Basis ihrer Bedingungen und Voraussetzungen reflektieren. • können entwickelte Beweise kriteriengeleitet (z. B. Eleganz) beurteilen. • können die Bedeutung der sozialen Dimension von Beweisen (z. B. Bindung an Normen und Institutionen) reflektieren.	• können über Charakteristika der Mathematik (z. B. Konsistenz mathematischer Erkenntnisse) kommunizieren. • können die Bedeutung von Publikationen für den wissenschaftlichen Theorieaufbau und für die dazugehörige Community (am Beispiel von Mathematik) reflektieren. • können die Relevanz einer standardisierten Fachsprache für eine wissenschaftliche Disziplin (am Beispiel von Mathematik) reflektieren.
Methodenbewusstsein	• können aus mehreren Beispielen oder einem generischen Beispiel heraus eine Verallgemeinerung schließen. • können identifizierte Regelmäßigkeiten respektive mathematische Zusammenhänge mithilfe von Aussagen sprachlich ausformulieren.	• können grundlegende Beweismethoden exemplarisch anwenden. • können Beweise (lokal und holistisch) nachvollziehen. • können selbstständig Beweise zu vorgegebenen Aussagen entwickeln. • können Beweise validieren.	• können Axiome und Definitionen voneinander unterscheiden. • können selbstständig zweckmäßige Definitionen entwickeln. • können Definitionen validieren. • können mathematische Inhalte schriftlich und mündlich fachlich korrekt darstellen.
Meta-wissenschaftliches Wissen	• können den Begriffsinhalt der Begriffe *Aussage* und *Vermutung* korrekt wiedergeben. • können Aussagen (im mathematischen Sinne) identifizieren. • wissen, dass das Gewinnen von Aussagen und Vermutungen meist mit einem induktiven Explorationsprozess beginnt. • können heuristische Strategien, Prinzipien und Hilfsmittel nennen, die beim Explorieren von Mathematik genutzt werden können.	• können den Begriffsinhalt des Begriffs *Beweis* korrekt wiedergeben. • wissen, dass Beweise der deduktiven Methode der Erkenntnisgewinnung zuzuordnen sind. • wissen, dass Beweise erst durch die Akzeptanz der mathematischen Community zu einem Beweis werden.	• können den Begriffsinhalt der Begriffe *Axiom* und *Definition* korrekt wiedergeben. • können Axiome und Definitionen identifizieren. • können den logisch-strukturellen Aufbau der Mathematik mithilfe mathematischer Grundbegriffe beschreiben. • wissen, dass das Kommunizieren über Mathematik durch die Verwendung wissenschaftlicher Grundbegriffe sprachlich (eher) standardisiert ist.
	Mathematik explorieren	**Mathematik deduzieren**	**Mathematik kommunizieren**

4.6 Zusammenfassung

Das vorliegende Kapitel hat sich mit der theoretischen Modellierung von mathematikbezogenen wissenschaftspropädeutischen Kompetenzen beschäftigt. Vor dem Hintergrund der theoretischen Auseinandersetzung mit Wissenschaftspropädeutik (Kapitel 2), der strukturorientierten Seite von Mathematik (Kapitel 3) und mit allgemeinen Kompetenzmodellen (Kapitel 4.1) war das Ziel dieses Kapitels, das dreidimensionale Modell von Müsche (2009) für die strukturorientierte Disziplin Mathematik zu adaptieren. Zur Entwicklung eines solchen Kompetenzmodells wurde ein methodisches Vorgehen entwickelt, welches an bisherige Forschungsarbeiten (z. B. Töpfer, 2017) und allgemeine Empfehlungen zur Kompetenzmodellentwicklung angelehnt ist. Vor dem Hintergrund der in den vorherigen Kapiteln herausgearbeiteten Aspekte von Wissenschaftspropädeutik respektive wissenschaftspropädeutischen Kompetenzen sowie den zentralen Charakteristika des mathematischen Erkenntnisgewinnungsprozesses wurde ein Vorschlag für eine Definition des Begriffs *mathematikbezogene wissenschaftspropädeutische Kompetenzen* vorgelegt.

Aufbauend auf den theoretischen Konzeptionen konnte ein zweidimensionales Kompetenzmodell erstellt werden, welches aus den zwei Dimensionen *Anforderungsbereiche* und den *Prozessen der mathematischen Erkenntnisgewinnung* besteht. Die Anforderungsbereiche lassen sich analog zum dreidimensionalen Modell nach Müsche (2009) in (1) meta-wissenschaftliches Wissen, (2) Methodenbewusstsein und (3) meta-wissenschaftliche Reflexion untergliedern, wobei die Komplexität der Bereiche hierarchisch zunimmt. Bei den Prozessen der mathematischen Erkenntnisgewinnung wird zwischen (1) Mathematik explorieren, (2) Mathematik deduzieren und (3) Mathematik kommunizieren unterschieden. Damit lässt sich das entwickelte Kompetenzmodell als eine 3x3-Matrix auffassen. Für die Zellen der Matrix wurden dazugehörige Kompetenzbeschreibungen formuliert (Kapitel 4.5). Nun schließt die Frage an, inwieweit sich das theoretisch abgeleitete Kompetenzmodell in ein Testformat überführen lässt. Dieser Frage wird im folgenden Kapitel nachgegangen.

5 Studie 1: Testentwicklung und -validierung

Entsprechend der zweiten Hauptzielstellung der vorliegenden Arbeit (Kapitel 1) ist dieses Kapitel auf die Entwicklung eines Testinstruments zur Erfassung mathematikbezogener wissenschaftspropädeutischer Kompetenzen fokussiert. Zu Beginn wird ein Überblick über den aktuellen Forschungsstand zur empirischen Erfassung von wissenschaftspropädeutischen Kompetenzen gegeben, wobei näher auf die Operationalisierung und die jeweiligen Grenzen der Erhebungsmethode eingegangen wird (Kapitel 5.1). Hieraus lassen sich vertiefte Forschungsfragen ableiten, die für dieses Kapitel und die Testentwicklung handlungsleitend sind (Kapitel 5.2). Daran anschließend folgt eine Darstellung des Gegenstands des Tests, d. h. beispielsweise welche Aufgabenformate sollen gewählt oder für welche Zielgruppe soll der Test konzipiert werden, sowie eine Beschreibung weiterer inhaltlicher und testtheoretischer Grundlagen für die Testentwicklung (Kapitel 5.3). Anschließend wird das methodische Design einzelner Phasen im Validierungsprozess des Testinstruments beschrieben. In Kapitel 5.4 werden zunächst Methoden, Stichproben und Ergebnisse kleinerer Pilotierungsstudien vorgestellt sowie die Methodik und die Stichprobe der Validierungsstudie beschrieben und erläutert. Daran anknüpfend werden in Kapitel 5.5 die Ergebnisse der Validierungsstudie berichtet und in Kapitel 5.6 zusammengefasst sowie diskutiert.

5.1 Forschungsstand zu wissenschaftspropädeutischen Kompetenzen

Ziel des entwickelten Testinstruments soll es sein, mathematikbezogene wissenschaftspropädeutische Kompetenzen valide und reliabel zu messen, wofür die inhaltlichen Überlegungen aus den vorangegangenen Kapiteln als theoretisches Fundament dienen. Daneben sind für die Entwicklung eines Testinstruments auch technische Aspekte von Bedeutung. Beispielsweise ist für die Konzeption eines Testinstruments zu klären, in welchem Format die Testaufgaben (hier: Items) vorliegen. Daneben ist es auch wichtig zu eruieren, welche weiteren Merkmale erhoben werden sollten. Aus Validierungsgründen ist es sinnvoll, externe Kriterien zu identifizieren, die mit mathematikbezogenen wissenschaftspropädeutischen Kompetenzen oder zumindest theorieähnlichen Konstrukten korrelieren, um die Korrelationen zwischen diesen Konstrukten und der erzielten Testleistung (und den dahinterliegenden mathematikbezogenen wissenschaftspropädeutischen Kompetenzen) im entwickelten Instrument zu untersuchen. Um diesen Aspekten nachzugehen, ist Kapitel 5.1 in zwei Abschnitte untergliedert: Im ersten Abschnitt liegt der Fokus auf der Beschreibung bisheriger Instrumente zur Erfassung von wissenschaftspropädeutischen Kompetenzen, z. B. Erhebungsformat (Kapitel 5.1.1). Der zweite Abschnitt beschäftigt sich mit der Rezeption von empirischen Erkenntnissen zu kognitiven und affektiven Merkmalen, die in Zusammenhang mit wissenschaftspropädeutischen Kompetenzen stehen (Kapitel 5.1.2).

5.1.1 Möglichkeiten zur Erfassung von wissenschaftspropädeutischen Kompetenzen

Die vorherigen Kapitel widmeten sich den Fragen, was unter Wissenschaftspropädeutik respektive wissenschaftspropädeutischen Kompetenzen (Kapitel 2) zu verstehen ist beziehungsweise was Mathematik als strukturorientierte Disziplin charakterisiert (Kapitel 3). In Kapitel 4 wurde darauf aufbauend der Versuch unternommen, Kompetenzbeschreibungen abzuleiten beziehungsweise zu entwickeln, die für ein (vor-)wissenschaftliches Denken und Arbeiten in der Mathematik erforderlich sind. Ausgehend vom dreidimensionalen Modell nach Müsche (2009) wurden die Kompetenzbeschreibungen auf das mathematische Denken und Arbeiten angepasst. Allerdings bleibt die Frage bestehen, wie solche Kompetenzen messbar gemacht werden können (Dettmers et al., 2010; Müsche, 2009). Insgesamt ist die Studienlage zu wissenschaftspropädeutischen Kompetenzen nur sehr spärlich ausgeprägt, was zur Folge hat, dass nur wenige validierte Instrumente zur Erfassung von wissenschaftspropädeutischen Kompetenzen existieren. Dies kann unter anderem daran liegen, dass das Konstrukt Wissenschaftspropädeutik nicht ausreichend geschärft ist, das Konstrukt aus einem Gebiet der Erziehungswissenschaften stammt, das weniger empirische Forschungsmethoden nutzt, und es sich hierbei generell um ein komplexes Konstrukt handelt (Dettmers et al., 2010). Dennoch wurden erste Versuche unternommen, wissenschaftspropädeutische Kompetenzen empirisch zu erfassen, die im Folgenden deskriptiv dargestellt werden.

Im Rahmen der längsschnittlich angelegten TOSCA-Studie wurde untersucht, ob die durchgeführte Oberstufenreform in Baden-Württemberg den Erwerb wissenschaftspropädeutischer Kompetenzen beeinflusst hat (Dettmers et al., 2010). In Anlehnung an das Drei-Ebenen-Modell von Huber (1997) wurde aus forschungspragmatischen Gründen nur die erste Ebene fokussiert, die das Erlernen von wissenschaftlichen Grundbegriffen und Methoden beinhaltet. In diesem Rahmen wurden überfachliche wissenschaftspropädeutische Kompetenzen fokussiert, da Ziel der Studie die Evaluierung der gesamten Oberstufenreform war. Faktorenanalytisch wurde eine Skala Wissenschaftspropädeutik mit vier Items (Beispielitem: „Ich habe in der Oberstufe gelernt, Texte systematisch zu analysieren“ (Dettmers et al., 2010, S. 251)) entwickelt, die die wissenschaftspropädeutischen Kompetenzen von Schülerinnen und Schülern im Selbstbericht erfassen. Die Reliabilität der Skala wurde mithilfe der internen Konsistenz als befriedigend eingestuft. Insgesamt ist es möglich, mithilfe der entwickelten Kurzskala überfachliche wissenschaftspropädeutische Kompetenzen ökonomisch zu messen, wobei solche Skalen mit den gängigen Problemen von Selbstberichten einhergehen. Dettmers et al. (2010, S. 263) schlagen als Alternativen vor, auch die Perspektive von Lehrkräften und Hochschullehrenden mithilfe von Befragungen zu berücksichtigen sowie wissenschaftspropädeutische Kompetenzen mithilfe von *Leistungstests* zu erfassen, was allerdings die „Entwicklung eines normativen Kompetenzmodells der Wissenschaftspropädeutik“ voraussetzen würde. Einen anderen Ansatz zur Erfassung von wissenschaftspropädeutischen Kompetenzen sehen Dettmers et al. (2010) in der Analyse von Seminararbeiten aus W-Seminaren.

Diesem Ansatz wird im Rahmen der EVAMAR-Studie (Evaluation der Maturitätsreform 1995) nachgegangen (Eberle et al., 2008). Ziel des Teilprojekts D2 war es, die Qualität der Maturaarbeiten in der Schweiz zu untersuchen. Hierfür wurden 437 Maturaarbeiten (davon waren 17,1% dem naturwissenschaftlich-mathematischem Aufgabenfeld zugeordnet) von jeweils zwei Fachexpertinnen und -experten anhand entwickelter Kriterien (anfänglich 32 Items) auf einer sechsstufigen Skala von 1 (= „Anforderungen voll erfüllt“) bis 6 (= „Anforderungen überhaupt nicht erfüllt“) eingeschätzt. Insgesamt zeigte sich, dass die Erst- und Zweitratings in ausreichendem Maße übereinstimmend waren. Mithilfe einer explorativen Faktorenanalyse wurden die Items zu drei Dimensionen der wissenschaftspropädeutischen Qualität von Maturaarbeiten zusammengefasst: *Inhaltliche Qualität* (11 Items, *Cronbachs* α = 0,93), *Sprachliche Qualität* (6 Items, *Cronbachs* α = 0,94) und *Formale Qualität* (7 Items, *Cronbachs* α = 0,75). Auffällig ist, dass die entwickelten Dimensionen Techniken des wissenschaftlichen Arbeitens aus einer überfachlichen Perspektive fokussieren (z. B. Kohärenz der Argumentation, Textfluss oder korrektes Zitieren etc.) und damit nur die erste Ebene von Huber (1997) abgebildet wird. Die Kompetenzdimension der meta-wissenschaftlichen Reflexion (Huber, 1997; Müsche, 2009) bleibt hier weitestgehend unberücksichtigt.

Eine ähnliche Perspektive auf das Erfassen von wissenschaftspropädeutischen Kompetenzen nimmt Möhringer (2019) ein, die allerdings die meta-wissenschaftliche Reflexion implizit inkludiert. Möhringer (2019) konzeptualisiert basierend auf einer breiten Literaturrecherche (unter anderem in Bezug auf Hahn (2008) und Müsche (2009)) wissenschaftspropädeutische Kompetenzen anhand der folgenden vier Kompetenzbereiche: 1. Wissenschaftliche Arbeitsweisen anwenden, 2. Wissenschaftlich schreiben, 3. Mit Evidenz umgehen und 4. Epistemologisch reflektieren. Die Erfassung der vier Kompetenzbereiche erfolgt durch die Analyse von verfassten W-Seminararbeiten anhand eines Ratingbogens mit 19 Items. Dabei wurden die Items von Raterinnen und Ratern auf einer vierstufigen Likert-Skala von 0 (niedrige Ausprägung) bis 3 (hohe Ausprägung) eingeschätzt. Der Kompetenzbereich „Wissenschaftliche Arbeitsweisen anwenden“ wurde mit neun Items (Beispielitem: „Wie explizit wird eine Frage-/ Problemstellung formuliert?“ (Möhringer, 2019, S. 257)), der Kompetenzbereich „Wissenschaftlich schreiben“ mit fünf Items (Beispielitem: „Ist eine klare Gliederung der Arbeit erkennbar?“ (Möhringer, 2019, S. 257)), der Kompetenzbereich „Mit Evidenz umgehen“ mit drei Items (Beispielitem: „Wie wird mit konfligierender Evidenz umgegangen?“ (Möhringer, 2019, S. 258)) und der Kompetenzbereich „Epistemologisch reflektieren“ mit zwei Items (Beispielitem: „Wie werden Anschlussmöglichkeiten diskutiert?“ (Möhringer, 2019, S. 258)) operationalisiert. Im Rahmen der Hauptstudie wurden insgesamt 86 W-Seminararbeiten aus dem MINT-Bereich, die von Oberstufenschülerinnen und -schülern bayerischer Gymnasien verfasst wurden, analysiert. Es zeigte sich, dass die Raterübereinstimmung über alle vier Kompetenzbereiche als gut zu bezeichnen ist. Daneben wurde auch die interne Konsistenz der vier Subskalen berechnet. Dabei wurde für den Kompetenzbereich „Epistemologisch reflektieren“ ein Wert von 0,36 berechnet, was als nicht akzeptabel erscheint.

Trautwein und Lüdtke (2004) versuchten die meta-wissenschaftliche Reflexion mithilfe von überfachlichen epistemologischen Überzeugungen zu erfassen. Dabei wird die Kerndimension der „Struktur des Wissens“ fokussiert, weil das Reflektieren über die Grenzen wissenschaftlicher Erkenntnisse eine wichtige Teilkompetenz der meta-wissenschaftlichen Reflexion bildet. Insgesamt wurden 15 Items in Anlehnung an Hofer (2000; zit. nach Trautwein & Lüdtke, 2004) und Schiefele et al. (2002; zit. nach Trautwein &

Lüdtke, 2004) entwickelt, die Aussagen zur Struktur von Wissen beinhalten. Im Rahmen der TOSCA-2002-Erhebung haben Abiturientinnen und Abiturienten die Items auf einer vierstufigen Likert-Skala von 1 (= „trifft überhaupt nicht zu“) bis 4 (= „trifft völlig zu“) eingeschätzt. Faktorenanalytisch konnten zwei Subskalen herausgearbeitet werden: Dualismus (5 Items, *Cronbachs* α = 0,71) und Relativismus (3 Items, *Cronbachs* α = 0,70). Neben der theoretischen Verkürzung von meta-wissenschaftlicher Reflexion auf epistemologische Überzeugungen konnten auch noch psychometrische Schwächen des Instruments festgestellt werden. So zeigten sich erwartungswidrig nur äußerst schwache Zusammenhänge zur Schulform und nur schwache Zusammenhänge mit individuellen Merkmalen wie Geschlecht, Bildungsnähe oder kognitiven Grundfähigkeiten. Möglicherweise sind diese erwartungswidrigen Befunde auf die Erhebungsform der Selbstberichte und den damit einhergehenden Problemen (z. B. basieren Selbstberichte meist nur auf subjektiver Wahrnehmung etc.) zurückzuführen. Daneben kann prinzipiell infrage gestellt werden, inwieweit sich Reflexionskompetenzen (als höchst individuelle und subjektive Prozesse des Nachdenkens und Einordnens) über Wissenschaft (beziehungsweise meta-wissenschaftliche Reflexion) in standardisierten Erhebungsformaten erfassen lassen. Eine andere Möglichkeit zur Erfassung von epistemologischen Überzeugungen respektive meta-wissenschaftlicher Reflexion sehen Trautwein und Lüdtke (2007) darin, Interviews durchzuführen, die allerdings im Rahmen von groß angelegten Assessment-Studien ökonomisch sowie zeitlich als sehr aufwendig gelten.

Gemein haben bisher alle vorgestellten Instrumente, dass hier überfachliche respektive bereichsübergreifende wissenschaftspropädeutische Kompetenzen fokussiert worden sind und die Perspektive auf Mathematik nicht im Besonderen berücksichtigt wird. Allerdings gibt es auch Forschungsansätze, die die oben beschriebenen Verfahren fachspezifisch für das Unterrichtsfach Mathematik angepasst oder entwickelt haben.

Die Untersuchung von Krause (2014) nahm Schülerinnen und Schüler in den Fokus, die im Rahmen ihrer Schullaufbahn eine Seminararbeit im Fach Mathematik verfasst haben. Das Forschungsinteresse lag hauptsächlich darin, zu untersuchen, wie sich der Prozess des Verfassens solcher Arbeiten auf das Mathematikbild von Schülerinnen und Schülern auswirkt. Dabei wurden 17 Schülerinnen und Schüler während des Bearbeitungsprozesses ihrer Seminararbeit begleitet und aus unterschiedlichen Perspektiven beleuchtet. Im Rahmen eines Mixed-Methods-Ansatzes wurden Daten erhoben (Fragebogen, Interviews, Seminararbeit, Lehrkraftbeurteilungen) und ausgewertet. Hervorzuheben ist, dass im Rahmen dieser Studie keine Skala zu Wissenschaftspropädeutik respektive zur wissenschaftspropädeutischen Qualität der Seminararbeiten eingesetzt wurde, sondern die Seminararbeit per se als eine wissenschaftspropädeutische Arbeit (Lerngelegenheit) aufgefasst wurde. Demnach kann von Krause (2014, S. 168) nicht festgestellt werden, welche „Wirkungen von mathematischen Facharbeiten im Kontext ihrer wissenschaftspropädeutischen Funktion“ ausgehen.

Neben Seminararbeiten als fachliche Inszenierungsmöglichkeiten von Wissenschaftspropädeutik ist es auch möglich, mathematikspezifische W-Seminare zu konzipieren und durchzuführen. In diesem Kontext hat Frank (2020) untersucht, welche (fachbezogenen) Schülermerkmale in Hinblick auf mathematikspezifische W-Seminare eine Rolle spielen, z. B. welche mathematischen Kompetenzen Schülerinnen und Schüler im Rahmen von

W-Seminaren erwerben. Dafür wurden zunächst neun wissenschaftspropädeutische Kompetenzen für das Fach Mathematik theoretisch (unter anderem in Bezug auf Huber (2009a)) abgeleitet (z. B. mathematisches Interesse, Bewusstsein für die Wissensgenese, etc.), deren Erwerb durch drei Kategorien der W-Seminare geprägt ist (Kapitel 2.3): 1. Wie wird Mathematik als Gegenstand vermittelt?, 2. Wie wird mathematisch gearbeitet? und 3. Welche Anlässe werden zur Reflexion über Mathematik geschaffen? Mithilfe einer qualitativen Befragung von 31 Schülerinnen und Schülern (Leitfadeninterviews) konnte anhand von 7 Fallbeispielen nachgezeichnet werden, dass die Schülerinnen und Schüler, die am mathematischen W-Seminar teilgenommen haben, am Ende über reflektierte Vorstellungen von Mathematik als wissenschaftliche Disziplin verfügten. Daneben konnten nach den Aussagen der befragten Schülerinnen und Schülern auch weitere Kompetenzen, wie z. B. logisches Denken oder Anstrengungsbereitschaft, in den W-Seminaren geschult werden. Der Untersuchung von Reflexionskompetenzen der Schülerinnen und Schüler konnte mithilfe dieser Leitfadeninterviews nachgegangen werden. Dadurch, dass die übrigen wissenschaftspropädeutischen Kompetenzen bei Frank (2020) starke Überschneidungen zu affektiven Merkmalen aufweisen, wurden diese mithilfe von Aussagen, die auf einer vierstufigen Likert-Skala eingeschätzt werden sollten, operationalisiert und mit Fragebögen erhoben. Vor dem Hintergrund des dieser Arbeit vorliegenden Verständnisses von mathematikbezogenen wissenschaftspropädeutischen Kompetenzen als abrufbare, kognitive Leistungsdispositionen ist es nicht möglich, diese ausschließlich mithilfe von Skalen zur Selbsteinschätzung abzubilden.

Eine andere Organisationsform, die auch noch zum Erwerb mathematikbezogener wissenschaftspropädeutischer Kompetenzen dienlich sein kann, sind Vorkurse an Universitäten. Das Projekt WiGeMath (Wirkung und Gelingensbedingungen von Unterstützungsmaßnahmen für mathematikbezogenes Lernen in der Studieneingangsphase) beschäftigt sich mit dem erlernten Metawissen über Mathematik als wissenschaftliche Disziplin (Dimension 1 nach Müsche (2009)) von Vorkursteilnehmerinnen und -teilnehmern (Lankeit et al., 2020). Die entwickelte Skala besteht aus fünf Items und beinhaltet ausgewählte Aspekte von Mathematik als strukturorientierte Disziplin. Darunter fällt Wissen zu hochschulmathematischen Begriffen wie Aussage, Satz und Beweis. Die Befragten sollten auf einer sechsstufigen Likert-Skala einschätzen, ob sie ein bestimmtes Wissen im Rahmen des besuchten Vorkurses erworben haben oder nicht. Insgesamt konnten 1945 Studierende aus sechs Universitäten in Deutschland befragt werden, wobei sich gezeigt hat, dass die Skala als reliabel (*Cronbachs* α = 0,83) eingeschätzt werden kann. Diese Studie gibt damit erste Anhaltspunkte, wie meta-wissenschaftliches Wissen entlang der DTP-Struktur erfasst werden kann.

Eng verknüpft mit mathematikbezogenen wissenschaftspropädeutischen Kompetenzen ist wie in Kapitel 2.2.3 beschrieben die Forschung zu *Nature of Mathematics*. Ähnlich wie Lankeit et al. (2020) hat auch Woltron (2020) meta-wissenschaftliches Wissen und zum Teil auch meta-wissenschaftliche Reflexion über Mathematik entlang der DTP-Struktur konzeptualisiert, jedoch wird ein stärkerer Bezug zum Forschungsstrang der epistemologischen Überzeugungen gewählt. Im Rahmen einer ersten Studie wurden 46 Junglehrerinnen und Junglehrer für allgemeinbildende höhere und berufsbildende mittlere und höhere Schulen in Österreich zunächst mit einem Fragebogen und anschließend mithilfe von Interviews zu ihren Vorstellungen zur Mathematik befragt. Die Antworten wurden qualitativ ausgewertet und die befragten Lehrkräfte einer von drei Kategorien zugeordnet: informiert (Großteil der Antworten stimmt mit der Meinung eines Experten überein), transitional („Übergangstyp") oder naiv (Großteil der Antworten stimmt nicht mit der Meinung eines Experten überein). In einer weiteren Studie mit Schülerinnen und Schülern wurden mithilfe eines Fragebogens Vorstellungen zur Mathematik erhoben. Dabei wurden auch Items eingesetzt, die das meta-wissenschaftliche Wissen über Mathematik von Schülerinnen und Schülern erheben. Für diese Untersuchung wurden Schülerinnen und Schüler aus sechs Unterrichtsklassen einbezogen, die von Lehrkräften unterrichtet worden sind, die an der ersten Untersuchung teilgenommen haben. Im Rahmen des Fragebogens wurden die Lernenden unter anderem gefragt, ob sie bestimmte mathematische Begriffe kennen (z. B. Axiom, Definition etc.) und falls die Frage mit „Ja" beantwortet wurde, sollte der Begriff erklärt werden. Die offenen Items wurden qualitativ ausgewertet und es zeigt sich, dass die mathematischen Grundbegriffe von einem Großteil der Lernenden (im Rahmen der Fragebogenstudie), aber auch ein von einem substantiellen Anteil der Lehrkräfte (im Rahmen der Interviewstudie), nicht adäquat erläutert werden können (Woltron, 2020). Die dieser Studie zugrundeliegende Stichprobe umfasst ca. 130 Lernende, weshalb eine qualitative Auswertung noch als angemessen erscheint. Wird allerdings das Ziel verfolgt, ein Instrument zur ökonomischen und auswertungsobjektiven Erfassung mathematikbezogener wissenschaftspropädeutischer Kompetenzen (von deutlich mehr Lernenden, im Sinne eines *High-Stakes Testings*) zu entwickeln, sollten möglicherweise andere Verfahren präferiert werden.

Insgesamt kann festgehalten werden, dass die Erhebung von (mathematikbezogenen) wissenschaftspropädeutischen Kompetenzen in der Literatur nicht einheitlich gestaltet ist. Jedoch dominieren hierbei eher qualitative Verfahren (im Besonderen Interviews), um die meta-wissenschaftliche Reflexion zu erfassen, während Skalen zur Selbstauskunft häufig bei der Erfassung von eher affektiven Komponenten (Ebene 2 bei Huber (1997)), aber auch von kognitiven Komponenten von Wissenschaftspropädeutik eingesetzt werden. Ein Teil der beschriebenen Studien beschäftigt sich mit überfachlichen wissenschaftspropädeutischen Kompetenzen und nur wenige Studien fokussieren explizit die Mathematik als Bezugswissenschaft im Kontext von Wissenschaftspropädeutik, da ein ausdifferenziertes Modell mit Kompetenzbeschreibungen bisher nicht existierte. Da ein normatives Kompetenzmodell von mathematikbezogenen wissenschaftspropädeutischen Kompetenzen entwickelt wurde und dementsprechend vorliegt, wird dem Vorschlag von Dettmers et al. (2010) nachgegangen, einen Leistungstest zur Erfassung von (mathematikbezogenen) wissenschaftspropädeutischen Kompetenzen zu entwickeln.

5.1.2 Empirische Erkenntnisse zu wissenschaftspropädeutischen Kompetenzen

Anhand des folgenden Abschnitts werden empirische Erkenntnisse zu wissenschaftspropädeutischen Kompetenzen respektive verwandten Konstrukten beschrieben, um daraus Konstrukte abzuleiten, die zur Validierung des entwickelten Tests geeignet sind. Beim Validieren geht es prinzipiell darum, zu überprüfen, ob das Testinstrument das misst, was es messen soll. Dies erfolgt üblicherweise anhand der Berechnung von korrelativen Zusammenhängen mit Konstrukten, die den theoretischen Überlegungen folgend eng mit dem zu messenden Konstrukt in Verbindung stehen (Genaueres hierzu in Kapitel 5.2 und 5.4). Im besten Fall werden bereits validierte (aber beispielsweise veraltete) Instrumente verwendet, die das gleiche Konstrukt wie das neu entwickelte oder aktualisierte Instrument messen. Die Studie wurde aber gerade vor dem Hintergrund, dass es keine Instrumente zur Messung mathematikbezogener wissenschaftspropädeutischer Kompetenzen gibt, angelegt, weshalb andere Konstrukte zur Testvalidierung herangezogen werden müssen. Dabei finden sowohl kognitive als auch affektive Merkmale Berücksichtigung.

Schulnoten: Als kognitive Maße zur Testvalidierung werden die letzte Schulnote im Fach Mathematik und eine Durchschnittsnote, die sich als aggregiertes Maß verschiedener Schulnoten zusammensetzt (z. B. Abiturnote), eingesetzt. Das Verwenden von Schulnoten als Validierungskriterien ist nicht neu, sondern wird als etablierte Methode angesehen, die abhängig von der Zielvariable als mehr oder weniger sinnvoll eingeschätzt werden kann (Glug, 2009).

Bei Schulnoten handelt es sich in erster Linie um Lehrkraftbeurteilungen von Schülerinnen- und Schülerleistungen auf einer Skala von „sehr gut" bis „ungenügend". Dabei bilden Schulnoten jedoch nicht allein die fachbezogenen Kompetenzen von Lernenden ab, sondern sind bedingt durch verschiedene Faktoren, z. B. Beurteilungstendenzen von Lehrkräften oder das Fehlen eines klassenübergreifenden Maßstabs (Wilhelm & Kunina-Habenicht, 2020). Demnach ist es nicht unumstritten, Schulnoten als Validierungskriterium einzubeziehen. Dies wird dadurch verschärft, dass es unklar ist, welchen Anteil mathematikbezogene wissenschaftspropädeutische Kompetenzen an Schulnoten einnehmen.

Trotz dieser Einschränkungen werden Schulnoten als Leistungskriterium einbezogen, da sich in empirischen Studien gezeigt hat, dass Schulnoten mathematische Kompetenzen in besonderem Maße prädizieren können. In einer Studie von Saß et al. (2017) wurde untersucht, inwieweit die Mathematiknote mit mathematischen Kompetenzen in einem (a) Literacy-Test und einem (b) curricularkonformen Test zusammenhängt. Bei den Schülerinnen und Schülern aus der 13. Schulklasse zeigte sich, dass die Mathematiknote (operationalisiert über Punkte von 0 bis 15) mit dem Ergebnis des Literacy-Tests auf einem Niveau von 0,12 bis 0,24 (je nach Modell) korrelierte. Konträr hierzu ergab sich, dass die Mathematiknote mit dem Ergebnis im curricularkonformen Test auf einem höheren Niveau von 0,39 bis 0,49 (je nach Modell) korrelierte.

Neben der fachspezifischen Note ist es auch sinnvoll, eine Durchschnittsnote als ein eher allgemein-kognitives Maß einzubeziehen, bei dem davon ausgegangen werden kann, dass sich der Einfluss von beispielsweise Beurteilungstendenzen von Lehrkräften gegenseitig aufhebt. Isphording und Wozny (2018) belegen mithilfe von Daten des Nationalen Bildungspanels (NEPS), dass ein Zusammenhang zwischen der Abiturnote und mathematischen Kompetenzen besteht. Dieses Ergebnis kann in der Studie von Rach (2014) bekräftigt werden, in der die Abiturnote von Studienanfängerinnen und Studienanfängern mit der gemessenen mathematischen Kompetenz zu Studienbeginn korreliert. Dieser Zusammenhang kann mit $r = -0{,}37$ als mittel bis stark eingeschätzt werden. Im Rahmen dieser

Studie zeigt sich auch, dass die Abiturnote ein starker Prädiktor für den Studienerfolg im ersten Semester eines Mathematikstudiums ist.

Insgesamt kann davon ausgegangen werden, dass Schulnoten trotz ihrer Mängel bezüglich wissenschaftlicher Gütekriterien eine prädiktive Kraft besitzen, fachliche Kompetenzen respektive Studienerfolg zu prädizieren. Da das Instrument aus testökonomischen Gründen nicht zu lang werden soll (Kapitel 5.3), wird auf eine umfassende Messung verwandter Konstrukte (z. B. Messung mathematischer Kompetenzen) verzichtet und Schulnoten als Validierungskriterien erhoben. Für den Zusammenhang der Testleistung mit der Mathematiknote wird vor dem Hintergrund der obigen Ergebnisse ein Zusammenhang von $r \approx 0,3$ erwartet, während ein stärkerer Zusammenhang von $r \approx -0,4$ mit der Abiturnote als erwartbar gilt.

Interesse und Selbstkonzept: Neben Schulnoten werden auch das Interesse und Selbstkonzept bezüglich Beweisen als affektive Merkmale zur Testvalidierung einbezogen. Krapp (1992a) versteht Interesse im Rahmen seiner Person-Gegenstands-Konzeption als eine besondere Beziehung zwischen einer Person und einem Gegenstand. Diese besondere Beziehung wird durch drei Merkmale charakterisiert: gefühlsbezogene (Verbindung von positiven Gefühlen mit dem jeweiligen Gegenstand, z. B. Freude), wertbezogene (Attribution von Relevanz bezüglich des jeweiligen Gegenstands, z. B. Relevanz für das spätere Berufsleben) und intrinsische (Beschäftigung mit dem jeweiligen Gegenstand aus eigenem Antrieb) Valenzüberzeugungen (Schiefele & Schaffner, 2020). In diesem Kontext zeigt sich Interesse in einer regelmäßigen und freudvollen Auseinandersetzung mit dem Gegenstand, wodurch „das Individuum eine sich zunehmend ausdifferenzierte Wissensstruktur über diesen Gegenstand (deklaratives Wissen) und die mit ihm realisierbaren Handlungsmöglichkeiten (prozedurales Wissen)“ (Krapp, 1992b, S. 749) erwirbt. Da deshalb vermutet werden kann, dass bereichsspezifisches Interesse mit Leistungen in diesem Bereich korreliert, wird Interesse als ein relevantes Validierungskriterium angesehen. Auch aus der empirischen Forschung ist bekannt, dass zwischen Interesse und Leistung ein Zusammenhang besteht. So zeigte sich in einer Metaanalyse von Krapp et al. (1993), dass das Interesse an Mathematik mit der Leistung in Mathematik durchschnittlich mit $r = 0,28$ korreliert. Im Rahmen dieser Metaanalyse konnte ebenfalls ermittelt werden, dass das Interesse durchschnittlich bis zu 10% der Varianz der Leistung erklärt. Diese Annahme lässt sich auch mit anderen Studienergebnissen bekräftigen. Im Rahmen einer längsschnittlich angelegten Studie von Köller et al. (2001) mit 602 Schülerinnen und Schülern wurde der Zusammenhang von Interesse an Mathematik und der Mathematikleistung untersucht. Es zeigte sich, dass Interesse und Leistung mit $r = 0,41$ zusammenhängen. Zu einem ähnlichen Ergebnis kommt auch Müsche (2011), die die Entwicklung mathematischer Kompetenzen und epistemologischen Überzeugungen im Oberstufen-Kolleg Bielefeld untersucht hat. Zum Beginn des letzten Schulhalbjahres (13.2) korrelierte das Fachinteresse mit der Mathematikleistung auf moderatem bis starkem Niveau ($r = 0,44$). In einer weiteren Längsschnittstudie von Köller et al. (2006) wurden Schülerinnen und Schüler befragt, um das Beziehungsgefüge zwischen mathematischem Selbstkonzept, Interesse an Mathematik, der Kurswahl und der Mathematikleistung zu untersuchen. In die Analyse sind Daten von 2.815 Gymnasiastinnen und Gymnasiasten am Ende der 10. Jahrgangsstufe sowie von 4.085 Schülerinnen und Schülern am Ende der 12. Jahrgangsstufe eingegangen. Dabei zeigte sich ein Zusammenhang von Interesse an Mathematik und Mathematikleistung am Ende der 10. Klasse von $r = 0{,}25$ und am Ende der 12. Klasse von $r = 0{,}35$. Allerdings existieren auch Studien, die über einen niedrigeren Zusammenhang von Fachinteresse und Mathematikleistung berichten. In einer längsschnittlich angelegten Studie von Heinze et al. (2005) wurde untersucht, inwieweit die Klassenebene einen Einfluss auf die Mathematikleistung hat. Im Rahmen dieser Studie wurden 524 Schülerinnen und Schüler in der 7. und 8. Klasse befragt. In Bezug auf das Interesse zeigte sich, dass das Interesse mit der Mathematikleistung in Klasse 7 mit $r = 0{,}20$ und mit der Mathematikleistung in Klasse 8 mit $r = 0{,}21$ korreliert. Auch Rach (2014) konnte im Rahmen ihrer Untersuchung einen Zusammenhang von Interesse an Mathematik und mathematischer Kompetenz mit $r = 0{,}18$ belegen. Insgesamt zeigt sich dahingehend ein konvergentes Bild, dass Interesse an Mathematik positiv mit Mathematikleistung korreliert. Jedoch variiert die Stärke der berichteten Korrelationskoeffizienten von eher schwach bis moderaten zu moderaten bis eher starken Zusammenhängen.

Im Rahmen dieser Arbeit wird das Interesse bezüglich der mathematischen Arbeitsweise des Beweisens erhoben. Vor dem Hintergrund, dass das entwickelte Modell Mathematik als strukturorientierte Disziplin fokussiert und Beweisen die zentrale Tätigkeit beim Prozess der mathematischen Erkenntnisgewinnung ist, erscheint es als sinnvoll, dass ein Zusammenhang zwischen Interesse bezüglich Beweisen und mathematikbezogenen wissenschaftspropädeutischen Kompetenzen angenommen werden kann. Dementsprechend wird erwartet, dass mathematikbezogene wissenschaftspropädeutische Kompetenzen mit Interesse bezüglich Beweisen auf einem mittleren Niveau korrelieren.

Als zweites affektives Validierungskriterium wird das Selbstkonzept betrachtet. Dabei handelt es sich um „Einschätzungen und Einstellungen bezüglich ganz unterschiedlicher Aspekte der eigenen Person“ (Möller & Trautwein, 2020, S. 188). Zu diesen Aspekten können globale Merkmale der Person beziehungsweise spezifischere Eigenschaften oder Kompetenzen gehören. Bei Selbsteinschätzungen von persönlichen Eigenschaften in einem bestimmten Bereich wird von bereichsspezifischen Selbstkonzepten gesprochen (Möller & Trautwein, 2020). Nach dem *Self-Enhancement-Ansatz* wird davon ausgegangen, dass die schulische Leistung durch das schulbezogene Selbstkonzept beeinflusst wird. Theoretisch kann sich aus einem positiven Selbstkonzept Motive herausbilden „to bring one's self-views in line with a desired end state, one's ideal self, or one's aspirations with respect to self-views“ (Giacomin & Jordan, 2017, S. 1). Der begründbare Zusammenhang zwischen Selbstkonzept und Lernleistung wurde auch im Rahmen von empirischen Studien untersucht. Beispielsweise berichtet Hattie (2015) auf Grundlage von 324 Einzelstudien eine mittlere Korrelation von $r = 0{,}43$ zwischen Selbstkonzept und Lernerfolg. Für Lernende aus der Sekundarstufe I wurde in einer Studie von Timmerman et al. (2017) untersucht, wie das mathematische Selbstkonzept, Angst vor Mathematik, Leistungsmotivation und Mathematikleistung zusammenhängen. In dieser Studie mit 108 Schülerinnen und Schülern (im Alter von 12 bis 14 Jahren) korreliert das mathematische Selbstkonzept mit der Mathematikleistung auf einem schwachen Niveau miteinander

($\tau^8 = 0{,}25$). Für Lernende der Sekundarstufe II untersuchten Köller et al. (2006) in der oben beschriebenen Studie auch den Zusammenhang zwischen Mathematikleistung und mathematischem Selbstkonzept. Dabei wurde herausgestellt, dass das mathematische Selbstkonzept mit der Mathematikleistung am Ende der 10. Jahrgangsstufe zu $r = 0{,}32$ und am Ende der 12. Jahrgangsstufe zu $r = 0{,}41$ korreliert. Für Studienanfängerinnen und Studienanfänger konnte Rach (2014) einen Zusammenhang des mathematischen Selbstkonzepts und der mathematischen Kompetenz in Höhe von $r = 0{,}26$ feststellen. Analog zum Interesse bezüglich Beweisen wird auch betreffend dem Selbstkonzept bezüglich Beweisen ein positiver Zusammenhang zu den mathematikbezogenen wissenschaftspropädeutischen Kompetenzen erwartet.

5.2 Fragestellungen

Zur Strukturierung des dieser Studie vorliegenden Forschungsinteresses ist es sinnvoll, eine eher offene übergeordnete, die Untersuchung leitende Forschungsfrage zu formulieren und diese mithilfe von untergeordneten Fragestellungen auszudifferenzieren.

Die übergeordnete Fragestellung leitet sich aus der zweiten Hauptzielstellung der gesamten Arbeit ab, das Forschungsdesiderat der Entwicklung und Validierung eines Testinstruments zur Erhebung von mathematikbezogenen wissenschaftspropädeutischen Kompetenzen von Abiturientinnen und Abiturienten anzugehen. Der Phase der Testentwicklung liegt dementsprechend die folgende übergeordnete Fragestellung (üFF) zugrunde:

üFF *Wie können mathematikbezogene wissenschaftspropädeutische Kompetenzen mithilfe eines Testinstruments empirisch erfassbar gemacht werden?*

Diese noch sehr offen formulierte Fragestellung impliziert einerseits die Entwicklung eines Testinstruments zur Erfassung mathematikbezogener wissenschaftspropädeutischer Kompetenzen und andererseits eine empirische Validierung dessen. Im Folgenden soll nun mithilfe von weiteren spezifischeren Fragen zur Überprüfung der Güte des Testinstruments die übergeordnete Fragestellung ausdifferenziert werden.

Psychometrische Überprüfung des Instruments (FF1)
Zunächst soll auf Ebene der einzelnen Items evaluiert werden, inwieweit das Testinstrument psychometrische Qualitätskriterien erfüllt. In diesem Schritt der Itemselektion soll anhand statistischer Itemkennwerte entschieden werden, ob Items in den finalen Itempool aufgenommen werden können oder aufgrund von mangelnder Qualität ausgeschlossen werden müssen.

FF1 *Welche psychometrische Güte weist das entwickelte Testinstrument (hinsichtlich Aufgabenschwierigkeiten und Trennschärfen der klassischen Testtheorie) auf?*

8 Anstelle der Berechnung des Pearson-Korrelationskoeffizienten wurde als Korrelationsmaß Kendalls τ berechnet. Dies ist laut Timmermann et al. (2017) darauf zurückzuführen, dass die Verteilung des mathematischen Selbstkonzepts im Rahmen der Stichprobe die Normalverteilungsannahme verletzt.

Dimensionalität und Konsistenzprüfung des Konstrukts (FF2)
Auf Basis empirischer Daten soll die Eindimensionalität des Modells und die interne Konsistenz überprüft werden.

FF2 *Inwiefern ist mithilfe des Testinstruments die Erfassung von mathematikbezogenen wissenschaftspropädeutischen Kompetenzen möglich?*

a) Inwiefern lässt sich die eindimensionale Struktur des theoretischen Modells empirisch nachweisen?

b) Inwiefern lässt sich das intendierte Konstrukt mithilfe des Testinstruments reliabel messen?

Die Teilfrage 2a fokussiert die Frage, inwieweit von Itemhomogenität ausgegangen werden kann. Zusätzlich soll überprüft werden, ob das Testinstrument reliabel das intendierte Konstrukt misst oder ob gegebenenfalls Items ausgeschlossen werden müssen, um die Reliabilität des Konstrukts zu verbessern (Teilfrage 2b). Nach diesem zweiten empirischen Auswahlprozess steht der finale Itempool für weitere Analysen fest.

Überprüfung der Passung des Rasch-Modells (FF3)
Nach Festlegung des finalen Itempools und deren Überprüfung soll der Frage nachgegangen werden, ob das Rasch-Modell (1PL-Modell der Item-Response-Theorie) geeignet ist, um es auf die empirischen Daten anzuwenden. In diesem Zusammenhang wird überprüft, ob die Voraussetzungen einer Rasch-Modellierung gegeben sind und wie gut das Rasch-Modell die Daten beschreibt.

FF3 *Kann die Rasch-Modellgültigkeit nachgewiesen werden, d. h. sind die Voraussetzungen des Rasch-Modells erfüllt?*

Bestimmung von Kompetenzniveaus (FF4)
Nachdem das Instrument auf seine psychometrische Güte untersucht wurde, soll überprüft werden, ob sich aus der empirischen Datenstruktur Kompetenzniveaus herauskristallisieren. Das Kompetenzmodell legt nahe, dass eine Hierarchisierung bezüglich der Anforderungen zwischen den Dimensionen besteht. Demnach wird untersucht, wie viele Kompetenzniveaus sich empirisch unterscheiden lassen. Neben der rein empirischen Unterscheidung der Kompetenzniveaus geht es vor allem darum, die empirisch unterscheidbaren Kompetenzniveaus zu beschreiben und inhaltlich einzuordnen.

FF4 *Inwiefern lassen sich aus der Datenstruktur Kompetenzniveaus empirisch generieren?*

a) Wie viele Kompetenzniveaus lassen sich empirisch unterscheiden?

b) Wie lassen sich die ermittelten Kompetenzniveaus inhaltlich beschreiben?

Prüfung der externen Validität (FF5)
Um die externe Validität zu überprüfen, wird die gemessene Testleistung (mathematikbezogenen wissenschaftspropädeutischen Kompetenzen) in Zusammenhang mit äußeren

Validitätskriterien gebracht. Hierfür wird die Testleitung mit bestimmten externen Merkmalen korreliert, bei denen vor dem Hintergrund von curricular-normativen Bestimmungen (Kapitel 2.1.1) oder des Forschungsstands (Kapitel 5.1) erwartet werden können, dass diese mit mathematikbezogenen wissenschaftspropädeutischen Kompetenzen zusammenhängen.

FF5 *Inwiefern lassen sich Hinweise auf die externe Validität des Testinstruments generieren?*

a) Wie hängt die erzielte Testleistung mit anderen kognitiven Maßen zusammen?

b) Wie hängt die erzielte Testleistung mit bildungsbiographischen und affektiven Personenmerkmalen zusammen?

Die Prüfung der externen Validität lässt sich in zwei Teilfragen (5a und 5b) gliedern. Im Rahmen von Teilfrage 5a wird überprüft, inwieweit die erzielte Testleistung mit anderen kognitiven Konstrukten korreliert wird. Hierfür wird das Testergebnis mit der letzten Mathematiknote und der durchschnittlichen Schulnote (Maß für eine allgemeine kognitive Fähigkeit) korreliert. Teilfrage 5b fokussiert die Überprüfung der externen Validität mit nichtkognitiven Personenmerkmalen. Hierfür wird zunächst überprüft, inwieweit das belegte Kursniveau mit der erzielten Testleistung zusammenhängt. Daneben werden Korrelationen zwischen der erzielten Testleistung und affektiven Personenmerkmalen (Interesse und Selbstkonzept bezüglich Beweisen) berechnet.

5.3 Gegenstand der Testentwicklung

Vor der Testkonstruktion sollten ausgehend von der Zielstellung der Arbeit sowie auf theoretischen Vorüberlegungen beruhend einige Entscheidungen getroffen werden. In der Phase des Testentwurfs ist zunächst zu klären, welche Art des Tests entwickelt wird und welche Zielgruppe der Test fokussiert. Daneben werden testtheoretische und verfahrenstechnische Grundlagen beschrieben, die notwendig sind, um die Testkonstruktion nachvollziehen zu können. Die testtheoretischen Überlegungen bauen auf Grundlagen der probabilistischen Testtheorie auf und werden herangezogen, um probabilistische Gütekriterien und damit die gesamte Testentwicklung zu überprüfen. Vor dem Hintergrund der Testart, der Zielgruppe und den testtheoretischen Überlegungen lassen sich dann die Entscheidungen bezüglich verfahrenstechnischer Aspekte ableiten und begründen (z. B. konkrete Konstruktionsstrategien und verwendete Aufgabenformate).

Bedeutung und Arten von Tests

Um sich fortlaufend mit der Entwicklung von *(psychologischen) Tests* auseinandersetzen zu können, ist es zunächst sinnvoll zu klären, was in der Literatur unter dem Begriff des Tests verstanden wird. Hierfür bemüht sich die Arbeit der folgenden Definition, die sich an der Definition von Lienert und Raatz (1998) orientiert: „Ein Test ist ein wissenschaftliches Routineverfahren zur Erfassung der Ausprägung von empirisch abgrenzbaren (psychologischen) Merkmalen mit dem Ziel, möglichst genaue Aussagen über den (relativen) quantitativen Grad oder die qualitative Kategorie der individuellen Merkmalsausprägungen zu gewinnen“ (Moosbrugger & Kelava, 2020, S. 16).

Dabei beinhaltet diese Definition vier wichtige Aspekte: Es handelt sich bei Tests um (1) *wissenschaftliche* Verfahren, d. h., es gibt eine wissenschaftliche Disziplin oder Theorie, die darüber Auskunft gibt, unter welchen Bedingungen (Qualitätskriterien) Aussagen aus Testergebnissen ableitbar sind. Dementsprechend beschäftigt sich die sogenannte Testtheorie mit Vorgaben an Testabläufe oder Möglichkeiten zur Überprüfung der Reliabilität und Validität von Messungen. Daneben handelt es sich bei Tests um (2) *Routineverfahren*. In diesem Zusammenhang meint Routineverfahren einfache und objektive Erhebungsverfahren (Moosbrugger & Kelava, 2020), deren Durchführung und Auswertung mehrfach und mit großen Stichproben erprobt wurde. Diese Verfahren sollen Informationen über die Ausprägung eines (3) *empirisch abgrenzbaren Merkmals* generieren. Damit sind Persönlichkeitsmerkmale gemeint, die sich erfahrungswissenschaftlich von anderen Merkmalen statistisch abgesichert gegen den Zufall unterscheiden. Dabei sollen die gewonnenen Informationen genaue Auskunft über den (4) *quantitativen Grad der individuellen Merkmalsausprägung* geben, d. h. Tests messen die Ausprägung eines Merkmals von bestimmten Personen. Messen meint dabei die Zuordnung von Zahlenwerten zu Objekten derart, dass wenigstens eine Eigenschaft der zugeordneten Zahlenwerte eine (sinnvolle) Bedeutung für die Objekte hat (Bortz & Schuster, 2010). Dabei können die Zahlenwerte verwendet werden, um (quantitative) Unterschiede zwischen Merkmalsausprägungen einzelner Personen anzugeben oder Personen zu bestimmten Personengruppen zuzuordnen.

Bei der Konzeption von Tests ist vor allem das zu messende Persönlichkeitsmerkmal bedeutsam, denn dieses entscheidet über die Testart (Rost, 2004). Zwar zielen psychologische Tests auf die Erfassung von Persönlichkeitsmerkmalen, allerdings ist es sinnvoll, in diesem Zusammenhang zwischen Leistungs- und Persönlichkeitstests zu differenzieren (Brandt & Moosbrugger, 2020). Bei (psychologischen) Leistungstests sollen Facetten von kognitiver Leistungsfähigkeit erfasst werden, d. h. die Testpersonen lösen Testitems, geben Wissen wider und setzen ihr Können ein, um Probleme zu bearbeiten (Rost, 2004). Dabei können Leistungstests die allgemein kognitive Leistungsfähigkeit (z. B. Ausdauer, Konzentrationsfähigkeit etc.) oder fachspezifische Dimensionen der kognitiven Leistungsfähigkeit (z. B. mathematikbezogenes Wissen oder Können) erheben. Leistungstests bestehen dabei aus Testitems, deren Beantwortung objektiv als „richtig" oder „falsch" bewertet werden kann (Döring & Bortz, 2016). Daher erfassen Leistungstests, die über Skalen zur Selbsteinschätzung hinausgehen, die kognitive Leistungsfähigkeit in valider Weise und bieten damit die Möglichkeit, Rückschlüsse auf jeweilige Kompetenzausprägungen der Testpersonen zu geben. Daneben sind Persönlichkeitstest „zur Erfassung von stabilen Eigenschaften beziehungsweise temporären Zuständen (Traits vs. State), Symptomen oder Verhaltensweisen" (Brandt & Moosbrugger, 2020, S. 47) geeignet. Ausgehend von der zweiten Hauptzielstellung dieser Arbeit, der Entwicklung eines Tests, welcher mathematische Bildungsprozesse von Abiturienten und Abiturientinnen abbildet, sollen mathematikbezogene wissenschaftspropädeutische Kompetenzen mithilfe von Leistungstests erfasst werden.

Grundsätzlich wird zwischen zwei Arten von Leistungstests unterschieden: Speed- und Power-Tests (Döring & Bortz, 2016). Bei den sogenannten Speed- oder Geschwindigkeitstests werden meist eher einfache Testitems verwendet, bei denen angenommen werden kann, dass diese von einem Großteil von möglichen Testpersonen richtig beantwortet werden können. Die kognitive Leistungsfähigkeit wird hier durch eine hohe Anzahl an zu bearbeitenden Testitems und einer Zeitbegrenzung ermittelt (Brandt & Moosbrugger, 2020). Es wird erfasst, wie viele Testitems unter der zeitlichen Begrenzung von Testpersonen richtig gelöst werden. Solche Speedtests werden vor allem dann eingesetzt, wenn basale kognitive Fähigkeiten (z. B. Aufmerksamkeit) erfasst werden sollen. Im Gegensatz dazu stehen Power- beziehungsweise Niveautests, die sich dadurch auszeichnen, dass sich diese aus Testitems mit unterschiedlichem Schwierigkeitsniveau zusammensetzen, d. h. es Items gibt, die bei unbegrenzter Zeit von bestimmten Personen nicht gelöst werden können. Bei diesen Tests wird geprüft, bis zu welchem Schwierigkeitsniveau Testpersonen Aufgaben ohne eine zeitliche Begrenzung (überwiegend) richtig lösen können (Brandt & Moosbrugger, 2020). Rost (2004) verweist allerdings darauf, dass Powertests aus Gründen der reinen Durchführbarkeit schwierig umsetzen sind und daher jeder Test eine zeitliche Begrenzung braucht. Dementsprechend treten in der Praxis oft Mischformen auf, d. h. Tests, bei denen unterschiedlich schwierige Testitems verwendet und die durch eine zeitliche Begrenzung festgesetzt werden (Brandt & Moosbrugger, 2020). Dies betrifft beispielsweise Schulleistungstests (Testverfahren, die von Schülerinnen und Schülern fachbezogene und meist curricularkonforme Leistungen fordern), die aus ökonomischen Gründen nur eine begrenzte Anzahl an Testitems enthalten und deren Testdauer höchstens ein oder zwei Unterrichtsstunden umfasst (Lienert & Raatz, 1998). Da der zu entwickelnde Test facettenreiche kognitive Leistungsfähigkeit (mathematikbezogene wissenschaftspropädeutische Kompetenzen) erfassen soll, wird im Rahmen dieser Arbeit ein Powertest entwickelt. Damit dieser Test zur Erfassung mathematikbezogener wissenschaftspropädeutischer Kompetenzen als Schulleistungstest am Ende der gymnasialen Oberstufe eingesetzt werden kann und daher testökonomischen Bedingungen unterliegt, sollen auch zeitliche Begrenzungen implementiert werden.

Zielgruppe des Tests

Die Zielgruppe und damit auch die für die Stichprobe charakteristischen Merkmale ergeben sich implizit aus den theoretischen Vorüberlegungen (Kapitel 2). Diese Merkmale sollen bei der Validierungsstudie berücksichtigt werden und spielen bei der Überprüfung des Validitätskriteriums (4) Verallgemeinerbarkeit eine wichtige Rolle (Kapitel 4.3).

Als relevant zu beachtendes Merkmal der Zielgruppe ist die Teilnahme am voruniversitären Mathematikunterricht. Dies ergibt sich daraus, dass das Ziel der Wissenschaftspropädeutik schulisch in der gymnasialen Oberstufe verortet ist und daher die Zielgruppe zunächst Schülerinnen und Schüler der gymnasialen Oberstufe umfasst. Da Wissenschaftspropädeutik jedoch eine Zieldimension der gesamten gymnasialen Oberstufe ist, kann erst am Ende respektive nach der gymnasialen Oberstufe evaluiert werden, inwieweit der Mathematikunterricht das innewohnende Ziel der Wissenschaftspropädeutik, den Aufbau und die Förderung von mathematikbezogenen wissenschaftspropädeutischen Kompetenzen, erreicht hat. Aus diesem Grund richtet sich der Test zur Erfassung mathematikbezogener wissenschaftspropädeutischer Kompetenzen an Abiturientinnen und Abiturienten.

Neben der Teilnahme am voruniversitären Mathematikunterricht gibt es weitere Einflussgrößen, die bei einer Testerstellung zu beachten sind. Als ein zu berücksichtigendes Merkmal, welches sich auf die Testerstellung auswirken könnte, nennt Bühner (2011) *Alter und Bildung*. Da sich der Test an Abiturientinnen und Abiturienten richtet, wird in Bezug auf die Bildung (höchster Bildungsabschluss) sowie das Alter (junge Erwachsene: 17–19 Jahre) wenig Varianz erwartet. Aufgrund der erwartbar hohen Homogenität der Zielgruppe bezüglich der Alters- und Bildungsstruktur können die Items sowie Testinstruktionen zielgruppengerecht formuliert werden. Eine weitere Einflussgröße, die besonders bei der Entwicklung von deutschlandweiten Schulleistungstests eine große Rolle spielt, ist das *Erlebens- und Verhaltensspektrum* der Zielgruppe (Bühner, 2011). Bei der Entwicklung von Schulleistungstests sollte darauf geachtet werden, dass nur jenes Wissen und Können abgeprüft wird, welches von allen teilnehmenden Schülerinnen und Schülern erwartet werden kann, d. h. unabhängig von länderspezifischen Curricula. Dementsprechend soll bei der Festlegung des Iteminhalts darauf geachtet werden, dass – falls mathematisches Fachwissen benötigt wird – „zwischen den Ländern überschneidbare Inhalte abgeprüft werden" (Bühner, 2011, S. 88). Neben der inhaltlichen Dimension bei der Entwicklung von Items ist nach Bühner (2011) auch die *Sprachbeherrschung* der Zielgruppe eine relevante Einflussgröße. Bei Personen mit Abitur (höchster Bildungsabschluss) kann von einer relativ gut ausgeprägten Sprachbeherrschung ausgegangen werden, was sich in einer angemessenen Verständlichkeit der Instruktion, der Itemformulierung und Antwortmöglichkeiten niederschlagen sollte. Für die Überprüfung der Verständlichkeit eignen sich Pilotierungsstudien, beispielsweise mithilfe von Pretests mit Personen der Zielgruppe unter realistischen Bedingungen oder mit kognitiven Interviewtechniken (z. B. Think-aloud-Technik). Die genannten Einflussgrößen bedingen nach Bühner (2011) die *Item- und Testfairness*, d. h. die Frage nach einer impliziten Bevorzugung oder Benachteiligung von einzelnen Gruppen, die sich in Hinblick auf ein Merkmal unterscheiden. Die Überprüfung von Item- und Testfairness kann mithilfe des Rasch-Modells und DIF-Analysen durchgeführt werden.

Testtheoretische Grundlagen

Nach der obigen Definition (Moosbrugger & Kelava, 2020) sind Tests Verfahren zur Erfassung der Ausprägung eines bestimmten Merkmals. Die dabei erhobenen Merkmale sind latent und lassen sich nicht direkt beobachten. Hingegen sind manifeste Angaben, die sich durch die Bearbeitung von Testitems (Rohdaten) zeigen, beobachtbar. Dabei stellen die beobachtbaren Itemantworten Indikatoren für die Ausprägung des zu untersuchenden Merkmals dar. Die Untersuchung des „Zusammenhang[s] von Testverhalten und dem zu erfassenden psychischen Merkmal" (Rost, 2004, S. 21) ist die Aufgabe von Testtheorien. Dabei wird zwischen der klassischen und der probabilistischen Testtheorie unterschieden, die sich zwar inhaltlich voneinander abgrenzen, aber in der Praxis oft ergänzend eingesetzt werden (Lienert & Raatz, 1998).

Die klassische Testtheorie geht davon aus, dass der erzielte Testwert einer Person sich additiv aus zwei Teilen zusammensetzt: der *wahre* Merkmalsanteil (*true score*) und ein unsystematischer Fehleranteil. Zudem wird davon ausgegangen, dass die unsystematischen Fehleranteile sich bei wiederholenden Messungen ausgleichen, d. h. der Erwartungswert der Fehler Null ist (Stumpf, 1996). Daher werden vor dem Hintergrund der klassischen Testtheorie jeweils mehrere Items genutzt, um die Ausprägung eines Merkmals zu erfassen. Ein Kernaspekt der klassischen Testtheorie ist das Generieren von Aussagen über die Reliabilität beziehungsweise die Messgenauigkeit des Tests. Zur Schätzung der Reliabilität eignen sich mehrere Verfahren der klassischen Testtheorie: (1) Berechnung der internen Konsistenz (z. B. Cronbachs Alpha), (2) Ermittlung der Paralleltestreliabilität oder (3) Bestimmung der Retest-Reliabilität (Bühner, 2011). Neben der Reliabilität kann die klassische Testtheorie auch Aussagen über die kriterienbezogene Validität von Tests liefern (Schmidt-Atzert & Ameland, 2012), z. B. anhand der Bestimmung von Korrelationen zwischen der Testleistung und anderen relevanten Kriterien. Um zu überprüfen, inwieweit vom beobachtbaren Testverhalten auf das zu erfassende, latente Merkmal geschlossen werden kann, sind die Verfahren der klassischen Testtheorie nicht geeignet.

Die probabilistische oder Item-Response-Theorie löst dieses Validitätsproblem der klassischen Testtheorie und kann demnach als Ergänzung zu dieser angesehen werden. Wie oben beschrieben unterscheidet die IRT zwischen manifesten und latenten Variablen. Es wird davon ausgegangen, dass die beobachtbare Testleistung einer Fähigkeit oder Kompetenz zugrunde liegt, die die Testleistung erklärt (Scheiblechner, 1996). Demzufolge stellt die beobachtbare Testleistung nur einen Indikator für das zu erfassende Merkmal dar, auf dessen Ausprägung zu schließen ist (Müller, 1999), d. h., die Messung erfolgt „*indirekt*“ (Becker, 2004, S. 41).

Die Grundidee der IRT liegt darin, mithilfe einer (einfachen) Funktion die Wahrscheinlichkeit eines gezeigten Antwortverhaltens (*Response*) bei einem Item (z. B. Lösen/Nichtlösen eines Testitems) zu beschreiben (Kelava & Moosbrugger, 2020). Unter der Annahme, dass das Antwortverhalten von der dahinterliegenden, latenten Variable beeinflusst wird, sollten die manifesten Variablen untereinander korrelieren. Dies sollte sich im Rahmen von Leistungstests darin niederschlagen, dass Personen mit einer hohen Ausprägung des latenten Merkmals mehr Items richtig lösen als Personen mit niedrigerer Ausprägung.

Neben der Forderung nach untereinander korrelierenden, manifesten Variablen muss zusätzlich die Voraussetzung der Itemhomogenität bezüglich der latenten Variablen erfüllt sein. In diesem Zusammenhang wird davon ausgegangen, dass das Antwortverhalten *wirklich* nur von der latenten und keiner anderen Variable systematisch beeinflusst wird (Moosbrugger, 2012). Damit von Itemhomogenität ausgegangen werden kann, müssen die manifesten Variablen der Voraussetzung der lokalen stochastischen Unabhängigkeit genügen, wofür Korrelationen untersucht werden. Testitems, die die Voraussetzung der lokalen stochastischen Unabhängigkeit erfüllen, werden *Indikatoren* der latenten Variablen genannt (Moosbrugger, 2012).

Unter diesen grundlegenden Annahmen beinhaltet die IRT verschiedene psychometrische Testmodelle, die unterschiedliche Beziehungen zwischen dem manifesten Antwortverhalten und der dahinterliegenden latenten Variable modellieren (Rost, 2004). Abhängig vom Skalenniveau der latenten Variable werden zwei Arten von Testmodellen unterschieden: Latent-Class-Modelle und Latent-Trait-Modelle. Da Latent-Trait-Modell die gebräuchlichsten Verfahren in der wissenschaftlichen Diagnostik sind (Moosbrugger,

2012), bilden Latent-Trait-Modelle die testtheoretische Grundlage für die vorliegende Arbeit.

Bei Latent-Trait-Modellen wird davon ausgegangen, dass das konkrete Antwortverhalten einer Person v von der individuellen Ausprägung des quantitativen kontinuierlichen Merkmals η_v abhängt. Richtige Antworten auf ein Item i werden mit $Y_i = 1$ und falsche Antworten entsprechend mit $Y_i = 0$ gekennzeichnet. Im Rahmen von IRT-Modellen wird die bedingte Wahrscheinlichkeit $P(Y_i = 1 \mid \eta)$ als Lösungswahrscheinlichkeit modelliert (Kelava & Moosbrugger, 2020). Konkret gibt diese an, mit welcher Wahrscheinlichkeit eine richtige Antwort auf Item i bei gegebener Ausprägung des Personenmerkmals η gegeben wird.

In dem einfachsten Fall, bei dem wie oben beschrieben nur zwischen richtigen und falschen Antworten unterschieden wird, kann das Rasch-Modell (auch: einparametrisches logistisches Modell oder 1PL-Modell) angewendet werden. Da es zu den am häufigsten verwendeten Verfahren der Latent-Trait-Modelle zählt und vor allem im Bereich der Leistungsdiagnostik eingesetzt wird (Kelava & Moosbrugger, 2020), kommt es auch im Rahmen der vorliegenden Arbeit zum Einsatz. Das Modell wird durch den Personenparameter η und einen Itemparameter β spezifiziert. Jedem Item i wird ein Itemparameter β_i zugeordnet, der die Schwierigkeit des jeweiligen Items angibt. Die Beziehung zwischen der Lösungswahrscheinlichkeit eines Items i und der Ausprägung des Personenmerkmals η wird mithilfe einer logistischen Funktion mit der folgenden Modellgleichung beschrieben:

$$\boxed{P(Y_i = 1 \mid \eta) = \frac{e^{\eta - \beta_i}}{1 + e^{\eta - \beta_i}}} \;.$$

Analog zur Modellgleichung ergibt sich für eine konkrete Person v die folgende Gleichung:

$$\boxed{P(Y_i = 1 \mid \eta_v) = \frac{e^{\eta_v - \beta_i}}{1 + e^{\eta_v - \beta_i}}} \;.$$

Die zweite Gleichung gibt die Lösungswahrscheinlichkeit eines Items i für eine konkrete Person mit Personenparamter η_v an. Für die Lösungswahrscheinlichkeit ist demnach die Differenz zwischen dem individuellen Personenparamter η_v und dem Itemparameter β_i entscheidend (Keleva & Moosbrugger, 2020). Sind die individuellen Personenparameter und Parameter eines Items *i* gleich groß, so beträgt die Lösungswahrscheinlichkeit 50%. Daher werden Personen- und Itemparamter meist auf einer gemeinsamen Skala („*joint scale*“) abgetragen, was den Vorteil bringt, dass eine Beziehung zwischen beiden Parametern hergestellt werden kann. Je größer der Personenparameter in Relation zum Itemparameter ist, desto größer ist die Lösungswahrscheinlichkeit, et vice versa.

Um Daten probabilistisch nach dem Rasch-Modell auswerten zu können, müssen drei zentrale Modellannahmen überprüft werden:

- Eine wesentliche Annahme des Rasch-Modells ist die Rasch-Homogenität (besondere Form der Itemhomogentät). Es wird davon ausgegangen, dass das Antwortverhalten auf alle Items eines Tests nur von einer latenten Variable η abhängt und genau diese latente Personenfähigkeit in Abhängigkeit der Itemschwierigkeiten die Unterschiede im Antwortverhalten erklärt. Demnach müssen alle Items eines Tests dasselbe latente Merkmal (auf unterschiedlich hohem Niveau) messen und nur die Ausprägung des Personenmerkmals die Lösungswahrscheinlichkeit eines bestimmten Items i bedingen.
- Eine weitere Annahme von IRT-Modellen ist die lokale stochastische Unabhängigkeit, die bei Vorhandensein von Itemhomogenität erfüllt sein muss. Dabei wird gefordert, dass die Antworten auf zwei beliebige Rasch-homogene Items i und j bei fester Ausprägung des Personenparameters η paarweise unabhängig voneinander sind. Dies ist beispielsweise dann verletzt, wenn Testitems aufeinander aufbauen: Das Lösen eines Items i erhöht in diesem Fall die Lösungswahrscheinlichkeit des folgenden Items $i + 1$.
- Daneben müssen die Personen- und Itemparameter stichprobenunabhängig sein, d. h., es kann ein beliebiger Teil der für den Test festgelegten Population herangezogen werden, um die Personen- und Itemparameter zu schätzen. Dementsprechend ist der Vergleich zweier Items i und j in Hinblick auf ihre Itemschwierigkeiten unabhängig davon, welche Teilstichprobe für die Parameterschätzung verwendet wird (Kelava & Moosbrugger, 2020).

Verfahrenstechnische Grundlagen

Zum Abschluss des Kapitels zu theoretischen Vorüberlegungen zum Gegenstand der Testentwicklung werden verfahrenstechnische Entscheidungen bei der Testentwicklung beschrieben und begründet. Dabei wird sowohl auf Konstruktionsmethoden zur Entwicklung von Test(-items) als auch auf formale Aspekte zur Wahl von passenden Aufgabentypen eingegangen. Zudem verfolgt der Abschnitt die Absicht, als Bindeglied zwischen den theoretischen Vorüberlegungen und der praktischen Entwicklung der Items in Kapitel 5.4 zu fungieren.

Ausschlaggebend für die Wahl einer Konstruktionsstrategie für einen Test ist in erster Linie das zugrundeliegende Ziel des Testinstruments, d. h. die Art des zu messenden Konstrukts, die Zusammensetzung der Zielgruppe und die intendierten Anwendungsmöglichkeiten des Tests sind entscheidend (Brandt & Moosbrugger, 2020). Unterschieden werden in diesem Kontext die folgenden Strategien zur Testkonstruktion: externale Konstruktion, deduktive Konstruktion, induktive Konstruktion und das Kriteriumssampling (Hartig & Jude, 2007). Da die *deduktive Konstruktion* den Idealtypus bei Verfahren der Testkonstruktion darstellt und darüber hinaus inhaltlich am plausibelsten erscheint, wird sich im Rahmen dieser Arbeit hierauf beschränkt. Im Gegensatz zu theoriefernen Konstruktionsstrategien (z. B. induktive Konstruktion) geht die deduktive Konstruktion von theoretischen Vorüberlegungen aus. Ausgehend von einem theoretischen Modell (z. B. Kompetenzmodell) werden Indikatoren (z. B. Aufgaben) deduziert, die durch die Einschätzung von Expertinnen und Experten auf ihre inhaltliche Passung abgesichert und anschließend empirisch validiert werden.

Nach der Festlegung der Konstruktionsstrategie der Items stellt sich noch die Frage, welche formalen Kriterien die Testitems erfüllen sollen. Dabei muss sich bei der Konstruktion eines Tests für einen passenden Aufgabentyp sowie für ein adäquates Aufgabenformat entschieden werden. Es geht vor allem um die Entscheidung, wie Testitems von Testpersonen beantwortet werden sollen, was wiederum das Format der Aufgabenstellung beeinflusst. Diese Entscheidungen werden vor allem durch Überlegungen zur Durchführung, Auswertung und zu testökonomischen Aspekten bedingt.

Grundsätzlich setzt sich ein Testitem aus einer Aufgabe (*Itemstamm*) und einem Antwortformat zusammen (Rost, 2004). Bei Leistungstests besteht der Itemstamm aus einer Frage oder einer Arbeitsaufforderung, die die Testperson lösen oder bearbeiten soll. Das Antwortformat entscheidet über die Art der Lösung und später auch in gewisser Weise über die Form, in welcher die Rohdaten vorliegen. Beim Antwortformat wird grundlegend dahingehend unterschieden, wie „frei“ die Testpersonen beim Lösen des jeweiligen Testitems sind. In Zusammenhang zu Leistungstests werden zwei Antwortformate unterschieden: Items, bei denen die Antwort völlig frei von den Testpersonen entwickelt wird (z. B. Essay schreiben), heißen *constructed-response-Items* und Items, bei denen die richtige Antwort aus mehreren Antwortalternativen ausgewählt wird, heißen *selected-response-Items* (Arrasmith et al., 1984). Daneben gibt es auch Mischformen, z. B. Items mit halboffenem Antwortformat, bei denen es eine begrenzte Anzahl an zu nennenden Alternativen gibt, die von den Testpersonen konstruiert werden (Eid & Schmidt, 2014). Constructed-response-Items oder Items mit halboffenem Antwortformat haben gemeinsam, dass sowohl die Durchführung (Beantwortung der Testitems) als auch die Auswertung (Codierprozess) vergleichsweise zeitaufwendig sind. Daneben kann die Auswertungsobjektivität beeinträchtigt sein, wenn Testpersonen sehr lange Antworten produzieren, die möglicherweise auch einen Interpretationsspielraum für die Rater lassen (Moosbrugger & Brandt, 2020).

Testitems mit geschlossenem Aufgabenformat zeichnen sich dadurch aus, dass alternative Antworten vorgefertigt sind und die Testpersonen die richtige Antwort(en) auswählen muss (Rost, 2004). Im einfachsten Fall bestehen solche Items aus einem Statement und zwei Antwortalternativen „richtig“ und „falsch“, bei dem der Wahrheitsgehalt des Statements beurteilt werden soll (Bühner, 2011). Vor dem Hintergrund testökonomischer Überlegungen haben sie den Vorteil, dass diese meist nur kurz, verständlich und schnell bearbeitbar sind, aber weisen gleichzeitig eine hohe Ratewahrscheinlichkeit von 50% auf. Durch das Hinzunehmen weiterer Antwortalternativen kann die Ratewahrscheinlichkeit reduziert werden. Hier kann zwischen Ein- (*Single-Choice*) und Mehrfachwahlitems (*Multiple-Choice*) unterschieden werden (Bühner, 2011). Bei Single-Choice-Items ist genau eine aus *n* möglichen Antwortalternativen richtig, während bei Multiple-Choice-Items mehrere Antwortmöglichkeiten richtig sein können. Hier wird nochmal unterschieden zwischen Items, bei denen vorgegeben ist, wie viele Antwortmöglichkeiten richtig sind, und Items, bei denen die Testperson auch die Anzahl richtiger Antwortmöglichkeiten selbst eruieren muss (Rost, 2004). Damit das Hinzunehmen weiterer Antwortalternativen zu einer verminderten Ratewahrscheinlichkeit führt, ist das Formulieren adäquater *Distraktoren* (falsche Antwortalternativen) entscheidend. Dabei ist darauf zu achten, dass sich Disktraktoren sprachlich ähnlich zu richtigen Antwortalternativen verhalten und inhaltlich eine plausible Auswahloption zu richtigen Antwortalternativen darstellen (Moosbrugger & Brandt, 2020).

Vor dem Hintergrund, dass das Testverfahren ökonomisch einsetzbar sowie objektiv durchführbar und auswertbar sein soll, fiel die Wahl auf ein Format bestehend aus constructed-response-Items. Dabei kommen sowohl Single- als auch Multiple-Choice-Items zum Einsatz. Damit ist Durchführungs- und Auswertungsobjektivität gegeben und die Ratewahrscheinlichkeit kann durch eine angemessene Anzahl an Antwortalternativen kontrolliert werden. Die Items, die im Rahmen des Tests eingesetzt werden, bestehen aus der Aufgabenstellung und den Antwortalternativen. Die Single-Choice-Items setzen sich dabei aus vier und die Multiple-Choice-Items aus mindestens drei Antwortalternativen zusammen. Um die Ratewahrscheinlichkeit niedrig zu halten, werden bei den Multiple-Choice-Items nicht vorgegeben, wie viele Antwortalternativen richtig sind.

5.4 Methodisches Vorgehen

Die Studie zur Entwicklung und Validierung eines Testinstruments zur Erfassung von mathematikbezogenen wissenschaftspropädeutischen Kompetenzen lässt sich in die Forschungslogik des quantitativen Paradigmas einordnen, jedoch werden phasenweise auch qualitative Methoden eingesetzt. Dabei ist das methodische Vorgehen angelehnt an Forschungsarbeiten zur Kompetenzerfassung im fachdidaktischen Kontext wie z. B. aus dem naturwissenschaftsdidaktischen (Glug, 2009) oder aus dem sportdidaktischen Kontext (Töpfer, 2017). Daneben orientiert sich das Vorgehen an allgemein methodischen Empfehlungen zur Testkonstruktion (vgl. Bühner, 2011; Moosbrugger & Kelava, 2020; Rost, 2004). Das methodische Vorgehen im Rahmen dieser Studie wird schematisch in der folgenden Abbildung dargestellt.

Die Abbildung 12 zeigt den mehrphasigen Prozess bei der Testentwicklung und -validierung. Das theoretisch abgeleitete Kompetenzmodell zur Erfassung von mathematikbezogenen wissenschaftspropädeutischen Kompetenzen (Kapitel 4) bildet für diese Studie den Ausgangspunkt. Ausgehend von den darin enthaltenen Kompetenzbeschreibungen werden die Testitems deduktiv entwickelt. Anschließend an die deduktive Itemkonstruktion erfolgen Voruntersuchungen für eine erste Validierung. Die Voruntersuchungen bestehen aus einer Befragung von Expertinnen und Experten sowie eines Pretests mit Studierenden. Mithilfe der Expertenbefragung sollen die entwickelten Items auf Inhaltsvalidität überprüft werden. Daneben soll der Pretest mit Studierenden durchgeführt werden, um die Verständlichkeit der Testitems und die allgemeine Machbarkeit des Instruments (im Sinne einer Praktikabilität) zu untersuchen. Die Ergebnisse dieser Voruntersuchung werden genutzt, um einzelne Items zu überarbeiten beziehungsweise auszuschließen und die Items des vorläufig finalen Instruments zusammenzustellen.

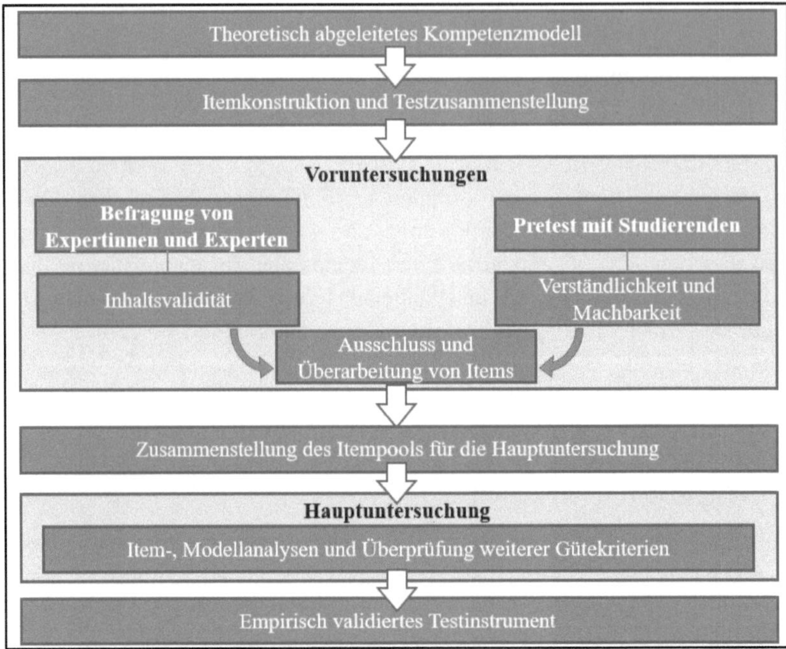

Abbildung 12: Schematische Übersicht der Konstruktions- und Validierungsschritte bei der Testentwicklung. (Quelle: Eigene Darstellung in Anlehnung an Töpfer, 2017)

Im Rahmen der Hauptuntersuchung wird dieses Testinstrument mit einer größeren Stichprobengröße validiert. Es wird mit Itemanalysen überprüft, inwieweit die Items für einen Test günstige Itemcharakteristika aufweisen. Darüber hinaus sollen die Daten auf Raschskalierbarkeit überprüft und mögliche Kompetenzniveaus aus den Daten empirisch abgeleitet werden. Nach diesen Validierungsschritten liegt letztlich ein validiertes Testinstrument vor. Im Folgenden werden die Phasen der Testentwicklung, der Voruntersuchungen und die Anlage zur Studie der Hauptuntersuchung beschrieben und genauer erläutert.

5.4.1 Testentwicklung und Voruntersuchungen

Im Prozess der Testentwicklung beziehungsweise bei der konkreten Konstruktion von Items sind verschiedene Überlegungen zu inhaltlichen und methodischen Aspekten notwendig, die zum Teil schon im vorherigen Abschnitt angeklungen sind. Dabei soll auf Basis dieser Vorüberlegungen in diesem Abschnitt auf die Beschreibung und Begründung des Vorgehens bei der Itementwicklung eingegangen werden. In diesem Zusammenhang werden die ausgewählte Konstruktionsstrategie sowie der Aufbau der Testitems mithilfe von Beispielen verdeutlicht.

Primär orientiert sich das Vorgehen der Testentwicklung an den Anforderungsbereichen des theoretisch abgeleiteten Kompetenzmodells der mathematikbezogenen wissenschaftspropädeutischen Kompetenzen (Kapitel 4). Die darin enthaltenen Kompetenzerwartungen sollen in den entwickelten Items abgebildet werden. Daneben wurden theoretische Überlegungen und etablierte Erhebungsinstrumente der Nature-of-Science-Forschung (z. B. Kircher, 2007; Ledermann, 2006; Urhahne et al., 2008) sowie die Arbeit von Woltron (2020) zur Nature of Mathematics genutzt, um hieraus Items zur Erfassung von mathematikbezogenen wissenschaftspropädeutischen Kompetenzen abzuleiten. Vor dem Hintergrund der vierten Fragestellung soll überprüft werden, ob sich die Hierarchisierung von mathematikbezogenen wissenschaftspropädeutischen Kompetenzen nach den Anforderungsbereichen auch in empirisch ermittelten Kompetenzniveaus niederschlägt. Demnach soll sich jedes Item eindeutig einer der drei Kompetenzfacetten des Kompetenzmodells (1) meta-wissenschaftliches Wissen, (2) Methodenbewusstsein und (3) meta-wissenschaftliche Reflexion zuordnen lassen. Aufgrund der inhaltlichen Verwobenheit der Prozesse der mathematischen Erkenntnisgewinnung wird auf eine eindeutige Zuordnung zu dieser Dimension bewusst verzichtet.

Meta-wissenschaftliches Wissen: Items zum meta-wissenschaftlichen Wissen sollen Wissen über die wissenschaftlichen Grundbegriffe entlang des spezifischen Prozesses der Erkenntnisgewinnung der Mathematik überprüfen. Dementsprechend sollen die Testpersonen entweder konkrete Wissenselemente aus dem Gedächtnis abrufen oder im Rahmen von Testitems ihr Wissen systematisieren, um mögliche Ursachen und Gründe für bestimmte Prozesse der mathematischen Erkenntnisgewinnung zu überprüfen. Dabei ist darauf zu achten, dass es konkrete Wissenselemente zu den verschiedenen Facetten des meta-wissenschaftlichen Wissens gibt, d. h. zu Grundbegriffen, zur Struktur beziehungsweise zum Aufbau und zu den Prinzipien der mathematischen Erkenntnisgewinnung (Müsche, 2009). Zur Messung des meta-wissenschaftlichen Wissens wurde der Itemstamm so konstruiert, dass dieser möglichst kurz ist und alle relevanten Informationen zur Beantwortung des Items enthält. Da sowohl Single- als auch Multiple-Choice-Items mit jeweils vier Antwortalternativen eingesetzt werden, muss entweder durch einen Hinweis im Itemstamm oder einen einführenden/überleitenden Text darauf aufmerksam gemacht werden. Multiple-Choice-Items werden vor allem dann benötigt, wenn die dahinterstehende Fähigkeit komplexer ist, d. h. mit der Erfassung von stärker vernetztem Wissen einhergeht und dementsprechend über die Messung von deklarativem Wissen hinausgeht. Im Folgenden ist ein Beispiel zur Messung des meta-wissenschaftlichen Wissens angegeben:

Beispielitem 1 (MW-08):

Eine Vermutung ist …

□ … eine gültige Aussage, die nicht bewiesen werden muss.

□ … eine Aussage, bei der nicht bewiesen ist, ob sie wahr oder falsch ist.

□ … eine Äußerung, bei der etwas als Tatsache dargestellt wird.

□ … die Annahme über die Gültigkeit eines Axioms.

Beispielitem 1 ist ein Single-Choice-Item und fokussiert den Grundbegriff *Vermutung*. Zur richtigen Lösung des Items ist dementsprechend nur das Abrufen des Wissens zum mathematischen Grundbegriff erforderlich. Wie anhand des Beispielitems 1 zu sehen ist, wurde darauf geachtet, dass der Itemstamm möglichst kurz und keine überbordenden

Passagen enthält. Bei der Entwicklung der Distraktoren wurde darauf geachtet, dass diese vergleichbar lang zur richtigen Antwortalternative sind und sich in ihrer grammatikalischen Struktur ähneln.

Methodenbewusstsein: Testpersonen, die Items zum Methodenbewusstsein richtig beantworten, zeigen die Kompetenz, dass sie in der Lage sind, Methoden des mathematischen Arbeitens selbstständig anzuwenden oder diese zumindest nachvollziehen können. Wie aus dem modifizierten Kompetenzmodell zu entnehmen ist (Kapitel 4), lässt sich auch das Methodenbewusstsein inhaltlich in die Prozesse des Explorierens, Deduzierens und Kommunizierens untergliedern. In diesem Zusammenhang sind vor allem die damit verbundenen Tätigkeiten des Definierens und Beweisens als wissenschaftspropädeutisch für die Mathematik zu bezeichnen. Da es in der Literatur bereits validierte Instrumente zum Konstruieren und Validieren von Beweisen gibt (z. B. Kempen, 2019; Sommerhoff, 2017) und es diesbezüglich keiner Neukonstruktion von Items bedarf, wurde sich bei der Konstruktion von Items auf das Validieren von Definitionen fokussiert. Zur Messung des Methodenbewusstseins werden Multiple-Choice-Items mit jeweils drei Antwortalternativen eingesetzt. Bei der Konstruktion der Items zum Methodenbewusstsein muss darauf geachtet werden, dass keine Personen bei der Beantwortung der Items begünstigt beziehungsweise benachteiligt werden, wenn sie über ein bestimmtes Fachwissen (inhaltliches, domänenspezifisches Wissen, z. B. in der Geometrie) verfügen beziehungsweise nicht verfügen. Dementsprechend wurde darauf geachtet, dass die zu definierenden Begriffe aus unterschiedlichen Teilgebieten der Mathematik kommen (Algebra, Geometrie, Analysis …) und auch bezüglich der Einordnung der Klassenstufen in den Schulcurricula variieren.

Beispielitem 2 (MB-25):

Primzahl

□ A: Eine natürliche Zahl, die größer als 1 ist, heißt Primzahl, wenn sie nur durch 1 und sich selbst und durch keine andere Zahl teilbar ist.

□ B: $n \in \mathbb{N}$ heißt Primzahl, wenn $1|n$ und $n|n$ gilt.

□ C: $n \in \mathbb{N}$ heißt Primzahl, wenn $|T(n)| = 2$ ist. ($T(n)$ ist die Menge aller Teiler von n.)

Beispielitem 2 rückt den mathematischen Begriff Primzahl in den Fokus. Bei diesem Grundbegriff der Teilbarkeitslehre kann davon ausgegangen werden, dass das Fachwissen ausreicht, um entscheiden zu können, ob eine Definition *fachlich* richtig oder falsch ist. Dementsprechend ist es wichtig, die Antwortalternativen so zu konstruieren, dass aus der Beantwortung des Items auf den Umgang mit Definitionen zu schließen ist. Daher wurde sich dafür entschieden, dass die Definitionen inhaltlich relativ ähnlich sind, sich aber bezüglich des Einsatzes von formal-symbolischen Ausdrücken und der Verwendung von weiteren Begriffen unterscheiden. Dabei ist beispielsweise die erste Antwortalternative richtig und verzichtet auf formal-symbolische Ausdrücke, während die zweite Antwortalternative (= Distraktor) formal-symbolische Aspekte enthält. Die dritte Antwortalternative, die wieder als richtig bezeichnet werden kann, verwendet einen nichttrivialen Grundbegriff der Teilermenge, welcher allerdings nicht undefiniert bleibt, sondern kurz in Klammern beschrieben wird. Der Distraktor basiert auf empirischen Ergebnissen (Healy & Hoyles, 1998; Ufer et al., 2009a) zu typischen Fehlvorstellungen von Lernenden. So neigen Lernende dazu, mathematische Ausdrücke eher als korrekt einzuschätzen, wenn diese formalisiert dargestellt werden. Zur richtigen Bearbeitung des Items ist daher neben Wissen zum Begriff Primzahl, der bei den Abiturientinnen und Abiturienten als vorhanden angesehen werden kann, auch das Wissen zu Eigenschaften von Definitionen sowie die *Anwendung* dieses Wissens relevant.

Meta-wissenschaftliche Reflexion: Durch die Beantwortung von Items zur meta-wissenschaftlichen Reflexion sollen die Testpersonen zeigen, dass sie in der Lage sind, in größeren Sachzusammenhängen zu reflektieren (Huber, 1997). In diesem Kontext sollen mathematische Erkenntnisse vor dem Hintergrund von Voraussetzungen, Grenzen und ihren Erkenntnisprozess reflektiert und aufbauend darauf die Charakteristika der Wissenschaft Mathematik (auch in Abgrenzung zu anderen Wissenschaften) analysiert und bewertet werden. Allerdings bleibt offen, inwieweit sich solche höchst individuellen Prozesse des Nachdenkens und Einordnens mit standardisierten Verfahren (wie Tests mit geschlossenem Antwortformat) erheben lassen. Wie in Kapitel 5.1 beschrieben, zeigt sich, dass Reflexionskompetenz und vor allem die meta-wissenschaftliche Reflexion sich nur schwer in geschlossenen Erhebungsformaten messen lassen und daher meist qualitative Verfahren (z. B. Interviews) eingesetzt werden (vgl. z. B. Astudillo et al., 2018). Dementsprechend sind für die Messung von meta-wissenschaftlicher Reflexion schriftliche Test- und Fragebogenverfahren als eher nicht geeignet zu bezeichnen. Vor diesem Hintergrund und aus Gründen der Komplexitätsreduktion wurde sich dafür entschieden, die meta-wissenschaftliche Reflexion im Rahmen der Testentwicklung nicht zu berücksichtigen. Allerdings wurden bereits Bemühungen unternommen meta-wissenschaftliche Reflexion in der Domäne Mathematik mithilfe von offenen Items zu erfassen. Da die meta-wissenschaftliche Reflexion für diese Studie eine untergeordnete Rolle einnimmt, wird an dieser Stelle auf Fesser und Rach (2022b) verwiesen, wo beschrieben wird, wie meta-wissenschaftliche Reflexion fachspezifisch erhoben werden kann.

Insgesamt wurden im Rahmen dieses ersten Vorgehens der Testentwicklung durch theoretische Vorüberlegungen (ausgehend von Kapiteln 2 und 3 sowie der Modellentwicklung) über 50 Items entwickelt. Zur Überprüfung der *kognitiven Validität*, d. h. die Frage nach der Passung zwischen kognitiven Prozessen, die durch die Items initiiert werden, und kognitiven Prozessen, die im vorgeschlagenen Kompetenzmodell (Kapitel 4) beinhaltet sind (Leuders, 2014), wurde im Rahmen von Gruppendiskussionen mit Fachdidaktikerinnen und Fachdidaktikern nachgegangen. In diesen Diskussionen mit Mitgliedern der Arbeitsgruppe Didaktik der Mathematik wurde der Itempool auf 32 Items reduziert. Der vornehmliche Grund für die Eliminierung von Items war die Tatsache, dass es bei einigen Items strittig war, ob diese *wirklich* Kompetenzen (im Sinne von Klieme und Leutner (2006)) messen oder sich nicht eher dem Forschungsstrang der epistemologischen Überzeugungen zuordnen lassen. Dadurch, dass sich mathematikbezogene wissenschaftspropädeutische Kompetenzen und epistemologische Überzeugungen auf konzeptioneller Ebene deutlich voneinander unterscheiden (Kapitel 2.2.3), wurden solche Items, die nicht eindeutig Kompetenzen (als kognitive Leistungsdispositionen) erfassen, eliminiert.

Pilotierungsstudie

Zunächst wurde eine Pilotierungsstudie (Juli bis September 2020) durchgeführt, um die Testitems auf Verständlichkeit und das gesamte Testinstrument auf Machbarkeit zu untersuchen.

Dadurch, dass aufgrund der COVID-19-Pandemie Schülerinnen und Schülern sowie dem System Schule eine Untersuchung als nicht zumutbar erschien, wurde die Pilotierungsstudie mit Studienanfängerinnen und -anfängern durchgeführt. Im Rahmen der Pilotierungsstudie wurden die 32 entwickelten Testitems mit Studierenden, die in einem Mathematikstudium oder einem lehramtsbezogenen Studiengang mit Fach Mathematik eingeschrieben sind, pilotiert. Da der Studienanfang in der Regel zeitlich noch relativ nah an der gymnasialen Oberstufe liegt, sollte es nicht zu problematisch sein, dass der Test mit Studierenden am Studienanfang und nicht mit der eigentlichen Zielgruppe des Tests durchgeführt wurde. Das Instrument wurde als Onlinefragebogen in SoSci (Version 3.2.00) implementiert. Neben der Bearbeitung der Items konnten die Befragten am Ende des Fragebogens im Rahmen eines Kommentarfeldes offene Anmerkungen, Auffälligkeiten oder ein Feedback zum Testinstrument notieren.

Im Rahmen der Pilotierungsstudie wurde eine Stichprobe von $n = 60$ gezogen. Von den 60 teilnehmenden Personen waren 27 Frauen (45,0%) und 31 Männer (51,7%). Zwei Personen machten bezüglich ihres Geschlechts keine Angabe. Die Befragten waren größtenteils (71,7%) zwischen 19 und 22 Jahren und gaben an, dass sie sich mehrheitlich am Anfang ihres Studiums befinden (51,7% im 1. oder 2., 33,3% im 3. oder 4. und 15,0% im 5. oder höheren Fachsemester). Insgesamt befanden sich 43 in einem lehramtsbezogenen Studiengang mit Unterrichtsfach Mathematik (71,7%), 16 in einem Fachmathematikstudium (26,7%) und eine Person gab an, in einem „anderen Studiengang" eingeschrieben zu sein.

Für die weitere Datenauswertung wurden nur diejenigen Datensätze einbezogen, bei welchen mehr als 50% der Testitems bearbeitet worden sind. Dies betrifft insgesamt 47 Datensätze, bei denen sogar alle Testitems vollständig bearbeitet wurden. Insgesamt wurden die 32 Testitems im Mittel in 20,32 Minuten ($SD = 9{,}59$ Minuten) gelöst. Die Datenauswertung erfolgt mithilfe von Standardverfahren der klassischen Testtheorie. Da es sich insgesamt um eine eher kleine Stichprobe handelt, sollten Schlüsse bezüglich der Itemselektion eher mit Vorsicht gezogen werden. Auch vor dem Hintergrund der inhaltlichen Validität und Breite des Instruments sollten nicht zu viele Items ausgeschlossen werden. Im Folgenden werden die statistischen Kennwerte der Items beschrieben. Die Itemanalyse erfolgt anhand der Kompetenzfacetten der mathematikbezogenen wissenschaftspropädeutischen Kompetenzen. Die ausführlichen Ergebnisse sind in einer tabellarischen Übersicht im Anhang A.2 einzusehen. Insgesamt liegt für die 32 Items eine interne Konsistenz von 0,69 vor. Dementsprechend liegt die Reliabilität im mittleren Bereich, was auf mittlere Korrelationen zwischen den Items hindeutet.

Bei den Items zum meta-wissenschaftlichen Wissen rangieren die Itemschwierigkeiten von 0,02 bis 0,89 und erreichen im Mittel einen Wert von 0,58. Damit können die Items insgesamt als mittelschwer eingeschätzt werden. Die mittlere Standardabweichung liegt bei 0,41. Die Analyse der Trennschärfen zeigt, dass bei Item MW-32 eine negative Trennschärfe vorliegt, d. h. Personen mit einer höheren Testleistung beantworten dieses Item im Mittel häufiger falsch als Personen mit einer niedrigeren Testleistung. Vor dem Hintergrund, dass dieses Item auch als sehr schwer ($P_i = 0{,}04$) bezeichnet werden kann und wenig zur Differenzierung der Studierenden beiträgt, wird dieses Item eliminiert. Nach Eliminierung des Items liegt die mittlere Trennschärfe im akzeptablen Bereich bei 0,34 und rangiert zwischen 0,15 und 0,64.

Die Items zum Methodenbewusstsein sind als deutlich schwieriger einzuschätzen, denn diese weisen eine mittlere Itemschwierigkeit von 0,38 und die Itemschwierigkeiten rangieren zwischen 0,15 und 0,55. Die mittlere Standardabweichung liegt bei 0,47. Die Analyse der Trennschärfen zeigt, dass die Items MB-22 und MB-27 sehr niedrige Trennschärfen aufweisen. Da das Item MB-27 identische Itemschwierigkeiten zu MB-25 und MB-26 aufweist und es damit weniger zur Differenzierung der Studierenden beiträgt als Item MB-22, wurde sich dafür entschieden Item MB-27 zu eliminieren. Vor dem Hintergrund, dass das Konstrukt noch in seiner Breite durch das Instrument abgebildet werden soll, soll Item MB-22 vorerst beibehalten werden. Nach Eliminierung des Items weisen die Items zum Methodenbewusstsein mit einem mittleren Wert von 0,28 akzeptable Trennschärfen auf, die zwischen 0,10 und 0,64 liegen.

Demnach werden die Items MW-32 und MB-27 für weitere Untersuchungen ausgeschlossen. Nach Ausschluss beider Items konnte sich die Trennschärfe des ähnlich kritischen Items MB-22 zumindest auf $\hat{r}_{\text{it}} = 0{,}10$ erhöhen. Zudem steigt nach Eliminierung beider Items die interne Konsistenz der Gesamtskala etwas (*Cronbachs* $\alpha = 0{,}72$).

Insgesamt nutzten 24 Studierende die Kommentarfunktion, wobei die meisten Kommentare die Verständlichkeit und den Aufbau des Tests als positiv wahrnahmen. Einige Studierende gaben an, dass sie den Fragebogen insgesamt als zu lang einschätzten. Dies könnte darauf zurückzuführen sein, dass die Pilotierung des Testinstruments im Rahmen zweier anderer Untersuchungen eingebettet war. Da die Bearbeitung der Testitems insgesamt ca. 20 Minuten in Anspruch genommen hat, ist davon auszugehen, dass die Bearbeitung des gesamten Fragebogens als zu lang wahrgenommen wurde. Zudem merkte eine Person an, dass aus ihrer Sicht unverständliche Fragestellungen, Begriffe verwendet worden sind. Allerdings wurde aus diesem Kommentar nicht klar, welche Formulierungen konkret als unverständlich wahrgenommen wurden. Insgesamt konnten aufgrund der mittleren Bearbeitungszeit, den Itemkennwerten sowie den Kommentaren Hinweise generiert werden, dass das Instrument praktikabel und verständlich ist.

Befragung von Expertinnen und Experten

Im Zuge der Überprüfung der inhaltlichen Validität der entwickelten Items wurden Expertenbefragungen durchgeführt. Dabei wurde vor allem das Ziel verfolgt, die Items dahingehend zu überprüfen, ob sie den mathematischen Erkenntnisgewinnungsprozess fachlich korrekt und authentisch abbilden. Um dieses Ziel zu erreichen, wurde sowohl quantitative als auch qualitative Befragungen eingesetzt. In einer ersten (quantitativ-orientierten) Expertenbefragung wurden aktiv forschende Mathematikerinnen und Mathematiker einer Universität befragt. Die zweite Expertenbefragung, die eher qualitativ geprägt ist, schließt an die Ergebnisse der ersten Expertenbefragung an und greift mögliche

Disparitäten auf, die im Rahmen einer Gruppendiskussion mit Mathematikerinnen und Mathematikern diskutiert wurden.

Ziel der *ersten Expertenbefragung* ist die Überprüfung der fachlichen Korrektheit der Items sowie der Klärung, inwieweit die ausgewählten Inhalte fachimmanent für das mathematische Arbeiten sind. Hierfür wurden 32 Items als Onlinefragebogen in SoSci (Version 3.2.00) implementiert. Die Expertinnen und Experten sollten die Items richtig lösen. Daneben haben die Expertinnen und Experten die Möglichkeit im Rahmen eines Kommentarfeldes, Anmerkungen zu jedem einzelnen Item zu formulieren und waren angeregt, dies zu tun.

Die Onlinebefragung wurde per E-Mail an ausgewählte Arbeitsgruppen (z. B. im Gebiet der Algebra, Analysis) aus verschiedenen Instituten der Fakultät für Mathematik der Otto-von-Guericke-Universität Magdeburg verschickt. Im Zeitraum von Juli bis August 2020 haben insgesamt 13 Mathematikerinnen und Mathematiker als Expertinnen und Experten an der Befragung teilgenommen. Davon gehören sechs der Gruppe von Professorinnen und Professoren und sieben der Gruppe der (Post-)Doktorandinnen und Doktoranden an.

Zur Überprüfung der Übereinstimmung der Expertinnen und Experten wurden die absoluten und relativen Häufigkeiten pro *Itemantwort* gemessen. Alle Itemantworten je Item wurden also getrennt voneinander betrachtet, um konkret Informationen über die Adäquatheit bestimmter als a priori richtig festgelegter Itemantworten und Distraktoren zu gewinnen. Wurde eine Itemantwort von mindestens 75% übereinstimmend als richtig respektive als falsch identifiziert, wird das Item für weitere Validierungsschritte des Tests einbezogen. Itemantworten mit einer Übereinstimmung zwischen 50 und 75% werden unter Vorbehalt beibehalten und im Rahmen einer Gruppendiskussion mit Expertinnen und Experten (zweite Expertenbefragung) diskutiert. Items mit Itemantworten, die weniger als 50% Übereinstimmung bei richtigen beziehungsweise falschen Antworten aufweisen, müssen überarbeitet oder ausgeschlossen werden.

Die Ergebnisse der Befragung legen nahe, dass alle richtigen Itemantworten zumindest von der Hälfte der Expertinnen und Experten als richtig eingeschätzt wurden. Gleichzeitig zeigt sich, dass kein Distraktor von mehr als der Hälfte der Expertinnen und Experten fälschlicherweise als richtig eingeschätzt wurde. Nach den oben festgelegten Kriterien können 19 der 23 Items zum meta-wissenschaftlichen Wissen (82,61%) und 7 der 9 Items zum Methodenbewusstsein (77,78%) für die weitere Testentwicklung beibehalten werden. Dementsprechend wurden insgesamt sechs Items (MW-29, MW-31, MW-32, MW-37, MB-23 und MB-24) identifiziert, die nicht den obigen Kriterien entsprechen. Diese sind vor dem Einsatz im Rahmen der Hauptuntersuchung zu überarbeiten oder zu eliminieren. Dementsprechend legt analog zur Pilotierungsstudie auch das Ergebnis der ersten Befragung von Expertinnen und Experten nahe, dass Item MW-32 nicht geeignet zu sein scheint.

Neben der Bearbeitung des Testinstruments war es den teilnehmenden Expertinnen und Experten auch möglich, alle Items in einem offenen Kommentarfeld zu kommentieren. Die meisten Kommentare fokussierten Vorschläge zur sprachlichen Glättung der Items (z. B. „zu den Zielen“ anstatt „zu den Ziele“) oder Vorschläge zur Präzisierung von

Iteminhalten (z. B. „in ihrer mathematischen Bedeutung“ anstatt „in ihrem mathematischen Sinn“). Jedoch wurden auch inhaltliche Kommentare von den Expertinnen und Experten getätigt, die für die Testenwicklung relevant sind. Zum Item MW-37, welches als Single-Choice-Item konstruiert wurde, fällt bei der quantitativen Auswertung auf, dass sowohl die zweite als auch die dritte Antwortalternative als richtig eingeschätzt wurden. Aus den Kommentaren wird deutlich, dass es den Expertinnen und Experten schwergefallen ist, sich zwischen diesen beiden Antwortalternativen zu entscheiden, weil beide als richtig angesehen wurden. Nach einer Plausibilitätsprüfung wurde dieses Item gemäß der Experteneinschätzung als Multiple-Choice-Item mit zwei richtigen Antwortalternativen beibehalten. Neben diesem Item zum meta-wissenschaftlichen Wissen wurden vor allem Items zum Methodenbewusstsein inhaltlich kritisch eingeschätzt.

- MB-20: Aus formal-mathematischer Sicht sind alle Antwortalternativen falsch.
- MB-24: Die Korrektheit der Antwortalternativen hängt von der Dimension ab und der verwendete Abstandsbegriff ist nicht geklärt.
- MB-26: Korrekte Antwort kann hier anhand des Ausschlussverfahrens ermittelt werden. Allerdings ist die verbleibende (vermeintlich richtige) Antwort mathematisch ungenau.

Ausgehend von diesen Kommentaren wurden diese drei Items eliminiert. Zusätzlich konnte aufgrund der Kommentare Informationen darüber gewonnen werden, weshalb bei Item MB-23 die erste Antwortalternative von mehr als 25% als richtig eingeschätzt wurde. Das Item fokussiert inhaltlich die Definition für „monoton wachsend“ und die erste Antwortalternative ist strenggenommen eine Definition für „streng monoton wachsend“. Einige Expertinnen und Experten haben diese Antwortalternative als richtig gewählt, da sie z. B. die Implikation „Sei I ein Intervall und sei $f: I \to \mathbb{R}$ streng monoton. Dann ist $f: I \to \mathbb{R}$ monoton.“ berücksichtigt haben, positiv als „größer-gleich 0“ interpretiert haben oder möglicherweise keine strenge Unterteilung zwischen streng monoton und monoton machen. Um dieses Item beibehalten zu können, wurde die erste Antwortalternative angepasst und dann ebenfalls als *richtige* Antwortalternative deklariert. Damit wurden auf Basis der ersten Expertenbefragung drei Items (MB-20, MB-24, MB-26) ausgeschlossen, zwei Items (MW-37, MB-23) überarbeitet und die Items MW-29 und MW-31 bedürfen einer weiteren Validierung.

Die *zweite Expertenbefragung* hatte zum Ziel, Unstimmigkeiten bezüglich der eingeschätzten, fachlichen Korrektheit der Items zu begründen sowie die Klärung, inwieweit die ausgewählten Inhalte fachimmanent für das mathematische Arbeiten sind. Im Rahmen dieser Voruntersuchung wurden Ergebnisse der quantitativ-orientierten Expertenbefragung vorgestellt und anschließend fünf ausgewählte Items diskutiert, bei denen die Ergebnisse der ersten Befragung zu keiner Übereinstimmung innerhalb der Gruppe von Expertinnen und Experten geführt hat. Diese zweite Befragung wurde Anfang Oktober 2020 mithilfe des Videokonferenztools *Zoom* durchgeführt. Hieran nahmen insgesamt 12 Mathematikerinnen und Mathematiker aus dem Institut für Algebra und Geometrie sowie zwei Mathematikdidaktikerinnen und -didaktiker teil. In diesem Kontext sollten vor allem die Items MW-29 und MW-31 diskutiert werden, bei denen keine Erklärungsansätze für die Auffälligkeiten der quantitativen Auswertung aus den Kommentaren extrahiert werden konnten. Aufgrund der inhaltlichen Nähe des Items MW-30 zum problematischen

Item MW-29 und der inhaltlichen Bedeutung des Items MW-18 für den Test wurden auch diese Items in die Diskussion einbezogen. Zusätzlich wurde auch noch das Item MB-19 einbezogen, weil hier vergleichsweise oft (23%) die erste Antwortalternative fälschlicherweise als richtig eingeschätzt wurde. Demnach wurden die Items MW-18, MW-29, MW-30, MW-31 und MB-19 im Rahmen der Gruppendiskussion auf ihre fachliche Korrektheit und Eignung von den Expertinnen und Experten eingeschätzt.

Zum Item MW-18 merkten die Expertinnen und Experten an, dass der Begriff „Gegenbeispiel" in Zusammenhang mit Definitionen entweder nicht sinnvoll ist oder sogar unterschiedlich aufgefasst werden kann. Deshalb wurde die Antwortalternative auf Grundlage der Vorschläge gekürzt. Gründe, warum die zweite und dritte Antwortalternative fälschlicherweise als richtig eingeschätzt werden könnten, konnten nicht genannt werden, denn diese beiden Antwortalternativen wurden von den Expertinnen und Experten als eindeutig falsch eingeschätzt. Bei Item MW-29 kamen die Expertinnen und Experten übereinstimmend zum Ergebnis, dass die erste Antwortalternative eindeutig falsch und die dritte sowie vierte Antwortalternative eindeutig richtig sind. Die zweite Antwortalternative kann je nach mathematischem Teilgebiet unterschiedlich bewertet werden. Daher wurde entschieden, diese Antwortalternative durch eine einfachere, eindeutig festlegbare Aussage zu ersetzen. Ähnlich zu MW-29 waren sich die Expertinnen und Experten einig, dass bei MW-30 die erste und dritte Antwortalternative eindeutig richtig sind und die zweite und vierte eindeutig falsch sind. Bei Item MW-31 kam es allerdings zu divergierenden Einschätzungen bezüglich der Eigenschaften von Axiomen. Zwar konnte sich übereinstimmend darauf geeinigt werden, dass die erste Antwortalternative als falsch und die dritte als richtig bezeichnet werden können, allerdings konnte kein Konsens bezüglich der beiden anderen Antwortalternativen (*„Für die Wahl von Axiomen bedarf es keiner inhaltlichen Begründung, sondern ist willkürlich."* und *„In einem Axiomensystem kann nicht beurteilt werden, ob die verwendeten Axiome richtig oder falsch sind."*) erreicht werden. Aufgrund der Tatsache, dass es selbst durch Vorschläge zur Umformulierung der Items zu keinem Konsens bezüglich der Antwortalternativen kam, wird dieses Item ausgeschlossen. Zusätzlich wurde noch das Item MB-19 in die Expertenbefragung einbezogen, um möglicherweise zu klären, wieso zu 23% fälschlicherweise die erste Antwortalternative als richtig eingeschätzt wurde. Da aus der Diskussion keine plausiblen Gründe generiert werden konnten und die Expertinnen und Experten sich übereinstimmend einig waren, dass die erste Antwortalternative falsch ist, wurde das Item für die Hauptuntersuchung beibehalten. Insgesamt wurde auf Basis der Gruppendiskussion das Item MW-31 eliminiert, die Items MW-18 und MW-29 überarbeitet und die Items MW-30 und MB-19 beibehalten.

Kurzzusammenfassung
Auf Basis der Voruntersuchungen wurde ein vorläufiger Itempool mit 26 Items entwickelt, der durch die Pilotierungsstudie und den Expertenbefragungen erprobt wurden und den im Vorfeld festgelegten Kriterien weitestgehend entspricht. Vor dem Hintergrund des theoretisch abgeleiteten Kompetenzmodells und darauf aufbauenden Itemkonstruktion lassen sich die Items in Facetten der mathematikbezogenen wissenschaftspropädeutischen Kompetenzen gliedern.

Die Testitems werden mehrheitlich der Kompetenzfacette *meta-wissenschaftliches Wissen* (21) zugeordnet. Wesentlich weniger Items werden in die Kompetenzfacette *Methodenbewusstsein* (5) eingeordnet. Insgesamt wurden im Rahmen der Voruntersuchungen 32 Testitems validiert, wovon sechs Items (MW-31, MW-32, MB-20, MB-24, MB-26, MB-27) aufgrund von bestimmten Kriterien ausgeschlossen wurden. Items, die zur Facette des Methodenbewusstseins zugeordnet waren, wurden dabei häufiger ausgeschlossen als die Items zum meta-wissenschaftlichen Wissen. Dies basierte vor allem auf der Entscheidung der Expertinnen und Experten, welche unter anderem die vorgeschlagenen Definitionen als wenig mathematisch eingeschätzt haben.

Im Rahmen der Hauptuntersuchung soll vor allem die psychometrische Güte des Testinstruments überprüft werden. In diesem Kontext werden Auswertungsverfahren der klassischen Testtheorie mit denen der Item-Response-Theorie ergänzt. Konträr zu Pilotierungsstudie, die noch mit einer kleinen Stichprobengröße durchgeführt wurde, soll bei der Hauptuntersuchung (mit größerer Stichprobengröße) detaillierter auf die statistischen Item- und Modellfitwerte geachtet werden.

5.4.2 Hauptuntersuchung

Während die Pilotierungsstudien erste Anhaltspunkte für die Machbarkeit, Verständlichkeit und inhaltliche Validität des Tests liefern, sollen im Rahmen der Hauptuntersuchung auf Basis einer größeren Stichprobe Antworten auf die anfangs formulierten Fragestellungen generiert werden (Kapitel 5.2). Im Folgenden wird das methodische Vorgehen der Hauptuntersuchung beschrieben und begründet. Dabei gibt es viele Ähnlichkeiten zum Vorgehen bei der Pilotierungsstudie, z. B. das digitale Einbeziehen von Studierenden als Stichprobe aufgrund der andauernden Einschränkungen im Zuge der COVID-19-Pandemie. Unterschiede respektive Ergänzungen im Vergleich zur Pilotierungsstudie werden im Folgenden besonders hervorgehoben.

Design und Stichprobe

Im Rahmen der Hauptuntersuchung werden aufgrund forschungspragmatischer Gründe Studierende der Otto-von-Guericke-Universität Magdeburg zu Beginn des Wintersemester 2020/21 befragt. Die befragten Studierenden befinden sich am Anfang ihres Bachelorstudiums. Damit sollte bei den meisten Befragten der Erwerb der Hochschulreife noch nicht so weit entfernt liegen, wodurch sie sich nicht zu sehr von der eigentlichen Zielgruppe des Tests (Abiturientinnen und Abiturienten) unterscheiden sollten. Um eine breit gefächerte und möglichst große Stichprobe von Studierenden zu gewinnen, wurde die Gruppe von Studierenden fokussiert, die laut gültiger Studien- und Prüfungsordnung in Studiengänge eingeschrieben waren, bei denen das Belegen einer Mathematikveranstaltung obligatorisch ist. Insgesamt wurden fünf Mathematikveranstaltungen identifiziert, die sich vorrangig an Erstsemesterstudierende richten. Die Dozierenden der jeweiligen Mathematikveranstaltungen wurden kontaktiert und gefragt, inwieweit der Test im Rahmen des Lehrbetriebs eingebunden werden kann. Da die Onlinebefragung nicht während der Lehrveranstaltungen von den Studierenden bearbeitet werden konnte, musste die Teilnahmemotivation mit bestimmten Incentives gesteigert werden: Studierende konnten im Rahmen eines Losverfahrens einen Geldpreis in Höhe von 10 Euro gewinnen oder durch eine Bonuspunkteregelung zusätzliche Punkte für ihre Studienleistung erwerben.

Im Rahmen der Hauptuntersuchung wurde eine Stichprobe von $n = 313$ realisiert. Es nahmen 134 Frauen (42,8%) und 179 Männer (57,2%) aus mathematikhaltigen Studiengängen an der Befragung teil. Die Befragten waren größtenteils (63,6%) 22 Jahre oder jünger und die Mehrzahl (81,7%) gab an, sich im ersten oder zweiten Fachsemester zu befinden.

Die befragten Studierenden waren alle in Bachelorstudiengängen eingeschrieben, in denen Vorlesungen aus dem Bereich der Mathematik beziehungsweise mathematischen Methoden als Pflichtveranstaltungen im ersten Fachsemester vorgesehen sind. Demnach handelt es sich bei diesen Bachelorstudiengängen um Studienprogramme, in denen Mathematik zumindest als Anwendungsfach vorkommt. Von den 313 Befragten waren 159 in einem sozial- oder wirtschaftswissenschaftlichem Studiengang (50,8%), 69 in einem lehramtsbezogenen Studiengang (22,0%, von diesen haben 4,3% das Unterrichtsfach Mathematik belegt), 47 in einem technischen (15,0%), 25 in einem informatischen Studiengang (8,0%) und 16 in anderen Studiengängen (5,1%) eingeschrieben.

Instrumente

Das Erhebungsinstrument setzt sich aus dem pilotierten Itempool und der Abfrage weiterer Merkmale (mit etablierten Skalen) zusammen. Das gesamte Erhebungsinstrument ist in Anhang A.1 abgedruckt. Zur Überprüfung der externen Validität wurden das belegte Kursniveau des Unterrichtsfachs Mathematik in der gymnasialen Oberstufe, schulische Leistungen und das Interesse sowie das Selbstkonzept bezüglich Beweisen als individuelle Merkmale erhoben. Das belegte Kursniveau wurde mit einem Item erhoben, wobei die befragten Studierenden zwischen den Antworten *Leistungskurs* und *Grundkurs* wählen konnten. Da in Sachsen-Anhalt bezüglich des belegten Kursniveaus zum Zeitpunkt der Umfrage noch nicht differenziert wurde, wurde eine Ausweichoption („Es wurde nicht zwischen Grund- und Leistungskursen unterschieden.") eingefügt. Ebenso wurde als Validierungskriterium die schulische Leistung herangezogen. In diesem Rahmen wurde die letzte Zeugnisnote in Mathematik (von 0 (ungenügend) bis 15 Punkte (sehr gut)) und die Note der Hochschulzugangsberechtigung (von 1,0 (sehr gut) bis 4,0 (ausreichend)) als Selbstbericht erfasst. Für die Erfassung des Interesses und des Selbstkonzepts bezüglich Beweisen wurden etablierte Skalen verwendet. Konkret wurden das Selbstkonzept bezüglich Beweisen mit drei Items (Rach et al., 2017) und das Interesse bezüglich Beweisen mit vier Items (Ufer et al., 2017) gemessen, wobei Antworten auf einer vierstufigen Likert-Skala (von 1 = „trifft nicht zu" bis 4 = „trifft zu") gegeben wurden. Die Skalen zum Selbstkonzept (*Cronbachs* $\alpha = 0{,}80$) und zum Interesse bezüglich Beweisen (*Cronbachs* $\alpha = 0{,}85$) weisen beide eine gute Reliabilität auf. Die Merkmale weisen keine Decken- und Bodeneffekte auf und korrelieren meistens schwach bis mittel miteinander (siehe Tabelle 3).

Vor dem Hintergrund testökonomischer Überlegungen und den Ergebnissen der Pilotierungsstudie wird angenommen, dass die Bearbeitung des Tests etwa 30 bis maximal 45 Minuten dauert. In Unterschied zur Pilotierungsstudie sollten die befragten Studierenden keine Auffälligkeiten im Rahmen einer Feedbackfunktion kommentieren. Es zeigte sich, dass die Befragten für die Bearbeitung des gesamten Erhebungsinstruments 38.4 Minuten ($SD = 14{,}2$) benötigten.

Tabelle 3: Deskriptivstatistik und Interkorrelationen der individuellen Merkmale.

Merkmal	*M*	*SD*	1	2	3	4
1. Letzte Mathematiknote (Punkte)	7,99	3,74	—			
2. Abiturnote	2,52	0,59	-0,43**	—		
3. Selbstkonzept Beweisen	2,30	0,72	0,23**	-0,18**	—	
4. Interesse Beweisen	1,99	0,71	0,23**	-0,12*	0,59**	—

Anmerkung: ** $p < 0{,}01$, * $p < 0{,}05$.

Datenaufbereitung

Die Rohdaten wurden durch das Onlinebefragungstool SoSci (Version 3.2.00) automatisch als Excel-Datei abgespeichert und mit der Statistiksoftware R eingelesen. Die Testitems lagen dabei zunächst so vor, dass aus den Rohdaten ersichtlich war, welche Antwortmöglichkeit von den Testpersonen gewählt wurde. Die Rohdaten wurden im nächsten Schritt dichotom umcodiert (1 = „richtig" und 0 = „falsch"). Bei Multiple-Choice-Items, d. h. Items mit mehreren richtigen Antwortalternativen, wurde nur dann der Code 1 verwendet, falls alle richtigen Antwortalternativen und keine falschen Antwortalternativen ausgewählt worden sind. Neben der Dichotomisierung der Testitems wurden auch negativ gepolte Skalenitems umcodiert.

Im Folgenden wird der Umgang mit fehlenden Werten („missing data") beschrieben. Wie oben dargestellt, handelt es sich bei der vorliegenden Studie um eine Validierung eines Testinstruments, welches eher der Logik eines Niveautests folgt. Demnach sind fehlende Werte nicht auf Zeitmangel zurückzuführen (wie bei Speedtests), sondern auf eine fehlende beziehungsweise nicht ausreichende Kompetenzausprägung. Fälle, bei denen es zu einer sehr großen Anzahl an fehlenden Werten gekommen ist (mehr als 50%), werden komplett ausgeschlossen. Dies ist insofern plausibel, als dass bei diesen Fällen davon ausgegangen werden kann, dass diese nur mit niedriger Motivation am Test teilnehmen oder es zu technischen Problemen bei der Onlinebefragung gekommen ist. Nach dieser Bereinigung mussten 13 Fälle ausgeschlossen werden, d. h., es sind 300 Fälle übrig. Bei diesen 300 Fällen kommt es in drei Fällen zu fehlenden Werten. Die fehlenden Antworten auf die Testitems werden in diesen drei Fällen mit 0 („falsch") codiert. Dies ist plausibel, weil davon ausgegangen werden kann, dass das Nichtbeantworten eher auf eine geringe Kompetenz als auf zeitliche Probleme zurückzuführen ist.

In Bezug auf die Antworten auf die entwickelten Testitems wird dementsprechend mit einem vollständigen Datensatz gearbeitet, d. h. Itemanalysen sowie die Rasch-Modellierung erfolgt mit diesen 300 Fällen. Für die Überprüfung der Stichprobenunabhängigkeit (basierend auf der Modellrechnung mit $n = 300$) wurde ein imputationsbasiertes Verfahren gewählt, um mit möglichen fehlenden Werten weiterer Variablen umzugehen. Dies betrifft fehlende Werte in den Variablen *Letzte Mathematiknote* (Anzahl fehlender Werte: 1) und *Abiturnote* (Anzahl fehlender Werte: 26). Da es sich bei beiden Variablen um (quasi-)metrische Variablen handelt, ist es sinnvoll, die Methode des „Predictive Mean Matching" zu verwenden, die gleichzeitig auch in der Praxis eine häufig vorkommende Imputationsmethode ist (Kleinke, 2018). Ein Vorteil dieser Imputationsmethode ist, dass die imputierten Werte innerhalb der durch die realisierten Merkmalsausprägungen vorgegebenen Spannweite liegen. Mit dem R-Paket *mice* (van Buuren & Groothius-Oudshoorn, 2011) werden fünf komplette Datensätze erzeugt, bei denen die fehlenden Werte durch imputierte Werte ersetzt werden. Die Entscheidung, mit welchen der komplettierten Datensätze die Stichprobenunabhängigkeit überprüft wird, erfolgt anhand einer Gegenüberstellung der Deskriptiva der beiden Variablen. Hierfür sind die deskriptiven Verteilungen der beiden Variablen im ursprünglichen Datensatz sowie in den komplettierten Datensätzen im Anhang A.3 und A.4 zu finden. In Bezug auf die Variable *Letzte Mathematiknote* scheinen alle fünf Datensätze sinnvolle Werte zu liefern, da die Deskriptiva dieser Variablen sich kaum von denen des ursprünglichen Datensatzes unterscheiden. Jedoch weichen die Mittelwerte des ersten und fünften imputierten Datensatzes stärker von 8,06 ab als die anderen. Auch bezüglich der *Abiturnote* liefern zunächst alle fünf Datensätze plausible Werte, wobei der zweite Datensatz am stärksten von 2,51 als Mittelwert abweicht und den Median verändert. Dementsprechend sollten die Datensätze 3 und 4 genauer betrachtet werden. Unter Einbezug der Verteilungsparameter der Schiefe und Wölbung (Kurtosis) ist leicht einzusehen, dass sich der imputierte Datensatz 3 gegenüber 4 durchsetzt. Daher wird die Überprüfung der Stichprobenunabhängigkeit mit dem imputierten Datensatz 3 durchgeführt. Bei weiteren Berechnungen (z. B. Korrelationsanalysen) werden aufgrund nicht allzu hoher Anzahl fehlender Werte (maximal 26) listenweise unvollständige Fälle ausgeschlossen. Zudem soll es dadurch zu keiner Über- beziehungsweise Unterschätzung von statistischen Parametern kommen, was zu einer Verfälschung der Teststatistiken und *p*-Werten führen könnte. Dementsprechend können die Fallzahlen in einzelnen Analysen geringfügig abweichen.

Datenauswertung
Die Auswertung der Daten erfolgt mit der Statistiksoftware R (Version 4.2.0). Dabei werden sowohl Verfahren der klassischen als auch der probabilistischen Testtheorie eingesetzt. Die ermittelten statistischen Kennwerte geben Auskunft über die psychometrische Güte des Testinstruments. Im Rahmen der klassischen Testtheorie werden Items mit einer Itemschwierigkeit zwischen 0,3 und 0,7 als mittelschwer bezeichnet und sollten bei der Testzusammenstellung bevorzugt werden, weil diese die meisten Informationen über Unterschiede zwischen Testteilnehmenden liefern können (Allen & Yen, 1979). Abhängig davon, wofür das Testinstrument eingesetzt werden soll, kann es sinnvoll sein, leichte ($P_i < 0{,}3$) beziehungsweise schwierige Items ($P_i > 0{,}7$) im Testinstrument zu implementieren. Gerade bei Niveautests, die zum Ziel haben, ein breites Konstrukt zu messen, ist es wichtig, genügend schwierige und leichte Items beizubehalten, um auch in den extremen Bereichen zwischen Leistungen differenzieren zu können. Daneben spielt in der klassischen Testtheorie auch die Trennschärfe eines Items *i* eine wichtige Rolle. Ein hoher Trennschärfekoeffizient eines Items *i* zeigt dabei an, dass „gute“ Testteilnehmerinnen und -teilnehmer meist auch das Item *i* richtig lösen. Möltner et al. (2006) schlagen die folgende Klassifikation vor: Trennschärfen werden als gut bezeichnet, wenn sie über 0,3 liegen, und als akzeptabel, wenn sie zwischen 0,2 und 0,3 liegen. Trennschärfen, die unter 0,1 liegen, sind schlecht und die dazugehörigen Items sollten eliminiert oder überarbeitet werden. Liegt die Trennschärfe zwischen 0,1 und 0,2, dann werden diese als marginal bezeichnet und sollten unter Berücksichtigung inhaltlicher Aspekte oder weiterer statistischer Kenngrößen untersucht werden. Zusätzlich kann der Selektionswert herangezogen

werden, der Trennschärfe r_{it} und Itemschwierigkeit P_i in einen Kennwert zusammenbringt, wobei das entscheidende Kriterium die Trennschärfe bleibt: $SK_i = \frac{r_{it}}{2 \cdot \sqrt{P_i \cdot (1-P_i)}}$.

Mit diesem Kennwert soll der Benachteiligung von Items in den extremen Randbereichen entgegengesteuert werden (Lienert & Raatz, 1998). Dabei werden Selektionswerte kleiner als 0,2 als kritisch angesehen, d. h., jene Items sollten in Hinblick auf ihre inhaltliche Relevanz für die Skala überprüft werden. Die Reliabilität der Gesamtskala wird mithilfe der Split-Half-Reliabilität und der internen Konsistenz (*Cronbachs* α) überprüft. Die Split-Half-Reliabilität eignet sich vor allem dann, wenn der Test nur einmal durchgeführt wird. Hierfür wird das Testinstrument in zwei Hälften geteilt und angenommen, dass die beiden konstruierten Testhälften das gleiche Konstrukt messen. Demnach sollte die Korrelation zwischen beiden Testhälften hoch ausfallen. Um die Reliabilitätsreduktion durch die verminderte Testlänge zu korrigieren, wird die Spearman-Brown-Korrektur angewendet und der Spearman-Brown-Koeffizient angegeben. Dabei werden Werte ab 0,7 als akzeptabel angesehen (George & Mallery, 2019).

Neben Auswertungsmethoden der klassischen Testtheorie soll das entwickelte Testinstrument auch probabilistisch mithilfe des Rasch-Modells untersucht werden. Für die Raschskalierbarkeit wird zunächst die Eindimensionalität beziehungsweise Itemhomogenität überprüft. Zur Überprüfung der Itemhomogenität werden sowohl nichtinferenzstatistische als auch inferenzstatistische Modelltests eingesetzt. Als nichtinferenzstatistisches Verfahren wird die modifizierte Parallelenanalyse (MPA) nach Drasgow und Lissak (1983) durchgeführt. Auf Basis des Rasch-Modells werden mithilfe eines Monte-Carlo-Verfahrens Stichproben erzeugt, die die Voraussetzung der Eindimensionalität erfüllen. Sowohl für die beobachteten Daten als auch für die Monte Carlo simulierten Stichproben werden mittels nichtlinearer Faktorenanalyse Eigenwerte berechnet und anschließend werden die berechneten Eigenwerte für die simulierten Stichproben gemittelt. Die ermittelten Eigenwerte können dann geplottet und miteinander verglichen werden. Von Multidimensionalität wird dann ausgegangen, wenn der zweite Eigenwert der beobachteten Daten substantiell größer ist als der zweite Eigenwert der simulierten Daten (Drasgow & Lissak, 1983). Die MPA wird mittels des R-Pakets *ltm* durchgeführt (Rizopoulos, 2018).

Neben diesem eher explorativen Verfahren zur Überprüfung der Eindimensionalität werden noch zwei inferenzstatistische Tests durchgeführt. Der Martin-Löf-Test ist wohl das bekannteste Verfahren zur Überprüfung der Eindimensionalität im Rasch-Modell (Bartolucci et al., 2019), welcher auch als „modifizierter Likelihoodquotiententest" (Rost, 2004, S. 352) bezeichnet wird. Dabei werden die Items in zwei Hälften geteilt und die entstandenen Testhälften miteinander verglichen. Unter der Annahme der Eindimensionalität sollten beide Hälften das gleiche latente Konstrukt messen. Das Verfahren testet die Nullhypothese, dass Eindimensionalität vorliegt, mithilfe von Parameterschätzungen nach der Methode der bedingten Maximum-Likelihood-Schätzung. Zusätzlich wird der nonparamterische -T_2-Test nach Ponocny (2001) angewendet, der auch bei kleinen Stichproben zu reliablen Ergebnissen kommt. Der Test gehört zu einer Familie von Testverfahren nach Ponocny (2001). Diese Tests nutzen zufällig generierte binäre Matrizen (gleicher Dimension wie die beobachteten Daten) anhand einer Monte-Carlo-Methode (Anzahl simulierten Matrizen: 500). Danach werden passende Teststatistiken für die beobachteten und für jeden simulierten Datensatz berechnet. Auch der -T_2-Test testet die Nullhypothese von Eindimensionalität. Für die Ermittlung des p-Werts wird die relative Häufigkeit herangezogen, die angibt, in welchem Anteil der simulierten Datensätze die Personenrohwerte weniger streuen als in den beobachteten Daten (Koller & Hatzinger, 2013). Genaueres zu beiden Testverfahren aus testtheoretischer Sicht kann bei Bartolucci et al. (2019) nachgelesen werden. Beide Verfahren sind im R-Paket *eRm* implementiert (Maier et al., 2021).

Eine weitere zu prüfende Voraussetzung ist die lokale stochastische Unabhängigkeit. Dieser Forderung liegt die Annahme zugrunde, dass in einer Gruppe von Personen mit gleichen Personenparametern die Lösungswahrscheinlichkeit davon unabhängig ist, ob die Person ein davor bearbeitetes Item richtig gelöst hat oder nicht. Dazu wurde die in der Literatur verbreitete Q3-Statistik (Yen, 1984, 1993) herangezogen. Die Grundidee ist, dass Testitems bei lokaler stochastischer Unabhängigkeit unter Kontrolle der Personenparameter nicht mehr miteinander korrelieren sollten. Auf Grundlage von geschätzten Item- und Personenparameter werden Residuen für das Antwortverhalten aller Personen berechnet, welche sich aus der Differenz zwischen der erwarteten und der tatsächlichen Itemantwort ergeben. Die Q3-Statistik wird jeweils paarweise für die 26 Testitems berechnet und gibt die Residual-Korrelationen der jeweiligen Items in einer Korrelationsmatrix an. Dabei geben Werte, die betragsmäßig größer als 0,2 sind, Hinweise auf eine mögliche lokale stochastische Abhängigkeit zwischen den jeweiligen Items an (Chen & Thissen, 1997; Yen, 1993). Zur Berechnung der Q3-Statistik wurde das R-Paket *subscore* verwendet (Dai et al., 2019).

Die Stichprobenunabhängigkeit wird mit dem bedingten Likelihood-Quotienten-Test nach Andersen (1973) durchgeführt. Dabei handelt es sich um den wohl bekanntesten Signifikanztest für das Rasch-Modell, „weil er relativ gut in der Lage ist, Abweichungen vom Rasch-Modell zu entdecken" (Bühner, 2011, S. 532). Dem Test liegt die Annahme zugrunde, dass die Items in Teilstichproben dasselbe latente Personenmerkmal messen. Nach festgelegten Teilungskriterien (z. B. Alter) werden Teilstichproben gebildet, die genutzt werden, um Itemparameter für die beiden Gruppen separat zu schätzen und diese miteinander zu vergleichen. Mithilfe des Likelihood-Quotienten-Tests wird ein empirischer χ^2-Wert (*LR*-Wert) berechnet und mit dem kritischen χ^2-Wert (abhängig von der Anzahl der Freiheitsgrade) verglichen (Bühner, 2011). Bei p-Werten, die größer als das festgelegte Signifikanzniveau sind, kann davon ausgegangen werden, dass sich die geschätzten Itemparameter stichprobenunabhängig verhalten und der Test rasch-skalierbar ist. Dieses Verfahren ist im R-Paket eRm implementiert (Maier et al., 2021).

Dadurch, dass beim Andersen-Test alle Items simultan geprüft werden, gibt ein signifikantes Ergebnis keine Auskunft darüber, welche Items konkret die Forderung der Stichprobenunabhängigkeit verletzen. Um Informationen darüber zu genieren, welche Items konkret in Subgruppen bezüglich eines festgelegten Teilungskriteriums (z. B. Alter) unterschiedlich „funktionieren", werden Analysen des *Differential Item Functionings* (DIF) durchgeführt. Ein DIF-Item liegt dementsprechend vor, wenn die Lösungswahrscheinlichkeit eines Items nicht vollständig durch die Personen- und die Itemparameter erklärt werden kann (Adams & Carstensen, 2002). Zur Identifikation von DIF-Items wurde die Mantel-Haenszel-Methode gewählt, weil diese leicht einsetzbar, die Ergebnisse leicht interpretierbar und robust sind und es sich bei dieser Methode um ein sehr häufig angewendetes Verfahren handelt (Fontaine, 2005). Beim Verfahren werden die Personen zunächst nach einem Teilungskriterium in eine Fokus- und eine Referenzgruppe geteilt. Eine wichtige Rolle spielt der sogenannte Mantel-Haenszel-Odds-Ratio (α_{MH}), der als „ratio between the probability of correctly answering the item against the probability of failing in the focal group, and the probability of answering it correctly against the probability of getting it wrong in the reference group“ (Bandeira, 2002; Hidalgo et al., 1997; 1999; zit. nach Montero-Rojas & Moreira-Mora, 2017, S. 6) verstanden werden kann. Bei einem α_{MH} von gleich 1 haben Personen mit selben Personenparameter aus beiden Subgruppen die gleiche Lösungswahrscheinlichkeit bei dem jeweiligen Item. Die Mantel-Haenszel-Methode prüft die Hypothese, ob Personen mit selben Personenparameter die gleiche Lösungswahrscheinlichkeit je Item aufweisen, d. h. $H_0: \alpha_{MH} = 1$. Für den Fall, dass bei einem Item das Ergebnis signifikant wird ($p < 0{,}05$), muss davon ausgegangen werden, dass das Item bestimmte Subgruppen bevorzugt beziehungsweise benachteiligt. Um die Stärke von identifizierten DIF-Items zu bestimmen, werden zusätzlich δ_{MH}-Werte berechnet. Dabei werden δ_{MH}-Werte, die betragsmäßig kleiner als 1 sind, als Items mit vernachlässigbaren DIF-Effekten bezeichnet; Werte betragsmäßig zwischen 1 und 1,5 deuten auf Items mit kleinen bis moderaten DIF-Effekten und Werte, die betragsmäßig über 1,5 liegen, zeigen an, dass moderate bis große DIF-Effekte vorliegen (Zwick et al., 2000). DIF-Analysen und die verwendete Mantel-Haenszel-Methode werden mit dem R-Paket *difR* durchgeführt (Magis et al., 2020).

Sofern von der Erfüllung der Voraussetzungen für die Gültigkeit des Rasch-Modells ausgegangen werden kann, werden die Daten mithilfe des Rasch-Modells analysiert. Eine Rasch-Modellierung der Daten erscheint sinnvoll, weil aus theoretischer Sicht weder von einer logischen Abhängigkeit der Items noch von identischen Aufgabenschwierigkeiten ausgegangen werden kann (Rost, 2004). Mithilfe des R-Pakets *TAM* (Robitzsch et al., 2021) wird die Rasch-Skalierung gerechnet. Der Vorteil einer Rasch-Modellierung erlaubt es, die Personen- und Itemparameter in Beziehung zueinander zu analysieren. Um die Itemparameter zu schätzen, wird die Marginale-Maximum-Likelihood-Schätzung (MML) angewendet. Die MML-Schätzung enthält neben den Itemparametern auch die Verteilung der Personenparameter (Rost, 2004), was parallel dazu führen kann, dass die Anzahl der Modellparameter reduziert wird. Zusätzlich wird bei der Schätzung die Normalverteilung der Personenparameter angenommen, was für die Beschreibung von Leistungsmerkmalen prinzipiell als geeignet erscheint. Um zu überprüfen, ob die einbezogenen Items zum Messmodell passen, werden die Infit-Werte berechnet. Dabei handelt es sich um *gewichtete Mean Squares* (WMNSQ) beziehungsweise um gewichtete Abweichungsquadrate zwischen beobachteten und erwarteten Lösungshäufigkeiten in Bezug auf Item- und Personenparameter. Dabei zeigen WMNSQ von gleich 1 einen perfekten Fit an. Werte, die kleiner als 1 sind, zeigen an, dass die empirische Verteilung der Lösungshäufigkeiten weniger streut als erwartet, d. h., dass „die Vorhersagekraft der Daten ist größer als vom Modell erwartet“ (Asseburg, 2012, S. 103). Werte, die größer als 1 sind, sind eher problematisch. In diesem Fall weisen die Daten eine schlechtere Vorhersagekraft als erwartet auf, weil die empirischen Daten über eine höhere Unsicherheit (z. B. zufällige Schwankungen) als erwartet verfügen. Um von einem akzeptablen Iteminfit auszugehen, sollten die WMNSQ-Werte zwischen 0,75 und 1,33 liegen (Adams &

Khoo, 1996). Daneben wird die Messgenauigkeit der gesamten Skala mittels EAP- (expected a posteriori) und WLE-Reliabilität (weighted-Likelihood-Estimates) angegeben. Die Werte rangieren zwischen 0 und 1 und lassen sich wie das Reliabilitätsmaß *Cronbachs* α interpretieren.

Die Kompetenzniveaus wurden über eine Analyse der geordneten Items nach IRT-berechneten Itemparametern bestimmt. Aufgrund des Zusammenhangs zwischen Item- und Personenparameter im IRT-Modell können basierend auf den Itemparametern dazugehörige Personenparameter derart bestimmt werden, dass die Items mit gegebenem Itemparameter und einer festgelegten Lösungswahrscheinlichkeit gelöst werden. Bei der Beschreibung von Kompetenzen ist es wichtig, dass Personen die Anforderungen in Testitems auch mit einer gewissen Sicherheit lösen können, weshalb eine Lösungswahrscheinlichkeit von 50% zu gering ist (Hartig, 2007). In der Praxis wird sich häufig für eine Lösungswahrscheinlichkeit von 0,67 entschieden (Cizek & Bunch, 2007), weshalb sich auch in dieser Studie für eine 67%-Schwelle entschieden wurde.

Neben der Ermittlung der erzielten Testleistung, die als metrisch-skalierte Variable über Vorteile in Bezug auf die statistische Auswertung verfügt, ist es auch interessant zu wissen, welche Personen konkret über welche Kompetenzen verfügen und wo Potential für nächste Lernfortschritte liegt. Damit ist es auch sinnvoll, eine eher qualitative, kriteriumsorientierte Sicht auf Kompetenzen einzunehmen. In diesem Rahmen sollen die Personenparameter mit konkreten, inhaltlichen Anforderungen verknüpft werden, die die jeweiligen Personen bewältigen können. Hierfür sollen sogenannte Kompetenzniveaus definiert werden.

Zur Bildung dieser Kompetenzniveaus wird häufig auf die Itemparameter und die dazugehörigen Anforderungssituationen eingegangen. Das konkrete Vorgehen im Rahmen dieser Studie ist dabei wie folgt: Beginnend vom einfachsten Item wurden zunächst nach empirischen „Sprüngen“ der Itemparameter gesucht, die auch inhaltlich begründbar sind (z. B. gemäß dem theoretisch entwickelten Kompetenzmodell). An solchen Sprungstellen können Grenzen zwischen Kompetenzniveaus festgemacht werden. Die Itemparameter der einfachsten Items eines jeweiligen Kompetenzniveaus werden genutzt, um den Personenparameter zu ermitteln, der die untere Grenze des jeweiligen Kompetenzniveaus angibt. Hierfür werden der ermittelte Cut-off-Wert der Itemparameter sowie die festgelegte Lösungswahrscheinlichkeit von 0,67 in die Modellgleichung (Kapitel 5.3) eingesetzt und die Gleichung nach dem Personenparameter aufgelöst. Mit diesem Verfahren ergeben sich dann die Cut-off-Werte für die Kompetenzniveaus. Weitere Differenzierungen innerhalb eines Kompetenzniveaus werden dann nicht vorgenommen, denn es wird angenommen, dass die Personen auf einem Kompetenzniveau sich bezüglich dem Bewältigen von spezifischen Anforderungssituationen (stark) ähneln. Auf Grundlage der zugeordneten Items zu jedem Niveau werden *ex post* Kompetenzbeschreibungen formuliert, über welche Personen auf dem jeweiligen Niveau verfügen.

Bei der fünften Fragestellung geht es um die Überprüfung der externen Validität, d. h. der Frage nach angemessenen Zusammenhängen zu anderen Konstrukten (Leuders, 2014). Zur Überprüfung der externen Validität werden einerseits *t*-Tests für unabhängige Stichproben und andererseits Korrelationsanalysen gerechnet. Um Mittelwertunterschiede mithilfe des t-Tests für unabhängige Stichproben auf Signifikanz zu überprüfen, sollten beide Gruppen aus Grundgesamtheiten mit gleicher Varianz kommen. Daher werden die Gruppen mithilfe des Levene-Tests auf Varianzhomogenität untersucht. Bei Verletzung der Homogenitätsannahme wird stattdessen der approximative Welch-t-Test eingesetzt, welcher bei Varianzungleichheit eine deutlich höhere Power als der t-Test aufweist und auf eine Prüfung der Normalverteilungsannahme in den Gruppen verzichtet (Rasch et al., 2011). Zudem wird die externe Validität mithilfe Korrelationsanalysen untersucht, die die Zusammenhänge zwischen der ermittelten Testleitung und kognitiven sowie affektiven Konstrukten angeben. Hierfür werden Pearson-Korrelationen berechnet. Um diese auf Signifikanz untersuchen zu können, wird vorausgesetzt, dass die korrelierten Variablen normalverteilt sind. Mithilfe eines Shapiro-Wilk-Tests zeigt sich, dass die Gesamtskala der ermittelten Testleistung die Annahme der Normalverteilung verletzt ($p < 0{,}05$). Um dennoch die Zusammenhänge zwischen der ermittelten Testleistung und den Validitätskriterien untersuchen zu können, werden Pearson-Korrelationen vom Bootstrap-Typ (mit 10.000 Replikationen) gerechnet. Diese Methode folgt der Idee des Resamplings, weshalb Normalität nicht vorausgesetzt wird (Bishara & Hittner, 2017). Konkret werden sogenannte Bootstrap-Stichproben aus dem ursprünglichen Datensatz mit Zurücklegen gezogen und für jede Bootstrap-Stichprobe der Pearson-Korrelationskoeffizient (oder andere statistische Maße) berechnet. Bei einer großen Anzahl an Stichproben sollten die berechneten Korrelationskoeffizienten normalverteilt um den „wahren" Korrelationskoeffizienten der Population liegen. Die Berechnung von 95%-Konfidenzintervallen für Pearson-Korrelationskoeffizienten mithilfe des Bootstrap-Verfahrens erfolgt durch das R-Paket *boot* (Canty & Ripley, 2021).

5.5 Ergebnisse

Psychometrische Überprüfung des Testinstruments

Im Rahmen der Itemanalyse werden zunächst die Itemkennwerte auf Basis der klassischen Testtheorie dargestellt. Dabei orientiert sich die Ergebnisdarstellung an den zu messenden Kompetenzfacetten des Konstrukts (meta-wissenschaftliches Wissen und Methodenbewusstsein) und ist in der folgenden Tabelle zusammengefasst abgedruckt.

Die Analyse der Itemkennwerte auf Basis der klassischen Testtheorie kommt insgesamt zu ähnlichen Ergebnissen wie die Pilotierungsstudie (Kapitel 5.4.1). Die Itemschwierigkeiten der Testitems rangieren zwischen 0,08 und 0,84 und der Mittelwert für die Itemschwierigkeiten liegt im schwierigen bis mittleren Bereich bei 0,44. Diese Ergebnisse deuten darauf hin, dass einige Items (z. B. Item MW-29) als eher schwierig einzustufen sind, während das gesamte Testinstrument eine recht große und damit zufriedenstellende Spannweite bezüglich der Itemschwierigkeit aufweist (Lienert & Raatz, 1998). Die mittlere Standardabweichung der Itemschwierigkeiten liegt bei 0,44. Im Mittel weisen die Items eine akzeptable Trennschärfe von 0,33 auf. Drei Items weisen eine niedrige Trennschärfe auf ($r_{it} < 0{,}20$), was knapp nicht mehr als akzeptabel bezeichnet werden kann (Möltner et al., 2006). Nach Berechnen des Selektionswertes können die Items MW-08 und MB-19 beibehalten werden, da die Selektionswerte die Trennschärfen auf ausreichende Werte korrigieren (Lienert & Raatz, 1998). Das Item MB-21 wird trotz knapp nicht akzeptabler Trennschärfe beibehalten, um die Anzahl der Items der Subskala nicht weiter zu reduzieren, damit das Methodenbewusstsein angemessen innerhalb der Gesamtskala repräsentiert wird.

Tabelle 4: Übersicht zu den Itemkennwerten der klassischen Testtheorie.

	Item	P_i	SD	r_{it}	SK_i
Meta-wissenschaftliches Wissen	MW-04	0,52	0,50	0,25	—
	MW-05	0,36	0,48	0,37	—
	MW-06	0,51	0,50	0,32	—
	MW-07	0,60	0,49	0,32	—
	MW-08	0,84	0,37	0,19	0,26
	MW-10	0,52	0,50	0,48	—
	MW-11	0,42	0,49	0,39	—
	MW-12	0,63	0,48	0,32	—
	MW-13	0,62	0,49	0,24	—
	MW-15	0,12	0,32	0,40	—
	MW-16	0,47	0,50	0,44	—
	MW-18	0,27	0,44	0,43	—
	MW-28	0,44	0,50	0,40	—
	MW-29	0,08	0,27	0,25	—
	MW-30	0,35	0,48	0,41	—
	MW-33	0,33	0,47	0,41	—
	MW-34	0,79	0,41	0,25	—
	MW-35	0,64	0,48	0,32	—
	MW-36	0,45	0,50	0,47	—
	MW-37	0,49	0,50	0,26	—
	MW-38	0,80	0,40	0,38	—
Methoden-bewusst-sein	MB-19	0,21	0,41	0,18	0,22
	MB-21	0,50	0,50	0,18	0,18
	MB-22	0,30	0,46	0,27	—
	MB-23	0,10	0,30	0,32	—
	MB-25	0,11	0,32	0,37	—

Anmerkung: Itembezeichnung ist analog zur der Bezeichnung in der Pilotierungsstudie. Aufgrund der ausgeschlossenen Items fehlen einige Itembezeichnungen.

Basierend auf der Analyse der Itemschwierigkeiten und Trennschärfen können alle 26 Items beibehalten werden und für die weiteren Analysen herangezogen werden. Die deskriptive Verteilung der Gesamtskala ist in Tabelle 5 abgedruckt.

Tabelle 5: Deskriptiva der Gesamtskala *Mathematikbezogene Wissenschaftspropädeutische Kompetenzen.*

Items	*n*	*M*	*SD*	*Median*	*Min*	*Max*	*Schiefe*	*Kurtosis*
26	300	11,46	3,85	11,00	2,00	21,00	0,17	-0,28

Dimensionalität und Konsistenzüberprüfung

Als erste Voraussetzung des Rasch-Modells ist die Überprüfung der Eindimensionalität des Konstrukts, d. h. die Überprüfung, ob die 26 Items zusammen ein latentes und eindimensionales Konstrukt messen. Die Nullhypothese von Eindimensionalität des Konstrukts wird mithilfe der modifizierten Parallelenanalyse (Drasgow & Lissak, 1983), dem Martin-Löf-Test und dem nonparametrischen -T_2-Test nach Ponocny (2001) durchgeführt. Die Ergebnisse der modifizierten Parallelenanalyse sind in Tabelle 6 abgedruckt.

Tabelle 6: Modifizierte Parallelenanalyse mit 100 Monte Carlo simulierten Stichproben.

Statistik	
Zweiter Eigenwert in den beobachteten Daten	1,6015
Durchschnitt der zweiten Eigenwerte in den Monte-Carlo-Stichproben	1,5556
Monte-Carlo-Stichproben	100
p-Wert	0,297

Wie der Tabelle zu entnehmen ist, ist die Differenz der zweiten Eigenwerte eher klein. Zusätzlich wird der *p*-Wert berichtet, der es ermöglicht, die Differenz der Eigenwerte inferenzstatistisch auf Signifikanz zu überprüfen. Es lässt sich erkennen, dass es keinen signifikanten Unterschied zwischen den beobachteten und den Monte Carlo simulierten Eigenwerten ($p > 0{,}05$) gibt. Dementsprechend wird die Nullhypothese von Eindimensionalität des Konstrukts nicht verworfen. Zusätzlich kann die modifizierte Parallelenanalyse auch graphisch mit allen Eigenwerten dargestellt werden (siehe Abbildung 13). Hier kann nochmal graphisch nachvollzogen werden, dass es sinnvoll ist, von einem dominierenden Faktor auszugehen und wie die Differenz zwischen den beobachteten Eigenwerten (nicht nur den zweiten) und den der durchschnittlich simulierten Daten ausfällt. Es ist zu sehen, dass die Differenzen zwischen den beobachteten und den durchschnittlich simulierten Daten gering sind, was das obige Ergebnis stützt.

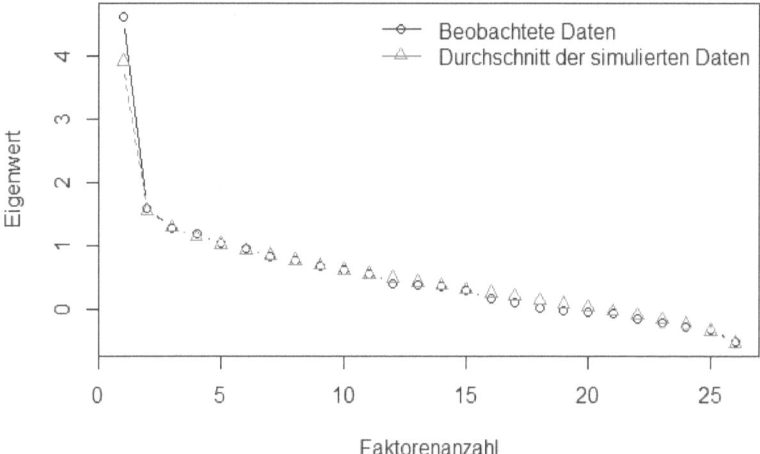

Abbildung 13: Eigenwerte der beobachteten und der durchschnittlich simulierten Daten.

Nach der modifizierten Parallelenanalyse werden noch zwei „formale“ Tests auf Eindimensionalität durchgeführt. Als Testteilungskriterien für den Martin-Löf-Test werden der Median und der Mittelwert der Itemschwierigkeiten verwendet sowie die Gruppierung der Items nach den erfassten Facetten der mathematikbezogenen wissenschaftspropädeutischen Kompetenzen. Die Ergebnisse der Analysen sind in der Tabelle 7 zu finden.

Tabelle 7: Ergebnisse des Martin-Löf-Tests.

	Hauptuntersuchung (n = 300)		
Teilungskriterium	*LR*-Wert	*df*	*p*
1. Median	99,38	168	> 0,999
2. Mittelwert	93,93	164	> 0,999
3. Meta-wissenschaftliches Wissen vs. Methodenbewusstsein	64,49	104	0,999

Wie sich an den Werten ablesen lässt, kann die Annahme der Eindimensionalität des Konstrukts mit keinem der drei Teilungskriterien abgelehnt werden ($p > 0,05$). Zu einem ähnlichen Ergebnis kommt der nonparametrische -T_2-Test nach Ponocny (2001), welcher ebenfalls Hinweise darauf liefert, von Eindimensionalität ($p > 0,99$) des Konstrukts auszugehen. Alle drei Verfahren kommen demnach zum Ergebnis, die Nullhypothese der Eindimensionalität nicht abzulehnen. Da es keine Gründe dafür gibt, von einem komplexeren Modell zur Beschreibung der Daten auszugehen, wird von Eindimensionalität des Konstrukts ausgegangen.

Da von einer eindimensionalen Skala ausgegangen werden kann, stellt sich nun die Frage, inwieweit die Skala das latente Konstrukt reliabel misst: Die interne Konsistenz der Skala (*Cronbachs* $\alpha = 0,67$, $n = 300$) kann aufgrund der Breite des Konstrukts als noch akzeptabel bezeichnet werden (DeVellis, 2012). Zudem wurde die Konsistenz des Instruments mithilfe der Split-Half-Reliabilität untersucht. Hierfür wurden die Items in zwei Hälften anhand der Odd-Even-Methode geteilt und der Spearman-Brown-Koeffizient berechnet. Mit $R = 0,72$ kann auch die Split-Half-Reliabilität als akzeptabel bezeichnet werden (Bühner, 2011).

Überprüfung der Passung des Rasch-Modells

Neben der Eindimensionalität ist eine weitere zu prüfende Voraussetzung des Rasch-Modells die lokale stochastische Unabhängigkeit der Items. Hierfür wurde die Q3-Statistik für alle möglichen Itempaare aus den 26 Testitems berechnet. Insgesamt liegen alle Korrelationen mit einer Ausnahme (siehe Tabelle 8) im akzeptablen Bereich von -0,2 bis 0,2.

Tabelle 8: Analyse der lokalen stochastischen Unabhängigkeit mit Yens Q3-Statistik.

Korrelation der Residuen	**Item**	**Outfit WMNSQ**	**Ergebnis**	**Item**	**Outfit WMNSQ**	**Ergebnis**
0,25	MW-10	0,92	Beibehalten	MW-11	0,99	Beibehalten

Bei einem untersuchten Itempaar (MW-10 und MW-11) liegt die Korrelation der Residuen knapp über 0,2. Diese Items sollten genauer untersucht werden, da die beiden Items aus inhaltlichen Gründen für eine umfassende Abbildung des theoretischen Konstrukts wichtig erscheinen. Zur genaueren Betrachtung wurden die Outfits der betreffenden Items berechnet. Der Outfit-Wert ist die Summe der quadrierten standardisierten Residuen und ist sensitiv gegenüber zufälligem Antwortverhalten (z. B. Raten) sowie Flüchtigkeitsfehlern. Werte zwischen 0,5 und 1,5 sind akzeptabel, da in diesem Bereich davon ausgegangen werden kann, dass diese Items die Messung der wissenschaftspropädeutischen Kompetenzen nicht negativ beeinflussen (Linacre, 2002). Bei Untersuchungen mit $n \geq 200$ erscheint es als sinnvoll, den akzeptablen Wertebereich auf 0,7 bis 1,3 einzuschränken, während es sinnvoll ist, bei sogenannten High-Stakes-Tests, die zur Beurteilung von Lernleistungen herangezogen werden, einen noch strengeren Wertebereich von 0,8 bis 1,2 zu fordern (Wright & Linacre, 1994). Wie der Tabelle 8 zu entnehmen ist, liegen die Outfit-Werte beider Items im strengen Wertebereich, weshalb davon ausgegangen werden kann, dass die Items die Messung der mathematikbezogenen wissenschaftspropädeutischen Kompetenzen nicht negativ beeinflussen.

Zusätzlich muss die Stichprobenunabhängigkeit überprüft werden. Hierfür werden Andersen Likelihood-Quotienten-Tests gerechnet (Andersen, 1973), die dazu geeignet sind, Items zu identifizieren, die bestimmte Subgruppen von Personen bevorzugen beziehungsweise benachteiligen. Die durchgeführten Analysen zeigen, dass sich die Verteilung der Itemparameter invariant bezogen auf die folgenden individuellen Merkmale verhält (siehe Tabelle 9): Invarianz zwischen Studierenden aus unterschiedlichen Alterskategorien, zwischen Studierenden aus unterschiedlichen Fachsemestern, zwischen Studierenden mit unterschiedlich belegtem Kursniveau des Unterrichtsfachs Mathematik in der gymnasialen Oberstufe, zwischen Studierenden mit einer ausreichenden und nicht ausreichenden letzten Mathematiknote, zwischen Studierenden mit niedrigem und hohen Selbstkonzept bezüglich Beweisen sowie zwischen Studierenden mit niedrigerem und hohen Interesse bezüglich Beweisen.

Tabelle 9: Ergebnisse der bedingten Likelihood-Quotienten-Tests.

Merkmal	Teilungskriterium	*LR*-Wert	*df*	*p*
1. Alter	22 Jahre und jünger vs. 23 Jahre und älter	19,22	24	0,74
2. Fachsemester	—	45,15	46	0,51
3. Kursniveau	—	60,59	50	0,15
4. Letzte Mathematiknote	Mindestens 5 Punkte vs. Weniger als 5 Punkte[1]	24,97	25	0,46
5. Abiturnote	Median (2,60)	53,94	25	< 0,01
6. Selbstkonzept Beweisen	Skalenmitte (2,50)	33,05	25	0,13
7. Interesse Beweisen	Skalenmitte (2,50)	32,09	25	0,16

Anmerkung: Bei mehr als drei Merkmalsausprägungen wurde ein künstliches Teilungskriterium gewählt, damit die Subgruppen nicht zu klein für die Berechnung werden.

[1] Die Bildung der Gruppen hinsichtlich der letzten Mathematiknote erfolgte wie folgt: Personen, die Mathematik mindestens mit der Note *ausreichend* absolviert haben (mindestens 5 Punkte), und Personen, die in Mathematik ein *Notendefizit* aufwiesen (weniger als 5 Punkte).

Bezogen auf das Merkmal der Abiturnote mit dem Teilungskriterium des Medians von 2,60 scheinen die Itemschwierigkeiten nicht invariant zu sein. Um zu überprüfen, welche Items konkret bestimmte Subgruppen bevorzugen oder benachteiligen, wurden DIF-

Werte berechnet. Dafür erfolgt die Analyse des *Differential Item Functioning* nach der Mantel-Haenszel-Methode anhand der nach der Abiturnote zusammengestellten Subgruppen (siehe Anhang A.5).

Die Ergebnisse der Analyse legen nahe, dass nur bei Item MW-12 die gebildeten Subgruppen unterschiedlich profitieren ($p < 0{,}05$). Bei diesem Item liegt das berechnete Mantel-Haenszel-Odds-Ratio bei 2,166. Damit haben die Personen aus der Referenzgruppe (mit einer besseren Abiturnote (1,0 - 2,6)) eine mehr als doppelt so hohe Lösungswahrscheinlichkeit für das Item MW-12 als Personen aus der Fokusgruppe bei gleichen Personenparametern. Mit einem δ_{MH}-Wert von unter -1,5 weist das Item einen großen DIF-Effekt auf. Mögliche Erklärungen dafür und daraus resultierende Folgen werden im Rahmen der Diskussion aufgegriffen.

Nachdem die vorausgesetzten Annahmen des Rasch-Modells überprüft wurden und größtenteils als erfüllt angesehen werden können, ist es möglich, die Items probabilistisch mithilfe des Rasch-Modells zu analysieren. Im Folgenden werden die Ergebnisse für die Kennwerte der Itemparameter β_i, der dazugehörige Standardfehler sowie die Infit-Werte (WMNSQ) anhand der Stichprobengröße $n = 300$ tabellarisch dargestellt.

Tabelle 10: Itemkennwerte der Hauptuntersuchung nach der IRT-Analyse.

	Item *i*	Itemparameter β_i	Standardfehler	Infit (WMNSQ)
Meta-wissenschaftliches Wissen	MW-04	-0,103	0,121	1,059
	MW-05	0,613	0,125	0,990
	MW-06	-0,045	0,121	1,023
	MW-07	-0,430	0,123	1,017
	MW-08	-1,768	0,161	1,027
	MW-10	-0,103	0,121	0,932
	MW-11	0,353	0,122	0,988
	MW-12	-0,568	0,125	1,021
	MW-13	-0,552	0,124	1,061
	MW-15	2,180	0,184	0,930
	MW-16	0,145	0,121	0,960
	MW-18	1,103	0,136	0,944
	MW-28	0,249	0,122	0,979
	MW-29	2,615	0,217	0,984
	MW-30	0,693	0,127	0,967
	MW-33	0,774	0,128	0,970
	MW-34	-1,440	0,147	1,017
	MW-35	-0,615	0,125	1,009
	MW-36	0,219	0,121	0,941
	MW-37	0,058	0,121	1,052
	MW-38	-1,505	0,149	0,957
Methoden-bewusst-sein	MB-19	1,418	0,146	1,059
	MB-21	0,014	0,121	1,096
	MB-22	0,908	0,131	1,036
	MB-23	2,360	0,196	0,962
	MB-25	2,214	0,186	0,938

Für die Items zum *meta-wissenschaftlichem Wissen* liegt der mittlere Itemparameter bei 0,09, was im mittleren Bereich ($-0{,}5 < \beta_i < 0{,}5$) liegt. Die Items rangieren dabei zwischen

-1,768 und 2,615. Die dazugehörigen Infit-Werte der einbezogenen Items (siehe Tabelle 10) liegen alle im akzeptablen Bereich (0,75 ≤ WMNSQ ≤ 1,33).

Die Items zum *Methodenbewusstsein* weisen einen mittleren Itemparameter von 1,38 auf, was eher im schwierigen Bereich liegt. Damit sind die Items zum Methodenbewusstsein im Mittel schwieriger als die Items zum meta-wissenschaftlichen Wissen. In Bezug auf die berechneten Infit-Werte (0,94 ≤ WMNSQ ≤ 1,10) liegen keine Auffälligkeiten vor, da sich alle Werte im Toleranzbereich befinden.

Der mittlere Itemparameter von allen 26 Items liegt bei 0,34, was im mittleren und eher schwierigen Bereich liegt. Im Mittel liegen die Infit-Werte bei 0,997 (*SD* = 0,046), was wiederum im Toleranzbereich liegt. Eine zusammenfassende Darstellung der berechneten Personenparameter ist in Anhang A.6 einsehbar. Die EAP-Reliabilität mit 0,67 und die WLE-Reliabilität mit 0,66 liegen beide in einem tendenziell akzeptablen Bereich.

Bestimmung von Kompetenzniveaus

Abbildung 14 stellt die Item- und Personenparameter in übersichtlicher Form in einer Wright-Map dar. Die Itembezeichnungen werden aus Gründen der besseren Lesbarkeit abgekürzt, d. h., das erste Item „4" korrespondiert mit dem Item MW-04 usw. Zusätzlich sind aus der Abbildung die identifizierten Kompetenzniveaus (0 bis IV) erkennbar.

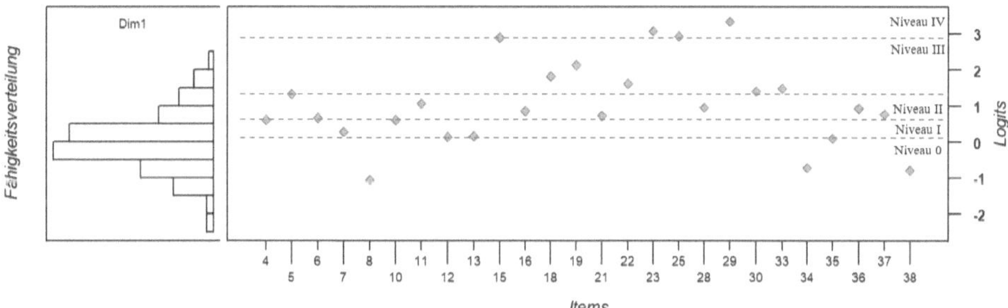

Abbildung 14: Wright-Map der 26 Items und die Zuweisung zu den Kompetenzniveaus.

Wie aus der Abbildung erkennbar ist, konnten fünf Kompetenzniveaus aus den Daten extrahiert werden, die eine unterschiedliche Anzahl an Items umfassen. Tabelle 11 gibt einen Überblick über die identifizierten Kompetenzniveaus, die im Folgenden genauer erläutert werden.

Kompetenzniveau 0 beinhaltet drei Items und zeichnet sich dadurch aus, dass diese Items alle zur Facette des meta-wissenschaftlichen Wissens gehören. Die Items haben gemein, dass sie besonders leicht auszuschließende Distraktoren aufweisen, was potentiell dazu geführt haben kann, dass sie zu diesem Kompetenzniveau zugeordnet wurden. Zudem bestehen die Antwortalternativen nur aus Begriffen, die aus der Alltagssprache bekannt sind oder die bereits im Itemstamm vorkommen. Demnach ist anzunehmen, dass vorhandene Informationen die Beantwortung der Items begünstigt haben. Insgesamt kann davon ausgegangen werden, dass Personen, die sich auf diesem Niveau befinden, über kein, wenig oder nur oberflächliches meta-wissenschaftliches Wissen über Mathematik verfügen.

Die diesem Kompetenzniveau zugeordneten Items weisen einen mittleren Itemparameter von -1,571 (*SD* = 0,174) und eine Spannweite von 0,33 auf.

Tabelle 11: Beschreibung der extrahierten Kompetenzniveaus.

Kompetenzniveau	Beschreibung	Itemanzahl
Niveau IV	Umfassendes Fachwissen zu Grundbegriffen und Strukturen sowie eine sichere Anwendung	4
Niveau III	Vertieftes Wissen über Grundbegriffe und Methoden sowie ihre Anwendung	6
Niveau II	Kenntnis über die Grundbegriffe und Strukturen der Mathematik sowie elementare Anwendung	9
Niveau I	Begriffliches Wissen und basales Verständnis der Strukturen von Mathematik	4
Niveau 0	Kein, wenig oder nur oberflächliches Wissen	3

Auf Kompetenzniveau I befinden sich vier Items. Als einfachstes Item für dieses Niveau gilt das Item MW-35 (β = -0,615), was als untere Grenze für dieses Niveau fungiert. Dies korrespondiert mit einem Wert von 0,093 als unterer Personenparameter für dieses Niveau. Der Mittelwert der Itemparameter liegt bei -0,541 (*SD* = 0,079) und die Spannweite ist 0,180. Die Items zeichnen sich inhaltlich dadurch aus, dass sie alle dem Anforderungsbereich des meta-wissenschaftlichen Wissens zugeordnet werden können. Ähnlich zum vorherigen Niveau sind auch hier die Distraktoren als eher leicht identifizierbar einzustufen. Allerdings setzen sich die Antwortalternativen zunehmend aus meta-wissenschaftlichen Grundbegriffen zusammen (z. B. Aussage, Axiom, Beweis), so dass ein begriffliches Wissen über diese Grundbegriffe vorhanden sein muss, um die Items lösen zu können. Konkret bedeutet dies, dass ein intuitives Alltagsverständnis solcher Begriffe (was für die Beantwortung von Items auf Kompetenzniveau 0 noch genügen würde) nicht mehr ausreicht, um die Items zum Kompetenzniveau I korrekt zu lösen.

Das Kompetenzniveau II umfasst neun Items, wobei die Items MW-04 und MW-10 (β = -0,103) die untere Grenze dieses Niveaus festlegen. Damit ergibt sich als unterer Personenparameter 0,605 für dieses Niveau. Im Mittel liegen die Itemparameter des Niveaus II bei 0,087 (*SD* = 0,163) und die dazugehörige Spannweite bei 0,46. Von den neun Items, die diesem Niveau zugeordnet werden, lassen sich acht der Facette des meta-wissenschaftlichen Wissens und eins der Facette des Methodenbewusstseins zuordnen. Die Items auf diesem Niveau fokussieren weniger Wissen über konkrete Grundbegriffe als vielmehr Wissen über den logisch-strukturellen Aufbau der Mathematik und damit einhergehende charakteristische Eigenschaften der wissenschaftlichen Disziplin Mathematik. Einige Items setzen die Integration von einzelnen Wissensbeständen (Grundbegriffe und Beweise als zentrales Evidenzinstrument) voraus, um diese Items korrekt zu lösen. Bei Personen, die dieses Kompetenzniveau erreichen, kann davon ausgegangen werden, dass sie über Wissen über die wesentlichen Grundbegriffe der Mathematik verfügen und wissen, wodurch sich Mathematik als strukturorientierte Disziplin auszeichnet. Zusätzlich befindet sich in diesem Niveau das Item MB-21, welches dem Methodenbewusstsein zugeordnet werden kann. Dieses Item fokussiert die Validierung von möglichen Definitionen für den Begriff Kreis. Eine mögliche Begründung dafür, dass das Item zum Methodenbewusstsein als vergleichsweise einfach bezeichnet werden kann, ist, dass die richtige Antwortalternative nah an schulischen Definitionen vom Kreisbegriff liegt und es deshalb eher richtig gelöst wurde.

Auf dem nächsten Niveau (Kompetenzniveau III) befinden sich sechs Items. Dabei ist Item MW-05 mit β = 0,613 das einfachste Item, welches diesem Niveau zugeordnet wurde, und gleichzeitig die untere Grenze für dieses Niveau. Als unterer Personenparameter ergibt sich dementsprechend 1,321 für dieses Kompetenzniveau. Der mittlere Itemparameter liegt bei 0,918 (*SD* = 0,300) und die Spannweite bei 0,805. Die diesem Niveau zugeordneten Items setzen sich aus vier Items zum meta-wissenschaftlichen Wissen und zwei Items zum Methodenbewusstsein zusammen. Auffällig ist, dass dieser Facette noch ein Item zu den mathematischen Grundbegriffen zugeordnet wird, welches den Grundbegriff des *Axioms* fokussiert. Während die anderen Items, die die mathematischen Grundbegriffe abdecken, den unteren Kompetenzniveaus zugeordnet wurden, scheint dieses Item schwieriger für die befragten Studierenden zu sein. Die anderen Items zum metawissenschaftlichen Wissen fokussieren hier eher Wissen zu mathematischen Arbeitsweisen und damit einhergehende Tätigkeiten (z. B. Definieren oder Beweisen). Daneben wurden zwei Items aus der Facette des Methodenbewusstseins diesem Niveau zugeordnet. Dies lässt darauf schließen, dass Personen, die dieses Niveau erreichen, über erste Kompetenzen in der Facette des Methodenbewusstseins verfügen. Demzufolge können Personen auf diesem Niveau ein vertieftes Wissen über Grundbegriffe und Methoden sowie die Fähigkeit, diese exemplarisch anzuwenden, zugeschrieben werden.

Das letzte und höchste Niveau (Kompetenzniveau IV) besteht aus vier Items, wobei das einfachste Item auf diesem Niveau MW-15 mit β = 2,180 ist. Der dazugehörige Personenparameter von 2,888 markiert dabei die untere Grenze dieses Niveaus. Im Mittel weisen die diesem Niveau zugeordneten Items einen Itemparameter von 2,342 (*SD* = 0,198) und eine Spannweite von 0,435 auf. Von den vier diesem Niveau zugeordneten Items sind zwei Items dem meta-wissenschaftlichen Wissen und zwei Items dem Methodenbewusstsein zugeordnet. Da angenommen wird, dass die Items zum Methodenbewusstsein metawissenschaftliches Wissen voraussetzen und damit schwieriger zu beantworten sind, ist es nicht verwunderlich, dass Items zum Methodenbewusstsein diesem Niveau zugeordnet werden. Jedoch ist auffällig, dass sich neben diesen Items auch Items zum meta-wissenschaftlichen Wissen auf diesem Niveau befinden. Ähnlich wie zu den Items auf dem vorherigen Niveau lässt sich feststellen, dass vor allem Multiple-Choice-Items zu diesem Niveau zugeordnet wurden. Die Zuordnung dieser Items zum Kompetenzniveau IV ist nicht überraschend, da solche Items ausgehend von den Überlegungen zur Itemkonstruktion (Kapitel 5.4.1) dann eingesetzt werden, wenn die dahinterstehende Fähigkeit komplexer ist. Eines der beiden Items (MW-15) fokussiert den Einsatz von formal-sprachlichen Elementen im mathematischen Arbeitsprozess. Bei MW-15 handelt es sich um ein Item, bei dem alle Antwortalternativen richtig sind. Auffällig ist jedoch, dass bei diesem Item eine Antwortalternative nur von 18,67% der befragten Personen als richtig erkannt wurde, d. h. von 81,33% wurde nicht erkannt, dass *vollständige Sätze* eingesetzt werden, um mathematische Resultate aufzuschreiben. Es könnte sein, dass den befragten Personen diese Lösung als zu einfach erscheint oder dass sie es für unwahrscheinlich halten, dass alle vier Antwortalternativen richtig sind. Beim anderen Item handelt es sich um MW-29, bei welchem Aussagen im mathematischen Sinne identifiziert werden sollen. Ähnlich wie beim vorherigen Item wurde eine Antwortalternative seltener richtig gewählt als die anderen. Dabei wurde von 28,33% der befragten Personen nicht erkannt, dass es sich bei der Gleichung $2x + 5 = 9$ um keine Aussage im mathematischen Sinn handelt. Um dieses Item zu lösen, wird Wissen über den Grundbegriff Aussage benötigt und die Fähigkeit, diesen Grundbegriff exemplarisch anzuwenden, um Aussagen im mathematischen Sinn zu identifizieren. Die Identifikation von (Gegen-)Beispielen für bestimmte Objekte setzt zumindest ein gewisses Verständnis voraus, weshalb bei diesem Item eine höhere kognitive Leistung gefordert wird, die über ein reines Abrufen von Wissen hinausgeht. Allerdings kann nicht abschließend und zweifelsfrei bestimmt werden, welche Faktoren für die empirische Einordnung dieser Items in das Kompetenzniveau IV maßgeblich entscheidend sind.

Tabelle 12: Kompetenzniveaus und die dazugehörigen Personenparameter (Cut-off-Werte).

Statistik	Kompetenzniveaus				
	0	I	II	III	IV
Personenparameter	unter 0,093	0,093 bis 0,604	0,605 bis 1,320	1,321 bis 2,887	über 2,887
Absolute Häufigkeit	158	79	49	14	0

Eine Übersicht der Kompetenzniveaus sowie die dazugehörigen Personenparameter sind in Tabelle 12 abgedruckt. Ebenso lässt sich der Tabelle entnehmen, auf welche Kompetenzniveaus sich die untersuchte Stichprobe anteilmäßig aufteilt. Auffällig ist, dass mehr als die Hälfte (52,67%) der einbezogenen Studierenden nicht über Kompetenzniveau 0 hinauskommen. Des Weiteren befinden sich 26,33% auf Niveau I, 16,33% auf Niveau II und nur 4,67% erreichen die Niveau III. Das Kompetenzniveau IV wird von keiner Person aus der Stichprobe erreicht.

Prüfung der externen Validität

Die Prüfung der externen Validität fokussiert die Fragestellung, ob die erfasste Testleistung mit anderen Konstrukten erwartungsgemäß zusammenhängt. Hierfür werden die erzielten Testergebnisse in Zusammenhang mit externen Validitätskriterien, die aus der Theorie abgeleitet wurden (Kapitel 5.1.1), gebracht. Dies wird mittels Korrelationsanalysen respektive *t*-Tests für unabhängige Stichproben untersucht.

Im Rahmen der Prüfung der externen Validität werden Korrelationen zwischen den durch den Test ermittelten Kompetenzen und den schulischen Performanzmaßen analysiert. Es zeigt sich, dass die berechneten Pearson-Korrelationen vom Bootstrap-Typ in beiden Fällen auf einem Niveau von $p < 0{,}01$ signifikant sind (siehe Tabelle 13). Demnach korreliert die ermittelte Kompetenz mit der letzten Mathematiknote auf schwachem Niveau

(r = 0,24), wohingegen eine moderate Korrelation (r = -0,41) mit der Abiturnote festgestellt werden konnte. Die Tatsache, dass die Testleistung stärker mit der Abitur- als mit der letzten Mathematiknote korreliert ist, ist gemäß den Erwartungen.

Tabelle 13: Pearson-Korrelationen zwischen Kompetenz und Schulleistungen.

Merkmal		Ermittelte Kompetenz
Letzte Mathematiknote	*r [95%-KI]*	0,24 [0,13; 0,35]
	p	< 0,01
	n	299
Abiturnote	*r [95%-KI]*	-0,41 [-0,50; -0,31]
	p	< 0,01
	n	274

Für die weitere Prüfung der externen Validität werden einerseits Mittelwertvergleiche (zwischen Personen aus verschiedenen Kursniveaus) durchgeführt und andererseits Korrelationen zwischen mathematikbezogenen wissenschaftspropädeutischen Kompetenzen und affektiven Merkmalen (Selbstkonzept und Interesse am Beweisen) berechnet. Um zu prüfen, inwieweit die Probandinnen und Probanden aus Leistungskursen ein besseres Ergebnis im Test erzielen als Probandinnen und Probanden aus Grundkursen, wird ein t-Test für unabhängige Stichproben gerechnet. Dafür wird vorab in Tabelle 14 die Verteilung der Testergebnisse in beiden Gruppen deskriptiv dargestellt.

Tabelle 14: Mittleres Testergebnis nach belegten Kursniveaus in Mathematik.

	Leistungskurs			Grundkurs		
Merkmal	*M*	*SD*	*n*	*M*	*SD*	*n*
Testergebnis	11,57	4,58	74	10,88	3,18	122

Auffällig ist hier, dass die Standardabweichung in der Leistungskurs-Gruppe deutlich höher ausfällt als in der Grundkurs-Gruppe. Diesbezüglich ist zu bemerken, dass zum einen die Stichprobe der Leistungskurs-Gruppe eher klein ist und zum anderen ein Drittel der Gesamtstichprobe (104 von 300) angab, dass bei ihnen kein Unterschied zwischen Kursniveaus gemacht wurde. Mittels eines Levene-Tests zeigt sich, dass sich die Varianzen innerhalb der Gruppen ($F(1, 194) = 17,00$, $p < 0,01$) signifikant voneinander unterscheiden. Um zu überprüfen, ob der vorliegende Mittelwertunterschied signifikant ist, wird ein einseitiger Welch-t-Test gerechnet. Wider der Erwartung erzielen Personen, die einen Leistungskurs Mathematik belegt haben, nicht signifikant ($t(115,91) = 1,14$, $p = 0,13$) bessere Testergebnisse als Personen, die Mathematik auf Grundkursniveau belegt haben.

Daneben wurden Pearson-Korrelationen vom Bootstrap-Typ gerechnet, um die Zusammenhänge zwischen der ermittelten Testleistung und den affektiven Merkmalen zu untersuchen. Die Ergebnisse sind in Tabelle 15 abgedruckt.

Tabelle 15: Pearson-Korrelationen zwischen Kompetenz und affektiven Merkmalen.

Merkmal		Ermittelte Kompetenz
Selbstkonzept	*r [95%-KI]*	0,20 [0,09; 0,31]
Beweisen	*p*	< 0,01
	n	300
Interesse	*r [95%-KI]*	0,17 [0,06; 0,28]
Beweisen	*p*	< 0,01
	n	300

Es zeigt sich, dass die ermittelte Testleistung in beiden Fällen auf einem Niveau von $p < 0,01$ eher schwach mit den affektiven Merkmalen korreliert. Das Selbstkonzept bezüglich Beweisen ($r = 0,20$) und das Interesse bezüglich Beweisen ($r = 0,17$) scheinen dabei etwa gleich stark mit der ermittelten Testleistung einherzugehen. Im Vergleich zu den schulischen Performanzmaßen korreliert die Testleistung mit den affektiven Merkmalen auf niedrigerem Niveau, was erwartungskonform ist.

5.6 Diskussion

Diese erste Studie hatte zum Ziel, vor dem Hintergrund von Wissenschaftspropädeutik als eine zentrale Zieldimension des gymnasialen Mathematikunterrichts in der Oberstufe erlernbare Kompetenzen mithilfe eines reliablen und validen Testinstruments empirisch erfassbar zu machen. Diesbezüglich wurde sich auf das entwickelte Modell von mathematikbezogenen wissenschaftspropädeutischen Kompetenzen aus Kapitel 4 gestützt, um daraus ein Testinstrument zu entwickeln. Im Folgenden sollen die Ergebnisse dieser Validierungsstudie zusammengefasst und kritisch diskutiert werden. Anschließend wird auf Fragen eingegangen, die im Rahmen der Studie offengeblieben sind respektive durch Erkenntnisse aus dieser Studie motiviert wurden.

Zusammenfassung und Interpretation

Theoretische Konzeptionen von Wissenschaftspropädeutik legen nahe, dass es sich dabei um ein komplexes Konstrukt handelt, welches nur schwer in traditionelle Erhebungsformate überführbar ist. Da es bis dato keine validierten Instrumente zur Erfassung mathematikbezogener wissenschaftspropädeutischer Kompetenzen gibt, sollte ein solches Instrument konstruiert werden. Demzufolge war das übergeordnete Ziel dieser Studie, ein Instrument zur testökonomischen Erfassung mathematikbezogener wissenschaftspropädeutischer Kompetenzen zu entwickeln und zu validieren.

Im Bereich der Testentwicklung ist es gelungen, ein Instrument zu konstruieren, welches mathematikbezogene wissenschaftspropädeutische Kompetenzen empirisch erfasst. Dabei handelt es sich um einen raschskalierbaren Leistungstest mit 26 Items, der testökonomisch und valide diese Kompetenzen misst. Bevor das Testinstrument im Rahmen der Hauptuntersuchung eingesetzt werden konnte, durchlief es einige Anpassungen auf Basis von Ergebnissen der Voruntersuchungen. In dieser Studie wurden eine Pilotierungsstudie sowie zwei Expertenbefragungen durchgeführt.

Die Pilotierungsstudie diente vor allem der Überprüfung der Machbarkeit und Verständlichkeit des Testinstruments. Für die Bearbeitung der 32 Testitems benötigten die Studierenden im Mittel etwa 20 Minuten, was einen adäquaten Einsatz im schulischen Kontext ermöglicht. Es zeigte sich, dass die Items zum Methodenbewusstsein wesentlich schwieriger sind als die Items zum meta-wissenschaftlichen Wissen und die Items insgesamt ein breites Spektrum an Itemschwierigkeiten abdecken. Auf Grundlage negativer beziehungsweise niedriger Trennschärfen mussten zwei Items ausgeschlossen werden, was dazu führte, dass die interne Konsistenz der Skala auf 0,72 erhöht wurde. Zudem gaben die Studierendenkommentare Hinweise darauf, dass das Testinstrument insgesamt verständlich formuliert und logisch aufgebaut war.

Die Befragungen mit den Expertinnen und Experten wurden durchgeführt, um das Instrument vor allem auf Inhaltsvalidität zu überprüfen. In diesem Rahmen wurden zunächst 32 Testitems von Mathematikerinnen und Mathematikern gelöst und quantitativ ausgewertet, woraufhin die Ergebnisse als Grundlage für eine anschließende Gruppendiskussion dienten. Im Rahmen der quantitativ-orientieren Expertenbefragung unter Einbezug der offenen Kommentare wurden drei Items eliminiert. Die ergänzende Gruppendiskussion erwies sich ebenfalls als gewinnbringend, denn auf dieser Grundlage konnte noch ein weiteres Item wegen einer mangelnden Übereinstimmung der Expertinnen und Experten ausgeschlossen sowie zwei Items auf Basis von Formulierungsvorschlägen überarbeitet werden. Vor dem Hintergrund der generierten Ergebnisse in den Expertenbefragungen kann davon ausgegangen werden, dass von Inhaltsvalidität des Instruments ausgegangen werden kann.

Im Rahmen der Voruntersuchungen wurden insgesamt sechs Items eliminiert und weitere Items inhaltlich überarbeitet beziehungsweise sprachlich angepasst, was zu einer vorläufig finalen Testversion mit 26 Items führte. Zur weiteren, empirisch-geleiteten Validierung des Testinstruments wurden fünf untergeordnete Fragestellungen (Kapitel 5.2) formuliert. Die Studie basieret auf einer Befragung von 300 Studienanfängerinnen und -anfängern aus mathematikhaltigen Studiengängen (z. B. Wirtschafts- und Ingenieurwissenschaften), was für die Einordnung der Ergebnisse wichtig ist. Im Folgenden werden vor dem Hintergrund der berichteten Ergebnisse die formulierten Fragestellungen abschließend beantwortet:

Zur Beantwortung der *ersten Fragestellung* wurde die psychometrische Güte des Testinstruments mit Methoden der klassischen Testtheorie überprüft. Die statistischen Kennwerte, die dazu herangezogen wurden, sind vor allem die Itemschwierigkeit und die Trennschärfe der einbezogenen Items. In Hinblick auf die Verteilung der Itemschwierigkeiten lässt sich festhalten, dass der Test insgesamt als mittelschwer bis eher schwer mit einer mittleren Itemschwierigkeit von 0,44 (SD = 0,44) einzustufen ist. Dabei gibt die Standardabweichung sowie die ermittelte Spannweite von 0,76 an, dass die Itemschwierigkeiten eine zufriedenstelle Streuung aufweisen, d. h. der Test verfügt über Items in beiden Randbereichen. Allerdings fällt auf, dass nur drei Items dem oberen Skalendrittel bezüglich der Itemschwierigkeit ($P_i > 0,66$) zugeordnet werden können und dementsprechend der Test über nur wenige leichte Items verfügt. Dies kann zur Folge haben, dass der Test zwar Personen mit einer mittleren bis hohen Ausprägung mathematikbezogener wissenschaftspropädeutischer Kompetenzen differenziert erfassen kann, aber zwischen

Personen mit eher niedrigem Kompetenzprofil nicht angemessen genug diskriminiert. Dementsprechend sollte beim Einsatz des Instruments beachtet werden, dass Unterschiede bezüglich Personen aus dem unteren Leistungssegment nur schwierig aufzudecken sind. Umgekehrt ist es gut möglich, Personen aus einem mittleren und hohen Leistungssegment bezüglich ihrer mathematikbezogenen wissenschaftspropädeutischen Kompetenzen beurteilen zu können. Die Trennschärfen der eingesetzten Items können bis auf eine Ausnahme (MB-21) als akzeptabel (r_{it} > 0,2 und unter Zuhilfenahme des korrigierten Selektionswertes) bezeichnet werden. Die mittlere Trennschärfe liegt bei 0,33 und damit im akzeptablen Bereich. Dadurch, dass das Item MB-21 mit einer Trennschärfe von 0,18 nur knapp unter der Grenze liegt, kann die Testentwicklung bezüglich der psychometrischen Güte als gelungen eingeschätzt werden.

Die *zweite Fragestellung* fokussiert die Überprüfung der Eindimensionalität des Konstrukts sowie die Überprüfung der internen Konsistenz des Tests. Zur Überprüfung der Eindimensionalität des Konstrukts wurden verschiedene Verfahren eingesetzt. Sowohl das eher explorative Vorgehen mithilfe der modifizierten Parallelenanalyse als auch die zwei inferenzstatistischen Verfahren geben übereinstimmend Hinweise darauf, dass von Eindimensionalität des Konstrukts ausgegangen werden kann, d. h., die Items messen alle dasselbe latente Konstrukt. Die Überprüfung der Reliabilität des Konstrukts wurde zunächst mit Verfahren der klassischen Testtheorie untersucht. Hier zeigt sich, dass die interne Konsistenz (*Cronbachs* α = 0,67) nicht als gut eingeschätzt werden. Die Split-Half-Reliabilität kann mit 0,72 als akzeptabel bezeichnet werden. Aufgrund dessen, dass das Konstrukt inhaltlich breit gefächert ist, kann die Reliabilität insgesamt dennoch als akzeptabel bezeichnet werden.

Um die *dritte Fragestellung* zu beantworten, wurden die Voraussetzungen des Rasch-Modells sowie die statistischen Kennwerte der raschskalierten Daten überprüft. Neben der bereits überprüften Eindimensionalität des Konstrukts werden zusätzlich noch die lokale stochastische Unabhängigkeit sowie die Stichprobenunabhängigkeit der Items vorausgesetzt, um die Daten mithilfe der Raschskalierung zu modellieren. Bei der Überprüfung der lokalen stochastischen Unabhängigkeit zeigte sich, dass bei einem Itempaar (MW-10 und MW-11) die jeweiligen Residuen eine betragsmäßig etwas zu hohe Korrelation aufwiesen (> 0,2). Damit liegt der Anteil problematischer Residualkorrelationen bei weniger als 0,3%, was als vernachlässigbar eingeschätzt werden kann. Daneben weisen die beiden Items jeweils sehr gute Outfit-Werte auf, was dazu führte, dass beide Items beibehalten wurden. Die Überprüfung der Stichprobenunabhängigkeit zeigte, dass sich die Itemparameter invariant bezüglich des Alters, Fachsemesters, belegten Kursniveaus, letzter Mathematiknote, dem Interesse und Selbstkonzept bezüglich Beweisen verhalten. In Bezug auf die Abiturnote konnte festgestellt werden, dass sich Itemparameter nicht konstant in den Subgruppen verhalten. Die durchgeführte DIF-Analyse zeigte, dass das Item MW-12 eine der beiden gebildeten Subgruppen (nach Abiturnote) bevorzugt respektive benachteiligt. Bei diesem Item haben die Personen mit einer besseren Abiturnote (1,0 - 2,6) eine mehr als doppelt so hohe Lösungswahrscheinlichkeit als die Vergleichsgruppe. Dieser DIF-Effekt kann als groß klassifiziert werden. Prinzipiell können DIF-Analysen einen vertieften Einblick in das entwickelte Testinstrument und die vorliegenden Items liefern. Allerdings ist das Finden von möglichen Ursachen für die DIF-Items nicht trivial. Dies liegt unter anderem daran, dass eine Vielzahl an internen sowie externen Faktoren DIF-Gründe sein können. Jedoch sollte zunächst überprüft werden, ob Item MW-12 wirklich ein DIF-Item ist oder es sich lediglich auf zufällige Schwankungen zurückzuführen lässt (Wilson, 2005). Demnach sollte das Testinstrument nochmals eingesetzt werden, um die Items auf systematisches Differential Item Functioning zu untersuchen. Vor dem Hintergrund, dass dieses Instrument nochmals mit einer anderen Stichprobe mit Studienanfängerinnen und -anfängern aus Studiengängen der Fachmathematik durchgeführt werden soll, ist es sinnvoll, die Items dann erneut auf mögliche DIF-Items zu untersuchen. Falls sich dann zeigen sollte, dass das Item MW-12 erneut als ein DIF-Item identifiziert wird, sollten im nächsten Schritt mögliche Ursachen für das Differential Item Functioning entwickelt werden (Wilson, 2005). Betreffend des Items MW-12 könnte ein möglicher Faktor die Textlänge sein. Dabei hat MW-12 mit 102 Wörtern die größte Wortanzahl pro Testitem und liegt damit deutlich über dem Durchschnitt (M = 53,77; SD = 22,99). Es ist beispielsweise möglich, dass die Lesekompetenz der befragten Personen ein richtiges Beantworten dieses Items begünstigt. Da eine bessere Abiturnote tendenziell mit einer höheren Lesekompetenz einhergeht (Isphording & Wozny, 2018), kann die Textlänge als eine mögliche DIF-Ursache angesehen werden. Damit zweifelsfrei davon ausgegangen werden kann, dass die Textlänge der wesentliche Faktor dafür ist, dass die Personen mit einer besseren Abiturnote beim Beantworten dieses Items bevorzugt werden, müsste im nächsten Schritt diese Hypothese konkret mit einem neu entwickelten Item überprüft werden. Das neu entwickelte Item müsste inhaltlich dieselbe Facette des Konstrukts messen wie Item MW-12 und dürfe sich bezüglich Itemschwierigkeit, Trennschärfe etc. nicht von Item MW-12 unterscheiden. Unterscheiden sollten sich die Items nur in Bezug auf die Textlänge voneinander. Mit diesen zwei Itemversionen würde sich dann testen lassen, inwieweit der DIF-Effekt durch die Textlänge erklärbar ist. Grundsätzlich kann allerdings davon ausgegangen werden, dass das Vorhandensein eines DIF-Items die Güte des Messinstruments nicht bedeutend einschränken sollte. Gemäß der Testintention, welches eher ein einfaches Screening von Abiturientinnen und Abiturienten ermöglichen soll, ist davon auszugehen, dass das gesamte Testinstrument keine Subgruppen systematisch (in bedeutendem Maße) bevorzugt beziehungsweise benachteiligt.

Dementsprechend konnten die Voraussetzungen des Rasch-Modells als erfüllt angenommen werden. Zur weiteren Validierung des Modells wurden die Infit-Werte überprüft. Dabei lagen alle Infit-Werte der einzelnen Items im guten bis sehr guten Bereich, weshalb der Test als Rasch-Modell-konform bezeichnet werden kann.

Die *vierte Fragestellung* beschäftigt sich mit der Ermittlung und Bestimmung von Kompetenzniveaus. Zur Modellierung der Kompetenzniveaus wurden die Itemparameter der raschskalierten Daten herangezogen und bedeutende „Sprünge“ zwischen Itemparametern identifiziert. Mit diesem Verfahren konnten fünf Kompetenzniveaus empirisch ermittelt und inhaltlich begründet werden. Der wesentliche Vorteil von Niveaumodellierungen liegt darin, überprüfen zu können, auf welchem Kompetenzniveau sich bestimmte Personen befinden und über welche Kompetenzen diese bereits verfügen. In der vorliegenden Studie zeigte sich, dass mehr als die Hälfte der Studierenden das erste Kompetenzniveau nicht erreichen. Etwa ein Viertel der Befragten erreichen das Kompetenzniveau I (Begriffliches Wissen und basales Verständnis der Strukturen von Mathematik) und ein Fünftel liegen auf den Kompetenzniveaus II (Kenntnis über die Grundbegriffe und Strukturen der Mathematik sowie elementare Anwendung) und III (Vertieftes Wissen über Grundbegriffe und Methoden sowie ihre Anwendung). Demzufolge scheinen die Studierenden über wenig mathematikbezogene wissenschaftspropädeutische Kompetenzen zu verfügen. Eine mögliche Erklärung liegt darin, dass der Mathematikunterricht in der gymnasialen Oberstufe von den Lehrkräften nur wenig wissenschaftspropädeutisch gestaltet wird respektive Mathematik weniger als strukturorientierte Disziplin fokussiert wird. Wenn folglich der Mathematikunterricht kein passendes Lernangebot unterbreitet, dann können (nach Angebots-Nutzungs-Modellen, vgl. z. B. Helmke, 2012) die Abiturientinnen und Abiturienten nur bedingt mathematikbezogene wissenschaftspropädeutische Kompetenzen entwickeln. Zur Überprüfung dieser Hypothese könnten beispielsweise Lehrkräfte befragt werden, inwieweit sie wissenschaftspropädeutische Anteile in ihren Mathematikunterricht der gymnasialen Oberstufe einbauen. Daneben könnte die Art der Stichprobe eine Erklärung für die linkssteile Verteilung der Kompetenzniveaus sein: Da die Studierenden in der Stichprobe größtenteils in Studiengänge eingeschrieben sind, in denen Mathematik weniger als strukturorientierte als vielmehr als anwendungsorientierte Disziplin kennengelernt und angewendet wird, kann davon ausgegangen werden, dass sie eher über weniger mathematikbezogene wissenschaftspropädeutische Kompetenzen verfügen. Analog ist davon auszugehen, dass die Durchführung des Tests bei Studienanfängerinnen und -anfängern aus Studiengängen der Fachmathematik (z. B. Mathematik- oder Lehramtsstudium) zu anderen Ergebnissen führen sollte. Hier wäre zu erwarten, dass weniger Studierende den unteren Kompetenzniveaus und mehr Studierende den oberen Kompetenzniveaus zugewiesen werden.

Zur Überprüfung der *fünften Fragestellung* wurden die erzielten Testergebnisse mit externen Validitätskriterien in Beziehung gesetzt, um Informationen über die externe Validität des Instruments zu erzielen. Bei der Prüfung der externen Validität konnte gezeigt werden, dass die Abiturnote (r = -0,41) und die letzte Mathematiknote (r = 0,24) schwach bis moderat mit der erzielten Testleistung zusammenhängen. Wie erwartet ist der Zusammenhang zur Abiturnote stärker als zur letzten Mathematiknote (vgl. z. B. Isphording & Wozny, 2018; Rach, 2014; Saß et al., 2017). Dies kann vor Hintergrund der fachlichen Spezifität der Mathematiknote etwas überraschend erscheinen. Hierfür gibt es vielfältige Erklärungen, die unter anderem auf messtheoretische Vorteile der Abiturnote (als ein breiteres Konglomerat von kognitiven und affektiven Aspekten) zurückführbar sind. Erstens können sich aufgrund der inhaltlichen Breite der Abiturnote viele Elemente auf eine erhöhte Testleistung ausgewirkt haben, z. B. eine höhere allgemeine Intelligenz oder eine erhöhte sprachliche Kompetenz. So können beispielsweise gute Noten aus dem sprachlichen Aufgabenfeld (Deutsch, Fremdsprachen), die Teil der Abiturnote sind, mit einer höheren sprachlichen Kompetenz und damit einer adäquaten Auffassung der Testitems einhergehen. Dies könnte zu einer höheren Lösungswahrscheinlichkeit einzelner Items führen, was insgesamt eine höhere Testleistung erklären kann. Zweitens ist es möglich, dass die Personen mit einer besseren Abiturnote über eine vorteilhaftere Ausprägung bestimmter affektiver Merkmale verfügen. In diesem Rahmen ist es möglich, dass die Personen mit einer besseren Abiturnote über eine höhere Motivation, das Testinstrument gewissenhaft zu bearbeiten, oder über einen höheren Ehrgeiz, ein möglichst gutes Testergebnis zu erzielen, verfügen. Drittens ist es möglich, dass die letzte Mathematiknote nicht nur die mathematischen Kompetenzen von Schülerinnen und Schülern abbildet, sondern kann verstärkt von weiteren Faktoren abhängig sein: Dabei können unter anderem Merkmale der Lehrkraft (z. B. Diagnosekompetenz, Einstellungs- und Erwartungstendenzen) sowie der eingeschränkte Referenzrahmen durch die Klasse die Notengebung beeinflussen (Wilhelm & Kunina-Habenicht, 2020). Da Lehrkräfte als soziale Vergleichsnorm nur die klasseninterne Situation heranziehen, kann dies zu einer mangelnden Vergleichbarkeit von Schulnoten führen. Demzufolge können zwei Lernende mit potentiell gleicher Kompetenzausprägung in unterschiedlichen Klassen unterschiedlich beurteilt werden, was die Reliabilität von Schulnoten einschränkt. Gerade einzelne Noten können von solchen Fehlern stark betroffen sein, weshalb es fraglich ist, inwieweit die letzte Mathematiknote ein guter Indikator für die mathematische Kompetenz darstellt (z. B. Paasch et al., 2019).

Die weitere Überprüfung der externen Validität konnte Hinweise dafür liefern, dass die ermittelte Testleistung positiv mit dem Selbstkonzept und dem Interesse bezüglich Beweisen korreliert. Dieser Untersuchung lag die Annahme zugrunde, dass ein ausgeprägteres Selbstkonzept sowie Interesse bezüglich Beweisen (als zentrale Tätigkeit bei der mathematischen Erkenntnisgewinnung) zu einer häufigeren und vertiefteren Auseinandersetzung mit Mathematik als wissenschaftliche Disziplin führen. Dabei kann davon ausgegangen werden, dass die Beschäftigung mit Mathematik mit einem ausgebauten Verständnis vom mathematischen Erkenntnisprozess einhergeht, was sich durch das Erzielen höherer Testleistungen zeigen sollte. Erwartungsgemäß korreliert das Selbstkonzept bezüglich Beweisen (r = 0,20) und das Interesse bezüglich Beweisen (r = 0,17) jeweils schwach mit den mathematikbezogenen wissenschaftspropädeutischen Kompetenzen. Neben der Überprüfung der Zusammenhänge von mathematikbezogenen wissenschaftspropädeutischen Kompetenzen und affektiven Merkmalen wurde auch untersucht, ob sich die erworbenen Kompetenzen in Hinblick auf das belegte Kursniveau in der gymnasialen Oberstufe unterscheiden. Zwar fällt die erzielte Testleistung bei den Personen aus Leistungskursen deskriptiv etwas besser aus als bei den Personen aus Grundkursen, jedoch fällt dieser Mittelwertvergleich statistisch nicht signifikant aus (p = 0,13). Eine mögliche Erklärung für diesen Befund könnte darin liegen, dass der Mathematikunterricht sich in Hinblick auf seine wissenschaftspropädeutische Ausgestaltung nicht bedeutend zwischen Leistungs- und Grundkursen unterscheidet. Durch ein fehlendes Angebot an solchen Lernmöglichkeiten ist es dann nicht möglich für Schülerinnen und Schüler aus Leistungskursen über mehr mathematikbezogene wissenschaftspropädeutische Kompetenzen zu verfügen als Lernende aus Grundkursen. Um diese Hypothese zu überprüfen könnten beispielsweise Lehrkräfte interviewt oder Mathematikunterricht in Grund- und Leistungskursen systematisch und kriteriengeleitet beobachtet werden. Eine andere Möglichkeit besteht darin, dass die Daten in Hinblick auf das belegte Kursniveau etwas ungenau sein können und es so zu einer minderwertigen Datenqualität gekommen sein kann. Dadurch, dass die Studie im Wintersemester 2019/20 durchgeführt wurde und in Sachsen-Anhalt die Neuregelung der Oberstufe zum Schuljahr 2019/20 (Wiedereinführung von Grund- und Leistungskursen) in Kraft trat, ist es verwunderlich, dass fast zwei Drittel der Studierenden angaben, dass sie Mathematik auf Grund- oder Leistungskursniveau belegt haben. Es ist möglich, dass ein nicht zu vernachlässigbarer Anteil der Studierenden das Item falsch aufgefasst hat und angab, auf welchem Niveau (grundlegend oder erhöht) die

Abiturprüfung in Mathematik abgelegt wurde. Daher ist fraglich, inwieweit die erhobenen Daten bezüglich des belegten Kursniveaus verlässlich sind. Diese Vermutungen können allerdings nicht weiter auf Basis der vorliegenden Daten überprüft werden und bedürfen der Durchführung weiterer Untersuchungen.

Insgesamt lässt der Großteil der berichteten Ergebnisse den Schluss zu, dass ein Testinstrument konstruiert werden konnte, welches mathematikbezogene wissenschaftspropädeutische Kompetenzen testökonomisch und möglichst valide erfassen kann. Damit gibt diese Studie einen ersten Ansatz für die Kompetenzmessung von (mathematikbezogenen) wissenschaftspropädeutischen Kompetenzen im Rahmen der gymnasialen Oberstufe. Mithilfe des validierten Testinstruments sind erste Analysen von mathematikbezogenen wissenschaftspropädeutischen Kompetenzen möglich, die neue Erkenntnisse über diese Kompetenzen von Abiturientinnen und Abiturienten liefern können.

Einschränkungen der Studie und Kritik

Trotz dessen, dass die Studie einen ersten Einblick zum empirischen Zugang zu mathematikbezogenen wissenschaftspropädeutischen Kompetenzen geben konnte, weist sie dennoch einige Limitationen auf. Zuallererst muss darauf verwiesen werden, dass die Validierung des Testinstruments mit Studienanfängerinnen und -anfängern anstelle der eigentlichen Zielgruppe des Tests (Abiturientinnen und Abiturienten) durchgeführt wurde. Aus forschungspragmatischen Gründen wurde sich dafür entschieden, die Hauptuntersuchung mit Studierenden durchzuführen, um die Schulen im Rahmen der COVID-19-Pandemie nicht zusätzlich zu belasten.

Ergänzend zur Art der Stichprobe muss hinzugefügt werden, dass es sich um eine Gelegenheitsstichprobe handelt, d. h. die dieser Studie zugrundeliegende Stichprobe wurde nicht systematisch auf ihre Repräsentativität hinsichtlich bedeutender Merkmale untersucht. Allerdings lässt schon die Verteilung der Stichprobe auf die Studiengänge die Vermutung zu, dass es sich bei dieser Stichprobe nicht um eine repräsentative Stichprobe für die Population der Studienanfängerinnen und -anfänger handeln kann. Dementsprechend ist es fraglich, inwieweit die Ergebnisse auf alle Studienanfängerinnen und -anfänger generalisierbar sind.

Aufgrund der vorgenommenen Fokussierung dieser Arbeit konnte nicht das gesamte Kompetenzmodell (Kapitel 4) in ein Testinstrument überführt werden. In diesem Zusammenhang konnten nur bestimmte Aspekte des Methodenbewusstseins (als das Validieren von Definitionen) berücksichtigt werden und die meta-wissenschaftliche Reflexion wurde gänzlich ausgeschlossen. Dies schränkt die inhaltliche Validität des vorliegenden Instruments ein. Allerdings gibt es bereits validierte Instrumente, die beispielsweise das Konstruieren und Validieren von Beweisen (z. B. Kempen, 2019; Sommerhoff, 2017) erfassen, was wichtige Aspekte des Methodenbewusstseins darstellt. Die Erweiterung des entwickelten Testinstruments durch Skalen zur Erfassung von Kompetenzen bezüglich Beweiskonstruktion und -validierung ist ein wichtiger Schritt, um die Inhaltsvalidität des gesamten Instruments zu erhöhen.

Bei der Reliabilitätsprüfung des Testinstruments zeigte sich, dass sowohl die Kennwerte der probabilistischen Theorie (EAP-Reliabilität = 0,67, WLE-Reliabilität = 0,66) als auch der herangezogene Kennwert der klassischen Testtheorie (*Cronbachs* α = 0,67) zwar als akzeptabel eingeschätzt werden können, aber nicht in einem guten Bereich liegen. In diesem Zusammenhang besteht die Frage, inwieweit es möglich ist, die Reliabilität des Testinstruments zu verbessern. Zur Verbesserung der Reliabilität könnte das Ausschließen von Items hilfreich sein, die die mittlere Interkorrelation zwischen den Items niedrig halten. Dabei muss darauf geachtet werden, dass trotz des Ausschlusses das Konstrukt weiterhin in seiner Breite abgedeckt ist. Eine andere Möglichkeit ist das Erhöhen der Itemanzahl, indem neue Items konstruiert werden, die mathematikbezogene wissenschaftspropädeutische Kompetenzen erfassen und im Mittel hoch mit den anderen Items des Instruments korrelieren.

Ausblick

Die Erfassung von mathematikbezogenen wissenschaftspropädeutischen Kompetenzen wurde bisher in der Literatur eher spärlich (z. B. Möhringer, 2019) behandelt, weshalb sich die Studie mit eben dieser Zielstellung auseinandergesetzt hat. Dabei wurde gefordert, dass das entwickelte Testinstrument einerseits testökonomisch in Bildungskontexten eingesetzt werden kann und andererseits möglichst valide die mathematikbezogenen wissenschaftspropädeutischen Kompetenzen misst. Dabei ist der Testeinsatz nicht nur im schulischen Kontext denkbar, sondern auch in einem voruniversitären Rahmen (z. B. in Vorkursen) möglich.

Im diesem Rahmen bietet das entwickelte Testinstrument viele Möglichkeiten, um es in der Praxis einzusetzen. Neben den Möglichkeiten zur effizienten Erhebung von mathematikbezogenen wissenschaftspropädeutischen Kompetenzen des IST-Zustands im schulischen Kontext, ist es möglich, das Instrument auch zur Messung der Entwicklung der mathematikbezogenen wissenschaftspropädeutischen Kompetenzen im Rahmen von Interventionen einzusetzen. In Form eines Zwei-Gruppen-Prä-Post-Designs (quasi-experimentelles Setting) könnten Interventionen mit dem Ziel der Förderung von mathematikbezogenen wissenschaftspropädeutischen Kompetenzen auf mögliche Interventionseffekte untersucht werden. Solche Designs könnten beispielsweise auch für die Untersuchung der längerfristigen Entwicklung dieser Kompetenzen durch bestimmte mathematikbezogene Unterrichtsmodi oder -projekte sinnvoll sein. Um Lerneffekte, die auf das Lösen des Prä-Tests zurückzuführen sind, zu minimieren, ist es sinnvoll mit relativ vielen Testitems zu arbeiten (z. B. mit zwei parallelen Testversionen). Hierfür reicht die zur Verfügung stehende Itemanzahl nicht aus, weshalb es überlegenswert ist, den entwickelten Test mit weiteren Items zu ergänzen. Konkret besteht Handlungsbedarf bei der Entwicklung von Items für die Kompetenzfacette des Methodenbewusstseins, was aktuell mit fünf Items eher spärlich abgebildet wird und nur das Validieren von Definitionen fokussiert. Dieses Vorgehen könnte gleichzeitig zu einer Erhöhung der inhaltlichen Validität des Testinstruments führen. Außerdem wurde die dritte Facette der meta-wissenschaftlichen Reflexion im Rahmen dieser Studie nicht beleuchtet. Hier bleibt allerdings offen, inwieweit Reflexionsvermögen mithilfe eines Instruments mit geschlossenen Items messbar gemacht werden kann. Die neu entwickelten Items müssten dann wieder mehrere Validierungsschritte durchlaufen, um letztlich für weitere Zwecke verwendet werden zu können.

Um die Validität des Testinstruments zu sichern, wäre es sinnvoll, den Test mit einer neuen Stichprobe durchzuführen, damit der Test auch im schulischen Kontext Anwendung finden kann. Hierfür ist es wichtig, Schülerinnen und Schüler des 12. respektive 13. Schuljahrgangs (am Ende ihrer Schulzeit) als Untersuchungsstichprobe einzubeziehen, um das Instrument auch für diese Stichprobe zu validieren. In diesem Zuge sollte überprüft werden, inwieweit die ermittelten Itemparameter der vorliegenden Studie im Rahmen der schulischen Untersuchung repliziert werden können oder ob sich bezüglich der Struktur der Itemparameter bedeutende Abweichungen zeigen. Da dieser Studie bereits eine positiv selektierte Stichprobe (Studienanfängerinnen und -anfänger aus mathematikhaltigen Studiengängen) vorliegt und der Test für die Stichprobe bereits als relativ schwer anzusehen ist, ist davon auszugehen, dass die Testergebnisse von Schülerinnen und Schülern der gymnasialen Oberstufe noch schlechter ausfallen. Dies verdeutlicht nochmals die Bedeutsamkeit, neue und einfachere Items zu konstruieren. Eine andere Möglichkeit der Validierung ist der Einsatz von kognitiven Interviews parallel zur Bearbeitung des Testinstruments, um die Qualität der generierten Daten sicherzustellen. Dies soll vor allem der Kontrolle dienen, ob alle befragten Personen die einzelnen Items so verstehen, wie es vom Forschenden intendiert wurde. Daneben könnte dies auch mögliche Erklärungen für die niedrigen Lösungshäufigkeiten der beiden Items zum meta-wissenschaftlichen Wissen (MW-15 und MW-29), die dem Kompetenzniveau IV zugeordnet wurden, liefern.

Zudem ist es wichtig, den Test nochmals mit einer anderen Stichprobe durchzuführen, um die entwickelten Kompetenzniveaus zu überprüfen. Die linkssteile Verteilung der Kompetenzniveaus kann – wie bereits diskutiert – auf die Stichprobe zurückzuführen sein. Dementsprechend wäre erwartbar, dass Studienanfängerinnen und -anfänger aus mathematikbezogenen Studiengängen (z. B. Mathematikstudium oder Lehramtsstudiengänge) besser abschneiden und sich folglich eine andere Verteilung der erreichten Kompetenzniveaus einstellt. Dies bleibt zunächst allerdings nur eine Hypothese und bedarf einer weiteren Untersuchung.

Zusammenfassend kann – trotz der berichteten Limitationen – festgehalten werden, dass das entwickelte Testinstrument zur Erfassung mathematikbezogener wissenschaftspropädeutischer Kompetenzen sowohl praxis- als auch forschungsbezogene Implikationen aufweist. Damit wurde mit dieser Studie ein erster Schritt zur systematischen Erfassung dieser Kompetenzen unternommen. Gleichzeitig bietet diese Studie einen Anlass für weitere Untersuchungen, z. B. die Entwicklung von mathematikbezogenen wissenschaftspropädeutischen Kompetenzen in der gymnasialen Oberstufe bis zum Grundstudium, Erreichen bestimmter Kompetenzniveaus als Gelingensbedingung für ein erfolgreiches mathematikbezogenes Studium oder die Beziehung zwischen diesen Kompetenzen und bestimmten Dimensionen mathematischen Wissens.

6 Studie 2: Zusammenhänge mit individuellen Merkmalen

Da nun ein validiertes Testinstrument zur Erfassung mathematikbezogener wissenschaftspropädeutischer Kompetenzen vorliegt, soll dieses eingesetzt werden, um Beschreibungswissen über Kompetenzen und Merkmale von bestimmte Personengruppen zu generieren. Zusätzlich soll die Studie weitere Informationen zur Klärung der Struktur des Konstrukts *mathematikbezogene wissenschaftspropädeutische Kompetenzen* liefern. Im Rahmen dieser Studie wird dementsprechend der dritten Hauptzielstellung dieser Arbeit (Kapitel 1) nachgegangen und untersucht, mit welchen individuellen Merkmalen mathematikbezogene wissenschaftspropädeutische Kompetenzen zusammenhängen. Im Zuge dessen kann in Anlehnung an die offen gebliebene Frage aus Kapitel 5.6 untersucht werden, inwieweit sich die Verteilung der Studienanfängerinnen und Studienanfänger auf die ermittelten Kompetenzniveaus verändert, wenn Studierende aus Studiengängen befragt werden, in welchen Mathematik stärker als strukturorientierte Disziplin (z. B. Fachmathematikstudium) kennengelernt wird.

Zu Beginn des Kapitels geht es inhaltlich um den Übergang von der Schul- zur Hochschulmathematik sowie um zwei individuelle Merkmale (mathematisches Vorwissen und logisches Denken), welche beim Übergang eine besondere Rolle einnehmen (Kapitel 6.1.1). Daneben werden aus empirischer Sicht Merkmale identifiziert, die mit allgemeinen kognitiven (z. B. logisches Denken) und fachlichen Leistungsmerkmalen (z. B. Schulleistungen) zu Studienbeginn zusammenhängen (Kapitel 6.1.2). Vor dem Hintergrund des theoretischen Rahmens lassen sich Forschungsfragen herausarbeiten, die in der folgenden Studie untersucht werden (Kapitel 6.2). Aus testökonomischen Gründen wurde sich für die Erhebungsmethode des adaptiven Testens entschieden, weshalb das psychometrische Testverfahren im Folgenden in groben Zügen dargestellt wird (Kapitel 6.3). Anknüpfend daran wird das methodische Design der vorliegenden Studie beschrieben. In diesem Rahmen werden in Kapitel 6.4 die Durchführung der Studie einschließlich der Erhebungsinstrumente, die Stichprobe und die Auswertungsmethoden vorgestellt und begründet. In Anschluss daran werden in Kapitel 6.5 die Ergebnisse der vorliegenden Studie dargestellt und in Kapitel 6.6 zusammengefasst sowie diskutiert.

6.1 Forschungsstand zu individuellen Merkmalen beim Übergang Schule-Hochschule

Um Beschreibungswissen zu mathematikbezogenen wissenschaftspropädeutischen Kompetenzen von Studienanfängerinnen und -anfängern generieren und mögliche Zusammenhänge mit weiteren Merkmalen überprüfen zu können, wird zunächst der Forschungsstand zum Übergang von der Schul- zur Hochschulmathematik überblicksartig nachgezeichnet. Dafür ist der Abschnitt zum Forschungsstand in zwei inhaltliche Teilabschnitte untergliedert. Im ersten Teilabschnitt wird der theoretische Hintergrund zu den Unterschieden zwischen der Schul- und Hochschulmathematik kurz dargestellt sowie zwei wichtige individuelle Merkmale, die den Übergang in die Hochschulmathematik begünstigen, theoretisch beschrieben. Hierbei handelt es sich um (1) mathematisches Vorwissen sowie (2) logisches Denken. Im zweiten Teilabschnitt werden empirische Erkenntnisse zu weiteren individuellen Merkmalen zusammengestellt, welche Unterschiede zwischen allgemeinen kognitiven und fachlichen Leistungen vor allem in der Studieneingangsphase (neben (1) und (2) auch Studiengang und Vorkursteilnahme) prädizieren.

6.1.1 Begrifflicher Rahmen zu Lernvoraussetzungen beim Übergang Schule-Hochschule

Seit längerem ist bekannt, dass sich das Mathematikstudium unter anderem durch seine relativ hohen Abbruchquoten auszeichnet. So kommen Dieter und Törner (2012) zum Ergebnis, dass rund 80% der Mathematikstudierenden ihr Studium vorzeitig abbrechen. Ein möglicher Grund für die hohen Abbruchquoten kann darin liegen, dass sich der Lerngegenstand ändert (Rach & Heinze, 2017). Zur theoretischen Einbettung werden dafür in diesem Abschnitt die Charakteristika der Schul- und Hochschulmathematik kurz beschrieben sowie dargestellt, wieso der Übergang als schwierig angesehen werden kann. Aus der Literatur gibt es Anhaltspunkte darüber, welche Lernvoraussetzungen förderlich sind, damit der Übergang in ein Mathematikstudium erfolgreich sein kann (z. B. Rach, 2014). Als wichtige individuelle Merkmale beim Übergang Schule-Hochschule werden dabei das mathematische Vorwissen sowie das logische Denken angesehen (Rach et al., 2021). Beide Konstrukte werden im Anschluss beschrieben und in Verbindung zu mathematikbezogenen wissenschaftspropädeutischen Kompetenzen gebracht.

Übergang von der Schul- zur Hochschulmathematik

Ein übergeordnetes Bildungsziel des schulischen Mathematikunterrichts in der Sekundarstufe I ist unabhängig von der Schulform Allgemeinbildung. Die schulischen Bildungsgänge unterscheiden sich vor allem darin, welche Bildungswege die jeweiligen Abschlüsse eröffnen. Während der hauptschulbezogene Unterricht vor allem auf eine anschließende Berufsqualifizierung ausgerichtet ist, orientiert sich der gymnasiale Unterricht eher an einer Studienqualifizierung der Schülerinnen und Schüler (KMK, 2020). Wird der Mathematikunterricht in der gymnasialen Oberstufe genauer betrachtet, dann kann festgestellt werden, dass (zumindest) die Inhalte in diesem Unterricht auf ein späteres Mathematikstudium vorbereiten. In allen 16 Bundesländern gibt es einen Konsens darüber, welche Inhalte im Mathematikunterricht der Sekundarstufe II unterrichtet werden sollen. Dazu gehören die drei Inhaltsbereiche Analysis (Differential- und Integralrechnung einer Veränderlichen), Lineare Algebra/Analytische Geometrie (Fokus auf Matrizenrechnung *oder* auf Vektorgeometrie) und Stochastik (weiterführende Wahrscheinlichkeitsrechnung und schließende Statistik). Aufgrund der Struktur von Studiengängen der Fachmathematik, die meistens mit Vorlesungen zur Analysis I sowie Linearer Algebra beginnen, kann der Mathematikunterricht der Sekundarstufe II in Hinblick auf die Inhalte als studienvorbereitend bezeichnet werden (Neumann et al., 2017). Jedoch unterscheidet sich die Art und Weise, wie diese Inhalte in den jeweiligen Institutionen dargestellt werden, stark voneinander. Während im Schulunterricht mathematische Objekte auf einem intuitiven-anschaulichen Grundverständnis basieren, der Lebenswelt der Schülerinnen und Schüler entstammen und vor allem in realen Problemsituationen angewendet werden, werden die mathematischen Konzepte in der Hochschule präzise und stärker formalisiert eingeführt (Geisler & Rolka, 2021). Die Eigenschaften von mathematischen Objekten werden nicht länger „erfahrungsbasiert“ ausgehend von der Lebenswelt der Schülerinnen und Schüler oder mithilfe von Beispielen erarbeitet, sondern werden formal definiert oder logisch deduziert (Tall, 1992).

Ausgehend von der theoretischen Beschreibung der Charakteristika von Mathematik als strukturorientierte Disziplin (Kapitel 3) ist das Beweisen zentral für den Prozess der mathematischen Erkenntnisgewinnung. Zwar gehört das mathematische Argumentieren zu den prozessbezogenen mathematischen Kompetenzen und ist dementsprechend auch in den länderspezifischen Curricula verankert, jedoch scheint diese Perspektive auf das mathematische Arbeiten im Mathematikunterricht nur eine untergeordnete Rolle einzunehmen (Witzke, 2015). Im Gegensatz dazu nimmt die Relevanz des Argumentierens, Begründens und Beweisens im Rahmen der Hochschulmathematik sprunghaft zu. So ergab beispielsweise eine Analyse von Übungsaufgaben mathematischer Lehrveranstaltungen, dass es sich bei 71% der untersuchten Übungsaufgaben um Beweisaufgaben gehandelt hat (Weber & Lindmeier, 2020). In einer anderen Analyse von Vollstedt et al. (2014) wurden Schulbücher der gymnasialen Oberstufe sowie Lehrbücher für Studienanfängerinnen und -anfänger verglichen. Es zeigte sich, dass Beweise in Schulbüchern unterrepräsentiert sind, wohingegen Beweise in den Lehrbüchern für die Hochschulmathematik eine wichtige Rolle einnehmen. Dieser Unterschied macht sich nicht nur in Lernmaterialien bemerkbar, sondern lässt sich auch in Lehrsituationen wiederfinden. In der universitären Lehre werden Beweise verwendet, um mathematische Aussagen zu justifizieren und aufzubauen sowie die Kultur des mathematischen Arbeitens zu illustrieren (Gueudet, 2008). Da der besondere Charakter der strukturorientierten Seite von Mathematik für viele Studierende aus der Schule nicht bekannt war, kann dies ein möglicher Grund für die wahrgenommenen Herausforderungen von Studierenden zu Studienbeginn sein (Rach & Heinze, 2017).

Mathematisches Vorwissen und logisches Denken als wichtige Lernvoraussetzungen
Vor dem Hintergrund des vorherigen Abschnitts, in welchem die Unterschiede zwischen der Schul- und Hochschulmathematik kurz beschrieben wurden, soll es in diesem Abschnitt darum gehen, welche kognitiven Lernvoraussetzungen aus theoretischer Sicht diesen Übergang erleichtern können. Als wichtige Lernvoraussetzungen werden dafür zunächst das mathematische Vorwissen und anschließend das logische Denken[9] vorgestellt. Dafür werden die beiden Konstrukte nacheinander beschrieben, ihre Bedeutung für das Mathematiklernen im hochschulischen Kontext herausgestellt und in Verbindung zu mathematikbezogenen wissenschaftspropädeutischen Kompetenzen gebracht.

Der Erwerb von fachlichem Wissen ist ein zentrales Ziel des Schulunterrichts, bei dem fachliches (Vor-)Wissen wiederum als eine wichtige Lernvoraussetzung angesehen wird. Obwohl der Wissensbegriff augenscheinlich ein mehr oder weniger eindeutig bestimmter Begriff zu sein scheint, kann der Begriff abhängig von der jeweiligen Wissenschaft, die den Wissensbegriff beforscht, anders akzentuiert werden. In der Psychologie kann Wissen „als eine Menge mentaler Repräsentationen aufgefasst [werden], die Menschen in Zusammenhang mit geeigneten Denkprozessen zur Bewältigung von Aufgaben befähigt“ (Gruber & Stamouli, 2020, S. 32). In diesem Rahmen wird Wissen als ein relativ stabiler

---

9 Da das logische Denken auf dem Konstrukt des *kritischen Denkens* basiert, wird vorab kritisches Denken kurz umrissen.

Inhalt von Denkprozessen verstanden, welcher benötigt wird, um ausgewählte Anforderungssituationen zu lösen. In der Literatur zu Wissen wird deutlich, dass es viele Wissenschaften gibt, die sich mit dem Konstrukt Wissen und eng verwandten Konstrukten beschäftigen (Hailikari, 2009). Dazu gehört unter anderem das Konstrukt des Vorwissens, was in der Literatur nicht einheitlich definiert ist. Vor allem im englischsprachigen Raum wird die Begriffskonfusion dadurch verstärkt, dass verschiedene Begriffe (z. B. „knowledge store“, „implicit knowledge“, „background knowledge“ etc.) synonym zu Vorwissen verwendet werden (Dochy & Alexander, 1995). In dieser Arbeit wird Dochy (1988, S. 22) folgend, Vorwissen verstanden als „the totality of domain-specific knowledge and skills available for the execution of particular learning activity“. Daher umfasst Vorwissen jegliches bereichsspezifische Wissen und Fähigkeiten, die erfolgreiches Lernen begünstigen. Wird Lernen als ein Prozess verstanden, welcher dadurch charakterisiert ist, dass mithilfe von Informationen (neue) Anforderungssituationen bewältigt werden (Gruber & Stamouli, 2020), dann ist Vorwissen im Lernprozess eine entscheidende Komponente. Im Zusammenspiel zwischen Vorwissen und Situation setzen Individuen ihr Vorwissen ein, um die Situation zu bewältigen, reflektieren den Lösungsprozess und bilanzieren, inwieweit weiteres Vorwissen nötig wäre, um die Situation (besser) bewältigen zu können. Demnach ist es sinnvoll, frühzeitig (Vor-)Wissen aufzubauen, um auf dieses in Lernprozessen zurückgreifen und weiterentwickeln zu können (Gruber & Stamouli, 2020).

Zur weiteren Konkretisierung des Wissenskonstrukts wird bei Wissen respektive Vorwissen zwischen grundlegenden Arten von Wissen unterschieden: Die wohl bekannteste Unterscheidung von Wissensarten geht auf Anderson (1982) zurück, der Wissen in deklaratives und prozedurales Wissen untergliedert. Zu deklarativem Wissen („Faktenwissen“) gehören abgespeicherte Informationen oder Inhalte zu bestimmten Sachgebieten, die explizit vorliegen und verbalisierbar sind. Prozedurales Wissen hingegen liegt zumeist implizit vor, d. h., es kann von Individuen in der Regel nicht versprachlicht werden, und umfasst das Wissen über einfache Prozeduren/Verfahrensweisen sowie ihre routinemäßige Anwendung. Peterson et al. (1990) stellten allerdings fest, dass die alleinige Unterscheidung zwischen deklarativem und prozeduralem Wissen die Lernprozesse von Schülerinnen und Schülern nicht in Gänze abbilden kann und möglicherweise zusätzliche Kategorien nötig sind, um Lernprozesse zu beschreiben.

In einem weiteren Modell von Tennyson und Cocchiarella (1986), welches empiriebasiert entwickelt wurde, wird auf den Unterschied zwischen konzeptuellem und prozeduralem Wissen fokussiert. Dabei verstehen sie konzeptuelles Wissen als Verständnis von Konzepten und operativen Strukturen sowie das Wissen darüber, wie die einzelnen Konzepte zueinander in Beziehung stehen. Demnach unterscheidet sich konzeptuelles Wissen von deklarativem Wissen dadurch, dass es sich um eine komplexere und für Lernende anspruchsvollere Wissensart handelt als reines Faktenwissen. Tennyson und Cocchiarella (1986) gehen davon aus, dass Lernen als ein zweistufiger Prozess angesehen werden kann: Es wird davon ausgegangen, dass konzeptuelles Wissen benötigt wird, um prozedurales Wissen aufbauen zu können. Allerdings wird auch betont, dass die Beziehung zum Teil wechselseitige Aspekte aufweist; so ist es auch möglich, dass beim Anwenden des prozeduralen Wissens auch konzeptuelles Wissen entwickelt und gefördert werden kann. Auch Rittle-Johnson et al. (2015) gehen von einer bidirektionalen Beziehung zwischen konzeptuellem und prozeduralem Wissen aus, d. h., der Erwerb von prozeduralem Wissen geht auch mit dem Erwerb von konzeptuellem Wissen einher, et vice versa.

Aus einer kognitiv-konstruktivistischen Perspektive scheint das (mathematische) Vorwissen als eine wichtige Lernvoraussetzung für den Erwerb (mathematischen) Wissens angesehen zu werden (Baumert & Köller, 2000b). Auch in Bezug auf den Erwerb von mathematikbezogenen wissenschaftspropädeutischen Kompetenzen scheint es Parallelen zu geben, auch wenn hier die Art des Vorwissens (Facetten von Vorwissen) eine entscheidende Rolle spielt. Die Ergebnisse von Vorwissenstests, die das schulische Wissen und damit einhergehend das sichere Beherrschen von schulmathematischen Prozeduren in den Fokus nehmen (z. B. Greefrath et al., 2017), werden wohl weniger mit den mathematikbezogenen wissenschaftspropädeutischen Kompetenzen zusammenhängen. Zwar wird Wissen über und Fähigkeiten in mathematischen Prozeduren im entwickelten Testinstrument zur Erfassung mathematikbezogener wissenschaftspropädeutischer Kompetenzen (Definieren und Beweisen) abgeprüft, allerdings fokussieren jene Vorwissenstests eher rechnerische und routinemäßige Verfahren (z. B. Vereinfachen von Termen oder Ableiten von Funktionen). Demnach kann davon ausgegangen werden, dass solche prozedural orientierten Tests wenig mit der Erfassung von mathematikbezogenen wissenschaftspropädeutischen Kompetenzen in Verbindung stehen.

Dagegen nehmen Prozesse, die über das Anwenden von routinierten Verfahren hinausgehen und für die strukturorientierte Seite von Mathematik bedeutsam sind (z. B. das Definieren) eine wichtige Rolle im Rahmen des entwickelten Testinstruments ein. Daher ist davon auszugehen, dass Testleistungen, die die Anwendung solcher Prozesse (z. B. Definieren und Beweisen) fokussieren, eher mit den mathematikbezogenen wissenschaftspropädeutischen Kompetenzen zusammenhängen. Auf der anderen Seite ist es denkbar, dass im Besonderen das konzeptuelle Wissen (Fähigkeit, mathematische Begriffe einzuordnen, aufeinander zu beziehen und miteinander zu vernetzen) Lernenden Mathematik als strukturorientierte Disziplin dahingehend erschließt, dass Charakteristika der Mathematik (z. B. Formalität, Bedeutung von Repräsentationen oder die Vernetzung von mathematischen Teilgebieten) implizit bewusstwerden. Durch die Bewusstwerdung solcher besonderen Charakteristika, was einen wesentlichen Bestandteil des Kompetenzmodells (Kapitel 4) darstellt, ist davon auszugehen, dass konzeptuelles Wissen über Mathematik als strukturorientierte Wissenschaft mit mathematikbezogenen wissenschaftspropädeutischen Kompetenzen korreliert.

Auf dieser Basis fußt auch die Überlegung zwischen schulbezogenem (eher prozedural orientiertem) und universitätsbezogenem (eher konzeptuell orientiertem) Vorwissen zu unterscheiden (Rach et al., 2021): Während sich die Schulmathematik vordergründig durch das korrekte Ausführen von Routineverfahren und die Anwendung dieser Verfahren in realen Kontexten auszeichnet, geht es beim universitätsbezogenem Vorwissen vor allem um eine Abstrahierung von konkreten Beispielen auf logische Beziehungen zwischen mathematischen Konzepten, dem Auffinden von solchen Beziehungen sowie der deduktiven Herleitung dieser Beziehungen (im Sinne von komplexeren Argumentationsprozessen als in der Schule). Demnach ist davon auszugehen, dass das universitätsbezogene Vorwissen stärker mit mathematikbezogenen wissenschaftspropädeutischen Kompetenzen korreliert als das schulbezogene Vorwissen.

Die zweite wichtige Lernvoraussetzung für das Mathematiklernen beim Übergang Schule-Hochschule ist das logische Denken, welches eine Subfacette des kritischen Denkens bildet, was nach Müsche (2009) eng mit wissenschaftspropädeutischen Kompetenzen zusammenhängt. Beim Begriff des kritischen Denkens handelt es sich um kein neues Konzept, aber die Diskussion um die bildungstheoretische Bedeutung ist im letzten Jahrzehnt wiederaufgeflammt, denn kritisches Denken gehört neben Kreativität, Kommunikation und Kollaboration zu den sogenannten *21st Century Skills* beziehungsweise den Kompetenzen für das 21. Jahrhundert (Fadel et al., 2017). Kritisches Denken als Teil der 21st Century Skills wird als ein Bildungsziel betrachtet, welches junge Menschen derart mit Fähigkeiten ausstatten soll, dass sich diese „besser mit den globalen Herausforderungen der Gegenwart, den neuen Anforderungen des zukünftigen Arbeitsmarktes und den zeitlosen Herausforderungen individueller und gesellschaftlicher Erfüllung in einer rasch veränderten Welt auseinandersetzen“ (Fadel et al., 2017, S. 141) können. Dies wird unter anderem damit legitimiert, dass im Zeitalter von „Fake News“ und von Gruppierungen mit alternativen Weltdeutungshypothesen Kinder und Jugendliche in der Lage sein sollen, Informationen kritisch einzuschätzen und zu hinterfragen (Jahn & Cursio, 2021). Demnach umfasst das Bildungsziel des kritischen Denkens die Entwicklung und Förderung von rationalen Kompetenzen im Umgang mit Informationen und Argumentationen sowie in Entscheidungsprozessen (Astleitner, 2002), weshalb hier der Fokus auf dem prozeduralen Aspekt von Wissen und Können liegt (Müsche, 2009). Für Astleitner (2002) handelt es sich bei kritischem Denken um einen mentalen Prozess des Beurteilens von Argumenten und Aussagen sowie begründeten Treffen von Entscheidungen. In seinem Beitrag weist er darauf hin, dass es zwar Modelle zur Konkretisierung von kritischem Denken aus unterschiedlichen Bezugswissenschaften (z. B. Bildungswissenschaften, Psychologie) gibt, aber noch kein theoretisch-vergleichender Ansatz existiert, welcher die verschiedenen Modelle in ein übergreifendes Integrationsmodell überführt.

Obwohl eine solche Synthese von den bisherigen theoretischen Ansätzen zu kritischem Denken fehlt, ist es dennoch möglich zu beschreiben, was aus normativer Sicht zu kritischem Denken gehört. Für die folgenden Ausführungen wird sich auf die Arbeit von Dick (1991) bezogen. In seinem Literaturreview wird ein Überblick über die Forschungsarbeiten zum kritischen Denken aus dem bildungswissenschaftlichen Bereich gegeben und auf Basis der empirischen Studien eine Taxonomie vom kritischen Denken entwickelt. Die empirische Taxonomie nach Dick (1991) umfasst die folgenden fünf hierarchischen Stufen: (1) Identifikation von Argumenten und ihren Bestandteilen (z. B. Erkennen von Schlussfolgerungen und Begründungen), (2) Analyse von Argumenten (z. B. Argumente vor dem Hintergrund der Annahmen beurteilen), (3) Reflexion von externalen Einflüssen auf Argumentationen (z. B. Untersuchung von weiteren Faktoren wie Sprache auf die Überzeugungskraft von Argumentationen), (4) wissenschaftlich-analytisches Argumentieren und Schlussfolgern (z. B. Ziehen von Schlüssen auf Grundlage von empirischer Evidenz) sowie (5) logisches Schlussfolgern (z. B. Ziehen von Schlüssen durch Analogiebildung oder Deduktion und Induktion).

In Argumentationsprozessen wird unter Deduktion oder dem deduktiven Vorgehen das Schließen vom Allgemeinen auf das Besondere verstanden. Wird von wahren Prämissen ausgegangen, ist bei formal korrektem Schließen auch die Wahrheit der Schlussfolgerung garantiert. Astleitner (1988; zit. nach Müsche, 2009) betont, dass in diesem Kontext das Identifizieren von Prämissen (z. B. Voraussetzungen) und Konklusionen (z. B. Korollar) oder von Fehlern in Argumentationen (z. B. Zirkelschlüsse) eine große Bedeutung einnehme. Das induktive Vorgehen beim Argumentieren hingegen schließt vom Besonderen auf das Allgemeine, d. h., es wird versucht, das allgemein gültige Prinzip aus Einzelfällen zu extrapolieren. In diesem Zusammenhang kann bei Vorliegen von wahren Prämissen immer nur mit einer gewissen Wahrscheinlichkeit davon ausgegangen werden, dass die Konklusion wahr ist. Hierbei ist es wichtig, die Erklärungskraft der induktiv gewonnenen Schlüsse anhand von Kriterien und potentiellen Fehlerquellen zu überprüfen (Müsche, 2009).

Das kritische Denken beinhaltet also vor allem das Identifizieren, Analysieren und Beurteilen von Schlussfolgerungen, das Vermeiden von Fehlschlüssen sowie die adäquate Kommunikation darüber (Ritchhart & Perkins, 2005). Zu einer ähnlichen Definition kommen Bromme und Kienhues (2008, S. 622), welche kritisches Denken als „Fähigkeiten zum und zugleich Prozesse des zielgerichteten Denkens und Kommunizierens bezeichne[n], die in Übereinstimmung mit den Normen des logischen, rationalen und mathematischen Schlussfolgerns, Urteilens und Argumentierens stehen". Dabei werden sowohl individuelle Prozesse des Schlussfolgerns und Urteilens als auch Prozesse des Argumentierens in sozialer Interaktion unter den Begriff des kritischen Denkens gefasst (Ritchhart & Perkins, 2005). In der Literatur gibt es Uneinigkeit darüber, inwieweit kritisches Denken auf Konstruktebene domänenspezifisch ist oder nicht (*Wie eng sind Prozesse des Argumentierens und Schlussfolgerns an Erscheinungen aus bestimmten Phänomenbereichen geknüpft?*). Ausgehend von den definitorischen Begriffsbestimmungen ist es möglich, kritisches Denken als ein Ensemble allgemeiner Fähigkeiten zu sehen, welches in unterschiedlichen Gegenstandsbereichen anwendbar ist, um jeweilige Schlussfolgerungen zu analysieren oder selbst Rückschlüsse zu ziehen (z. B. Kuhn, 1999). Für Halpern (1998) ist kritisches Denken prinzipiell auch auf unterschiedliche Domänen transferierbar, wenn es in verschiedenen Kontexten gefördert wurde und ausreichend Anlässe zum selbstständigen Transfer ermöglicht wurden. Diese Sicht auf kritisches Denken berücksichtigt jedoch nicht, dass verschiedene Wissenschaften unterschiedliche Kriterien haben, anhand welcher beispielsweise die Richtigkeit oder Eleganz von Argumenten beurteilt werden können. Daher gehen Bailin et al. (1999) davon aus, dass Teile des kritischen Denkens domänenspezifisch sind, bei denen die Qualität von Argumentationsprozessen durch (a) das domänenspezifische Hintergrundwissen und (b) die jeweiligen Normen der Bezugswissenschaft bestimmt werden (Kapitel 3), und wiederum andere Teile domänenübergreifend sind, bei denen es sich um allgemeine und in vielen Domänen anwendbare Fähigkeiten handelt (z. B. Entnehmen von Informationen aus Texten und Darstellungen). Auch wenn die Diskussion um die Domänenspezifität von kritischem Denken nicht abgeschlossen ist, kann davon ausgegangen werden, dass kritisches Denken eine domänenspezifische und eine -unspezifische Facette hat. Da es in dieser Studie um die Zusammenhänge zwischen mathematikbezogenen wissenschaftspropädeutischen Kompetenzen und anderen individuellen Merkmalen geht, erscheint es als sinnvoll, das mathematikbezogene kritische Denken zu fokussieren. Das dieser Arbeit zugrundeliegende Verständnis von mathematikbezogenen wissenschaftspropädeutischen Kompetenzen, welches Mathematik als strukturorientierte Disziplin fokussiert, legt nahe, dass beim kritischen Denken die fünfte Taxonomiestufe nach Dick (1991) des logischen und deduktiven Schließens fokussiert wird. Das Vorgehen des deduktiven Schließens hängt im mathematischen Kontext stark mit dem Beweisverständnis und der Beweiskonstruktion von Personen zusammen (Foltz et al., 1995). Selbst einfache mathematische Konzepte lassen sich durch ihre logische Struktur charakterisieren, weshalb das logische Schlussfolgern ein wichtiger Bestandteil des mathematischen Argumentierens ist (Datsogianni et al., 2020). Beim Übergang von der Schul- zur Hochschulmathematik können viele Aspekte des deduktiven Schließens als bedeutsame Lernvoraussetzungen angesehen werden (Rach et al., 2021). Zwei grundlegende Aspekte des deduktiven Schließens, die für das mathematische Argumentieren von Bedeutung sein können, sind das (1) konditionale Schließen sowie das (2) syllogistische Schließen. Das (1) konditionale Schließen beruht auf der Aussagenlogik, mit deren Hilfe entschieden werden kann, ob konditionale Schlussfolgerungen (*Wenn-dann-Aussagen*) logisch gültig sind (Knauff & Knoblich, 2017). Insgesamt gibt es vier Schlussschemata, die auf zwei Prämissen und einer Konklusion basieren. Bei der ersten Prämisse handelt es sich um einen Konditionalsatz der Form „Wenn P, dann Q", wobei P Antezedens und Q Konsequenz heißt. Die zweite Prämisse setzt P oder Q (als wahr oder falsch) fest, woraus vier mögliche Fälle resultieren. In zwei Fällen (*Modus ponens* und *Modus tollens*) sind logisch gültige Schlussfolgerungen möglich, während die anderen beiden Fälle keine eindeutige Schlussfolgerung erlauben (*Verneinung des Antezedens* und *Bejahung der Konsequenz*). Als Beispiel könnten die Prämissen wie folgt lauten P_1: „Sei $f: D \to \mathbb{R}$ eine Funktion und $x_0 \in D$. Wenn f in x_0 differenzierbar ist, dann ist f auch in x_0 stetig." und P_2: „Die Funktion f ist in x_0 stetig.". In diesem Fall (Bejahung der Konsequenz) können wir keine logisch gültige Schlussfolgerung bezüglich der Differenzierbarkeit von f in x_0 treffen, da einerseits f in x_0 differenzierbar sein kann und andererseits wissen wir auch, dass Funktionen zwar in einem Punkt stetig sein können, aber nicht zwingenderweise in diesem Punkt differenzierbar sein müssen (z. B. $f: \mathbb{R} \to \mathbb{R}$ mit $f(x) = |x|$ in $x_0 = 0$). Neben dem konditionalen Schließen ist ebenfalls das (2) syllogistische Schließen für das mathematische Argumentieren von Bedeutung. Hierbei wird ein syllogistischer Schluss dann als gültig bezeichnet, wenn dieser den Gesetzen der Prädikatenlogik oder Quantorenlogik folgt (Knauff & Knoblich, 2017). Das syllogistische Schließen befasst sich mit Verallgemeinerungen, die auf bestimmten Quantoren (z. B. Allquantor) beruhen. Anders als beim konditionalen Schließen werden nicht nur Aussagen als Ganzes („Alle Quadrate sind Rechtecke.") betrachtet, sondern in Subjekt („Quadrate") und Prädikat („Rechtecke") aufgeteilt. Die grundlegende Form von Syllogismen ist der kategoriale Syllogismus, welcher aus zwei Prämissen besteht, die jeweils ein Subjekt und ein Prädikat in Beziehung setzen (z. B. P_1: „Alle Quadrate sind Rechtecke." und P_2: „Alle Rechtecke sind Parallelogramme."). Hierbei gibt es einen Begriff (sogenannter Mittelbegriff), der in beiden Prämissen vorkommt (in unserem Fall: „Rechtecke"). Aus diesen beiden Prämissen lässt sich nun explizit die korrekte Konklusion folgern, die den Mittelbegriff *nicht* beinhaltet (Johnson-Laird, 1972). In diesem Fall lautet die Konklusion K: „Alle Quadrate sind Parallelogramme."

Die Syllogismen können in verschiedenen Formen auftreten, z. B. können Aussagen vertauscht werden oder andere Quantoren eingesetzt werden. Für Studiengänge der Fachmathematik, in denen formal definierte Objekte und ihre logischen Relationen untereinander (z. B. verstehen von All- und Existenzaussagen) fokussiert werden, kann das syllogistische Schließen als relevante Lernvoraussetzung angesehen werden (Rach et al., 2021).

Inhaltliche Überschneidungen zwischen den Konstrukten des kritischen respektive logischen Denkens und der mathematikbezogenen wissenschaftspropädeutischen Kompetenzen sind an einigen Stellen möglicherweise angeklungen; sie sollen aber im Folgenden nochmals expliziert werden. Kritisches Denken steht konzeptuell in einer Beziehung zur Dimension des meta-wissenschaftlichen Wissens (Wissen über den logisch-strukturellen Aufbau der Mathematik), des Methodenbewusstseins (deduktives Schließen bei der Beweisvalidierung und -konstruktion) sowie der meta-wissenschaftlichen Reflexion, insbesondere bei der Gegenüberstellung und Reflexion von Charakteristika der strukturorientierten Disziplin Mathematik und anderen Wissenschaften. Zum einen können Fähigkeiten beim deduktiven Schließen vorteilhaft für das deduktive Vorgehen bei Beweisprozessen sein, was das zentrale Evidenzinstrument der Mathematik ist, und Teil der mathematikbezogenen wissenschaftspropädeutischen Kompetenzen sein. Zum anderen ist es vorstellbar, dass beim Prozess des deduktiven Schließens die enge Verknüpfung zwischen Mathematik und Logik bewusstgemacht wird. Dies hat dann wiederum Beziehungen zum meta-wissenschaftlichen Wissen (z. B. Wissen darüber, dass das Herleiten von Aussagen aus Axiomen deduktiv abläuft) und zur meta-wissenschaftlichen Reflexion, insbesondere bei der Einordnung von Mathematik als strukturorientierte Disziplin im System der Wissenschaften (z. B. Erkennen der Gemeinsamkeiten von Mathematik und Logik).

6.1.2 Empirische Erkenntnisse zu Lernvoraussetzungen beim Übergang Schule-Hochschule

In diesem Abschnitt geht es um individuelle Merkmale, welche mit allgemeinen kognitiven (menschliche Fähigkeiten, die allgemein mit dem Erwerb von Wissen zusammenhängen, z. B. Gedächtnisleistung) und fachlichen Leistungen von Schülerinnen und Schülern sowie Studierenden beim Übergang Schule-Hochschule zusammenhängen. Aufgrund des Forschungsdefizits zu mathematikbezogenen wissenschaftspropädeutischen Kompetenzen wurde sich dafür entschieden, allgemeinere kognitive und fachliche Leistungen respektive mathematische Kompetenzen zu fokussieren.

Vorwissen

Wie im vorherigen Kapitel beschrieben, fokussiert das entwickelte Testinstrument Mathematik als strukturorientierte Wissenschaft, die auch zentraler Lerngegenstand in Studiengängen der Fachmathematik ist. In diesem Zusammenhang spielen der Umgang mit formal definierten Begriffen und mathematischen Sätzen sowie das formal-deduktive Beweisen eine große Rolle. Da bisher nur wenige empirische Erkenntnisse zu mathematikbezogenen wissenschaftspropädeutischen Kompetenzen bestehen, wird sich auf empirische Erkenntnisse zu Zusammenhängen mit verwandten Konstrukten und mathematischem Vorwissen bezogen. Verwandte Konstrukte zu mathematikbezogenen wissenschaftspropädeutischen Kompetenzen sollen sich auch auf die strukturorientierte Seite von Mathematik beziehen, in denen es um das Wissen und die Anwendung von Grundbegriffen und Methoden der strukturorientierten Seite von Mathematik geht (z. B. Klausurerfolg in einem Fachmathematikstudium).

Für den schulischen Kontext konnten Köller et al. (2001, 2006) zeigen, dass mathematische Vorleistungen von Schülerinnen und Schülern aus Gymnasien mit der jeweiligen akademischen Leistung in der 12. Jahrgangsstufe zusammenhängen. Auch für den universitären Kontext ergibt sich ein ähnliches Bild. In der zuvor zitierten Studie von Rach (2014) zeigte sich ebenfalls, dass die mathematische Kompetenz respektive das Vorwissen mit dem Klausurerfolg in Analysis I von Studienanfängerinnen und -anfängern zusammenhängt. Pustelnik (2018) untersuchte Bedingungsfaktoren für einen erfolgreichen Übergang von Schule zur Hochschule, wobei er mathematisches Vorwissen als einen möglichen Faktor berücksichtigte. Hierfür wurden die Ergebnisse in einem konzipierten Mathematiktest (zu relevanten Wissensbeständen aus der Sekundarstufe I und II) von 890 Studienanfängerinnen und -anfängern (Fachmathematik, Physik, Informatik, Lehramt an Gymnasien Mathematik) analysiert und in Beziehung zu den Klausurergebnissen in „Differential- und Integralrechnung I“ und „Analytische Geometrie und lineare Algebra I“ am Ende des ersten Fachsemesters gesetzt. Es zeigte sich, dass das Ergebnis im konzipierten Mathematiktest in allen gerechneten Modellen mit den Klausurnoten zusammenhängt. Abhängig von den Modellen erklärt das Testergebnis zwischen 31% und 41% der Varianz an den Klausurnoten. Hailikari (2009) untersuchte den Zusammenhang von verschiedenen Vorwissensfacetten auf den Studienerfolg (operationalisiert über die Modulnote). An dieser Studie nahmen 202 Studierende (vornehmlich aus Fachmathematikstudiengängen) aus zwei Mathematikveranstaltungen teil. Es zeigt sich, dass vor allem das prozedurale Wissen mit dem Modulerfolg zusammenhängt, während das deklarative Wissen eine eher untergeordnete Rolle spielt. Die Korrelationskoeffizienten rangieren hierbei zwischen 0,31 und 0,47. Daneben berichten Halverscheid und Pustelnik (2013) auch, dass das deklarative Wissen mit dem Modulerfolg in der Studieneingangsphase zusammenzuhängt. In einer Studie mit 149 Studierenden einer „Analysis I“- und 145 Studierenden einer „Linearen Algebra“-Veranstaltung sollten die Teilnehmerinnen und Teilnehmer einen entwickelten Test zur Erfassung deklarativ-mathematischen Wissens bearbeiten. In beiden Gruppen zeigte sich, dass mehr als 40% Varianz am Modulerfolg allein durch die Ergebnisse im Vorwissenstest erklärt werden konnten. Insgesamt scheint das fachliche Vorwissen vergleichsweise stark mit anderen relevanten fachlichen Variablen im schulischen als auch im universitären Kontext zusammenzuhängen. Damit zeigt sich, dass mathematisches Vorwissen einen wichtigen Faktor für Lernerfolg in Mathematik darstellt.

Der Frage, ob sich mathematisches (Vor-)Wissen hierarchisch in Facetten untergliedern lässt und welche Vorwissensfacette Modulerfolg im ersten Semester prädizieren kann, sind Rach und Ufer (2020) im Rahmen einer Reanalyse von Daten aus bereits existierenden Studien nachgegangen. Die Stichprobe setzt sich aus 1.553 Erstsemesterstudierenden von Studiengängen der Fachmathematik zusammen, die den KUMA-Test („Knowledge for University Mathematics (Analysis)“) bearbeitet haben. Es zeigte sich, dass sich das mathematische Vorwissen in vier hierarchische Stufen (z. B. Stufe 1: Prozedurales Wissen und Faktenwissen) aufspalten lässt. Zudem konnte in der Studie gezeigt werden, dass

Modulerfolg in „Analysis I" (0 = nicht bestanden, 1 = bestanden) stark durch die Ergebnisse im KUMA-Test prädiziert werden kann. Ebenso konnte gezeigt werden, dass Studierende, die Testitems aus Stufe 3 (Vernetztes konzeptuelles Wissen) sicher lösen können, eine höhere Chance haben, das Modul erfolgreich abzuschließen, als Studierende, die diese Testitems nicht sicher lösen können. Diese Studie macht neben der Erkenntnis, dass Vorwissen einen relevanten Faktor für Studienerfolg darstellt, deutlich, dass es wichtig ist, Vorwissen differenzierter nach der Qualität des Wissens zu betrachten.

Kritisches Denken und logisches Denken

Als nächste Faktoren, die mit allgemeinen kognitiven beziehungsweise mit fachlichen Leistungen in Mathematik zusammenhängen, werden kritisches und logisches Denken (als Fähigkeit des deduktiven Schließens) betrachtet. Facione (1990) untersuchte unter anderem, inwieweit kritisches Denken mit dem High-School-Notendurchschnitt (GPA = „Grade Point Average") und den Testergebnissen in Mathematik des Studieneingangstests SAT (= „Scholastic Assessment Test") zusammenhängt. Dafür wurden mehr als 1.100 Bachelorstudierende unterschiedlicher Studienprogramme aus einer US-amerikanischen Universität befragt. Es konnte festgestellt werden, dass kritisches Denken sowohl mit dem High-School-Notendurchschnitt ($r = 0{,}20$) als auch mit dem Mathematik-SAT-Ergebnis ($r = 0{,}44$) korreliert. Zu ähnlichen Ergebnissen konnten Facione und Facione (1997) in einer weiteren Untersuchung in College-Programmen medizinischer Fachrichtungen gelangen. In dieser Studie korrelierte das kritische Denken mit der Hochschulzugangsberechtigungsnote ($r = 0{,}25$) sowie mit den gemessenen Mathematik-Testergebnissen (SAT: $r = 0{,}42$ und GRE (= „Grade record examination"): $r = 0{,}58$). Zusätzlich wurde im Rahmen dieser Studie untersucht, wie die einzelnen Facetten des kritischen Denkens mit bestimmten Kompetenzbereichen zusammenhängen. Die mathematische Kompetenz (gemessen via der GRE) scheint am stärksten mit der Facette des deduktiven Schließens zu korrelieren ($r = 0{,}59$). Allerdings gibt es auch Studien, aus denen ein deutlich geringerer Zusammenhang von mathematischer Kompetenz und kritischem Denken hervorgeht (z. B. Frisby, 1992), was möglicherweise an der Breite des Konstrukts des kritischen Denkens liegen könnte.

Ausgehend von den Befunden von Facione und Facione (1997) erscheint es als sinnvoll, einen genaueren Blick auf empirische Befunde zum Zusammenhang von deduktivem Schließen und mathematischen Kompetenzen zu werfen. Chimoni und Pitta-Pantazi (2015) lieferten Hinweise, dass im Sekundarbereich I Kompetenzen im algebraischen Denken mit Fähigkeiten im deduktiven Schließen korrelieren ($r = 0{,}28$). In einer Studie von Gómez-Veiga et al. (2018) wurde untersucht, inwieweit Facetten des Argumentierens und Schlussfolgerns mit schulischen Leistungsmaßen zusammenhängen. An dieser Studie nahmen 51 Schülerinnen und Schüler der zehnten Klassenstufe teil. Auch in dieser Studie zeigte sich, dass die Mathematikleistung am stärksten mit der Facette des deduktiven Schließens korreliert ($r = 0{,}48$). In einer weiteren Studie von Attridge (2013) wurde untersucht, wie sich Fähigkeiten im deduktiven Schließen von Schülerinnen und Schülern aus Mathematik- und Englischleistungskursen über die Schulklassen 12 und 13 entwickeln. 44 Schülerinnen und Schüler aus Mathematikleistungskursen und 38 aus Englischleistungskursen nahmen an beiden Messzeitpunkten (zu Beginn des und zum Ende des

Leistungskursunterrichts) an der Studie teil. Insgesamt korrelieren konditionales Schließen ($r = 0,30$) und syllogistisches Schließen ($r = 0,48$) mit den schulischen Vorleistungen am Ende der zehnten Klasse. Nur wenige Studien aus dem Sekundarbereich I berichten, dass es keine Zusammenhänge zwischen mathematischen Kompetenzen und deduktivem Schließen gibt (z. B. Rich et al., 2011). In einer Studie von Sommerhoff (2017) wurde untersucht, inwieweit konditionales Schließen prädiktiv für Fähigkeiten in der Beweisvalidierung und -konstruktion sind. An dieser Studie nahmen 64 Studierende aus Bachelorstudiengängen der Fachmathematik teil. Es zeigte sich, dass deduktives Schließen in abstrakten Kontexten nicht prädiktiv für Fähigkeiten im Beweisen ist.

Insgesamt sind die bisherigen empirischen Befunde zu Zusammenhängen von deduktivem Schließen und mathematischen Kompetenzen divers, was daran deutlich wird, dass die berichteten Korrelationskoeffizienten vergleichsweise stark variieren. Im Mittel kann von einem mäßigen Zusammenhang ($0,3 < r < 0,4$) ausgegangen werden. Aufgrund der beschriebenen Variabilität der Studien sollte diese Ableitung allerdings mit Vorsicht aufgefasst werden.

Studiengang

Studiengänge unterscheiden sich unter anderem durch ihre spezifischen, fachlichen Anforderungen voneinander (Oepke & Eberle, 2016). Dementsprechend ist es nicht verwunderlich, dass sich Kompetenzprofile von Studierenden abhängig von ihren Studiengängen unterscheiden (z. B. Castejón Costa et al., 2010). Ein für die Praxis bedeutsames – und auch in der Literatur berücksichtigtes – Beispiel ist die Unterscheidung zwischen Fach- und Lehramtsstudierenden (im gleichen Fach) hinsichtlich ihrer Lernvoraussetzungen (z. B. Rach, 2019). Beispielsweise ist es aufgrund der unterschiedlichen Ausbildungsstrukturen möglich zu argumentieren, dass Lehramtsstudierende durch die (meist) inhaltliche Dreiteilung ihres Studiums (Unterrichtsfach 1 und 2 sowie bildungswissenschaftliche Anteile) nicht nur Expertin/Experte in einem Fach sein müssen, sondern für verschiedene Domänen ein solides Vorwissen benötigen (Blömeke, 2009). Anders ist es in einem Fachstudium, in welchem sich das Studium an der fachlichen Systematik einer Wissenschaft orientiert, für welches (meist) nur das Vorwissen in der jeweiligen Domäne benötigt wird, über welches potentielle Fachstudierende (beispielsweise aufgrund von höherem Interesse etc.) mehr verfügen. Ein anderer Befund deutet daraufhin, dass ein substantieller Anteil an Lehramtsstudierenden Mathematik im Rahmen der gymnasialen Oberstufe nur auf Grundkursniveau belegt haben (Buchholtz & Kaiser, 2013), was durch weniger Lerngelegenheiten mit schlechteren Fachleistungen einhergehen kann. Daher erscheint es aus theoretischer Sicht plausibel zu sein, dass Fachstudierende (z. B. Mathematik) gegenüber Lehramtsstudierenden (mit Fach Mathematik) als leistungsstärker einzuschätzen sind.

Empirische Studien zu Unterschieden bezüglich der allgemeinen kognitiven Leistungsfähigkeit und mathematischen Kompetenzen nach Studiengängen liegen vor, allerdings werden – aufgrund der Anzahl von möglichen Studiengängen – die Studierenden in Studienfachgruppen zusammengefasst. Daher werden die MINT-Studiengänge meist nicht differenziert betrachtet (Pustelnik, 2018). Als eine Ausnahme kann hier die Untersuchung von Nagy (2007) angesehen werden. Die Studie basiert auf einer Teilstichprobe der

TOSCA-Studie mit 3.697 Schülerinnen und Schülern am Ende der gymnasialen Oberstufe aus Baden-Württemberg. Der Studienfachwunsch wurde in einem offenen Antwortformat erhoben und nachträglich in 33 Studienfachgruppen (z. B. Mathematik) kategorisiert. Es wurde untersucht, inwieweit allgemeine kognitive und fachliche Leistungen (in den Bereichen Mathematik und Englisch) mit der wahrscheinlichen Studienfachwahl zusammenhängen. Zum Vergleich der Differenzen wurden die kognitiven und fachlichen Leistungen *z*-standardisiert. Studieninteressierte an Mathematik zeigen überdurchschnittliche kognitive Fähigkeiten (*Fk'* = 0,45) und weisen mit *Fm'* = 0,91 die höchsten mathematischen Fähigkeiten auf.[10] Abiturientinnen und Abiturienten, die ein Lehramtsstudium anstrebten, wurden in dieser Untersuchung nicht separat aufgeführt.

Wenn Studierende des Lehramts separat aufgeführt werden, dann werden diese meist noch nach der angestrebten Schulform voneinander unterschieden. Klusmann et al. (2009) untersuchten, inwieweit es allgemeine kognitive und fachliche Unterschiede zwischen Lehramts- und Nichtlehramtsstudierenden gibt. Dafür wurde wiederum eine Teilstichprobe der TOSCA-Studie analysiert, die sich aus 1.746 Studieninteressierten (davon strebten rund 19% ein Lehramtsstudium an) zusammensetzt. Es konnten keine Unterschiede zwischen den Gruppen der Nichtlehramtsstudierenden sowie der Gruppe der Gymnasiallehramtsstudierenden bezüglich der Abiturnote, den allgemein kognitiven sowie den mathematischen Fähigkeiten ermittelt werden. Allerdings weisen die Studierenden des GHRS-Lehramts (Lehramt an Grund-, Haupt-, Real und Sonderschulen) schlechtere Ergebnisse als die Gruppe der Gymnasiallehramtsstudierenden bezüglich der Abiturnote (d = 0,99), den allgemein kognitiven Fähigkeiten (d = 0,29) und den mathematischen Fähigkeiten (d = 0,41) auf. Auch beim Einbeziehen des Fachs als Kovariate (mindestens ein Fach ist eine Naturwissenschaft) bleiben die gewonnen Ergebnisse bestehen.

In einer Studie mit 14.815 Studieninteressierten (davon 12,6% in einem Lehramtsstudium) kommt Neugebauer (2013) zu einem ähnlichen Befund. Es wurde gezeigt, dass die mittlere Abiturnote der Gymnasiallehramtsstudierenden besser ist als die Abiturnote der GHRS-Lehramtsstudierenden (d = 0,59). Werden nur Lehramtsstudierenden mit dem Unterrichtsfach Mathematik nach Schulformen verglichen, ergibt sich ein ähnliches Bild bezüglich der Abiturnote. Im Rahmen von TEDS-LT (Teacher Education and Development Study: Learning to Teach) wurden 1.568 Lehramtsstudierende (mit Deutsch, Englisch und Mathematik als Unterrichtsfach) von acht deutschen Hochschulstandorten befragt (Buchholtz et al., 2011). Es zeigt sich unabhängig vom Unterrichtsfach, dass die mittlere Abiturnote der Lehramtsstudierenden an Gymnasien/Gesamtschulen (M = 2,3, SE = 0,02, n = 618) besser ist als die der Lehramtsstudierenden für GHR (M = 2,5, SE = 0,02, n = 874). In der Gruppe der Lehramtsstudierenden mit Fach Mathematik ist der Mittelwertunterschied mit 0,4 am größten (M_{GyGS} = 2,2, SE = 0,05, n = 136 und M_{GHR} = 2,6, SE = 0,03, n = 346). Auch in Bezug auf die fachlichen Vorleistungen (operationalisiert über die erreichten Punkte im studierten Unterrichtsfach im Abitur) lassen sich in TEDS-LT Unterschiede zwischen den GyGS- und den GHR-Lehramtsstudierenden feststellen. Die GyGS-Lehramtsstudierenden (M = 11,6, SE = 0,10, n = 459) erzielten im Mittel bessere fachliche Leistungen als die GHR-Lehramtsstudierenden (M = 10,7, SE = 0,08,

10 Die berichteten Leistungsfaktoren *Fk'* und *Fm'* können aufgrund der Standardisierung in der Gesamtstichprobe als Effektstärken (*d*-Werte) interpretiert werden (Nagy, 2007).

n = 641). Es zeigten sich jedoch keine Unterschiede innerhalb der Gruppen nach Unterrichtsfach (Deutsch, Mathematik und Englisch).

Mithilfe von zwei Studien untersuchte Rach (2019), inwieweit sich Fachstudierende von Gymnasiallehramtsstudierenden in Mathematik bezüglich ihrer Lernvoraussetzungen unterscheiden. Dabei basiert Studie 1 auf einer Stichprobengröße von 182 (davon 140 Lehramtsstudierende für Gymnasien) und Studie 2 auf einer Stichprobengröße von 288 (davon 104 Lehramtsstudierende für Gymnasien). Als kognitive Lernvoraussetzungen wurden die schulischen Vorleistungen (operationalisiert über die Abiturnote) sowie das mathematische Vorwissen bezüglich der Hochschulmathematik erhoben. Beide Studien weisen darauf hin, dass es keinen Unterschied bezüglich der schulischen Vorleistungen gibt. Allerdings wurden in beiden Studien Hinweise dafür generiert, dass die Fachstudierenden über ein höheres mathematisches Vorwissen als Gymnasiallehramtsstudierende verfügen (d_1 = 0,46 und d_2 = 0,44). In der bereits oben zitierten Untersuchung von Pustelnik (2018) wurde auch der Studiengang als ein möglicher Bedingungsfaktor für einen erfolgreichen Übergang von Schule zur Hochschule berücksichtigt. Zwischen Studiengang und Mathematikleistung konnte ein starker Zusammenhang (η^2 = 0,23) identifiziert werden. Mithilfe von Post-hoc-Vergleichen zeigte sich, dass die Mathematik- und die Physikstudierenden bessere Ergebnisse erzielten als die Informatik- und Lehramtsstudierenden für Gymnasien, während sich die Paare hinsichtlich der Mathematikleistung nicht voneinander unterschieden. Für den Unterschied zwischen der Mathematikleistung von Mathematik- und den Lehramtsstudierenden wurde eine Effektstärke von d = 0,96 ermittelt.

Insgesamt gibt es inkonsistente Befunde darüber, ob sich Fachstudierende von Lehramtsstudierenden bezüglich den schulischen Vorleistungen unterscheiden. Allerdings kann aufgrund der Studienlage davon ausgegangen werden, dass es Unterschiede zwischen Fachmathematik- und Lehramtsstudierenden bezüglich ihrer fachlichen Leistungen in Mathematik gibt.

Teilnahme an Vorkursangeboten

Viele Hochschulen in Deutschland bieten mathematische Vor- und Brückenkurse an, um für Studienanfängerinnen und -anfänger den Übergang von der Schule zur Hochschule zu erleichtern. Bei diesen Kursen handelt es sich um ein fakultatives Angebot der Hochschulen, welches vor dem Studienbeginn stattfindet. Biehler et al. (2014) stellten eine Ausdehnung des Vor- und Brückenkursangebots fest, was vor allem mit der erhöhten Heterogenität der Studierendenschaft erklärt wurde. Durch die Öffnung des Hochschulzugangs münden mehr Studienanfängerinnen und -anfänger mit unterschiedlichen Bildungs- und zum Teil Berufsbiographien in die Hochschule ein, wodurch sich das fachliche Vorwissen der Studieninteressierten stark unterscheiden kann.

Demnach haben die mathematischen Vor- und Brückenkurse, die sich vornehmlich an Studierende eines MINT- oder eines wirtschaftswissenschaftlichen Studiums richten, zum Ziel, die Inhalte des schulischen Mathematikunterrichts zu wiederholen und die neuen Strukturen des Lernens in der Institution Hochschule (z. B. typische Charakteristika von Veranstaltungsformaten) aufzuzeigen (Greefrath et al., 2017). In Abhängigkeit vom Studienfach variiert die inhaltliche Schwerpunktsetzung der mathematischen Vor-

und Aufbaukurse. Beispielsweise können die Vorkurse derart konzipiert sein, dass zentrale Themen des Mathematikunterrichts der Sekundarstufe I (z. B. Bruchrechnung) wiederholt und geübt werden (Biehler et al., 2014) oder der Schwerpunkt auf dem Kennenlernen der formal-abstrakten Sprech- und Schreibweise der Mathematik liegt (Greefrath et al., 2017). Analog zu den Unterschieden bezüglich der inhaltlichen Schwerpunktsetzung können sich die Vorkursangebote auch in Hinblick auf organisatorische Aspekte (z. B. Kursumfang) oder die methodisch-mediale Gestaltung unterscheiden. In Hinblick auf die methodisch-mediale Gestaltung gibt es eine große Spannweite, welche von Präsenzangeboten über hybrides Lernen, z. B. Ansätze von Blended Learning (Bausch et al., 2014), bis hin zu rein virtuellen Tutorien (Roegner et al., 2014) ragt.

Es stellt sich die Frage, ob die konzipierten Vor- und Brückenkurse die anfangs formulierten Zielstellungen erreichen. Allerdings werden nicht alle Vorkursangebote systematisch evaluiert, wodurch die Forschungslage zur Wirkung von Vorkursen eher wenig ausgeprägt ist. Zudem sind die Ergebnisse einzelner Studien nur schwierig miteinander zu vergleichen, da sich die Konzeption der einzelnen Vorkurse voneinander unterscheiden kann. In einem systematischen Literaturreview haben Berndt et al. (2021) versucht, die Literaturlage zu Wirkungen von Vorkursen zu strukturieren. Es wurden 29 Publikationen einbezogen, die vor allem kurzfristige Effekte von Vorkursen auf fachlicher Ebene berichten. Daneben geben andere Studien auch Hinweise auf mittelfristige Effekte (z. B. auf Klausurergebnisse im ersten Fachsemester) oder auf eine Wirkung von Vorkursen auf affektive Merkmale (z. B. mathematische und soziale Selbstwirksamkeitserwartung). Jedoch scheint es kaum Studien zu geben, die langfristige Effekte (z. B. auf Studienerfolg) von Vorkursen untersuchen (Berndt et al., 2021).

Zu mittel- und längerfristigen Effekten von mathematischen Vorkursen auf Studienerfolg respektive auf Studienabbruch gibt es jedoch vergleichsweise aktuelle Studien. Geisler (2020) untersuchte Bedingungsfaktoren (unter anderem Vorkursteilnahme) für frühen Studienabbruch und Fachwechsel in Mathematik. Es zeigte sich, dass die Teilnahme an einem Vorkurs mit einem niedrigeren Risiko einhergeht, das Studium frühzeitig abzubrechen. In einer Studie an der Universität in Kassel wurde untersucht, inwieweit die Teilnahme von mathematischen Vorkursen den Studienerfolg von Elektrotechnik- und Informatikstudierenden prädiziert (Greefrath et al., 2017). Im Rahmen dieser Studie zeigte sich, dass ein Vorkursbesuch nicht mit den Klausurergebnissen in Linearer Algebra und Analysis am Ende des ersten Fachsemesters zusammenhängt. Längerfristige Effekte von Vorkursteilnahme auf Studienerfolg wurden in einer empirischen Untersuchung von Gerdes et al. (2021) nachgegangen. Dabei liegt der Studie eine Stichprobe von 2.953 Studierendenfachfällen aus (grundständigen) MINT- und wirtschaftswissenschaftlichen Studiengängen der Georg-August-Universität in Göttingen zugrunde. Die Ergebnisse deuten darauf hin, dass eine Vorkursteilnahme einen positiven Effekt auf den Studienerfolg (erfolgreicher Studienabschluss nach acht Semestern) hat. Insgesamt bedarf es noch weiterer Forschungsbemühungen, um mittel- und längerfristige Effekte von Vorkursen auf Studienerfolg genauer zu benennen. Allerdings scheinen sich die Studien dahingehend einig zu sein, dass von kurzfristigen Effekten von Vorkursen auf kognitive Zielvariablen ausgegangen werden kann.

6.2 Fragestellungen

Um das Forschungsinteresse der vorliegenden Studie auszuschärfen, ist es sinnvoll eine offene und übergeordnete Forschungsfrage zu formulieren, die für die Studie als handlungsleitend gilt. Diese offene Forschungsfrage wird dann mithilfe von untergeordneten Fragestellungen (analog zu Kapitel 5.2) ausdifferenziert. Aus der dritten Hauptzielstellung der Arbeit leitet sich das Forschungsdesiderat der vorliegenden Studie ab: Beschreibung der mathematikbezogenen wissenschaftspropädeutischen Kompetenzen von Studienanfängerinnen und Studienanfängern aus Studiengängen der Fachmathematik (z. B. Mathematikstudium oder Lehramtsstudium mit Unterrichtsfach Mathematik). Der zweiten Studie liegt dementsprechend die folgende übergeordnete Fragestellung zugrunde:

üFF *Über welche mathematikbezogenen wissenschaftspropädeutischen Kompetenzen verfügen Studienanfängerinnen und -anfänger aus Studiengängen der Fachmathematik?*

Im Rahmen der vorliegenden Studie sollen Anhaltspunkte gesammelt werden, die zur Beantwortung dieser Fragestellung beitragen. Diese noch offen formulierte Fragestellung lässt Raum für unterschiedliche Schwerpunktsetzungen zu. Zum einen geht es darum, Beschreibungswissen darüber zu generieren, über welche mathematikbezogenen wissenschaftspropädeutischen Kompetenzen Studienanfängerinnen und -anfänger verfügen, wenn diese in einen Vorkurs an einer Universität münden. Zum anderen soll untersucht werden, wie (a) die mathematikbezogenen wissenschaftspropädeutischen Kompetenzen mit anderen Merkmalen zusammenhängen und (b) wie sich diese Kompetenzen im Verlauf des Vorkurses entwickeln. Im Folgenden wird die übergeordnete Fragestellung mithilfe von untergeordneten Fragestellungen konkretisiert.

Charakterisierung der Studienanfängerinnen und -anfänger (FF1)
Zu Beginn soll auf einer rein deskriptiven Ebene dargestellt werden, über welche mathematikbezogenen wissenschaftspropädeutischen Kompetenzen Studienanfängerinnen und Studienanfänger der Fachmathematik verfügen. Hierfür sollen die ermittelten Kompetenzniveaus aus Studie 1 (Kapitel 5) verwendet werden, um die Studienanfängerinnen und -anfänger hinsichtlich ihrer mathematikbezogenen wissenschaftspropädeutischen Kompetenzen zu charakterisieren.

FF1 *Wie sind die Studienanfängerinnen und -anfänger aus Studiengängen der Fachmathematik auf die bestimmten Kompetenzniveaus (Kapitel 5) verteilt?*

Die Ergebnisse der Validierungsstudie (Kapitel 5) suggerieren, dass bei Studienanfängerinnen und -anfängern aus mathematikhaltigen Studiengängen mathematikbezogene wissenschaftspropädeutische Kompetenzen eher wenig ausgeprägt sind, d. h. ein substantieller Anteil über nur sehr wenige und nur ein geringer Anteil über (sehr) ausgeprägte mathematikbezogene wissenschaftspropädeutische Kompetenzen verfügen. Bei Studieninteressierten an Studiengängen, in denen Mathematik als strukturorientierte Disziplin kennengelernt wird, kann erwartet werden, dass diese insgesamt über vorteilhaftere Kompetenzausprägungen verfügen.

Kompetenzunterschiede (FF2)
Es soll überprüft werden, inwieweit sich Studieninteressierte unterschiedlicher Studiengänge voneinander unterscheiden:

FF2 *Wie unterscheiden sich Studieninteressierte verschiedener Studiengänge bezüglich ihrer mathematikbezogenen wissenschaftspropädeutischen Kompetenzen?*

Die mathematikbezogenen wissenschaftspropädeutischen Kompetenzen werden in Abhängigkeit der eingeschriebenen Studiengänge untersucht. In Hinblick auf potentielle Kompetenzunterschiede zwischen Studieninteressierten unterschiedlicher Studiengänge wird erwartet, dass die Studienanfängerinnen und -anfänger aus einem Fachstudium Mathematik über höher ausgeprägte mathematikbezogene wissenschaftspropädeutische Kompetenzen verfügen als Studierende aus Lehramtsstudiengängen mit Fach Mathematik.

Vorhersage (FF3)
Neben einer rein deskriptiven Beschreibung des Ist-Zustands ist es auch interessant zu untersuchen, mit welchen weiteren Merkmalen die mathematikbezogenen wissenschaftspropädeutischen Kompetenzen zusammenhängen. Vor dem Hintergrund des theoretischen Rahmens dieser Studie (Kapitel 6.1) kann vermutet werden, dass zur Vorhersage des Konstrukts mathematikbezogene wissenschaftspropädeutische Kompetenzen sowohl kognitive als auch affektive Merkmale eine Rolle spielen. In diesem Zusammenhang wird überprüft, inwiefern schulische Leistungsmaße (Mathematik- und Abiturnote), mathematisches Vorwissen (schulbezogenes vs. universitätsbezogenes Vorwissen), logisches Denken sowie das Interesse und Selbstkonzept bezüglich Beweisen mit dem Kriterium zusammenhängen.

FF3 *Wie hoch ist der Zusammenhang der einbezogenen Personenmerkmale (kognitive und affektive) zu den mathematikbezogenen wissenschaftspropädeutischen Kompetenzen?*

Diese Fragestellung bietet darüber hinaus die Möglichkeit zu überprüfen, inwiefern sich bestimmte Befunde aus Studie 1 (Kapitel 5) replizieren lassen. Dies impliziert die Frage, inwieweit die identifizierten Zusammenhänge von mathematikbezogenen wissenschaftspropädeutischen Kompetenzen mit kognitiven und affektiven Maßen (Studie 1) stabil sind, d. h. sich auch in anderen Stichproben zeigen.

Kompetenzentwicklung (FF4)
Da das entwickelte Messinstrument Mathematik als strukturorientierte Disziplin fokussiert (Kapitel 5), kann erwartet werden, dass eine Teilnahme an Lernangeboten, die ebenfalls diese Seite von Mathematik beleuchten, zu einer Förderung der mathematikbezogenen wissenschaftspropädeutischen Kompetenzen führen. Daher wird im Rahmen dieser Studie der folgenden Fragestellung nachgegangen:

FF4 *Gibt es nach der Teilnahme an einem Mathematikvorkurs einen Zuwachs von mathematikbezogenen wissenschaftspropädeutischen Kompetenzen?*

Diese Fragestellung hat *nicht* zum Ziel, Mathematikvorkurse (im Sinne einer Interventionsstudie) zu evaluieren, sondern dient vordergründig der Untersuchung, inwieweit das Messinstrument sensitiv für universitäre Lernangebote ist. Die Überprüfung der Sensitivität von Messinstrumenten ist relevant, damit diese eingesetzt werden können, um die Entwicklung von Kompetenzen im Rahmen von Interventionsstudien zu erheben.

6.3 Methodisches Vorgehen

Die Studie zur Untersuchung der Ausprägung von mathematikbezogenen wissenschaftspropädeutischen Kompetenzen von Studienanfängerinnen und -anfängern lässt sich in die Logik des quantitativen Forschungsparadigmas einordnen. Das methodische Vorgehen im Rahmen dieser Studie wird schematisch in der folgenden Abbildung dargestellt.

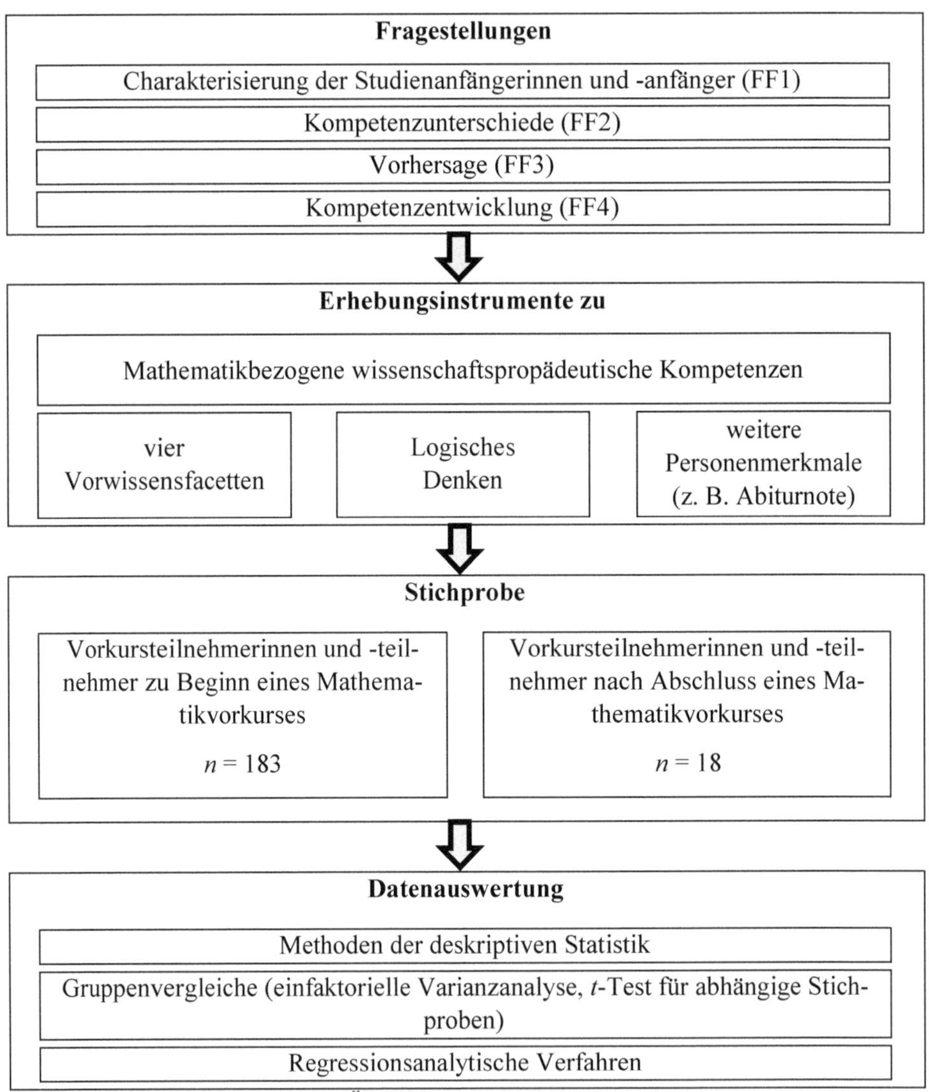

Abbildung 15: Schematische Übersicht des Forschungsdesigns.

Die Abbildung 15 stellt das methodische Design in Form eines mehrstufigen Ablaufschemas dar. Ausgehend von den formulierten Fragestellungen (Kapitel 6.2) wird entschieden, welche Merkmale erhoben werden und wie diese operationalisiert werden sollen. Zur Erhebung der mathematikbezogenen wissenschaftspropädeutischen Kompetenzen wird das validierte Testinstrument aus Studie 1 (Kapitel 5) herangezogen, während zur Erhebung des mathematischen Vorwissens (durch vier Vorwissensfacetten), des logischen Denkens und der affektiven Merkmale auf etablierte Skalen zurückgegriffen wird (Rach et al., 2021). Die Operationalisierung der einzelnen Konstrukte sowie die stufenweise Entwicklung, Validierung und Kalibrierung der Instrumente lassen sich in Rach et al. (2021) nachlesen. Dem Forschungsinteresse entsprechend sollen die mathematikbezogenen wissenschaftspropädeutischen Kompetenzen von Studienanfängerinnen und -anfängern aus Studiengängen der Fachmathematik erhoben werden, weshalb Vorkursteilnehmerinnen und -teilnehmer von Mathematikvorkursen zu Beginn des Vorkurses befragt wurden. Zur Überprüfung der vierten Fragestellung wurde auch eine Befragung am Ende des Vorkurses realisiert. Zu Vorkursbeginn konnten 183 Studierende befragt werden, wovon nur noch 18 auch zum zweiten Messzeitpunkt befragt wurden.

Stichprobe

Die vorliegende Untersuchung wurde vor Beginn der Wintersemester 2021/22 und 2022/23 im Rahmen von Mathematikvorkursen durchgeführt. Die befragten Studierenden befinden sich dementsprechend vor Beginn ihres Bachelorstudiums eines Studiums der Fachmathematik. Damit sollten die meisten Befragten zeitlich noch relativ nah an dem Erwerb ihrer Hochschulzugangsberechtigung liegen, wodurch sich die Stichprobe nicht zu sehr von der eigentlichen Zielgruppe des Tests (Abiturientinnen und Abiturienten) unterscheiden sollte (wie auch bei Studie 1). Ein weiter Grund für das Durchführen der Studie mit Studienanfängerinnen und -anfängern ist es, dass der Test zur Erfassung der mathematikbezogenen wissenschaftspropädeutischen Kompetenzen auch für Studierende validiert wurde (Kapitel 5). Um eine möglichst große Stichprobe von Studienanfängerinnen und -anfängern zu generieren, wurde die Studie sowohl an der Otto-von-Guericke-Universität (OVGU) in Magdeburg als auch an der Ludwig-Maximilians-Universität (LMU) in München durchgeführt. Die Untersuchung wird analog zur ersten Studie als Onlinebefragung durchgeführt. Der Link zur Befragung wurde mit personalisiertem Zugangscode eine Woche vor Vorkursbeginn an die Vorkursteilnehmerinnen und -teilnehmer geschickt. Die Befragung sollte dann vor Vorkursbeginn entweder von zu Hause aus oder am Tag des Vorkursbeginns in der Universität bearbeitet werden. Zu Beginn der Befragung wurden die Studierenden darauf hingewiesen, keine weiteren Hilfsmittel als Stift und Papier zu verwenden. Die Onlinebefragung schließt damit ab, dass die Teilnehmenden Auskunft darüber bekommen, wie viel Wissen sie in den einzelnen Bereichen erworben haben. Vor dem Hintergrund, dass in das Befragungstool eine Feedbackfunktion implementiert wurde und davon auszugehen ist, dass sie eine ehrliche Einschätzung über ihren Kenntnisstand bekommen möchten, kann angenommen werden, dass die Testpersonen das Testinstrument selbstständig und ohne weitere Hilfsmittel bearbeitet haben. Zum Ende des Vorkurses sollten die teilnehmenden Studierenden nochmals eine verkürzte Fassung des gesamten Instruments (einschließlich des Tests zur Erfassung der mathematikbezogenen wissenschaftspropädeutischen Kompetenzen) bearbeiten, um untersuchen zu können, inwieweit sich das Instrument sensitiv gegenüber universitären Lernangeboten verhält. Hierfür konnten die Studierenden entweder nach Abschluss des Vorkurses in der Universität oder von zu Hause aus den Test bearbeiten. Da diese Befragung nicht während des Vorkurses von den Studierenden bearbeitet wurde und nicht verpflichtender Bestandteil des Vorkurses war, musste die Teilnahmemotivation mit einem Incentive gesteigert werden: Studierende konnte im Rahmen eines Losverfahrens einen Geldbetrag in Höhe von 10 Euro gewinnen.

Im Rahmen dieser Studie konnte eine Stichprobe von n = 183 realisiert werden. Es nahmen 64 Frauen (47,5%) und 94 Männer (51,4%) aus zwei Vorkursen teil, die als Vorbereitung für einen Studiengang der Fachmathematik fungieren. Zwei Personen (1,1%) ordnen sich als divers ein. Die Befragten haben größtenteils (78,7%) den Vorkurs an der LMU München besucht.

Die befragten Vorkursteilnehmerinnen und -teilnehmer streben alle einen Studiengang der Fachmathematik an, d. h. Studiengänge mit einem essentiellen Anteil an Mathematikkursen. Demnach handelt es sich bei den angestrebten Bachelorstudiengängen um Studienprogramme, in denen Mathematik als strukturorientierte Disziplin kennengelernt wird. Von den 183 Befragten sind 75 in einem Mathematikstudium (41,0%), 34 in einem Studium der Wirtschaftsmathematik (18,6%), 52 in einem lehramtsbezogenen Studiengang mit Mathematik als Unterrichtsfach (28,4%) und 22 in anderen Studiengängen (12,0%) eingeschrieben. Zwei Personen gaben keinen Studiengang an.

Instrumente

Das Erhebungsinstrument setzt sich aus sechs Leistungstests und der Abfrage weiterer individueller Merkmale (z. B. mithilfe von etablierten Skalen) zusammen. Zu den sechs Wissenstests gehören Rasch-skalierte Tests zur Erfassung (1) der mathematikbezogenen wissenschaftspropädeutischen Kompetenzen, (2) des universitätsbezogenen Vorwissens zur Analysis, (3) des universitätsbezogenen Vorwissens zur Linearen Algebra, (4) des schulbezogenen Vorwissens zur Analysis, (5) des schulbezogenen Vorwissens zur Linearen Algebra und (6) des logischen Denkens (operationalisiert über die Fähigkeit, wie gut Personen konditionale und syllogistische Schlüsse in verschiedenen Kontexten ausführen können). Als relevante Personenmerkmale zur Vorhersage der mathematikbezogenen wissenschaftspropädeutischen Kompetenzen wurden darüber hinaus noch schulische Performanzmaße und das Interesse sowie das Selbstkonzept bezüglich Beweisen erhoben. Die schulische Performanz wurde über die letzte Zeugnisnote in Mathematik (von 0 (ungenügend) bis 15 Punkte (sehr gut)) und die Note der Hochschulzugangsberechtigung (von 1,0 (sehr gut) bis 4,0 (ausreichend)) als Selbstbericht operationalisiert. Für die Erfassung des Interesses und des Selbstkonzepts bezüglich Beweisen wurden etablierte Skalen verwendet. Konkret wurden das Selbstkonzept (Rach et al., 2017) und das Interesse bezüglich Beweisen (Ufer et al., 2017) jeweils mit vier Items gemessen. Dabei handelt es sich jeweils um vierstufige Likert-Skala (von 1 = „trifft nicht zu" bis 4 = „trifft zu"). Die Skalen zum Selbstkonzept (*Cronbachs* α = 0,81) und zum Interesse bezüglich Beweisen (*Cronbachs* α = 0,85) weisen beide akzeptable bis gute Reliabilitäten auf. Die Mittelwerte und Standardabweichungen der Personenmerkmale (in Anhang B.1) geben keine besonderen Hinweise darauf, dass Boden- oder Deckeneffekte vorliegen könnten.

Die folgende Tabelle zeigt die Korrelationsmatrix zwischen den in der Studie einbezogenen Personenmerkmalen. Zu erkennen ist, dass im Besonderen die fachlichen Vorwissensfacetten auf mittlerem bis starkem Niveau miteinander korrelieren ($r > 0{,}50$, $p < 0{,}01$). Ähnlich stark scheinen die Abiturnote und die letzte Mathematiknote miteinander zusammenzuhängen ($r = 0{,}61$, $p < 0{,}01$). Die beiden schulischen Performanzmaße korrelieren mit den Vorwissensfacetten auf schwachem bis mittlerem Niveau. Während das Selbstkonzept und das Interesse bezüglich Beweisen miteinander auf mittlerem Niveau korrelieren ($r = 0{,}54$, $p < 0{,}01$), hängen die affektiven Merkmale mit den übrigen Personenmerkmalen eher schwach bis nicht zusammen.

Tabelle 16: Interkorrelationen der relevanten Personenmerkmale.

Merkmal	1	2	3	4	5	6	7	8	9
1 MWK	—								
2 Ana (u)	0,46**	—							
3 LinA (u)	0,47**	0,65**	—						
4 Ana (s)	0,32**	0,60**	0,66**	—					
5 LinA (s)	0,27**	0,56**	0,61**	0,53**	—				
6 Logik	0,49**	0,43**	0,49**	0,38**	0,28**	—			
7 A.note	-0,36**	-0,43**	-0,43**	-0,33**	-0,33**	-0,42**	—		
8 M.note	0,26**	0,41**	0,39**	0,34**	0,32**	0,28**	-0,61**	—	
9 SK Bew	0,16*	0,15*	0,10	0,20**	0,01	0,15*	-0,04	0,07	—
10 Int Bew	0,27**	0,20**	0,21**	0,20**	0,10	0,31**	-0,08	0,08	0,47**

Anmerkungen: ** $p < 0{,}01$, * $p < 0{,}05$. MWK = mathematikbezogene wissenschaftspropädeutische Kompetenzen, Ana (u) = universitätsbezogenes Wissen in Analysis, LinA (u) = universitätsbezogenes Wissen in Linearer Algebra, Ana (s) = schulbezogenes Wissen in Analysis, LinA (s) = schulbezogenes Wissen in Linearer Algebra, Logik = Logisches Denken, A.note = Abiturnote, M.note = letzte Mathematiknote, SK Bew = Selbstkonzept bezüglich Beweisen, Int Bew = Interesse bezüglich Beweisen.

Methodische Veränderung zur Studie 1

Neben der etwas veränderten Stichprobe und den zusätzlich erhobenen Personenmerkmalen (Vorwissensfacetten) wurden auch Veränderungen im Testdesign vorgenommen. Es gibt viele Möglichkeiten zur Administration von Test(item)s, die von Paper-and-pencil- bis zu computerbasierten Testformaten mit jeweils noch weiteren Ausdifferenzierungen (z. B. *Linear-on-the-Fly Testing* oder *Computer Adaptive Multistage Testing*) reichen (Becker & Bergstrom, 2013). Prinzipiell kann jedoch zwischen einem (traditionellen) *linearen Testdesign* und einem *adaptiven Testdesign* unterschieden werden. Bei einem linearen Testdesign ist die Art und Anzahl der Testitems für alle Studienteilnehmerinnen und -teilnehmer identisch, d. h., jede Person bekommt alle Testitems mit den jeweiligen Itemschwierigkeiten zur Bearbeitung vorgelegt. Die Reihenfolge der Testitems kann abhängig vom Design der Studie ebenfalls für alle Testpersonen identisch sein oder wird vorab randomisiert. Dieses Testdesign ist üblicherweise im schulischen Kontext bei Leistungskontrollen oder wie bei der Testdurchführung im Rahmen der Studie 1 (Kapitel 5) zu finden. Während bei linearen Testdesigns die Testpersonen alle Testitems bearbeiten, wird bei einem adaptiven Testdesign den Probandinnen und Probanden nach einem Computeralgorithmus nur ein Teil aller Testitems zur Bearbeitung zugewiesen. Die Personenparameter der Testpersonen (Personenfähigkeit) werden sukzessive im Rahmen der Testbearbeitung ermittelt und angepasst, und der Computer wählt die nächst passende Aufgabe (vor dem Hintergrund der Testspezifikation) aus. Daher ist es unwahrscheinlich, dass eine Testperson eine Reihe von Testitems zur Bearbeitung vorgelegt bekommt, die entweder viel zu schwierig oder viel zu leicht für die jeweilige Testperson sind. Dabei nutzen adaptive Testdesigns Methoden und Modelle der Item-Response-Theorie: Diese Testdesigns „stützen die individuelle Zuweisung von Aufgaben zu Testpersonen auf a priori bekannte Koeffizienten der Aufgabenschwierigkeiten und vorläufige […] Schätzer der Personenfähigkeit (Kompetenz)“ (Heine & Reiss, 2019, S. 245). Der große Vorteil von computerbasierten adaptiven Testdesigns ist, dass die Personenparameter deutlich schneller bestimmt werden können ohne dabei die Reliabilität des Testinstruments einzuschränken (Becker & Bergstrom, 2013).

Vor dem Hintergrund, dass im Rahmen dieser Studie nicht nur die mathematikbezogenen wissenschaftspropädeutischen Kompetenzen, sondern darüber hinaus noch fünf Vorwissensfacetten erhoben werden sollen, scheint hier der Ansatz eines adaptiven Testings in Hinblick auf eine angemessene Testlänge als zielführender. In diesem Kontext wurden die sechs Tests in ein adaptives Online-Assessment-Tool *MOAS* (Mathematics Online Assessment System) eingepflegt, wobei die Bearbeitungszeit pro Testteil auf zwölf Minuten beschränkt ist (Rach et al., 2021). Als Kalibrierungsstichprobe zur Festlegung der Itemparameter für den Test zur Erfassung der mathematikbezogenen wissenschaftspropädeutischen Kompetenzen wurden die Ergebnisse aus der Studie 1 (Kapitel 5) verwendet. Dabei ist darauf hinzuweisen, dass die zur Kalibrierung verwendeten Itemparameter aus einer Stichprobe mit Studienanfängerinnen und Studienanfängern aus mathematikhaltigen Studiengängen stammen, d. h., es ist möglich, dass die Itemparameter der fokussierten Personengruppe dieser Studie nicht entsprechen. Erwartbar wäre es, dass die Items von den Testpersonen nicht als so schwierig wahrgenommen werden, was sich in einer erhöhten Lösungswahrscheinlichkeit der Items zeigt, das wiederum zu niedrigeren Itemparametern führen könnte. Allerdings gibt es keine Hinweise darauf, dass dies nur systematisch auf einzelne Items zutreffen sollte, weshalb davon auszugehen ist, dass die Reihenfolge der Items (sortiert nach Itemparameter) auch in dieser Stichprobe beibehalten bleibt. Daher sollte das Verwenden der in Studie 1 ermittelten Itemparameter keinen Einfluss auf das Testdesign und die Ergebnisse haben.

Datenaufbereitung

Zunächst war eine Aufbereitung der Rohdaten nötig, um die Daten der teilnehmenden Personen auszuwerten. Die erhobenen Rohdaten standen nach der Testdurchführung zum zweiten Messzeitpunkt in einer Version von *Microsoft Excel* zur Verfügung. Zur Wahrung der Anonymität der beteiligten Personen wurden die Leistungsdaten und die individuellen Merkmale (z. B. Abiturnote) der teilnehmenden Personen in zwei separaten Excel-Dateien gespeichert. Insgesamt wurden in diesem Rahmen drei Excel-Dateien generiert: 1. IRT-skalierte Leistungsdaten, 2. personenbezogene Merkmale und 3. Matching

Matrix. Die Matching-Matrix kann mithilfe eines Matching-Algorithmus die personenbezogenen Merkmale zu den jeweiligen Leistungsdaten zuordnen. Der Vorteil liegt darin, dass der vollständige Datensatz (mit den gematchten Daten) nicht auf einem Datenträger gespeichert werden muss, sondern nur für die Analysen im Statistikprogramm *R* zusammengefügt wird.

Im Folgenden wird beschrieben, wie im Rahmen dieser Studie mit fehlenden Werten umgegangen wurde. Das Instrument wurde in einem adaptiven Testdesign eingesetzt, d. h., es wurden simultan zur Bearbeitung des Instruments die Personenparameter ermittelt und dann im Datensatz angegeben. In Bezug auf die ermittelten Personenparameter zu mathematikbezogenen wissenschaftspropädeutischen Kompetenzen ist es zu keinen fehlenden Werten gekommen. Bei den weiteren Personenmerkmalen ist der Anteil fehlender Werte etwas höher, aber insgesamt noch vernachlässigbar klein (bis zu 8 fehlenden Werten, was 4,4% entspricht). Entsprechend des Umgangs mit fehlenden Werten aus der Studie 1 sollen die einzelnen statistischen Analysen nur mit den vollständigen Fällen gerechnet werden, d. h., die Fallzahlen der einzelnen Analysen können im Rahmen der Ergebnisdarstellung geringfügig abweichen.

Datenauswertung

Die Datenauswertung wird mit der Statistiksoftware R (Version 4.2.0) durchgeführt. Dabei werden sowohl Methoden der deskriptiven als auch der Inferenzstatistik eingesetzt.

Die erste Fragestellung fokussiert das Ziel, Beschreibungswissen zu mathematikbezogenen wissenschaftspropädeutischen Kompetenzen zu generieren. Hierfür werden die ermittelten Personenparameter mithilfe deskriptiver Kenngrößen vorgestellt. Neben der quantitativen Beschreibung der mathematikbezogenen wissenschaftspropädeutischen Kompetenzen soll auch die Verteilung der Personen auf die entwickelten Kompetenzniveaus ermittelt werden. Da hierbei das Skalenniveau auf eine Ordinalskala geändert wurde, wird für die Beschreibung der Verteilung die relativen Häufigkeiten angegeben.

Im Rahmen der zweiten Fragestellung soll untersucht werden, inwieweit sich die ermittelten Personenparameter zwischen den Studiengängen unterscheiden. Zur Beantwortung der zweiten Fragestellung wurde eine einfaktorielle Varianzanalyse mit den Personenparametern als Zielvariable gerechnet. Um die Bedeutsamkeit eines signifikanten Ergebnisses einzuordnen, wird zusätzlich das (partielle) Eta Quadrat (η^2) berechnet. Bei signifikantem Effekt des Studiengangs auf die Personenparameter werden Post-hoc-Vergleiche mithilfe eines Tukey HSD-Tests durchgeführt. Dabei handelt es sich um einen in der Praxis häufig angewendeten post-hoc-Test, da dieser robust ist und generell empfohlen wird (Midway et al., 2020).

Die dritte Fragestellung fokussiert die Identifikation von Variablen, die zur Vorhersage von mathematikbezogenen wissenschaftspropädeutischen Kompetenzen geeignet sind. Für die Untersuchung der Vorhersagekraft von einer oder mehreren unabhängigen Variablen (Prädiktoren) auf eine abhängige Variable (Kriterium) können Regressionsanalysen durchgeführt werden. Da die abhängige Variable, die mathematikbezogenen wissenschaftspropädeutischen Kompetenzen (als Personenparameter), als metrisch skalierte Variable vorliegt, wird auf das Standardverfahren der linearen Regression zurückgegriffen (Backhaus et al., 2016). Vor dem Hintergrund, dass mehrere Variablen als Prädiktoren ins Modell einmünden sollen (siehe FF3), wird eine multiple lineare Regression gerechnet. Als Gütemaß wird das Bestimmtheitsmaß R^2 angegeben, der angibt, wie gut die Anpassung der geschätzten Regressionsfunktion an die empirischen Daten ist. Dabei kann das Bestimmtheitsmaß R^2 interpretiert werden als der Anteil der erklärten Varianz des Kriteriums. Um überprüfen zu können, wie groß die Erklärungskraft einzelner oder mehrerer unabhängiger Variablen am Kriterium ist, wird eine blockweise Regressionsanalyse durchgeführt (Backhaus et al., 2016). Der Vorteil von einer multiplen linearen Regression gegenüber anderen Verfahren zur Untersuchung von Zusammenhängen (z. B. Korrelationen) liegt darin, dass bei der multiplen linearen Regression Zusammenhänge zwischen unabhängigen und der abhängigen Variable mithilfe der anderen Modellvariablen statistisch kontrolliert werden (Bortz & Schuster, 2010). Um die multiple lineare Regressionsanalyse anwenden zu können, müssen vorab einige Voraussetzungen (z. B. Normalverteilung der Residuen oder eine nicht zu hohe Multikollinearität) geprüft werden (Field et al., 2012). Aus der angehängten Tabelle (in Anhang B.2) ist zu entnehmen, dass die Voraussetzungen erfüllt sind, weshalb bei der Ergebnisdarstellung nur punktuell auf die Modellannahmen eingegangen wird.

Zur Überprüfung des Mittelwertunterschieds zwischen Vor- und Nachtest (FF4) wird ein *t*-Test für abhängige Stichproben gerechnet. Um Mittelwertunterschiede mithilfe des *t*-Tests für abhängige Stichproben auf Signifikanz zu überprüfen, müssen die Differenten der verbundenen Testwerte in der Grundgesamtheit normalverteilt sein. Bei kleinen Stichproben (< 30) sollte diese Voraussetzung vorab geprüft werden. Daher werden die Differenzen der Testwerte mithilfe des Shapiro-Wilk-Tests auf Normalität untersucht. Bei einem signifikanten Mittelwertunterschied wird zusätzlich noch die Effektstärke mithilfe *Cohens d* berechnet, um die Bedeutsamkeit des Ergebnisses einzuordnen.

6.4 Ergebnisse

Charakterisierung der Studienanfängerinnen und -anfänger

Im Rahmen der ersten Fragestellung soll untersucht werden, wie die mathematikbezogenen wissenschaftspropädeutische Kompetenzen von Studienanfängerinnen und -anfängern ausgeprägt sind. Zunächst soll Beschreibungswissen zu mathematikbezogenen wissenschaftspropädeutischen Kompetenzen über deskriptive Kennwerte gewonnen werden. Im nächsten Schritt werden anhand der in Kapitel 5 identifizierten Kompetenzniveaus die Niveaus von Studierenden aus mathematikaffinen Studiengängen qualitativ eingeschätzt. Die deskriptiven Kennwerte der Personenparameter sind in der folgenden Tabelle abgedruckt.

Tabelle 17: Deskriptiva der berechneten Personenparameter.

n	*M*	*SD*	*Median*	*Min*	*Max*	*Schiefe*	*Kurtosis*
183	0,16	0,67	0,15	-1,57	1,92	0,13	0,01

Im Mittel haben die 183 Vorkursteilnehmenden einen Personenparameter von 0,16 (SD = 0,67) erreicht, d. h. die Personen lösen im Mittel eine Aufgabe mit einem Itemparameter von 0,16 mit einer Wahrscheinlichkeit von 50%. Dabei rangieren die Personenparameter zwischen -1,57 und 1,92, was eine Spannweite von 3,49 ergibt. Die Schiefe und Wölbung der Verteilung liegen nahe bei 0, was Hinweise darauf gibt, dass von Normalität ausgegangen werden kann. Gemäß berechneten Shapiro-Wilk-Tests kann davon ausgegangen werden, dass die Personenparameter normalverteilt sind ($p = 0{,}43$). Neben einer deskriptiven Darstellung der Personenparameter der Stichprobe sollten die Personen analog zur Studie 1 (Kapitel 5) kategorial mithilfe der entwickelten Kompetenzniveaus charakterisiert werden. Hierfür wird die relative Häufigkeit dafür ermittelt, wie oft die einzelnen Kompetenzniveaus vertreten sind. Die Ergebnisse lassen sich aus der folgenden Tabelle entnehmen.

Tabelle 18: Verteilung der Vorkursteilnehmenden auf die Kompetenzniveaus.

Statistik	Kompetenzniveaus				
	0	I	II	III	IV
Personenparameter	unter 0,093	0,093 bis 0,604	0,605 bis 1,320	1,321 bis 2,887	über 2,887
Absolute Häufigkeit	79	60	35	9	0

Aus der Tabelle lässt sich ablesen, dass 79 der 183 teilnehmenden Personen (43,2%) nicht die Kompetenzniveaus I erreichen. Auf Kompetenzniveau I befinden sich 60 Personen aus der Stichprobe (32,8%). Etwa ein Fünftel der Vorkursteilnehmerinnen und -teilnehmer (19,1%) erreicht das Kompetenzniveau II und ein Zwanzigstel das Kompetenzniveau III. Das Kompetenzniveau IV wird hingegen von keinen Vorkursteilnehmenden erreicht.

Kompetenzunterschiede

Die zweite Fragestellung beschäftigt sich mit Unterschieden zwischen den Vorkursteilnehmenden differenziert hinsichtlich der Studiengänge bezüglich ihrer mathematikbezogenen wissenschaftspropädeutischen Kompetenzen. Es wird erwartet, dass Studienanfängerinnen und -anfänger aus einem Fachstudium Mathematik über höher ausgeprägte mathematikbezogene wissenschaftspropädeutische Kompetenzen verfügen als Studierende aus Lehramtsstudiengängen mit Fach Mathematik.

Mittels einer einfaktoriellen Varianzanalyse (ANOVA) wird geprüft, ob sich die Vorkursteilnehmenden bezüglich der mathematikbezogenen wissenschaftspropädeutischen Kompetenzen differenziert nach Studiengang voneinander unterscheiden. Das Ergebnis der ANOVA fällt signifikant aus, $F(3, 179) = 8{,}60$, $p < 0{,}01$, d. h., es gibt signifikante Unterschiede zwischen Studiengängen. Das partielle η^2 liegt bei 0,13 und entspricht nach Cohen (1988) einem mittleren Effekt. Für Post-hoc-Vergleiche wird der Tukey HSD-Test angewendet. Die Ergebnisse sind in der folgenden Tabelle einzusehen.

Aus der Tabelle lässt sich erkennen, dass sich die Gruppe der Studienanfängerinnen und -anfänger eines Bachelorstudiums Mathematik jeweils von den Gruppen der Lehramts- und Wirtschaftsmathematikstudierenden signifikant unterscheiden, wobei die Mathematikstudierenden im Mittel über höhere Personenparameter verfügen. Mithilfe von berechneten Effektstärken (*Cohens d*) lässt sich feststellen, dass der Mittelwertunterschied zwischen Mathematik- und Lehramtsstudierenden etwas höher ($d = 0{,}79$) als zwischen Mathematik- und Wirtschaftsmathematikstudierenden ($d = 0{,}74$) ausfällt.

Tabelle 19: Gruppenmittelwerte, Mittelwertdifferenzen (ΔM) und Konfidenzintervalle.

			95%-ΔM-Konfidenzintervall			
Gruppe	*n*	*M* (*SD*)	1	2	3	4
1 = Ma	75	0,44 (0,71)	—			
2 = LA	52	-0,07 (0,55)	[-0,80; -0,21]	—		
3 = WM	34	-0,06 (0,58)	[-0,84; -0,16]	[-0,35; 0,37]	—	
4 = Sons	22	0,11 (0,59)	[-0,73; 0,07]	[-0,24; 0,60]	[-0,28; 0,62]	—

Anmerkung: Ma = Bachelor Mathematik, LA = Lehramtsstudium mit Fach Mathematik, WM = Bachelor Wirtschaftsmathematik, Sons = Sonstiger Studiengang.

Vorhersage

Mithilfe der Forschungsfrage FF3 soll geklärt werden, welche Merkmale sich als Prädiktoren für mathematikbezogene wissenschaftspropädeutische Kompetenzen im besonderen Rahmen eignen. Als unabhängige Variablen wurden schulische Leistungsmaße (Mathematik- und Abiturnote), mathematisches Vorwissen, logisches Denken sowie das Interesse und Selbstkonzept bezüglich Beweisen einbezogen. Im ersten Schritt soll zunächst geklärt werden, inwiefern das mathematische Vorwissen (schul- vs. universitätsbezogenes Vorwissen) mit den mathematikbezogenen wissenschaftspropädeutischen Kompetenzen zusammenhängen, bevor die weiteren Variablen eingeschlossen werden.

Bevor die regressionsanalytischen Analysen durchgeführt werden können, soll anhand einer Kollinearitätsdiagnose bezogen auf das Kriterium der mathematikbezogenen wissenschaftspropädeutischen Kompetenzen überprüft werden, dass keine zu hohe Multikollinearität vorliegt. Für die erste Regressionsanalyse werden zunächst nur die Vorwissensfacetten einbezogen, während für die zweite Regressionsanalyse neben Facetten des Vorwissens auch weitere Personenmerkmale (kognitive und affektive) eingeschlossen werden. Als erster Indikator dafür, dass keine Multikollinearität vorliegt, ist es sinnvoll, die Korrelationsmatrix der Personenmerkmale auf hohe Korrelationskoeffizienten zu prüfen. Aus Tabelle 16 (Kapitel 6.4) ist ersichtlich, dass keine relevanten Personenmerkmale auf einem Niveau von über 0,8 miteinander korrelieren. Dies gibt erste Hinweise darauf, dass keine Multikollinearität vorliegt (Field, 2009). Die VIF-Werte der unabhängigen Variablen der ersten Regressionsanalyse liegen im Bereich von 1,75 bis 2,08 und die jeweiligen VIF-Werte der zweiten Regression rangieren zwischen 1,43 und 2,05. Damit überschreiten keine VIF-Werte den Wert von 10 (Field, 2009), d. h., alle Merkmale können als unabhängige Variablen in die multiplen linearen Regressionsanalysen einbezogen werden.

Für die regressionsanalytische Untersuchung der mathematikbezogenen wissenschaftspropädeutischen Kompetenzen werden in einer ersten Regressionsanalyse die verschiedenen Vorwissensfacetten nach der Methode Einschluss einbezogen. Die Ergebnisse sind in Tabelle 20 abgedruckt. Betrachtet man die unibezogenen Vorwissensfacetten in Analysis und Linearer Algebra als Prädiktoren für mathematikbezogene wissenschaftspropädeutische Kompetenzen, so ergibt sich eine Varianzaufklärung von 28% (Modell II). Unter Einschluss der schulbezogenen Vorwissensfacetten ist zu erkennen, dass diese keinen (Modell III) oder nur einen marginalen Beitrag (Modell IV) zur Varianzaufklärung leisten. Auffällig ist, dass in allen gerechneten Modellen nur die beiden universitätsbezogenen Vorwissensfacetten mit den mathematikbezogenen wissenschaftspropädeutischen Kompetenzen zusammenhängen ($p < 0{,}01$).

Tabelle 20: Ergebnisse der multiplen linearen Regression: Vorwissensfacetten.

	Mathematikbezogene wissenschaftspropädeutische Kompetenzen							
	Modell I		Modell II		Modell III		Modell IV	
	b	*SE*	*b*	*SE*	*b*	*SE*	*b*	*SE*
(Konstante)	0,23**	0,05	0,23**	0,04	0,23**	0,05	0,25**	0,05
Analysis (uni)	0,34**	0,05	0,22**	0,06	0,23**	0,07	0,21**	0,07
Lineare Algebra (uni)			0,20**	0,06	0,22**	0,07	0,28**	0,07
Analysis (schul)					-0,06	0,08	-0,07	0,08
Lineare Algebra (schul)							-0,07	0,07
R^2	0,22**		0,28**		0,28**		0,29**	

Anmerkung: ** $p < 0{,}01$

Für eine zweite Regressionsanalyse werden schulische Leistungsmaße und affektive Personenmerkmale einbezogen. Hierbei handelt es sich um Merkmale, die im Rahmen von Untersuchungen deutlich zeitökonomischer (beispielsweise mithilfe eines Items oder mit Kurzskalen) erhoben werden können als die vorher analysierten Vorwissensfacetten. Die Ergebnisse dieser Regressionsanalyse sind in Tabelle 21 einsehbar.

Die schulischen Leistungsmaße und die affektiven Merkmale klären insgesamt 20% der Varianz in den mathematikbezogenen wissenschaftspropädeutischen Kompetenzen auf, wovon der größere Teil auf die schulischen Leistungsmaße zurückzuführen sind. Wie angenommen zeigt sich, dass sich sowohl die Abiturnote ($p < 0{,}01$) als auch das Interesse bezüglich Beweisen ($p < 0{,}05$) als signifikante Prädiktoren für die mathematikbezogenen wissenschaftspropädeutischen Kompetenzen ergeben. Dagegen konnte die Analyse keine Hinweise dafür generieren, dass die letzte Mathematiknote oder das Selbstkonzept bezüglich Beweisen zusätzliche Varianz im Kriterium erklären.

Tabelle 21: Ergebnisse der multiplen linearen Regression: Weitere Personenmerkmale.

	Mathematikbezogene wissenschaftspropädeutische Kompetenzen					
	Modell V		Modell VI		Modell VII	
	b	*SE*	*b*	*SE*	*b*	*SE*
(Konstante)	$0{,}59^{\circ}$	0,35	$-0{,}48^{**}$	0,17	0,03	0,36
Abiturnote	$-0{,}32^{**}$	0,09			$-0{,}29^{**}$	0,08
Letzte Mathematiknote	0,01	0,02			0,01	0,02
Selbstkonzept Beweisen			0,13	0,10	0,13	0,09
Interesse Beweisen			$0{,}20^{*}$	0,09	$0{,}18^{*}$	0,08
R^2	$0{,}13^{**}$		$0{,}08^{**}$		$0{,}20^{**}$	

Anmerkung: $^{**}p < 0{,}01$, $^{*}p < 0{,}05$, $^{\circ}p < 0{,}10$

Für die dritte Regressionsanalyse werden im Rahmen eines vollständigen Modells neben den zwei als relevant identifizierten Merkmalen (unibezogene Vorwissensfacetten) aus der vorherigen Analyse auch das logische Denken, schulische Leistungsmaße und affektive Personenmerkmale nach der Methode Einschluss einbezogen. Die Ergebnisse dieser Regressionsanalyse sind in Tabelle 22 einsehbar.

Tabelle 22: Ergebnisse der multiplen linearen Regression: Vollständiges Modell.

	Mathematikbezogene wissenschaftspropädeutische Kompetenzen					
	Modell VIII		Modell IX		Modell X	
	b	*SE*	*b*	*SE*	*b*	*SE*
(Konstante)	$0{,}26^{**}$	0,04	0,41	0,31	0,07	0,36
Analysis (uni)	$0{,}19^{**}$	0,06	$0{,}17^{**}$	0,06	$0{,}17^{**}$	0,06
Lineare Algebra (uni)	$0{,}12^{\circ}$	0,06	0,10	0,06	0,09	0,06
Logisches Denken	$0{,}26^{**}$	0,07	$0{,}26^{**}$	0,07	$0{,}24^{**}$	0,07
Abiturnote			-0,07	0,08	-0,08	0,08
Mathematiknote			0,00	0,02	0,00	0,02
Selbstkonzept Beweisen					0,14	0,13
Interesse Beweisen					0,06	0,07
R^2	$0{,}34^{**}$		$0{,}35^{**}$		$0{,}36^{**}$	

Anmerkung: $^{**}p < 0{,}01$, $^{\circ}p < 0{,}10$

Unter Einschluss des logischen Denkens können die unabhängigen Variablen in Modell VIII 34% zur Varianzaufklärung des Kriteriums beitragen. In diesem Modell sind das universitätsbezogene Vorwissen in Analysis, tendenziell das universitätsbezogene

Vorwissen in Linearer Algebra und das logische Denken signifikante Prädiktoren für mathematikbezogene wissenschaftspropädeutische Kompetenzen. Als weitere potentielle Prädiktoren kommen in Modell IX die schulischen Leistungsmaße (Abitur- und Mathematiknote) hinzu. Diese liefern keinen zusätzlichen Beitrag zur Varianzaufklärung. Auch die affektiven Merkmale (Modell X) scheinen nur einen marginalen Beitrag zur Varianzaufklärung zu leisten. In allen Modellen zeigt sich, dass das universitätsbezogene Vorwissen in Analysis und das logische Denken (unter Kontrolle der anderen einbezogenen Personenmerkmale) eine statistisch signifikante Rolle einnehmen, um mathematikbezogene wissenschaftspropädeutische Kompetenzen zu prädizieren.

Kompetenzentwicklung

Die vierte Fragestellung fokussiert, inwiefern sich die mathematikbezogenen wissenschaftspropädeutischen Kompetenzen der Vorkursteilnehmenden über den Vorkurs entwickeln. Es wird davon ausgegangen, dass die Vorkursteilnehmenden zum Vorkursende über höhere Personenparameter verfügen als zu Vorkursbeginn. Hiermit soll überprüft werden, wie sensitiv sich das Testinstrument gegenüber universitären Lernangeboten (Vorkurse) verhält. Die folgende Tabelle gibt einen deskriptiven Überblick über die Entwicklung der Personenparameter zwischen den zwei Messzeitpunkten.

Tabelle 23: Deskriptiva der Testergebnisse von Vor- und Nachtest.

	Testzeitpunkt	*n*	*M*	*SD*	*SE*
Testergebnis	Vortest (t1)	18	0,10	0,74	0,17
	Nachtest (t2)	18	0,48	0,58	0,14

Aus den deskriptiven Kennwerten des Vor- und Nachtests ist zu erkennen, dass im Mittel die Vorkursteilnehmenden zu Vorkursende über höhere Personenparameter verfügen als zu Vorkursbeginn. Um zu überprüfen, ob dieser Mittelwertunterschied statistisch signifikant ist, wird ein *t*-Test für abhängige Stichproben durchgeführt. Hierfür wird vorausgesetzt, dass die gepaarten Differenzen normalverteilt sind. Mithilfe eines Shapiro-Wilk-Tests zeigt sich, dass die Differenzen der gepaarten Werte als normalverteilt angenommen werden können ($p > 0{,}05$). Die Ergebnisse des *t*-Tests für abhängige Stichproben sind in Tabelle 24 abgedruckt.

Tabelle 24: Ergebnisse des Mittelwertvergleichs zwischen Vor- und Nachtest.

	Gepaarte Differenzen						
			95%-Konfidenzintervall				*p*
	M	*SD*	Untere	Obere	*t*	*df*	(2-seitig)
Vortest - Nachtest	-0,38	0,61	-0,68	-0,08	-2,66	17	0,02

Es zeigt sich, dass sich die Vorkursteilnehmenden in Bezug auf ihre mathematikbezogenen wissenschaftspropädeutischen Kompetenzen statistisch signifikant zwischen den Messzeitpunkten unterscheiden ($t = -2{,}66$, $p = 0{,}02$, $n = 18$). Nach dem Vorkurs

(M = 0,48, SD = 0,58) schneiden die Teilnehmenden signifikant besser beim Test ab als zu Vorkursbeginn (M = 0,10, SD = 0,74). Die Effektstärke zwischen den Testergebnissen zu beiden Messzeitpunkten beträgt d = 0,63, d. h. nach Cohen (1988) liegt ein mittlerer Effekt vor.

6.5 Diskussion

Vor dem Hintergrund der dritten Hauptzielstellung der vorliegenden Arbeit (Kapitel 1) sollte im Rahmen dieser Studie Beschreibungswissen zu mathematikbezogenen wissenschaftspropädeutischen Kompetenzen generiert werden. Die Ergebnisse können zudem herangezogen werden, um zu überprüfen, inwieweit sich die Verteilung auf die Kompetenzniveaus bei Studienanfängerinnen und -anfängern aus Studiengängen der Fachmathematik von den Ergebnissen aus Studie 1 (Kapitel 5) unterscheiden. Dies ist deswegen wichtig, weil zum einen den grundlegenden Fächern (und damit auch dem Mathematikunterricht) eine besondere Verantwortung hinsichtlich der Erreichung der Zieltrias zugeschrieben wird (KMK, 2023) und zum anderen bislang keine Studien (neben Studie 1 (Kapitel 5)) existieren, die sich mit Beschreibung mathematikbezogener wissenschaftspropädeutischer Kompetenzen von Schülerinnen und Schülern respektive Studienanfängerinnen und Studienanfängern mithilfe von Leistungstests beschäftigt. Zur Erfassung mathematikbezogener wissenschaftspropädeutischer Kompetenz wurde hierfür das Testinstrument aus der Validierungsstudie eingesetzt. Zusätzlich sollte im Rahmen der vorliegenden Studie untersucht werden, wie sensitiv das Instrument gegenüber universitären Lernangeboten ist. Im Folgenden werden die Ergebnisse dieser Studie zusammengefasst, interpretiert und kritisch diskutiert. Abschließend werden offene Fragen aufgeworfen, die im Rahmen der Studie nicht beantwortet werden konnten bzw. sich durch die neu gewonnenen Erkenntnisse ergeben haben.

Zusammenfassung und Interpretation
Zur Konkretisierung des Forschungsinteresses wurden für die Studie 2 „Zusammenhänge mit individuellen Merkmalen“ vier untergeordnete Fragestellungen formuliert, der im Rahmen des Kapitels nachgegangen wurden. Die erste Fragestellung dient der Charakterisierung der mathematikbezogenen wissenschaftspropädeutischen Kompetenzen von Studienanfängerinnen und Studienanfängern aus Studiengängen der Fachmathematik. Im Rahmen der zweiten Fragestellung sollte untersucht werden, ob sich die mathematikbezogenen wissenschaftspropädeutischen Kompetenzen zwischen Personen unterschiedlicher Studiengänge unterscheiden. Die dritte Fragestellung geht der Vorhersage von mathematikbezogenen wissenschaftspropädeutischen Kompetenzen nach, d. h. der Untersuchung der Vorhersagekraft durch weitere Personenmerkmale. Schließlich beschäftigt sich die vierte Fragestellung mit einer potentiellen Kompetenzentwicklung der Studienanfängerinnen und Studienanfängern von Anfang bis Ende der Vorkursteilnahme. Diese Fragestellung hat nicht zum Ziel den Vorkurs in Hinblick auf seine Effektivität zu evaluieren, sondern zu überprüfen, inwiefern sich das entwickelte Testinstrument (Kapitel 5) sensitiv gegenüber universitären Lernangeboten verhält.

Zur Beantwortung der *ersten Fragestellung* (Charakterisierung der Studienanfängerinnen und -anfänger) wurde die Verteilung der Personenparameter, die als Indikatoren für die mathematikbezogenen wissenschaftspropädeutischen Kompetenzen verstanden werden können, mithilfe von statistischen Kenngrößen dargestellt. Zum einen wurden grundlegende Maße der deskriptiven Statistik (Lage- und Streumaße) herangezogen, um die Verteilung der Personenparameter zu beschreiben und zum anderen wurden die Personen mithilfe der entwickelten Kompetenzniveaus kategorial charakterisiert. Im Mittel wird ein Personenparameter von 0,13 (SD = 0,70) erreicht. Im Vergleich zu der ermittelten Verteilung der Personenparameter aus Studie 1 (M = 0,00, SD = 0,79) lässt sich ein ähnliches Bild erkennen. Als leichter Trend lässt sich aus den Ergebnissen herauslesen, dass die Personen in Studie 2 im Mittel leicht höhere und homogenere Personenparameter aufweisen als die Personen aus Studie 1. Vor dem Hintergrund, dass die Personen aus Studie 2 anstreben, ein Studium der Fachmathematik anzufangen, in denen Mathematik als strukturorientierte Disziplin kennengelernt wird, ist dieses Ergebnis nicht verwunderlich. Allerdings könnte erwartet werden, dass der Unterschied zwischen Personen aus mathematikhaltigen und Studiengängen der Fachmathematik größer ausfällt. Ein direkter Vergleich dieser beiden Verteilungen birgt jedoch die Schwierigkeit, dass die Studierenden aus Studie 1 einer anderen Alterskohorte entsprangen und erst in der zweiten Vorlesungswoche befragt wurden, d. h., es ist unklar, wieviel diese Studierenden bereits in den Vorkursen und in den regulären Vorlesungen über Mathematik als strukturorientierte Disziplin gelernt haben. Aus diesem Grund kann der *tatsächliche* Unterschied zwischen Studierenden aus mathematikhaltigen und Studiengängen der Fachmathematik größer ausfallen als der Vergleich beider Studien suggeriert. Neben den Mittelwerten gibt die Studie 2 auch Hinweise darauf, dass die Streuung etwas kleiner ausfällt. Dies ist ebenfalls sinnvoll, da die Varianz der Studiengänge im Rahmen von Studie 2 deutlich kleiner ist als in der ersten Studie. Daneben wurde die Verteilung nochmals mithilfe der entwickelten Kompetenzniveaus (Kapitel 5) charakterisiert. Insgesamt zeigt sich konform zur Studie 1 eine linkssteile Verteilung auf die Kompetenzniveaus, d. h. der Großteil der Studienteilnehmerinnen und -teilnehmer (45,63%) erreicht nicht das Kompetenzniveau I. Etwa 30% erreichen Kompetenzniveau I, etwa 20% Kompetenzniveau II und etwa 5% Kompetenzniveau III. Das Kompetenzniveau IV wird von niemandem erreicht. Im Vergleich zu den Ergebnissen aus Studie 1 lässt sich festhalten, dass es deskriptiv weniger Studierende gibt, die Kompetenzniveau I nicht erreichen. Die relative Häufigkeit der Kompetenzniveaus I, II und III ist im Vergleich zur Studie 1 etwas höher. Dies kann analog zum etwas höheren Mittelwert der Personenparameter dahingehend erklärt werden, dass es sich bei dieser Stichprobe um Studierende handelt, die Mathematik im Rahmen eines Studiums der Fachmathematik als strukturorientierte Disziplin kennenlernen. Allerdings ist es etwas verwunderlich, dass auch im Rahmen dieser Stichprobe mit Studienanfängerinnen und Studienanfängern aus Studiengängen der Fachmathematik das Kompetenzniveau IV nicht erreicht wurde. Eine mögliche Erklärung dafür könnte sein, dass die Zieldimension Wissenschaftspropädeutik im Mathematikunterricht der gymnasialen Oberstufe eine untergeordnete Rolle spielt und deswegen die Abiturientinnen und Abiturienten dahingehend nur über wenig ausgeprägte mathematikbezogene wissenschaftspropädeutische Kompetenzen verfügen. Als Konsequenz könnte überlegt werden, ob die Kompetenzniveaus III und IV zu einem Kompetenzniveau zusammengefasst werden könnten, da das Kompetenzniveau III ebenfalls nur von knapp 5% der Stichprobe erreicht wurde. Inhaltlich wäre diese Entscheidung ebenfalls logisch nachvollziehbar, da es im Rahmen der Modellierung der Kompetenzniveaus nicht möglich war, empirische Faktoren ausfindig zu machen, die für die Einordnung der jeweiligen Items in diese Kompetenzniveaus ausschlaggebend waren (Kapitel 5). Daher erscheint es als sinnvoll, die Kompetenzniveaus III und IV zusammenzufassen und als Optimalstandard zu bezeichnen. Auf dieser Stufe verfügen Personen über ein vertieftes meta-wissenschaftliches Wissen über Mathematik und sind in der Lage, mathematische Methoden adäquat und sicher anzuwenden.

Die *zweite Fragestellung* (Kompetenzunterschiede) fokussiert mögliche Unterschiede zwischen den Personenparametern in Bezug auf den Studiengang der Vorkursteilnehmerinnen und -teilnehmer. Die Post-hoc-Vergleiche gaben Hinweise darauf, dass die Studienanfängerinnen und -anfänger im Studiengang Bachelor Mathematik (M = 0,41, SD = 0,70) im Mittel signifikant (p < 0,05) höher ausgeprägte Personenparameter verfügen als die Studienanfängerinnen und -anfänger aus dem Studiengang Bachelor Wirtschaftsmathematik (M = -0,09, SD = 0,62) und aus lehramtsbezogenen Studiengängen mit Unterrichtsfach Mathematik (M = -0,32, SD = 0,53). Auffällig ist, dass die Gruppen der Studienanfängerinnen und -anfänger aus dem Studienprogramm Bachelor Wirtschaftsmathematik und lehramtsbezogenen Studienprogrammen über jeweils niedrigere Varianzen als die Gesamtgruppe (M = 0,13, SD = 0,70) verfügen. Dies gibt Hinweise darauf, dass diese Studierendengruppen über eine homogenere Ausprägung der Personenparameter verfügen als die Gesamtgruppe und damit die mathematikbezogenen wissenschaftspropädeutischen Kompetenzen zum Teil durch die Studienwahl erklärt werden können.

Um die *dritte Fragestellung* (Vorhersage) zu beantworten, wurde mittels regressionsanalytischer Verfahren untersucht, welche Personenmerkmale eine signifikante Vorhersagekraft für die mathematikbezogenen wissenschaftspropädeutischen Kompetenzen haben. Bezogen auf die Vorwissensfacetten erweisen sich die universitären Vorwissensfacetten in Analysis und Linearer Algebra als prädiktiv für die Personenparameter. Die Varianz der mathematikbezogenen wissenschaftspropädeutischen Kompetenzen kann immerhin zu einem Viertel durch die Vorwissensfacetten erklärt werden. Auffällig ist, dass die schulischen Vorwissensfacetten anscheinend sogar eher negativ mit mathematikbezogenen wissenschaftspropädeutischen Kompetenzen zusammenhängen. Dies könnte insofern erklärbar sein, als dass Schülerinnen und Schüler mit höheren Fähigkeiten in den schulbezogenen Vorwissensfacetten Mathematik eher als Anwendungsdisziplin mit hohen Rechenanteilen verstehen, wie Mathematik auch in der Schule überwiegend dargestellt wird (Witzke, 2015). Damit wäre es möglich, dass diesen Schülerinnen und Schülern Mathematik als strukturorientierte Disziplin und ihren Charakteristika nicht bekannt ist, weshalb sie über niedriger ausgeprägte mathematikbezogene wissenschaftspropädeutische Kompetenzen verfügen. In einem zweiten Modell wurden testökonomisch effizientere Personenmerkmale (schulische Performanzmaße und affektive Merkmale) einbezogen. Sowohl die Abiturnote als auch das Interesse bezüglich Beweisen sind Prädiktoren für mathematikbezogene wissenschaftspropädeutische Kompetenzen. Dieses Modell konnte insgesamt 20% der Varianz erklären. In einem dritten Modell (vollständiges Modell) wurden sowohl die Vorwissensfacetten, weitere Personenmerkmale als auch das logische Denken einbezogen. In diesem Gesamtmodell zeigt sich das logische Denken als ein Prädiktor für mathematikbezogene wissenschaftspropädeutische Kompetenzen. Weder die schulischen Performanzmaße (Abiturnote und letzte Mathematiknote) noch die affektiven Merkmale (Selbstkonzept und Interesse bezüglich Beweisen) konnten im Rahmen dieses Modells für keine bedeutsame Varianzaufklärung sorgen. Wie auch in anderen Studien (z. B. Rach, 2014) zeigte sich, dass kognitive (hier: logisches Denken) und fachliche Variablen (hier: Vorwissensfacetten) mit anderen Leistungsmerkmalen stärker zusammenhängen als affektive Merkmale.

Die *vierte Fragestellung* (Kompetenzentwicklung) beschäftigt sich mit der Überprüfung der Sensitivität des Instruments gegenüber universitären Lernangeboten und hat damit einen Validierungscharakter. Zur Überprüfung wurde untersucht, inwieweit das Instrument Unterschiede zwischen zwei Messzeitpunkten t1 (Vorkursbeginn) und t2 (Vorkursende) abbilden kann. Insgesamt haben 18 Vorkursteilnehmerinnen und -teilnehmer den Test an beiden Messzeitpunkten bearbeitet. Der Mittelwertvergleich wurde mithilfe eines t-Tests für abhängige Stichproben durchgeführt. Es zeigte sich, dass die Studierenden nach dem Vorkurs signifikant höhere Personenparameter aufweisen als vor dem Vorkurs ($p = 0{,}02$). Dabei kann der Mittelwertunterschied mit *Cohens* $d = 0{,}63$ als mittelstark eingestuft werden. Demnach gibt es einen Zuwachs der mathematikbezogenen wissenschaftspropädeutischen Kompetenzen zwischen beiden Messzeitpunkten. Dieses Ergebnis gibt Hinweise darauf, dass das in Studie 1 entwickelte Testinstrument (veränderungs-)sensitiv auf universitäre Lernangebote zur Mathematik als strukturorientierte Disziplin reagiert.

Damit konnte die vorliegende Studie Hinweise generieren, die zur Beantwortung der untergeordneten Fragestellungen beitragen. Zusammengefasst wird das übergeordnete Forschungsinteresse dieser Studie jedoch durch die folgende Fragestellung:

üFF *Über welche mathematikbezogenen wissenschaftspropädeutischen Kompetenzen verfügen Studienanfängerinnen und -anfänger aus Studiengängen der Fachmathematik?*

Insgesamt ist festzuhalten, dass die mathematikbezogenen wissenschaftspropädeutischen Kompetenzen von Studienanfängerinnen und -anfängern noch deutliches Potential zur Verbesserung aufweisen. Dies ist vor allem daran festzumachen, dass fast die Hälfte der Studierenden nicht das Kompetenzniveau I und nur ein Zwanzigstel das Kompetenzniveau III erreichen, obwohl diese in Studiengängen der Fachmathematik eingeschrieben sind. Hier liegt die Vermutung nahe, dass das schulische Lernangebot (Mathematikunterricht in der gymnasialen Oberstufe) die Zieldimension Wissenschaftspropädeutik nicht fokussiert und damit der Erwerb mathematikbezogener wissenschaftspropädeutischer Kompetenzen von den Lehrkräften nicht angestrebt wird. Dies kann allerdings im Rahmen dieser Studie nicht eindeutig geklärt werden. Erwartungskonform zeigte sich jedoch, dass die Fachstudierenden über signifikante höhere Personenparameter verfügen als die Wirtschaftsmathematik- und Lehramtsstudierenden. Ebenso erwartbar zeigte sich, dass die mathematikbezogenen wissenschaftspropädeutischen Kompetenzen stark mit universitären Vorwissensfacetten sowie dem logischen Denken (als Teil des kritischen Denkens) zusammenhängen. Im Gegensatz zum etwas ernüchterndem Ergebnis zur ersten Fragestellung können die Ergebnisse zur vierten Fragestellung positiver gelesen werden.

Werden die Ergebnisse nämlich vorsichtig als Kompetenzentwicklung durch die Vorkurse interpretiert, dann kann vermutet werden, dass im Rahmen universitärer Lernangebote im ersten Fachsemester relativ schnell mathematikbezogene wissenschaftspropädeutische Kompetenzen erworben werden und damit die Defizite aus der gymnasialen Oberstufe geglättet werden können.

Einschränkungen der Studie und Kritik

Zwar gibt die vorliegende Studie erste Anhaltspunkte darüber, wie die mathematikbezogenen wissenschaftspropädeutischen Kompetenzen von Studienanfängerinnen und -anfängern aus Studiengängen der Fachmathematik beschaffen sind, dennoch weist sie einige Einschränkungen auf. Wie auch schon in Studie 1 muss darauf verwiesen werden, dass die Studie mit Studienanfängerinnen und -anfängern anstelle der eigentlichen Zielgruppe des Tests (Abiturientinnen und Abiturienten) durchgeführt wurde. Demnach beginnt die wissenschaftliche Betrachtung der mathematikbezogenen wissenschaftspropädeutischen Kompetenzen in dieser Studie erst zu dem Zeitpunkt, zu dem die Abiturientinnen und Abiturienten eine Studienwahl für Mathematik getroffen haben und in einen Vorkurs für Mathematik einmünden. Damit ist von einer Positivselektion auszugehen, d. h., es ist davon auszugehen, dass die mathematikbezogenen wissenschaftspropädeutischen Kompetenzen von Abiturienten und Abiturientinnen schlechter ausgeprägt sind als von Studienanfängerinnen und -anfängern aus Studiengängen der Fachmathematik.

Zusätzlich einschränkend muss die Stichprobengröße erwähnt werden. Zwar konnte eine Stichprobengröße von $n = 183$ realisiert werden, womit die durchgeführten Berechnungen möglich waren, dennoch bleibt (wie in Studie 1) die Frage nach der Repräsentativität ungeklärt. Zum zweiten Messzeitpunkt wurden alle teilnehmenden Studierenden nochmal angeschrieben, um das Instrument nochmals nach dem Vorkurs zu bearbeiten. Damit kann es wie bei allen Studien, bei denen eine Teilnahme auf Freiwilligkeit beruht, zu einer Selbstselektion der Teilnehmenden geführt haben. Nur 18 Studierende haben das Testinstrument zu beiden Messzeitpunkten bearbeitet. Die Entscheidung, an der erneuten Befragung zum zweiten Messzeitpunkt teilzunehmen, könnte mit für diese Studie relevanten Merkmale konfundiert sein. Es ist beispielsweise denkbar, dass diejenigen Vorkursteilnehmerinnen und Vorkursteilnehmer, die aus ihrer Sicht vom Vorkurs profitiert haben und ihren Lernerfolg mithilfe des Instruments überprüfen möchten, sich häufiger für eine Studienteilnahme entschieden haben als andere. Demzufolge sollten der Aspekt einer möglichen Selbstselektion und die damit einhergehenden Konsequenzen (z. B. eingeschränkte Repräsentativität der Stichprobe) bei der Interpretation und Generalisierung der Ergebnisse berücksichtigt werden.

Neben der Bedeutsamkeit der Stichprobe für die Interpretation der Ergebnisse ist die Operationalisierung der Konstrukte ebenso ein wichtiger Faktor für das Einschätzen der Aussagekraft von wissenschaftlichen Studien. Für das Konstrukt der mathematikbezogenen wissenschaftspropädeutischen Kompetenzen wurde sich auf die Operationalisierung (wie in Kapitel 2 und 3 beschrieben) berufen. Dementsprechend wurde zur Erfassung dieser Kompetenzen auf das entwickelte und validierte Instrument (Kapitel 5) zurückgegriffen, bei welchem die Reliabilität eingeschränkt ist. Das Konstrukt kritisches Denken wurde aus ökonomischen und fachlichen Gründen nur über die Subfacette des logischen Denkens erhoben. Fraglich bleibt, inwieweit das gesamte Konstrukt des kritischen Denkens mit den mathematikbezogenen wissenschaftspropädeutischen Kompetenzen zusammenhängt oder nur die Subfacette des logischen Denkens, die mit der strukturorientierten Disziplin Mathematik viele Schnittstellen aufweist.

Ein berichteter Vorteil des adaptiven Testdesigns ist die verkürzte Testlänge. Während für den Test in einem klassischen linearen Format alle Items beantwortet werden müssten, kann das adaptive Testformat mit ca. 10 Items zu einer guten Schätzung des Personenparameters kommen. Allerdings kann es dadurch, dass nur ein Teil der Item-Pools bearbeitet wird, dazu kommen, dass weniger Informationen erhoben und damit das Konstrukt nicht in seiner Breite abgedeckt wird. Dies könnte mit einer Einschränkung der Validität einhergehen.

Ausblick

Die Studie hat das Ziel verfolgt, die Ausprägung der mathematikbezogenen wissenschaftspropädeutischen Kompetenzen von Studienanfängerinnen und -anfängern zu beschreiben sowie Zusammenhänge zwischen diesem Konstrukt und anderen Personenmerkmalen (z. B. Wissensfacetten) zu untersuchen. Dabei wurde zur Erhebung der mathematikbezogenen wissenschaftspropädeutischen Kompetenzen das validierte Testinstrument aus Studie 1 (Kapitel 5) in einem adaptiven Testdesign eingesetzt. Als Stichprobe wurden in der vorliegenden Studie Vorkursteilnehmerinnen und -teilnehmer befragt, die im Rahmen des Vorkurses auf die Mathematik als strukturorientierte Disziplin vorbereitet werden.

Die Ergebnisse der dritten Fragestellung sowie die Korrelationstabelle (siehe Tabelle 16) legen nahe, dass die mathematikbezogenen wissenschaftspropädeutischen Kompetenzen stärker mit den universitätsbezogenen Vorwissensfacetten und dem logischen Denken als den schulischen Vorwissensfacetten zusammenhängen. Wir wissen bereits, dass *mathematische Kompetenz* (operationalisiert über universitätsbezogenes Wissen) Studienerfolg in der Studieneingangsphase prädiziert (Rach, 2014). Analog dazu wäre es auch denkbar, dass mathematikbezogene wissenschaftspropädeutische Kompetenzen, die universitätsbezogene mathematische Tätigkeiten (z. B. Wissen für Beweisen) fokussieren, mit Studienerfolg korrelieren. Eine andere Sicht auf die Hochschule könnte die Frage sein, inwieweit sich die Erwartungen an ein Mathematikstudium zwischen Personen mit eher stark und Personen mit eher weniger stark ausgeprägten mathematikbezogenen wissenschaftspropädeutischen Kompetenzen unterscheiden. Es wäre z. B. vorstellbar, dass die Schulabsolventinnen und -absolventen mit höher ausgeprägten mathematikbezogenen wissenschaftspropädeutischen Kompetenzen (unter anderem Wissen über die Bedeutung von Beweisen für die Mathematik) mit realistischeren Erwartungen an ein Mathematikstudium in eben ein solches Studium einmünden und daher ein niedrigeres Risiko aufweisen, das Studium abzubrechen (Geisler, 2020). Diese Vermutungen kann die aktuelle Studie allerdings nicht klären. Um diesen Vermutungen nachzugehen, wäre es interessant, eine längsschnittlich angelegte Studie im ersten Fachsemester durchzuführen, die die Entwicklung der mathematikbezogenen wissenschaftspropädeutischen Kompetenzen und den Einfluss auf den Studienerfolg untersucht.

Im Rahmen dieser Studie konnte das entwickelte Testinstrument weitere Möglichkeiten aufzeigen, wie es in der Praxis auch in Form eines adaptiven Testdesigns einzusetzen ist.

Besonders die Erhebung in Form eines adaptiven Testdesigns bietet viele Vorteile für den Einsatz zur Evaluierung von Interventionen. Neben den evidenten Vorteilen von adaptiven Testdesigns (z. B. automatisierte Datenspeicherung, Generieren von individuellem Feedback, orts- und zeitunabhängige Bearbeitung) bietet es auch den Vorteil, dass (abhängig von dem Umfang des Itempools) mehr oder weniger individuelle Tests entstehen, wodurch Übungs- und Wiederholungseffekte beim mehrmaligen Bearbeiten des Instruments minimiert werden. Dies könnte sich ebenfalls vorteilhaft auf die Teilnahmemotivation auswirken, wenn die Versuchspersonen nicht regelmäßig die gleichen Testitems vorgelegt bekommen und diese lösen sollen. Dafür wäre es allerdings sinnvoll, noch weitere Items zu entwickeln und zu validieren, um einen noch größeren Itempool für den Einsatz des Tests in einem adaptiven Setting zu erhalten. Da die Ergebnisse dieser Studie darauf hindeuten, dass die mathematikbezogenen wissenschaftspropädeutischen Kompetenzen von Studieninteressierten für Studiengänge der Fachmathematik ausbaufähig sind, ist es sinnvoll, mögliche schulische bzw. voruniversitäre Interventionen (z. B. Unterrichtsreihen oder Vorkurse) zu entwickeln, um die Entwicklung dieser Kompetenzen zu unterstützen. Da diese Studie Hinweise darauf gibt, dass sich der Test sensitiv gegenüber universitären Veranstaltungen verhält, sollte es möglich sein, mithilfe des entwickelten Tests Kompetenzunterschiede zu messen. Werden zudem die mathematikbezogenen wissenschaftspropädeutischen Kompetenzen in regelmäßigen Abständen gemessen, so stellt die Messung per se in gewisser Art eine Intervention dar. Die regelmäßige Auseinandersetzung mit relevanten Fragen zu Charakteristika der Mathematik kann dafür sorgen, dass dieses Thema für die Teilnehmerinnen und Teilnehmer salient wird und möglicherweise auch eine meta-wissenschaftliche Reflexion anregt (Fesser & Rach, 2022b).

Allerdings wird mit diesem Vorgehen nicht geklärt, warum Schulabsolventinnen und -absolventen nur über rudimentäre mathematikbezogene wissenschaftspropädeutische Kompetenzen verfügen. Besonders problematisch ist dabei, dass dieser Studie bereits eine positivselektierte Stichprobe zugrunde liegt und es unklar ist, über welche mathematikbezogenen wissenschaftspropädeutischen Kompetenzen Schulabsolventinnen und -absolventen verfügen, die entweder in das Berufsausbildungssystem einmünden oder ein eher mathematikfernes Studium (z. B. Germanistik, Geschichtswissenschaften etc.) aufnehmen. Es ist jedoch möglich, dass die mathematikbezogenen wissenschaftspropädeutischen Kompetenzen bei diesen Personen ähnlich oder (aufgrund der subjektiv wahrgenommenen geringeren Bedeutung von Mathematik als strukturorientierte Disziplin) schlechter ausgeprägt sind. Daher ist die Frage, weshalb die mathematikbezogenen wissenschaftspropädeutischen Kompetenzen bei den Abiturientinnen und Abiturienten derart ausgebildet sind. Ein möglicher Erklärungsansatz dafür könnte daran liegen, dass der gymnasiale Mathematikunterricht nur wenige Lerngelegenheiten bietet, um mathematikbezogene wissenschaftspropädeutische Kompetenzen zu entwickeln. Um dieser Vermutung nachzugehen, wäre es denkbar, einerseits das Lernangebot in der gymnasialen Oberstufe zu untersuchen, was allerdings aus ökonomischen Gründen nur schwierig umsetzbar ist. Eine andere Möglichkeit wäre es, Mathematiklehrkräfte zum Mathematikunterricht in der gymnasialen Oberstufe und ihren fokussierten Lernzielen zu befragen. Dieses Vorgehen bietet die Möglichkeit, Informationen aus Sicht praktizierender Lehrkräfte über das

Lernangebot in der gymnasialen Oberstufe zu erheben und zu prüfen, inwieweit die Zieldimension Wissenschaftspropädeutik im Unterricht der gymnasialen Oberstufe eine Rolle spielt oder nicht.

Aus dem Ergebnis dieser Studie zeigt sich, dass vor allem das universitätsbezogene Wissen und das logische Denken wichtige Prädiktoren für die mathematikbezogenen wissenschaftspropädeutischen Kompetenzen darstellen. Weniger relevant scheinen in dieser Studie die schulischen Vorleistungen und affektive Merkmale zu sein. Damit wurde mit dieser Studie ein erster Schritt zur Beschreibung und Prädiktion dieser Kompetenzen unternommen.

Die Studie hat aber auch weitere Forschungsperspektiven eröffnet: Beispielsweise könnte untersucht werden, ob mathematikbezogene wissenschaftspropädeutische Kompetenzen den Studienerfolg prädizieren und infolgedessen Unterstützungsangebote (z. B. Vorkurse) so zu konzipieren, dass sie im Besonderen diese Kompetenzen fördern. Auch die Fragestellung, wie die mathematikbezogenen wissenschaftspropädeutischen Kompetenzen von Schülerinnen und Schülern ausgeprägt sind, ist weiterhin offen. Wie oben angeklungen ist, sind die Testleistungen der Studierenden in dieser Studie (und auch in der vorherigen Studie) als ausbaufähig bezeichnet worden. In diesem Kontext könnte ein stärkerer Fokus auf das Lernangebot in der gymnasialen Oberstufe eingenommen werden und der Frage nachgegangen werden, inwieweit im Mathematikunterricht der gymnasialen Oberstufe Lerngelegenheiten eingeräumt werden, um mathematikbezogene wissenschaftspropädeutische Kompetenzen zu entwickeln respektive zu fördern.

7 Studie 3: Lehrkraftvorstellungen zu Wissenschaftspropädeutik

Beide vorangegangen Studien (Kapitel 5 und 6) haben den Studienanfängerinnen und -anfängern ausbaufähige mathematikbezogene wissenschaftspropädeutische Kompetenzen attestiert. Nun stellt sich die Frage nach möglichen Ansatzpunkten, die Erklärungen für dieses Phänomen liefern können. Mögliche Ansatzpunkte können zum einen die Unterrichtsqualität in der gymnasialen Oberstufe (z. B. Basisdimensionen für Unterrichtsqualität (Klieme & Rakoczy, 2008)) und zum anderen die professionellen Kompetenzen von Lehrkräften (Baumert & Kunter, 2011) sein. Während eine Untersuchung der Unterrichtsqualität aus zeitlichen und organisatorischen Gründen den Rahmen dieser Arbeit sprengen würde, wurde sich den professionellen Kompetenzen von Lehrkräften (im Besonderen Lehrkraftvorstellungen) aus theoretischer sowie empirischer Sicht genähert. Lehrkraftvorstellungen sind für die fachdidaktische Forschung deshalb interessant, da sie einen Einfluss auf die Planung und Durchführung von Lehr-Lern-Prozessen (Burns, 1992) und dadurch auf die Unterrichtsqualität haben können. Durch das Fokussieren von Lehrkraftvorstellungen können einerseits Vorstellungen über Wissenschaftspropädeutik als Zieldimension der gymnasialen Oberstufe und andererseits auch Vorstellungen über eine unterrichtliche Inszenierung erhoben werden, was zum Teil auch Informationen über den gymnasialen Unterricht hervorbringt. Diese Studie hat demnach das Ziel, Erklärungsansätze für die Verteilung der mathematikbezogenen wissenschaftspropädeutischen Kompetenzen zu untersuchen, was die vierte Hauptzielstellung der Arbeit impliziert (Kapitel 1). In dieser Studie kann somit auch der Frage nachgegangen werden, welche Seite von Mathematik (als strukturorientierte oder als anwendungsorientierte Disziplin) Lehrkräfte im Mathematikunterricht eher fokussieren. Dies könnte wiederum Erklärungsansätze dafür liefern, warum Studienanfängerinnen und -anfänger über ausbaufähige mathematikbezogene wissenschaftspropädeutische Kompetenzen hinsichtlich der strukturorientierten Seite von Mathematik verfügen.

Das Kapitel beginnt inhaltlich mit einer theoretischen Einordnung dieser Studie in die Lehrerprofessionalisierungsforschung (Kapitel 7.1). Da das Ziel der Studie die Erhebung von Lehrkraftvorstellungen zu Wissenschaftspropädeutik ist, wird der Begriff der Vorstellungen respektive Lehrkraftvorstellungen theoretisch geklärt sowie relevante Forschung rezipiert. Vor dem Hintergrund des theoretischen Rahmens lassen sich für die qualitative Untersuchung handlungsleitende Forschungsfragen herausarbeiten (Kapitel 7.2). Zunächst wird eine forschungsmethodologische Einordnung vorgenommen und im Anschluss wird auf konkrete Entscheidungen bezüglich des methodischen Vorgehens im Rahmen dieser Studie eingegangen. In diesem Rahmen werden in Kapitel 7.3 das Studiendesign einschließlich der Erhebungsinstrumente, die Stichprobe und die Auswertungsmethoden vorgestellt und begründet. In Anschluss daran werden in Kapitel 7.4 die Ergebnisse der vorliegenden Studie dargestellt und in Kapitel 7.5 zusammengefasst sowie diskutiert.

7.1 Forschungsstand zu Lehrkraftvorstellungen

Zwar gibt es in der Literatur Ansätze zu theoretisch-konzeptionellen Umsetzungen von Wissenschaftspropädeutik (Kapitel 2.3), jedoch liegen zu Lehr-Lern-Prozessen in einem wissenschaftspropädeutischen Mathematikunterricht und damit zusammenhängenden Bedingungsfaktoren kaum empirische Erkenntnisse vor. Wie bereits vorher beschrieben, gibt es allenfalls empirische Erkenntnisse zu Outcome-Variablen auf der Ebene von Schülerinnen und Schülern in besonderen Lehr-Lern-Settings (z. B. Qualitätsmerkmale von Facharbeiten). Auf Ebene der Mathematiklehrkräfte wissen wir aus empirischer Sicht deutlich weniger, z. B. ist es nicht geklärt, inwieweit Lehrkräfte wissenschaftspropädeutischen Mathematikunterricht anbieten (können), welchen Stellenwert sie Wissenschaftspropädeutik als Zieldimension beimessen oder ob sie Wissenschaftspropädeutik als Zieldimension generell kennen. In diesem Kontext werden die Vorstellungen von Mathematiklehrkräften zu Wissenschaftspropädeutik bedeutsam, da diese zum einen Kognitionen zu Wissenschaftspropädeutik enthalten und zum anderen direkt oder zumindest indirekt das Lehrerhandeln beeinflussen. So können Vorstellungen von Lehrkräften die Fokussierung von Lernzielen oder die Unterrichtsgestaltung mitbestimmen (Burns, 1992). Vor diesem Hintergrund erscheint es als relevant, die Vorstellungen von Lehrkräften zu Wissenschaftspropädeutik näher zu beleuchten.

Um den Begriff der Lehrkraftvorstellungen zu spezifizieren, ist dieser Abschnitt zum theoretischen Hintergrund in zwei inhaltliche Teilabschnitte untergliedert. Der erste Abschnitt fokussiert den Vorstellungsbegriff im Allgemeinen (*beliefs*) und bezieht unter anderem psychologische Theorien und Konzepte mit ein. Im zweiten Abschnitt wird im Besonderen auf Lehrkraftvorstellungen (*teachers' beliefs*) aus theoretischer Perspektive eingegangen und empirische Erkenntnisse zu Lehrkraftvorstellungen aus fachdidaktischer Sicht beschrieben.

7.1.1 Theoretischer Hintergrund

Beim Begriff *Vorstellungen* respektive *Beliefs* handelt es sich um einen Sammelbegriff für individuelle und mentale Dispositionen, die Gedanken zu verschiedenen Gegenstandsbereichen der Realität beinhalten können. Da Vorstellungen sich aus vorhandenen Informationen (z. B. Wissen), persönlichen Erfahrungen mit den jeweiligen Gegenständen oder äußeren Einflüssen entwickeln, zeichnen sich Vorstellungen durch eine individuelle Komponente aus. Vorstellungen sind individuelle und in erster Linie mentale Konstrukte, allerdings beeinflussen sie direkt und indirekt das Handeln von bestimmten Personengruppen.

Da der Begriff der Vorstellungen in der Literatur nicht einheitlich geklärt ist, wird zunächst versucht, Vorstellungen begrifflich zu klären. Zur Ausschärfung des Begriffsinhalts werden darauf aufbauend wesentliche Eigenschaften und Funktionen von Vorstellungen beschrieben. Ziel dieses Abschnitts ist es, einen theoretisch fundierten Überblick zum Vorstellungsbegriff sowie zu den allgemeinen Eigenschaften und Funktionen von Vorstellungen zu geben. Um Vorstellungen empirisch erheben sowie aus Datensätzen extrahieren zu können, erscheint eine ausführliche Betrachtung des Vorstellungsbegriffs als naheliegend. Zur Sicherstellung der intersubjektiven Nachvollziehbarkeit im Forschungsprozess ist es elementar, zu klären, was in dieser Studie unter dem Begriff *Vorstellungen* verstanden wird.

Begriffsbestimmung

In der Literatur zur Vorstellungsforschung lassen sich viele verschiedene Konstrukte finden, die zum Teil in Abgrenzung zueinanderstehen oder sogar synonym verwendet werden. Dies umfasst neben *Vorstellungen* beispielsweise Begriffe wie Überzeugungen oder Einstellungen. Bereits Pajares (1992) bezeichnete den Vorstellungsbegriff als „messy construct", was unter anderem auf die inhaltliche Unschärfe des Begriffs zurückzuführen ist. Auch 30 Jahre später liegt in der Literatur keine einheitliche Definition des Begriffs vor (Weygandt, 2021).

In dieser Arbeit wird der Begriff der Vorstellung (als englische Übersetzung und deutsches Pendant zum Beliefsbegriff) bemüht. Nach Kirchner (2016) hat die Verwendung des Vorstellungsbegriffs gegenüber Begriffen wie Überzeugungen und Einstellungen die folgenden Vorteile: Die Begriffe lassen sich dadurch unterscheiden, dass sie jeweils eine andere Komponente fokussieren. Während der Begriff Überzeugungen eine wertende Komponente umfasst, wird beim Begriff Einstellungen eher die emotionale Komponente fokussiert. Vorstellungen hingegen heben eher die kognitive Komponente hervor und lesen sich weniger wertend.

Die vorliegende Arbeit stützt sich auf die Definition von Philipp (2007), auf die sowohl in der mathematikdidaktischen Literatur als auch in der Forschung zur Lehrerprofessionalisierung Bezug genommen wird (vgl. z. B. Erens & Eichler, 2019; Geisler, 2020; Kirchner, 2016). Philipp (2007, S. 259) definiert Vorstellungen als: „Psychologically held understandings, premises, or propositions about the world that are thought to be true". Demnach handelt es sich bei Vorstellungen um Kognitionen beinhaltende, mentale Konstrukte. Kognitionen können in diesem Rahmen als Auffassungen, Gedanken oder Überlegungen von Personen zu der Welt (respektive einem Teil der Realität) verstanden werden, welche von den Personen (subjektiv) für *richtig* oder *wahr* gehalten werden.

Eigenschaften und Funktionen von Vorstellungen

Vorstellungen werden nach der Definition von Philipp (2007) charakterisiert durch (1) ihre Subjekt- und (2) ihre Gegenstandsbezogenheit. Dabei meint die (1) Subjektbezogenheit, dass Vorstellungen als mentale Konstrukte stark an ein Individuum gebunden sind, d. h. sie sind durch die persönlichen Erfahrungen eines Individuums entstanden und unterscheiden sich so von Vorstellungen eines anderen Individuums. Meist werden in der Forschung Vorstellungen eines bestimmten Trägerkreises untersucht (Kirchner, 2016). So spielen beispielsweise für die fachdidaktische Forschung Untersuchungen von Lerner- und Lehrkraftvorstellungen eine besondere Rolle (Genaueres zu Lehrkraftvorstellungen in Kapitel 7.1.2). Die (2) Gegenstandsbezogenheit bedeutet, dass sich Vorstellungen in ihrer Struktur immer auf einen bestimmten Gegenstand beziehen (Törner, 2002). So können Individuen Vorstellungen über konkrete Gegenstände (z. B. Vorstellungen zur Alltagsrelevanz eines fachmathematischen Begriffs wie Primzahl) als auch über einen umfangreicheren und komplexeren Gegenstandsbereich (z. B. Vorstellungen zur Natur der Mathematik) haben.

Es wird angenommen, dass sich Vorstellungen zu ähnlichen Gegenständen (z. B. Vorstellungen zur Schulmathematik und Vorstellungen zum Lernen von Schulmathematik) in Systemen von Vorstellungen, sogenannten *belief systems*, clustern lassen (Op't Eynde et al., 2002), d. h. Vorstellungen sind nicht für sich alleinstehende Einheiten, sondern sind miteinander vernetzt und stehen zueinander in Beziehungen. Ein Literaturreview von Thompson (1992) hat ergeben, dass innerhalb der Systeme von Vorstellungen unter anderem zwischen peripheren (*peripheral*) und zentralen (*central*) Vorstellungen unterschieden wird. Hiernach können Vorstellungen dahingehend unterschieden werden, wie sehr die Vorstellungsträger/-innen von diesen überzeugt sind. Vorstellungen werden als zentral bezeichnet, wenn die Vorstellungsträger/-innen sehr von diesen überzeugt sind und an diesen festhalten, wodurch diese Vorstellungen stark in dem jeweiligen System von Vorstellungen verankert sind. Hingegen gelten periphere Vorstellungen als weniger stark ausgeprägt und sind daher leichter veränderbar (Philipp, 2007). Die Entwicklung und Veränderung von Vorstellungen zu einem bestimmten Gegenstand vollzieht sich über einen längeren Zeitraum, indem Erfahrungen mit dem Gegenstand gemacht werden und in einem inneren Aushandlungsprozess bilanziert wird, ob die Erfahrungen mit dem etablierten System von Vorstellungen im Einklang stehen oder nicht. Daher gelten Vorstellungen zwar als relativ stabil, aber prinzipiell auch als veränderbar (McLeod, 1992).

Die Literatur zu Vorstellungen unterscheidet zwischen expliziten und impliziten Vorstellungen (Op't Eynde et al., 2002). Vorstellungen mit explizitem Charakter sind den Vorstellungsträgerinnen und -trägern bewusst und auch von ihnen artikulierbar, während implizite Vorstellungen den Trägern nicht immer unmittelbar bewusst sind (Kirchner, 2016). Demnach können Vorstellungen mit implizitem Charakter nicht von jeder Person ohne Weiteres formuliert werden und gelten daher als eher schwer zugänglich.

Vorstellungen können aufgrund ihrer Funktionsweise auch als „subjektive Theorien" bezeichnet werden, weil sie für die Vorstellungsträger/-innen eine ähnliche Orientierung bieten wie wissenschaftliche Theorien (Kirchner, 2016). Zudem ähnelt sich die Struktur von Vorstellungen respektive Systemen von Vorstellungen und wissenschaftlichen Theorien dahingehend, dass Vorstellungen (zumindest) quasi-logisch angeordnet sind (Thompson, 1992). Dementsprechend ist es wenig verwunderlich, wenn Individuen sich auf ihre eigenen Vorstellungen beziehen, wenn sie versuchen, Phänomene zu beschreiben oder zu erklären. Ein Unterschied zwischen Vorstellungen respektive subjektiven Theorien und wissenschaftlichen Theorien ist, dass Vorstellungen in einem System von Vorstellungen nicht immer konsistent und widerspruchsfrei sein müssen (Thompson, 1992). Da Vorstellungen auf subjektiven Erfahrungen beruhen, ist es möglich, dass sich zum Teil konträre Vorstellungen entwickeln. So konnte beispielsweise gezeigt werden, dass bei einzelnen Mathematiklehrkräften sowohl transmissive als auch konstruktivistische Vorstellungen zum Unterrichten ausgeprägt sein können (Voss et al., 2011).

Unabhängig von der Form von Vorstellungen (peripher/zentral oder explizit/implizit) können Vorstellungen einen Einfluss auf Handlungen von Individuen nehmen. Hierfür gibt es drei theoretische Wirkmechanismen (Ajzen & Dasgupta, 2015): (1) Individuen können Vorstellungen über die Konsequenzen von eigenen Handlungen haben. Abhängig davon, wie sie die Konsequenz bewerten, kann eine positive respektive negative Haltung gegenüber der Durchführung der Handlung entstehen, was sich in einer höheren respektive niedrigeren Wahrscheinlichkeit, die Handlung auszuführen, niederschlägt. (2) Vorstellungen können normativ geprägt sein, d. h. Individuen können Vorstellungen über die (vermeintliche) Erwartungshaltung von Anderen (z. B. Vorgesetzten oder Kolleginnen und Kollegen) haben. Unter der Voraussetzung, dass Individuen die Motivation hegen, den Erwartungen gerecht zu werden, nehmen die Vorstellungen Einfluss auf die Handlung. (3) Zudem können Individuen Vorstellungen über das Zusammenspiel von notwendigen Bedingungsfaktoren (z. B. eigene Kompetenzen oder Zeit) und einer erfolgreichen Handlung haben. Es wird vermutet, dass wenn Individuen solche Vorstellungen haben und zusätzlich das Wissen darüber, ob sie die notwendigen Bedingungen für eine entsprechende Handlung erfüllen, sich dies in einer Geneigtheit respektive Aversion gegenüber der Handlung zeigt. Bei diesen drei Wirkmechanismen gehen Ajzen und Dasgupta (2015) davon aus, dass implizite Vorstellungen im Gedächtnis verfügbar sind, durch gewisse Stimuli ins Bewusstsein hervorgeholt und durch Selbstberichte der Individuen erhoben werden können.

Vor dem Hintergrund der vorangegangenen Abschnitte zum Vorstellungsbegriff können Vorstellungen als „relativ stabile, wenn auch erfahrungsbasiert veränderbare, kontextabhängige Kognition[en]“ (Kirchner, 2016, S. 78) verstanden werden. Da Vorstellungen aus theoretischer Perspektive einen Einfluss auf das Handeln nehmen können, liegt die Vermutung nahe, dass auch die Vorstellungen von Lehrkräften das unterrichtliche Handeln beeinflussen.

7.1.2 Lehrkraftvorstellungen

Vor dem Hintergrund des herausgebildeten Vorstellungsbegriffs gilt es nun, sich mit den besonderen Vorstellungen und Annahmen von Lehrkräften, den sogenannten Lehrkraftvorstellungen, auseinanderzusetzen. Die im vorherigen Abschnitt dargestellten Arbeiten werden zunächst als Grundlage verwendet, um sich dem Konstrukt *Lehrkraftvorstellungen* zu nähern, mithilfe von etablierten Auffassungen das Konstrukt zu definieren und seine Eigenschaften zu beschreiben. Die fachdidaktische Relevanz von Lehrkraftvorstellungen wird auf Basis von empirischen Erkenntnissen aus der didaktischen Forschung illustriert.

Theoretische Verortung und begriffliche Klärung von Lehrkraftvorstellungen
Als Pendant zum englischen Begriff der *teachers' beliefs* wird im deutschsprachigen Raum der Begriff der *Lehrkraftvorstellungen* bemüht. Allerdings ist die Bezeichnung im Deutschen keinesfalls einheitlich. So wird beispielsweise auch in deutschsprachigen Werken das englische Pendant verwendet oder es lassen sich in der Literatur andere Begriffsbezeichnungen wiederfinden, z. B. Begriffe oder Umschreibungen wie „Vorstellungen von Lehrkräften“ (Kuntze et al., 2008, S. 200), „professionelle Überzeugungen von Lehrpersonen“ (Bender et al., 2018, S. 75) oder einfach nur „Überzeugungen von Lehrern und Lehrerinnen“ (Wischmeier, 2012, S. 167). Alle Begriffe haben gemein, dass aus ihnen explizit deutlich wird, dass es um Vorstellungen eines bestimmten Trägerkreises geht, den von Lehrerinnen und Lehrern. Demnach bleibt zu klären, auf welchen Gegenstand sich Lehrkraftvorstellungen beziehen.

Der von Bender et al. (2018) verwendete Begriff der professionellen Überzeugungen von Lehrkräften deutet bereits daraufhin, dass der Gegenstand der Professionsbereich von Lehrkräften sein könnte. Konkret wird dies durch das COACTIV-Modell zur Modellierung professioneller Kompetenzen von Mathematiklehrkräften (Kunter et al., 2009). In diesem Modell wird die professionelle Handlungskompetenz von Lehrkräften in vier professionelle Kompetenzen untergliedert. Dazu gehören Professionswissen, Überzeugungen, motivationale Orientierungen und selbstregulative Fähigkeiten, welche in einem komplexen Zusammenspiel zueinanderstehen. Vorstellungen werden hierbei unter dem Aspekt der Überzeugungen subsummiert. Nach Kunter et al. (2009) gehören hierzu Vorstellungen zum gesamten Professionsbereich von Lehrkräften im Kontext von Schule und Unterricht. Dies kann beispielsweise Vorstellungen zu den wissenschaftlichen Disziplinen der jeweiligen Unterrichtsfächer (z. B. Mathematik), zu effektiven Methoden der Wissensvermittlung oder zu Gelingensfaktoren für Lernprozesse umfassen. Dabei können sich die Vorstellungen sowohl auf fachspezifische Aspekte des Unterrichtens (z. B. auf das Unterrichtsfach Mathematik) oder eher fachübergreifende Themen im Kontext von Schule und Unterricht (z. B. Digitalisierung von Schule) beziehen.

In der vorliegenden Arbeit werden Lehrkraftvorstellungen nach Kirchner (2016, S. 100) wie folgt verstanden:

> Lehrkraftvorstellungen „sind subjektive, relativ stabile“, aber auch „erfahrungsbasiert veränderbare, zum Teil unbewusste, kontextabhängige Kognitionen von Lehrpersonen. Sie umfassen die theorieähnlichen, wenn auch nicht widerspruchsfreien Gedanken zu verschiedenen fachübergreifenden und fachspezifischen Gegenstandsbereichen der Profession von Lehrpersonen“.

Als Teil der professionellen Kompetenzen von Lehrkräften sind Lehrkraftvorstellungen im deutschsprachigen Raum von Forschungsinteresse. Das bundesweite Interesse an Lehrkraftvorstellungen wird unter anderem an den groß angelegten Forschungsprogrammen sichtbar, die die Erforschung von Lehrkraftvorstellungen respektive Beliefs beinhalten, z. B. das Forschungsprogramm BiQua (z. B. Doll & Prenzel, 2003), COACTIV (z. B. Voss et al., 2011) oder TIMSS III (z. B. Köller, 2001).

Empirische Erkenntnisse zu Lehrkraftvorstellungen

Empirische Untersuchungen von Lehrkraftvorstellungen stellen in der Literatur keine Neuheit dar, sondern sind seit über 60 Jahren bekannt und haben sich seither stetig entwickelt (Ashton, 2014). Den Ursprung hat die Lehrkraftvorstellungsforschung im angelsächsischen Raum; sie ist aber heutzutage auch in Deutschland sehr bekannt (Kirchner, 2016). In diesem Abschnitt werden Forschungslinien und empirische Erkenntnisse zu Lehrkraftvorstellungen beschrieben und systematisiert. Zu Disziplinen, die sich mit der Erforschung von Lehrkraftvorstellungen beschäftigen, gehören vornehmlich die Psychologie, die Erziehungs- und Bildungswissenschaften sowie verschiedene (Fach-)Didaktiken. Das zunehmende Interesse an der Untersuchung von Vorstellungen respektive Lehrkraftvorstellungen ist in den letzten Jahrzehnten auch in der Mathematikdidaktik beobachtbar (Geisler, 2020).

Gegenüber anderen Fachdidaktiken hat die Mathematikdidaktik den Vorteil, dass im Rahmen von Large-Scale-Studien, wie z. B. COACTIV (Voss et al., 2011) oder TEDS-M

2008 (Brese & Tatto, 2012), schon vergleichsweise viel Wissen zu Lehrkraftvorstellungen gesammelt werden konnte. Gemein haben diese Studien, dass sie dabei zwischen (1) Lehrkraftvorstellungen über Mathematik und (2) Vorstellungen über das Lehren und Lernen von Mathematik unterscheiden. Beide Forschungsrichtungen werden im Folgenden genauer betrachtet. Bei der Betrachtung dieser beiden Forschungsrichtungen werden vor allem Erkenntnisse zur Identifikation von verschiedenen Lehrkraftvorstellungen sowie zu möglichen Bedingungsfaktoren für vorliegende Lehrkraftvorstellungen fokussiert, weil solche Erkenntnisse als relevant für die vorliegende Studie angesehen werden.

Lehrkraftvorstellungen über Mathematik
Um die Struktur von (Lehrkraft-)Vorstellungen über Mathematik empirisch nachzuweisen, haben Grigutsch et al. (1998) 310 Mathematiklehrkräfte weiterführender Schulen mithilfe von Fragebögen nach ihren Vorstellungen über Mathematik befragt. In dieser Studie sollten Lehrkräfte auf einer 5-stufigen-Ratingskala ihre Zustimmung zu 77 Itemaussagen betreffend der Wissenschaft Mathematik angeben. Es zeigte sich empirisch, dass eine Vier-Faktor-Lösung (bestehend aus den Skalen zum Formalismus-, Anwendungs-, Prozess- und Schema-Aspekt) die Daten gut abbildet, was sich zudem in zufriedenstellenden Reliabilitäten der einzelnen Skalen niederschlug (> 0,70). Die Ergebnisse deuten darauf hin, dass etwa zwei Drittel der Lehrkräfte in Mathematik einen Anwendungsbezug sehen und ihrem Prozesscharakter zustimmen (Zustimmung bedeutet, dass die ermittelten empirischen Skalenwerte über der theoretischen Skalenmitte liegen, et vice versa). Fast die Hälfte der befragten Lehrkräfte stimmten dem Formalismus-Aspekt von Mathematik zu, während mehr als die Hälfte der Befragten den Schema-Aspekt ablehnten. Eine Analyse der Interkorrelationen hat ergeben, dass auch eine Zwei-Faktor-Struktur zur Unterscheidung der Vorstellungen über Mathematik sinnvoll sein könnte: So könnten der Formalismus- und der Schema-Aspekt zu einer statischen Vorstellung über Mathematik zusammengefasst werden, während der Anwendungs- und der Prozess-Aspekt eine dynamische Vorstellung über Mathematik bilden. Basierend auf der Arbeit von Grigutsch et al. (1998) wurden im Rahmen von TEDS-M (*Teacher Education and Development Study-Mathematics*) zwei Skalen zur Erfassung der Lehrkraftvorstellungen über Mathematik entwickelt (Tatto et al., 2012). Dabei wird zwischen Mathematik als ein festes System aus Regeln und Prozeduren (Kongruenzen zur statischen Auffassung) sowie Mathematik als ein kreativer Prozess (Kongruenzen zu einer dynamischen Auffassung) unterschieden. Rund 1.800 angehende Mathematiklehrkräfte aus Deutschland (Lehrkräfte im letzten Jahr ihrer Ausbildung (Vorbereitungsdienst)) nahmen an der international vergleichenden Studie teil und schätzten in diesem Zuge Aussagen zur Mathematik auf einer 6-stufigen Ratingskala ein. Abhängig von der angestrebten Schulform stimmen zwischen 21,1% und 34,0% der angehenden Lehrkräfte der eher statischen Auffassung von Mathematik als festes System zu. Hingegen stimmt mehr als die Hälfte der Befragten (56,3 bis 80,2%) der dynamischen Auffassung von Mathematik als kreativen Prozess zu. Die Befunde werden auch von den COACTIV-Ergebnissen gestützt, denn auch hier stimmen Mathematiklehrkräfte eher dem Prozess- als dem Schema-Aspekt zu (Voss et al., 2011). Im Rahmen einer Längsschnittstudie mit 104 Studienanfängerinnen und -anfängern (Lehramts- und Fachstudierende) haben Geisler und Rolka (2021) untersucht, wie sich statische und dynamische Vorstellungen über Mathematik in den ersten acht Vorlesungswochen verändern. In der ersten Vorlesungswoche ist analog zu den vorherigen Studien

(Tatto et al., 2012; Voss et al., 2011) die Zustimmung zu den dynamischen Vorstellungen über Mathematik deskriptiv höher ausgeprägt als die Zustimmung zu den statischen Vorstellungen. Während die Zustimmung zu dynamischen Vorstellungen über Mathematik über die ersten Vorlesungswochen geringer wird, bleibt die Zustimmung zu den statischen Vorstellungen über Mathematik eher konstant. Dies hat zur Folge, dass nach der achten Vorlesungswoche die Zustimmung zu den statischen Vorstellungen deskriptiv höher ausfällt als die Zustimmung zu den dynamischen Vorstellungen über Mathematik. Zur Studie von Geisler und Rolka (2021) sollte einschränkend angemerkt werden, dass die Reliabilität der Skala zu den statischen Vorstellungen über Mathematik (trotz Eliminierung eines Items) bedenklich erscheint. Dies wirft die grundlegende Frage auf, inwieweit es möglich und sinnvoll ist, Vorstellungen (konzeptualisiert als *individuelle* Kognitionen) mithilfe von standardisierten Methoden zu erheben (Kapitel 7.3).

Diverse Studien zeigen, dass personale und kontextuelle Faktoren einen Einfluss auf die Lehrkraftvorstellungen über Mathematik haben können. In einer Studie von Trakulphadetkrai (2022) zeigte sich, dass vor allem die Berufserfahrung ein wichtiger Faktor in Bezug auf Lehrkraftvorstellungen ist, während das Geschlecht nur eine untergeordnete Rolle einnimmt. Auf Seite der personalen Faktoren nehmen auch kognitive Aspekte, z. B. das mathematische Fachwissen oder das mathematikdidaktische Wissen, eine wichtige Rolle ein. Beispielsweise konnte gezeigt werden, dass ein höheres Fachwissen respektive fachdidaktisches Wissen jeweils eher mit der Ablehnung von statischen und eher mit der Zustimmung von dynamischen Lehrkraftvorstellungen über Mathematik einhergehen (Tatto et al., 2012). Ein weiterer Faktor, der mit den Lehrkraftvorstellungen über Mathematik zusammenzuhängen scheint, sind die individuellen Erfahrungen der Lehrkräfte, die sie mit Mathematik gesammelt haben (Adnan et al., 2012). Dazu gehören gesammelte Erfahrungen mit Mathematik, die in ganz verschiedenen Kontexten erworben wurden, z. B. im Rahmen von Lernprozessen während der eigenen Schulzeit oder in der Universität oder beim Unterrichten von Mathematik im Klassenzimmer. Ein kontextueller Faktor, welcher ebenfalls einen Einfluss auf die Lehrkraftvorstellungen von Mathematik hat, ist die Schulform, an welcher die jeweiligen Lehrkräfte unterrichten. So berichten Studien, dass Lehrkräfte der Primar- und Sekundarstufe I eher statische Vorstellungen über Mathematik haben, während Lehrkräfte der Sekundarstufe II vor allem den Prozess-Aspekt fokussieren (z. B. Grigutsch et al., 1998; Tatto et al., 2012).

Lehrkraftvorstellungen über das Lehren und Lernen von Mathematik

Ähnlich wie die Lehrkraftvorstellungen über Mathematik können auch die Lehrkraftvorstellungen über das Lehren und Lernen von Mathematik in statische und dynamische Vorstellungen untergliedert werden. Dabei orientieren sich statische Vorstellungen an einer transmissiven Auffassung vom Lernen, d. h. Lernen wird als ein rezeptiver Vorgang verstanden und das Einüben von Routinefertigkeiten fokussiert, während dynamische Vorstellungen eher konstruktivistisch orientiert sind, d. h. Lernen wird hier als ein selbstbestimmter und kommunikativer Prozess aufgefasst (Voss et al., 2011). Es gibt Hinweise darauf, dass mit steigender Berufserfahrung Lehrkräfte eher konstruktivistische als transmissive Vorstellungen über das Lehren und Lernen von Mathematik haben (z. B. Black & Ammon, 1992). Allerdings haben Xie und Cai (2021) in einer Studie gezeigt, dass

Lehrkräfte mit mittlerer Berufserfahrung (6–10 Jahre) eher konstruktivistische Vorstellungen über das Lehren und Lernen von Mathematik hegen als Lehrkräfte mit viel Berufserfahrung (mehr als 21 Jahre). Im Rahmen der COACTIV-Studie (Voss et al., 2011) wurden die Lehrkraftvorstellungen über das Lehren und Lernen von Mathematik mithilfe von Fragebogenskalen erhoben. Dabei enthielt die Skala zu den statischen Vorstellungen die drei Subskalen „Eindeutigkeit des Lösungsweges“, „Rezeptives Lernen durch Beispiele und Vormachen“ und „Einschleifen von technischem Wissen“, während die Skala zu den dynamischen Vorstellungen die zwei Subskalen „Selbstständiges und verständnisvolles diskursives Lernen“ und „Vertrauen auf mathematische Selbstständigkeit der Schüler“ enthielt. Die COACTIV-Ergebnisse deuten darauf hin, dass Mathematiklehrkräfte sowohl konstruktivistische als auch transmissive Vorstellungen zum Lehren und Lernen von Mathematik haben, wobei die konstruktivistischen Vorstellungen marginal stärker ausgeprägt zu sein scheinen. Einen ähnlichen Ansatz zur Erhebung der Lehrkraftvorstellungen über das Lehren und Lernen von Mathematik verfolgt auch TEDS-M, denn auch hier wird zwischen einer eher transmissiven Auffassung (über direkte Lehrerinstruktion) und einer eher konstruktivistischen Auffassung vom Mathematiklernen (über eine aktive Auseinandersetzung der Schülerinnen und Schülern) unterschieden. Die Ergebnisse von TEDS-M weisen ebenfalls darauf hin, dass Mathematiklehrkräfte eher eine konstruktivistische als eine transmissive Auffassung vom Lehren und Lernen haben (Tatto et al., 2012). Die Tendenz zu einer konstruktivistischen Auffassung von Lehren und Lernen von Mathematik ist dabei kein deutsches Phänomen, sondern zeigt sich auch konstant im internationalen Vergleich (z. B. Aljaberi & Gheith, 2018; Tatto et al., 2012; Yang & Leung, 2015).

Auch in Bezug auf Lehrkraftvorstellungen über das Lehren und Lernen von Mathematik konnten relevante Bedingungsfaktoren auf Basis der Studienlage identifiziert werden. Auf Seite der individuellen Faktoren hängen das mathematische Fachwissen sowie das fachdidaktische Wissen mit Lehrkraftvorstellungen über das Lehren und Lernen von Mathematik zusammen. So konnte gezeigt werden, dass Fachwissen und fachdidaktisches Wissen mit einer tendenziellen Ablehnung der transmissiven Auffassung und einer Zustimmung zur konstruktivistischen Auffassung vom Lehren und Lernen von Mathematik zusammenhängen (Tatto et al., 2012). Als kontextueller Faktor scheint die Schulform (wie auch schon bei den Lehrkraftvorstellungen über Mathematik) einen Einfluss auf die Lehrkraftvorstellungen über das Lehren und Lernen von Mathematik zu haben. Zwar ist die Ablehnung einer transmissiven Auffassung vom Lehren und Lernen über die Schulformen hinweg niedrig, allerdings scheint die Zustimmung zur konstruktivistischen Auffassung mit dem Alter der Schülerinnen und Schüler an den jeweiligen Schulformen zu zunehmen (Tatto et al., 2012). Daneben korrelieren Lehrkraftvorstellungen über Mathematik und die Lehrkraftvorstellungen über das Lehren und Lernen von Mathematik miteinander. So scheinen die statische Vorstellung von Mathematik und eine eher transmissive Vorstellung vom Lehren und Lernen von Mathematik sowie die dynamische Vorstellung von Mathematik und eine eher konstruktivistische Auffassung vom Lehren und Lernen von Mathematik zusammenzuhängen (Voss et al., 2011).

Insgesamt lassen sich aus der Forschungslage zu Lehrkraftvorstellungen über Mathematik und zum Lehren und Lernen von Mathematik Analogien identifizieren. Demnach gibt es Faktoren, die die Lehrkraftvorstellungen beeinflussen können. Zu diesen Faktoren zählen (1) Alter und Berufserfahrung (z. B. Xie & Cai, 2021), (2) bereits gesammelte Erfahrungen mit Mathematik (z. B. Adnan et al., 2012) sowie (3) mathematisches und mathematikdidaktisches Wissen (z. B. Tatto et al., 2012). Bei der Konzeption und Durchführung von Studien, die Lehrkraftvorstellungen untersuchen, sollten dementsprechend diese potentiellen Einflussfaktoren Berücksichtigung finden.

7.2 Fragestellungen

Das Forschungsinteresse der vorliegenden Studie ist es, die Vorstellungen von Mathematiklehrkräften über das Lehren und Lernen von Mathematik in der gymnasialen Oberstufe in Hinblick auf die Zieldimension Wissenschaftspropädeutik zu erheben, um mögliche Erklärungsansätze für die eher ausbaufähigen mathematikbezogenen wissenschaftspropädeutischen Kompetenzen der Abiturientinnen und Abiturienten respektive Studierenden herauszuarbeiten. Demnach soll die übergeordnete Fragestellung (üFF) erkenntnisleitend für die Studie sein:

üFF *Welche Vorstellungen haben Lehrkräfte über das Lehren und Lernen von Mathematik in der gymnasialen Oberstufe in Hinblick auf Wissenschaftspropädeutik?*

Diese übergeordnete Fragestellung wurde im Verlauf des Forschungsprozesses weiter spezifiziert und in untergeordnete Fragestellungen aufgegliedert. Dieses Vorgehen des stetigen Konkretisierens und Fokussierens ist für die qualitative Forschung, insbesondere für den zirkulären Forschungsprozess, ein charakteristisches Merkmal (Flick, 1995).

Dafür wurde die übergeordnete Forschungsfrage in drei thematische Bereiche ausdifferenziert, da in Hinblick auf die Beantwortung der Forschungsfrage sowohl *(1) Vorstellungen über Wissenschaftspropädeutik als Zieldimension*, *(2) Vorstellungen über die unterrichtliche Implementierung von Wissenschaftspropädeutik* als auch *(3) Zusammenhänge zwischen den Vorstellungsdimensionen* relevant sind. Neben den ersten zwei thematischen Bereichen, die eher eine Deskription von Lehrkraftvorstellungen beinhalten, soll im dritten Forschungsbereich die Datenstruktur explorativ auf mögliche *Zusammenhänge zwischen den Vorstellungsdimensionen* untersucht werden. Diese theoretische Vorstrukturierung des Erkenntnisinteresses ist auch für die Entwicklung des Interviewleitfadens (Kelle & Kluge, 2010) sowie für die anschließende Analyse des qualitativen Datenmaterials von Bedeutung (Mayring & Fenzl, 2014).

Da die anfänglich formulierte Fragestellung vor dem Hintergrund des Prinzips der Offenheit (Lamnek & Krell, 2016) noch sehr offen ist, wurde diese im Forschungsprozess präzisiert. Hierfür wurden während der Leitfadenentwicklung und der Datenanalyse die thematischen Bereiche nochmals durch inhaltliche Überlegungen ausdifferenziert und mithilfe von untergeordneten Teilfragen untersetzt. Dementsprechend wurden folgende Teilfragen formuliert:

(1) *Vorstellungen über Wissenschaftspropädeutik als Zieldimension*

- Welche Vorstellungen haben Mathematiklehrkräfte über Wissenschaftspropädeutik allgemein?

- Welche Vorstellungen haben Mathematiklehrkräfte über den fachspezifischen Beitrag des Mathematikunterrichts zu Wissenschaftspropädeutik?

(2) *Vorstellungen über die unterrichtliche Implementierung von Wissenschaftspropädeutik*

- Welche Möglichkeiten an unterrichtlichen Implementierungen von Wissenschaftspropädeutik äußern Mathematiklehrkräfte für den Mathematikunterricht?
- Welche Vorstellungen haben Mathematiklehrkräfte über die Gestaltung ihres eigenen Mathematikunterrichts in Hinblick auf Wissenschaftspropädeutik?

(3) *Zusammenhänge zwischen den Vorstellungsdimensionen*

- Inwiefern lassen sich zwischen den Vorstellungen über Wissenschaftspropädeutik als Zieldimension und den Vorstellungen über die unterrichtliche Implementierung von Wissenschaftspropädeutik Zusammenhänge feststellen?

Vor allem sind Ergebnisse zum ersten und zweiten Themenbereich interessant, da Erkenntnisse zu diesen Bereichen mögliche Erklärungsansätze für die Resultate aus den vorherigen Studien liefern können. Aufgrund der bisher eher übersichtlichen Forschungslage zu Wissenschaftspropädeutik aus Sicht von Lehrkräften und des daraus resultierenden qualitativen Ansatzes werden keine Hypothesen zur Überprüfung formuliert.

7.3 Methodisches Vorgehen

Die Studie zur Erfassung von Lehrkraftvorstellungen zu Wissenschaftspropädeutik und ihrer möglichen Inszenierung im Mathematikunterricht lässt sich in die Logik des qualitativen Forschungsparadigmas einordnen. Dies ist damit zu begründen, dass die Vorstellungen von Lehrkräften zu Wissenschaftspropädeutik in der Forschungslandschaft noch weitestgehend unberücksichtigt sind und daher vergleichsweise wenig Wissen über diese konkreten Lehrkraftvorstellungen vorliegt. Daneben handelt es sich bei Lehrkraftvorstellungen um individuelle Kognitionen von Lehrkräften, bei denen davon ausgegangen werden kann, dass sich diese nicht umfassend mithilfe von standardisierten Methoden erfassen lassen können. Aufgrund des explorativen Charakters der vorliegenden Studie zielt die Studie darauf ab, Hypothesen zu generieren, denen möglicherweise im Rahmen von Folgestudien empirisch nachgegangen werden kann. Das dieser Studie zugrundeliegende methodische Vorgehen wird überblicksartig in der folgenden Tabelle dargestellt.

Tabelle 25: Übersicht zu zentralen Aspekten des methodischen Designs.

Schritte	**Umsetzung**
Forschungsansatz	• qualitativ
Erhebungsmethode	• leitfadengestützte Interviews ($n = 10$) unter Einsatz von Begleitfragebogen • Einsatz von Stimuli
Sampling	• Sampling durch Selbstaktivierung (Reinders, 2012) • Sampling durch Schneeballverfahren (Schreier, 2013)
Auswertungsmethode	• inhaltlich-strukturierende qualitative Inhaltsanalyse nach Kuckartz (2018) mithilfe der Analysesoftware MAXQDA

Zur Erhebung der Interviews werden leitfadengestützte Interviews in Verbindung mit einem Begleitfragebogen sowie weiteren Stimuli (z. B. einer Definition von Wissenschaftspropädeutik) zur Erzählanregung geführt. Leitfadeninterviews haben den Vorteil, dass sie strukturgebend sind und daher die Erhebungssituation sowie die Interviews vergleichbar werden (Helfferich, 2014). In Bezug auf das Sampling gilt es, die Entstehung der Stichprobe sowie die Rekrutierungsstrategien vor dem Hintergrund der Spezifika der Klientel zu beschreiben und zu begründen. In diesem Zusammenhang nehmen das Sampling durch Selbstaktivierung und Schneeballverfahren eine wichtige Rolle ein.

Die entstandenen Interviewdaten wurden zunächst mithilfe einer inhaltlich-strukturierenden qualitativen Inhaltsanalyse mit induktiver Kategorienbildung ausgewertet. Dies dient dem Identifizieren von inhaltlichen Aspekten, womit es möglich ist, die Interviews qualitativ zu strukturieren und zu beschreiben. Zur Sicherung der Transparenz sowie der intersubjektiven Nachvollziehbarkeit werden die Interviews durch eine studentische Hilfskraft gegencodiert und der Intercodierprozess beschrieben. Letztlich wurde exploriert, inwieweit Zusammenhänge zwischen den erhobenen Lehrkraftvorstellungen innerhalb der Daten vorliegen.

Beschreibung und Begründung aller Erhebungsinstrumente
Im Folgenden werden alle Erhebungsinstrumente, die im Rahmen dieser Studie zum Einsatz kamen, beschrieben und vor dem Hintergrund des Forschungsziels begründet. Zu den eingesetzten Erhebungsinstrumenten gehören ein entwickelter Interviewleitfaden, erzählanregende Stimuli und ein Begleitfragebogen (siehe Anhang C).

Interviewleitfaden
Zur Strukturierung der Interviews wird ein Leitfaden entwickelt, welcher im Rahmen der Interviewdurchführung als zentrales Erhebungsinstrument verwendet werden soll. Für die Entwicklung dieses Leitfadens ist es zunächst sinnvoll, ausgehend von der Theorie und den entwickelten Fragestellungen (Kapitel 7.1 und 7.2) inhaltliche Schwerpunkte zu identifizieren, die im Rahmen der Interviewsituation angesprochen werden sollen. Der entstandene Leitfaden unterteilt das Interview in fünf inhaltliche Abschnitte. Die fünf inhaltlichen Abschnitte sind wie folgt angeordnet und gegliedert:

(1) **Intervieweinstieg**
(2) **Studienwahl und Studium**
    (A) Studien- und Berufswahlmotive
    (B) Studium und Studieninhalte
(3) **Mathematik als Wissenschaft und als Unterrichtsfach**
    (C) Wissenschaftsverständnis: Mathematik
    (D) Mathematikunterricht und (Bildungs-)Ziele
(4) **Wissenschaftspropädeutik und ihre unterrichtliche Implementierung**
    (E) Begriffsverständnis: Wissenschaftspropädeutik
    (F) Wissenschaftspropädeutik und (eigener) Mathematikunterricht
    (G) Aufbau von Schüler/-innenvorstellungen im Mathematikunterricht
(5) **Interviewabschluss**

Es lässt sich erkennen, dass sich das Interview in einen Intervieweinstieg sowie -abschluss und drei inhaltliche Blöcke unterteilt. Diese noch offenen und vergleichsweise weit gefassten inhaltlichen Blöcke werden durch zwei bis drei untergeordnete Themenblöcke ausdifferenziert. Die sieben untergeordneten Themenblöcke bestehen jeweils aus einer erzählanregenden Leitfrage und Aufrechterhaltungsfragen sowie allgemeinen Nachfragen. Die drei inhaltlichen Blöcke (und damit auch die untergeordneten Themenblöcke) folgen einer chronologischen Reihenfolge und sind inhaltlich miteinander verzahnt. Der Leitfaden bietet der interviewenden Person allerdings die Offenheit auf das Gesagte der interviewten Person weiter einzugehen und gegebenenfalls Themenblöcke vorzuziehen oder nach hinten zu verlagern.

Die Entwicklung des Interviewleitfadens orientiert sich an dem SPSS-Prinzip zur Leitfadenerstellung nach Helfferich (2011). Dabei gliedert sich der Entwicklungsprozess in vier Phasen: (1) Sammeln, (2) Prüfen, (3) Sortieren und (4) Subsummieren. Im ersten Schritt *Sammeln* werden sämtliche Fragen notiert, die in Hinblick auf die Beantwortung der formulierten Forschungsfragen als plausibel gelten. Anschließend wird die Tauglichkeit der einzelnen Fragen überprüft (Schritt *Prüfen*), d. h., es wird z. B. eruiert, inwieweit die einzelnen Fragen eine Erzählung anregen und ob die verschiedenen Fragen auch unterschiedliche Aspekte/Themen fokussieren. In diesem Schritt werden Fragen, die als „untauglich" identifiziert wurden, umformuliert oder gegebenenfalls eliminiert. Im nächsten Schritt *Sortieren* werden die Fragen den inhaltlichen Blöcken (1) bis (5) zugeordnet. Dabei ist es möglich, dass sich innerhalb der einzelnen Blöcke inhaltliche Binnenstrukturen (untergeordnete Themenblöcke) ergeben. Letztlich wird im Schritt *Subsummieren* je Themenblock eine möglichst offene und erzählanregende Frage als Leitfrage ausgewählt. Zusätzlich zu den entwickelten Interviewfragen wurden *Stimuli* (wie beispielsweise eine Definition von Wissenschaftspropädeutik oder exemplarische Schulbuchaufgaben zur Einschätzung des Aufgabenpotentials hinsichtlich Wissenschaftspropädeutik) eingesetzt. Die Stimuli dienen zum einen der Schaffung einer gemeinsamen Diskussionsgrundlage sowie zum anderen als eine Hilfestellung, um die eigenen Vorstellungen klarer äußern zu können. Der komplette Interviewleitfaden ist Anhang C.3 zu entnehmen. Im Folgenden werden die fünf Phasen des Interviewleitfadens beschrieben und begründet.

Zu (1) Intervieweinstieg: Zu Beginn des Interviews werden formal-organisatorische Aspekte geklärt, die vor dem Hintergrund forschungsethischer Bestimmungen relevant und notwendig sind. In diesem Rahmen stellt sich die interviewende Person kurz selbst und das jeweilige Forschungsprojekt vor. Sofern die Lehrkräfte keine Nachfragen zum Projekt äußern, werden die Lehrkräfte darum gebeten, die Einwilligungserklärung zur Erhebung und Verarbeitung der Interviewdaten (siehe Dokument im Anhang C.2) zu lesen und bei Einverständnis auch zu unterschreiben. Hiernach wird die Tonbandaufnahme gestartet und das inhaltliche Interviewgespräch beginnt.

Zu (2) Studienwahl und Studium: Der erste Themenblock fokussiert nicht primär das Forschungsinteresse der vorliegenden Studie, sondern soll vor allem einem angenehmen Erzähleinstieg für die interviewten Lehrkräfte dienen. Als offene Erzählstimuli wurden die Fragen „Welche Faktoren waren für Sie entscheidend, dass Sie sich für ein Lehramtsstudium mit Fach Mathematik entschieden haben? Bitte erzählen Sie." und „Bitte erzählen Sie mir, wie Sie das Studium der Fachmathematik, Fachdidaktik Mathematik und der

Erziehungswissenschaften erlebt haben." gewählt. Es wurde sich für diese zwei Erzählimpulse entschieden, weil davon ausgegangen werden kann, dass es ausgebildeten und praktizierenden Mathematiklehrkräften nicht schwerfällt, über ihre Studienwahlmotive sowie über ihr Studium zu sprechen. Dabei wurde explizit nach dem wahrgenommenen Übergang von der Schul- zur Hochschulmathematik gefragt. Bei dieser Nachfrage kann davon ausgegangen werden, dass die Antworten der Lehrkräfte das jeweilige Bild von der Mathematik (möglicherweise auch eine Abänderung beim Übergang Schule-Hochschule) implizieren. Zudem eignet sich die Frage als Übergang zum nächsten Themenblock, bei welchem es explizit um Mathematik geht, und damit auch als eine kognitive Voreinstimmung der Lehrkräfte auf die wissenschaftlichen Denk- und Arbeitsweisen von Mathematik als Wissenschaft.

Zu (3) Mathematik als Wissenschaft und Unterrichtsfach: Im zweiten Themenblock werden die Lehrkräfte nach ihren Vorstellungen zur Mathematik als wissenschaftliche Disziplin sowie zur Mathematik als Unterrichtsfach befragt. Dieser Themenblock fokussiert zunächst Lehrkraftvorstellungen zu den Charakteristika der Wissenschaft Mathematik und leitet dann zum allgemeinbildenden Charakter des Unterrichtsfachs Mathematik über, was zur Beantwortung der ersten Forschungsfrage dienlich ist. Mithilfe dieses und des vorherigen Themenblocks können Faktoren identifiziert werden, die zu bestimmten Lehrkraftvorstellungen hinsichtlich Wissenschaftspropädeutik und ihrer unterrichtlichen Implementierung geführt haben. Dieser Forschungsstrang wird aufgrund des begrenzten Umfangs der vorliegenden Arbeit nicht näher beleuchtet. Zur Erzählanregung werden die folgenden zwei Leitfragen herangezogen: „Was charakterisiert Mathematik als Wissenschaft für Sie?" und „Welche allgemeinbildenden Aspekte des Unterrichtsfachs Mathematik sind Ihnen besonders wichtig?". Zu den Vorstellungen über Mathematik als Wissenschaft werden konkret Nachfragen zu Unterschiedskategorien zwischen Mathematik und anderen Wissenschaftsdisziplinen gestellt sowie zu möglichen Einordnungen von Mathematik im System von wissenschaftlichen Disziplinen. Bezogen auf die Zielstellungen des Mathematikunterrichts wurde explizit nach den wahrgenommenen Unterschieden zwischen dem Unterricht in der Sekundarstufe I und der Sekundarstufe II gefragt. Diese Frage soll den Lehrkräften die Möglichkeit bieten, die eigenen Vorstellungen zu den Zielstellungen des Mathematikunterrichts in der gymnasialen Oberstufe zu äußern, und gegebenenfalls nennen die Mathematiklehrkräfte aus eigener Sicht Wissenschaftspropädeutik als wichtige Zielstellung. Darüber hinaus eignet sich diese Frage gut, um auf den nächsten Themenkomplex überzuleiten.

Zu (4) Wissenschaftspropädeutik und ihre unterrichtliche Implementierung: Der dritte Themenblock umfasst den Begriff Wissenschaftspropädeutik sowie die unterrichtliche Inszenierung von Wissenschaftspropädeutik. Bei diesem Themenblock handelt es sich um den umfangreichsten Block und zielt auf die Beantwortung der Forschungsfragen eins und zwei. Die zentralen Aspekte, die im Rahmen dieses Themenblocks erhoben werden sollen, sind einerseits das Begriffsverständnis von Wissenschaftspropädeutik sowie Lehrkraftvorstellungen zur unterrichtlichen Umsetzung. Zur Erhebung dieser Aspekte werden die folgenden Leitfragen formuliert:

- Was verstehen Sie unter dem Begriff Wissenschaftspropädeutik?
- Inwieweit würden Sie ihren Mathematikunterricht als wissenschaftspropädeutisch bezeichnen?
- Was denken Sie, welche Vorstellungen zum wissenschaftlichen Arbeiten in Mathematik Schülerinnen und Schüler am Ende der Sekundarstufe II aufgebaut haben?

Die erste Leitfrage dient demnach der Erhebung des Begriffsverständnisses von Wissenschaftspropädeutik. Zu Zwecken der Vergleichbarkeit des weiteren Interviews wurde nach dieser Leitfrage den interviewten Lehrkräften eine (allgemeine) Definition von Wissenschaftspropädeutik vorgelegt (siehe Anhang C.4). Um zu prüfen, welche mathematischen Arbeitsweisen die Lehrkräfte als wissenschaftspropädeutisch ansehen, wurden den Lehrkräften vier Schulaufgaben gegeben (siehe Anhang C.4), welche in Hinblick auf ihr Aufgabenpotential hinsichtlich Wissenschaftspropädeutik einzuschätzen sind. Im weiteren Gesprächsverlauf wird zunächst der Mathematikunterricht in der Sekundarstufe II der jeweiligen Lehrkräfte fokussiert und in Hinblick auf wissenschaftspropädeutische Elemente beschrieben. Dies ist damit zu begründen, dass die Lehrkräfte mit ihrem Mathematikunterricht vertraut sind und daraus Aspekte von Wissenschaftspropädeutik besonders gut benennen können. Die weiteren Nachfragen abstrahieren von der Ebene des eigenen Unterrichts auf Mathematikunterricht allgemein und wie dieser im Modus von Wissenschaftspropädeutik gestaltet sein kann. Um zu explorieren, inwieweit die Lehrkräfte Unterschiede zwischen ihren unterrichteten Schulfächern wahrnehmen, wird eine vergleichende respektive kontrastierende Fragestellung gestellt (Roberts, 2020). Zudem ist es möglich, dass die vergleichende Perspektive für Lehrkräfte hilfreich ist, um die besonderen Charakteristika des Mathematikunterrichts in Hinblick auf Wissenschaftspropädeutik einfacher explizieren zu können. Zuletzt werden Vorstellungen und Erwartungen zu (wünschenswerten beziehungsweise realisierten) Schüler/-innenvorstellungen zum wissenschaftlichen Arbeiten in Mathematik erfragt, aus denen fallweise intendierte Zielvorstellungen eines wissenschaftspropädeutischen Mathematikunterrichts rekonstruiert werden können.

Zu (5) Interviewabschluss: Zum Abschluss wurde die folgende Schlussfrage gestellt: „Haben Sie im Hinblick auf das Thema ‚Wissenschaftspropädeutik im Mathematikunterricht‘ noch etwas, das in unserem Gespräch zu kurz gekommen ist, was Sie noch loswerden möchten?“. Solche offenen Fragen sind in der qualitativen Forschung besonders gut geeignet, das Ende des Interviews einzuleiten und dem Interviewenden den Raum zu geben, inhaltliche Schwerpunkte besonders hervorzuheben oder Ergänzungen zu machen (Boscher et al., 2022). Ebenso ist es möglich, dass Antworten auf solche Fragen inhaltliche Aspekte generieren, die zuvor nicht im antizipierten Horizont des Forschenden lagen und neue Forschungsschwerpunkte offenlegen. Nach dieser Frage ist das Interviewgespräch zu Ende und die interviewende Person beendet die Tonaufnahme. Um Personencharakteristika zu erheben, werden die Lehrkräfte abschließend gebeten, einen kurzen Begleitfragebogen auszufüllen.

Begleitfragebogen
Im Anschluss an das Interview sollen die teilnehmenden Lehrkräfte einen Begleitfragebogen bearbeiten, welcher neben soziodemographischen Merkmalen (z. B. Geschlecht)

relevante Personenmerkmale der Lehrkräfte erhebt. Diese studienrelevanten Merkmale wurden anhand von Ergebnissen zur Professionalisierungsforschung von Lehrkräften, von Theorie zu Lehrkraftvorstellungen sowie den Spezifika des Unterrichtsfachs Mathematik entwickelt (Kapitel 7.1). Der Begleitfragebogen ist in Anhang C.5 abgedruckt und die erhobenen Merkmale sind überblicksartig in der folgenden Abbildung einzusehen:

- Alter und Berufserfahrung
- Geschlecht
- Studien- und Unterrichtsfächer
- Bekleidung einer Funktionsstelle
- Berufliche Erfahrungen in Wissenschaft und Forschung
- Anzahl der Mathematikkurse in der Oberstufe in den letzten fünf Jahren
- Anzahl an Teilnahmen von Fort-/Weiterbildungen zu Wissenschaftspropädeutik
- Subjektives Kompetenzgefühl zu drei Facetten des Professionswissens

Abbildung 16: Relevante und erhobene Personenmerkmale.

Neben diesen Personenmerkmalen umfasst der Begleitfragebogen noch ein Item, welches den interviewten Lehrkräften die Möglichkeit bieten soll, zu kurz gekommene Themen und Aspekte zu benennen. Dabei handelt es sich um ein offenes Item mit einer Freitextantwort. Allerdings wurde das Feld von keiner Lehrkraft genutzt und meistens mündlich kommentiert, dass sie nichts ergänzen möchten.

Es wurde sich deshalb für den Einsatz eines Begleitfragebogens entschieden, um den natürlichen Gesprächsverlauf nicht durch eine mündliche Abfrage von Personenmerkmalen zu unterbrechen und den offenen Charakter des Interviews nicht zu mindern. Der Vorteil eines Einsatzes des Fragebogens am Ende des Interviews ist es, dass dadurch das Risiko gemindert wird, dass das nachfolgende Interview durch eine „Einstimmung“ der Lehrkräfte auf das Thema beeinflusst wird. Die Auswertung der erhobenen Personenmerkmale durch den Begleitfragebogen dient zum einen der Beschreibung der realisierten Stichprobe und zum anderen der Möglichkeit der Identifizierung von Faktoren (z. B. Berufserfahrung), die mit bestimmten Äußerungen von Personen einhergehen.

Stichprobe

Vor dem Hintergrund der Forschungsfragen und dem damit verbundenen explorativen Forschungsdesign eignet sich bezüglich der Personenmerkmale eine möglichst heterogene Stichprobe[11] zu ziehen, um möglichst verschiedene Lehrkraftvorstellungen zu generieren. Nun stellt sich die Frage, wie sichergestellt werden kann, „dass für die Untersuchungsfragestellung und das Untersuchungsfeld relevante Fälle in die Studie einbezogen“ (Kelle & Kluge, 2010, S. 42) und wie letztendlich eine solche Stichprobe erzeugt werden kann. Zur Gewinnung möglichst heterogener Stichproben eignen sich qualitative Stichprobepläne. Hierbei werden im Vorfeld Merkmale bestimmt, die als relevant für die Untersuchung angesehen werden, und ihre Merkmalsausprägungen miteinander gekreuzt, um alle Kombinationsmöglichkeiten zu berücksichtigen (Schreier, 2011). Dabei spielen

11 Für die Durchführung dieser empirischen Studie (und damit der Gewinnung einer Stichprobe aus Mathematiklehrkräften) lag die Genehmigung des Landesschulamts Sachsen-Anhalt vor.

vor allem soziodemographische Merkmale eine wichtige Rolle, weil „solche Merkmale die sozialstrukturellen Handlungsbedingungen abbilden, mit denen die Akteure konfrontiert sind. Mit der Zugehörigkeit zu einem bestimmten Geschlecht, einer bestimmten Altersgruppe bzw. ‚Kohorte' oder einer bestimmten Schicht verbinden sich jeweils spezifische Ressourcen und soziokulturell akzeptierte Handlungsziele [...]" (Kelle & Kluge, 2010, S. 51).

Qualitative Stichprobenpläne setzen allerdings voraus, dass potentielle Interviewpartnerinnen und -partner nach den festgelegten Merkmalen ausgewählt und rekrutiert werden, wofür ein unkomplizierter Feldzugang gegeben sein muss. Prinzipiell ist davon auszugehen, dass es sich bei Gymnasiallehrkräften nicht zwingend um eine schwer zugängliche Klientel handelt. Allerdings ist es denkbar, dass das Sprechen über den eigenen Unterricht als eine „Prüfungssituation" empfunden wird und sich Lehrkräfte dadurch in der Lage sehen, sich rechtfertigen zu müssen. Zudem ist zu erwarten, dass Lehrkräfte bereits durch ihren Beruf zeitlich stark eingebunden sind, was möglicherweise pandemiebedingt zusätzlich verstärkt wurde, und dadurch die Teilnahmemotivation eher als niedrig einzuschätzen ist. Demnach stellt sich die Frage nach passenden Rekrutierungsstrategien (Döring & Bortz, 2016). Bei einem schwer zugänglichen Personenkreis empfiehlt Schreier (2013) das sogenannte Schneeballverfahren, bei welchem zunächst eine Person aus dem interessierten Personenkreis kontaktiert wird, die weitere Personen benannt, die möglicherweise bereit wären, an der Befragung teilzunehmen. Daneben wurden alle Gymnasien Magdeburgs (Schulleitung und falls möglich die Fachschaftsleitung Mathematik) postalisch und per E-Mail über die Befragung informiert und um eine mündliche Weitergabe an die Fachlehrerinnen und Fachlehrer gebeten (siehe Anhang C.1). Hierbei handelt es sich um das Sampling durch Selbstaktivierung, weil bei diesem Verfahren der Stichprobenziehung die Teilnahme von der Bereitschaft und Motivation der Befragten abhängt (Reinders, 2012).

Da die vorliegende Studie Lehrkraftvorstellungen zu Wissenschaftspropädeutik sowie zur unterrichtlichen Inszenierung untersucht, wird als relevantes Einschlusskriterium aufgenommen, dass die interviewten Lehrkräfte mindestens zwei Mathematikkurse in der gymnasialen Oberstufe in den letzten fünf Jahren unterrichtet haben sollen. Insgesamt wurden zehn Mathematiklehrkräfte interviewt. Die Beschreibung der Stichprobe ist in Tabelle 26 zu finden.

In Anbetracht der Stichprobengröße sowie der Art und Weise, wie bei der Stichprobenziehung vorgegangen wurde, konnte eine teilweise heterogene Stichprobe realisiert werden. In der Stichprobe sind sowohl beide Geschlechter als auch unterschiedliche Altersgruppen vertreten. In Bezug auf das zweite Unterrichtsfach ist auffällig, dass die Lehrkräfte überwiegend eine Naturwissenschaft als anderes Unterrichtsfach studiert haben. Es ist anzumerken, dass sechs Lehrkräfte die Fachschaftsleitung Mathematik an ihrer jeweiligen Schule innehaben und zwei weitere Lehrkräfte die Oberstufenkoordination übernehmen. Damit füllen acht der zehn interviewten Lehrkräfte eine Funktionsstelle an ihrer Schule aus. Aufgrund dieser Verteilung und der Freiwilligkeit der Interviews (im besonderen Maße verschärft durch die COVID-19-Pandemie) ist davon auszugehen, dass es sich bei der realisierten Stichprobe um eine Positivselektion handelt.

Tabelle 26: Überblicksartige Darstellung der Stichprobe.

Interviewteilnehmer/-in (Fall)	Alter	Geschlecht	Zweites Unterrichtsfach	Mathematikkurse in den letzten 5 Jahren
A	31	männlich	Musik	3
B	55	weiblich	Physik	8
C	33	männlich	Physik	3
D	55	weiblich	Physik	10
E	63	männlich	Physik	8
F	59	männlich	Physik	5
G	49	männlich	Physik	3
H	55	männlich	Physik	2
I	61	weiblich	Chemie	10
J	61	weiblich	Physik	4

Interviewdurchführung und Datenaufbereitung

Sechs Interviews wurden vom Verfasser dieser Arbeit durchgeführt. Vier der zehn Interviews (G-J) wurden dabei von geschulten Studierenden geführt, die ihr Datenmaterial zur Analyse bereitgestellt haben. Alle Interviews fanden dabei in Räumen der jeweiligen Schule statt. Vor Beginn des Interviews wurden die interviewten Lehrkräfte nochmals auf das Forschungsziel der Studie, die Freiwilligkeit ihrer Teilnahme sowie die anonyme Aufbereitung, Speicherung, und Verarbeitung der Daten hingewiesen. In diesem Zuge wurden die Teilnehmenden um eine Unterschrift einer Einwilligungserklärung zur Erhebung und Verarbeitung personenbezogener Interviewdaten (siehe Anhang C.2) gebeten.

Nach der Klärung von formal-organisatorischen Voraussetzungen begann das Interview, welches nach den entwickelten inhaltlichen Blöcken durch den Leitfaden strukturiert ist. Dabei wurde das Interview mithilfe von zwei Diktiergeräten aufgenommen. Durch den Leitfaden sind die Gesprächsverläufe in gewisser Weise vorstrukturiert. Allerdings bietet der Leitfaden die Offenheit, auf das Gesagte der interviewten Lehrkräfte mit gezielten Nachfragen zu reagieren. Da die befragten Lehrkräfte unterschiedlich konkret auf die gestellten Leitfragen antworteten und dementsprechend unterschiedlich konkrete Nachfragen gestellt wurden, können sich die Gesprächsverläufe und Interviewlängen voneinander unterscheiden. Im Mittel beträgt die Interviewlänge 38,5 Minuten (*SD* = 11,5 Minuten). Nach den Interviews wurden die Lehrkräfte noch gebeten, den oben beschriebenen Begleitfragebogen zur Erfassung relevanter Personenmerkmale zu bearbeiten.

Im Anschluss wurden die gewonnenen Audiodateien von zwei studentischen Hilfskräften transkribiert. Damit die Interviewtranskripte formal und inhaltlich möglichst standardisiert sind, wurde ein Transkriptionssystem (einschließlich konkreten Transkriptionsregeln) verwendet. Das an Kuckartz (2018) sowie Dresing und Pehl (2015) angelehnte

Transkriptionssystem fokussiert semantisch-inhaltliche Aspekte im Gesprächsverlauf (Sinnebene) und ist in Gänze im Anhang C.6 einzusehen. Von einer dritten studentischen Hilfskraft wurden die Transkripte hinsichtlich des Transkriptionssystems (vor allem bezüglich möglicher Tippfehler) überprüft und gegebenenfalls korrigiert.

Datenauswertung

Die Datenauswertung wurde mit der Analysesoftware MAXQDA Analytics Pro 2020 (Release: 20.4.2) durchgeführt. Dabei wurde die inhaltlich-strukturierende qualitative Inhaltsanalyse nach Kuckartz (2018) eingesetzt, die sowohl geeignet ist, um Vorstellungen zusammenzufassen als auch um Zusammenhänge zwischen Vorstellungen zu analysieren. Es ist anzumerken, dass mit den erhobenen Daten noch weitere Fragestellungen (z. B. Welche spezifischen Befürchtungen haben Mathematiklehrkräfte in Bezug auf die unterrichtliche Implementierung von Wissenschaftspropädeutik?) beantwortet werden können. Aus Gründen der Kohärenz und des begrenzten Umfangs der vorliegenden Arbeit werden nur die aufgeführten Fragestellungen beantwortet. Daher orientiert sich die Datenauswertung an den zuvor formulierten Fragestellungen (Kapitel 7.2).

Inhaltlich-strukturierende qualitative Inhaltsanalyse

Zur Beantwortung der Forschungsfragen eins und zwei, welche zunächst die Beschreibung von Phänomenbereichen fokussieren, wurden die transkribierten Interviews als Ganzes analysiert und schwerpunktmäßig die jeweiligen Themenblöcke betrachtet.

Nach der initiierenden Textarbeit, in welcher ein Screening des Wortmaterials durchgeführt wurde, wurden drei Oberkategorien formuliert, die sich direkt aus dem Erkenntnisinteresse der vorliegenden Studie, den Forschungsfragen sowie dem Interviewleitfaden ableiten lassen. Die Oberkategorien, die für den folgenden Analyseprozess bedeutend sind, sind der folgenden Abbildung zu entnehmen:

M: Vorstellungen über Mathematik

W: Vorstellungen über Wissenschaftspropädeutik als Zieldimension

U: Vorstellungen über Unterrichtliche Implementierung von Wissenschaftspropädeutik

Abbildung 17: Oberkategorien im Analyseprozess.

Im nächsten Analyseschritt wurde das Wortmaterial mithilfe der drei Oberkategorien codiert und die jeweils zu einer Oberkategorie codierten Textsegmente zusammengestellt. Die identifizierten Textsegmente innerhalb einer Oberkategorie werden in Hinblick auf Gemeinsamkeiten und Unterschiede miteinander verglichen. Textsegmente, die sich stark in ihrem Inhalt ähneln, werden zu Subkategorien codiert und zusammengestellt. Bei Subkategorien, die noch verhältnismäßig sehr viel Wortmaterial umfassten, wurde das betreffende Wortmaterial weiter analysiert und nach gleichem Vorgehen gegebenenfalls Subsubkategorien entwickelt. Dieses Vorgehen wurde für alle drei Oberkategorien durchgeführt, sodass die folgenden drei Kategoriensysteme entstanden sind. Die entstandenen Kategoriensysteme sind in Tabelle 27 abgedruckt.

Tabelle 27: Übersicht zu den drei Kategoriensystemen.

Vorstellungen über Mathematik (M)	
M1: Mathematik als Naturwissenschaft (oder anwendungsnahe Wissenschaft)	
M2: Mathematik als Geisteswissenschaft (oder anwendungsferne Wissenschaft)	
M3: Mathematik zwischen Natur- und Geisteswissenschaft	
M4: Mathematik als Hilfswissenschaft	
Vorstellungen über Wissenschaftspropädeutik als Zieldimension (W)	
W1: Kein (Vor-)Verständnis	W1.1: Begriffsbezeichnung zumindest bekannt
	W1.2: Begriffsbezeichnung nicht bekannt
W2: Fachübergreifendes Verständnis von Wissenschaftspropädeutik	W2.1: Problemstellungen identifizieren und analysieren
	W2.2: Fragestellungen entwickeln
	W2.3: Hypothesen bilden
	W2.4: Heuristiken generieren, anwenden und prüfen
	W2.5: Über Wissenschaft kommunizieren
	W2.6: Informationen aus Darstellungen entnehmen
	W2.7: Empirisch-experimentell arbeiten
W3: Mathematikspezifisches Verständnis von Wissenschaftspropädeutik	W3.1: Mathematik als strukturorientierte Disziplin
	W3.2: Mathematik als anwendungsorientierte Disziplin
W4: Wissenschaftspropädeutik und Selbstkompetenz	W4.1: Selbstständiges Arbeiten
	W4.2: Durchhaltevermögen
	W4.3: Organisationskompetenz
Unterrichtliche Implementierung von Wissenschaftspropädeutik (U)	
U1: Inszenierungsmöglichkeiten abseits des regulären Mathematikunterrichts	U1.1: Facharbeit schreiben
	U1.2: Lernen an außerschulischen Lernorten
U2: Inszenierungsmöglichkeiten im regulären Mathematikunterricht	U2.1: Analysis/Kurvendiskussion
	U2.2: (Analytische) Geometrie
	U2.3: Beurteilende Statistik
	U2.4: Begründen, Argumentieren und Beweisen
	U2.5: Modellieren
	U2.6: Formale, symbolische und technische Aspekte
	U2.7: Mathematik und ihre Anwendungen reflektieren
	U2.8: Mathematik als Wissenschaft reflektieren
	U2.9: Realitätsbezüge stärker herstellen
U3: Historisch-genetischer Mathematikunterricht	
U4: Wahrgenommene Hemmnisse bei der Unterrichtsgestaltung	U4.1: Ungeeignete Inhalte in der gymnasialen Oberstufe
	U4.2: Nicht relevant für die Abiturprüfung
	U4.3: Überforderung
	U4.4: Desinteresse der Schülerinnen und Schüler
	U4.5: Stofffülle/-menge
	U4.6: Fehlende institutionelle Bedingungen

Die entstandenen Kategorien wurden mit einer Beschreibung/Definition sowie einem Ankerbeispiel versehen. Abhängig davon, wie genau die Beschreibungen/Definitionen die (Sub-)Kategorien inhaltlich voneinander trennen können, wurden die Kategorien zusätzlich mit konkreten Codierregeln versehen. Das gesamte Kategoriensystem ist in Anhang C.8 abgedruckt. Hiernach wurde das gesamte Wortmaterial vom Verfasser dieser Arbeit mithilfe des entwickelten Kategoriensystems codiert, worauf die in Kapitel 7.4 dargestellten Ergebnisse dieser Studie basieren.

Intercodierungsprozess
Für den Intercodierungsprozess wurden sechs der zehn Interviews (60%) von einer studentischen Hilfskraft unabhängig zweitcodiert. Hierfür wurden sechs Interviews zufällig vom Zweitcodierer ausgewählt und gegencodiert. Beim Zweitcodierer handelt es sich um einen Lehramtsstudenten, der im Rahmen seiner Hilfskrafttätigkeit bereits Erfahrungen mit dem Codieren qualitativer Daten sammeln konnte. Für den Intercodierungsprozess erhielt der Zweitcodierer die transkribierten Interviews, das Kategoriensystem und eine kurze Erklärung zum Codierungsprozess. Die Ergebnisse der Erst- und Zweitcodierung wurden miteinander verglichen sowie mithilfe von MAXQDA auf Intercoderübereinstimmung überprüft. Zur Berechnung der Intercoderübereinstimmung wurde das nach Brennan und Prediger (1981) modifizierte Cohens Kappa verwendet. Insgesamt hat die Analyse ein Kappa von 0,67 ergeben, was nach Döring und Bortz (2016) als eine gute Übereinstimmung einzustufen ist.

Analyse von Zusammenhängen
An den Schritt der Überprüfung des Intercodierungsprozesses schließt der Schritt von einfachen und komplexen Zusammenhangsanalysen an (Kuckartz, 2018). Dieser Schritt baut auf den bereits gewonnenen Ergebnissen der vorab durchlaufenden Analyse beziehungsweise Analyseschritten (z. B. im Rahmen einer inhaltlich-strukturierenden qualitativen Inhaltsanalyse) auf und zielt auf das Identifizieren von *Zusammenhängen* zwischen den gebildeten Kategorien. Dabei können Zusammenhänge sowohl zwischen Hauptkategorien als auch innerhalb von Hauptkategorien gebildet werden (Kuckartz, 2018). Im Rahmen der dritten Forschungsfrage sollen Zusammenhänge zwischen den Vorstellungsdimensionen (Hauptkategorien) untersucht werden. Solche Zusammenhänge lassen sich mithilfe von tabellarischen Darstellungen (z. B. Kreuztabellen) visualisieren, die Ausprägungen von zwei Merkmalen und die dazugehörigen Fälle respektive Häufigkeiten visualisieren und vergleichen. Der Vorteil von tabellarischen Darstellungen liegt darin, dass „die verbalen, qualitativen Daten in systematischer Form dar[gestellt]" (Kuckartz, 2018, S. 119) werden. Daher eignen sich solche Tabellen, um sowohl qualitative als auch quantitative Zusammenhänge zu verdeutlichen.

7.4 Ergebnisse

Die Reihenfolge der Ergebnisdarstellung orientiert sich an den eingangs formulierten Fragestellungen (Kapitel 7.2). Dafür werden zunächst deskriptive Ergebnisse berichtet (erster und zweiter Themenbereich), auf welchen aufbauend Zusammenhänge zwischen den Vorstellungsdimensionen beschrieben werden können (dritter Themenbereich). Zunächst werden die Ergebnisse zu den erhobenen Lehrkraftvorstellungen zu Wissenschaftspropädeutik dargestellt.

Vorstellungen über Wissenschaftspropädeutik als Zieldimension

Auf die Frage nach dem allgemeinbildenden Charakter des Mathematikunterrichts (in der gymnasialen Oberstufe) hat keine Lehrkraft Wissenschaftspropädeutik von selbst angesprochen. Daher basieren die Ergebnisse nur auf Äußerungen, bei denen explizit nach Wissenschaftspropädeutik gefragt wurde beziehungsweise den Lehrkräften eine Definition von Wissenschaftspropädeutik vorlag und sie sich selbst auf die Definition bezogen haben. Die im Rahmen dieser Studie erfassten Vorstellungen von Mathematiklehrkräften über Wissenschaftspropädeutik als Zieldimension des gymnasialen Oberstufenunterrichts lassen sich in vier grundlegende Arten von Vorstellungen unterscheiden. Die geäußerten Vorstellungen weisen sowohl allgemeine respektive fachübergreifende Aspekte als auch mathematikspezifische Aspekte von Wissenschaftspropädeutik auf. Zudem ist es möglich, dass die Mathematiklehrkräfte über kein (intuitives) Begriffsverständnis von Wissenschaftspropädeutik verfügen. Dementsprechend lauten die entwickelten Hauptkategorien wie folgt:

- W1: Kein (Vor-)Verständnis,
- W2: Fachübergreifendes Verständnis von Wissenschaftspropädeutik,
- W3: Mathematikspezifisches Verständnis von Wissenschaftspropädeutik und
- W4: Wissenschaftspropädeutik und Selbstkompetenz.

Insgesamt konnten zwei von den befragten Lehrpersonen auf die Initialfrage zum Begriffsverständnis von Wissenschaftspropädeutik keine (vorläufige) Beschreibung des Begriffs Wissenschaftspropädeutik formulieren. Dabei kam es sowohl vor, dass die Lehrkräfte berichten, dass sie zwar die Begriffsbezeichnung kennen, aber keine Vorstellung zum Begriffsinhalt haben, als auch, dass sie die Begriffsbezeichnung noch nie zuvor gehört haben. Durch den Einsatz des Stimulus (Definition von Wissenschaftspropädeutik) konnte dafür gesorgt werden, dass alle Lehrpersonen ein für das Ziel der Studie ausreichendes Begriffsverständnis aufbauen, um im weiteren Interviewverlauf die folgenden Fragen zu beantworten. Die Lehrpersonen äußerten, dass die Zieldimension Wissenschaftspropädeutik vor allem mit der Förderung von fachübergreifenden und mathematikspezifischen Kompetenzen einhergeht. Eine untergeordnete Rolle spielt dabei die Förderung von Selbstkompetenzen. Dahingehend wurde von den Lehrkräften die Fokussierung des Unterrichts auf das selbstständige Arbeiten der Schülerinnen und Schüler genannt, um die Selbstständigkeit der Lernenden zu fördern. Daneben wurde die Stärkung des Durchhaltevermögens und der Organisationskompetenz als wissenschaftspropädeutisch bezeichnet. Vor dem Hintergrund des Forschungsinteresses wird sich im Folgenden auf die zwei relevanten Hauptkategorien W2 und W3 fokussiert. Aus Gründen der besseren Nachvollziehbarkeit werden diese nacheinander beschrieben.

Fachübergreifendes Verständnis von Wissenschaftspropädeutik

Der Begriff Wissenschaftspropädeutik weist nach den Vorstellungen der Mathematiklehrkräfte fachübergreifende Aspekte auf. Die induktiven Subkategorien, die das fachübergreifende Verständnis von Wissenschaftspropädeutik ausdifferenzieren, sind wie folgt:

- W2.1: Problemstellungen identifizieren und analysieren,
- W2.2: Fragestellungen entwickeln,

- W2.3: Hypothesen bilden,
- W2.4: Heuristiken generieren, anwenden und überprüfen,
- W2.5: Über Wissenschaft kommunizieren,
- W2.6: Informationen aus Darstellungen entnehmen und
- W2.7: Empirisch-experimentell arbeiten.

Aus Sicht der Lehrkräfte weist Wissenschaftspropädeutik eine fachübergreifende Seite auf. In diesem Kontext dient Wissenschaftspropädeutik vor allem der Entwicklung und Förderung von allgemein-wissenschaftlichen Kompetenzen, die zwar zum Teil auch eine Relevanz für die Wissenschaft Mathematik haben, aber vor allem Kongruenzen zu empirisch arbeitenden Wissenschaften aufweisen.

Zu diesem fachübergreifenden Verständnis zählt nach den Mathematiklehrkräften der adäquate Umgang mit Problemsituationen als ein Aspekt von Wissenschaftspropädeutik. Dazu gehört die Identifikation und Analyse von Problemsituationen (vgl. Interview J, Z. 136–138), d. h. das Erkennen von Situationen und Aufgabenstellungen, deren Lösung mehr als die reine Anwendung von routinierten Verfahren erfordert. Insbesondere korrespondieren mit dieser Subkategorie die Subkategorien W2.4 Heuristiken generieren, anwenden und überprüfen und W2.6 Informationen aus Darstellungen entnehmen (vgl. Interview J, Z. 184–186). Als mögliche Problemlösestrategien, die von den Lehrkräften als wissenschaftspropädeutisch benannt wurden, gelten zum einen das Lesen von Darstellungen (z. B. Tabellen) und das Entnehmen von relevanten Informationen für die Lösung des Problems. Zum anderen wurde von den Lehrkräften geäußert, dass Schülerinnen und Schüler im Zuge eines wissenschaftspropädeutischen Unterrichts lernen sollen, Heurismen auszuwählen respektive selbst zu entwickeln, um identifizierte Problemsituationen angemessen bewältigen zu können. Neben dem Umgang mit Problemsituationen ist ein weiterer fachübergreifender Aspekt von Wissenschaftspropädeutik die Bearbeitung von (vor-)wissenschaftlichen Fragestellungen. Dazu gehören aus Sicht der befragten Lehrkräfte Kompetenzen, die im Rahmen eines empirischen Forschungsprozesses von Bedeutung sind: (1) die Entwicklung von zu einem Sachverhalt passenden Fragestellungen (vgl. Interview A, Z. 412–414 und I, Z. 264–265), (2) das Ableiten und Bilden von Hypothesen bezüglich formulierter Fragestellungen (vgl. Interview G, Z. 172–174) sowie (3) eine kriteriengeleitete Überprüfung der entwickelten Hypothesen (vgl. Interview G, Z. 174–176). Im folgenden Beispielauszug wird die Bedeutung des experimentellen Arbeitens im Rahmen von Wissenschaftspropädeutik besonders deutlich:

> Die Wissenschaftspropädeutik ist für mich […] wissenschaftliches Arbeiten, also sagen wir die (..) Grundideen, wie man wissenschaftlich arbeitet, […] dass ich äh weiß […], wie Experimente durchzuführen sind, dass ich da also eine klare Vorstellung habe, was mache ich dort überhaupt, wie kann ich äh Experimente, jetzt zum Beispiel […] so protokollieren, aufschreiben, dass sie wirklich nutzbar sind, dass wirklich ein Mehrwert herauskommt, dass ich also nicht irgendwas mache, sondern wirklich bestimmte Fragestellungen an das Experiment stelle, was ich dann sozusagen beweisen kann oder nicht beweisen kann, dass so ein Protokoll letztendlich dann auch aussagekräftig auch ist, dass es andere nachvollziehen können […]. (Interview I, Z. 257–267)

In diesem Auszug wird darüber hinaus deutlich, dass das Produkt des experimentellen Arbeitens derart festgehalten werden soll, dass es auch für andere Personen nachvollziehbar und verwertbar ist. So könnten solche Ergebnisse beziehungsweise Produkte des experimentellen Arbeitens als mögliche Diskussionsanlässe für die Schülerinnen und Schüler genutzt werden, um über wissenschaftliche Methoden und Erkenntnisse zu diskutieren. Eine weitere Vorstellung, die mit diesem Auszug korrespondiert und unter der Hauptkategorie W2 zusammengefasst wurde, umfasst die Vorstellung dazu, dass Schülerinnen und Schüler über Wissenschaft kommunizieren sollen. Dazu gehört aus Sicht der Lehrkräfte nicht nur die Kompetenz, über Wissenschaft zu diskutieren, sondern auch die Kompetenz, angemessen und fachlich fundiert Wissen zu vermitteln (vgl. Interview I, Z. 271–273).

Mathematikspezifisches Verständnis von Wissenschaftspropädeutik
Neben den beschriebenen fachübergreifenden Vorstellungen wurden zum Großteil mathematikspezifische Vorstellungen über Wissenschaftspropädeutik von den Mathematiklehrkräften geäußert. Bei der Analyse der mathematikspezifischen Vorstellungen über Wissenschaftspropädeutik ist besonders auffällig, dass die befragten Lehrkräfte mit Wissenschaftspropädeutik nicht den Erwerb eines (mathematik-)spezifischen Wissens in Verbindung bringen. Dagegen verbinden die Lehrkräfte mit Wissenschaftspropädeutik eher kompetenzorientierte Zielformulierungen, wenn auch der Kompetenzbegriff nicht von jeder Lehrkraft explizit genannt wurde. Es wurde deutlich, dass die Lehrkräfte zur Beschreibung von Wissenschaftspropädeutik aus einer mathematikspezifischen Perspektive besonders die allgemeinen mathematischen Kompetenzen fokussieren.

Die von den Lehrkräften geäußerten Vorstellungen über mathematikspezifische Aspekte von Wissenschaftspropädeutik lassen sich mithilfe der folgenden zwei Subkategorien unterscheiden:

- W3.1: Wissenschaftspropädeutik und Mathematik als strukturorientierte Disziplin und
- W3.2: Wissenschaftspropädeutik und Mathematik als anwendungsorientierte Disziplin.

Im Hinblick auf die Anzahl der Nennungen scheinen die beiden Subkategorien aus Sicht der Lehrkräfte unterschiedlich bedeutsam zu sein. In den Interviews dominiert die Sichtweise, Mathematik als anwendungsorientierte Disziplin aufzufassen, weshalb Wissenschaftspropädeutik häufig mit dem mathematischen Modellieren in Verbindung gebracht wurde. Die Bedeutung von Wissenschaftspropädeutik vor dem Hintergrund von Mathematik als strukturorientierte Disziplin wird hingegen nur von wenigen Lehrkräften beschrieben.

In diesem Rahmen äußerten die befragten Lehrkräfte Vorstellungen darüber, dass eine mathematikbezogene Wissenschaftspropädeutik von einem hohen Grad von mathematischen Argumentationsprozessen geprägt sei. Zu den Begrifflichkeiten, die die Lehrkräfte verwenden, um mathematische Argumentationsprozesse zu beschreiben, gehören beispielsweise „mathematisches Argumentieren" (Interview A, Z. 380), „Begründen" (Interview A, Z. 567) oder „Beweisen" (Interview C, Z. 418). Dabei sprechen vor allem die jüngeren Lehrkräfte die besondere Rolle von Beweisen für den Theorieaufbau von Mathematik an (vgl. Interview A, Z. 299–313). Für das Beweisen in der gymnasialen Oberstufe kann auf das erworbene Vorwissen aus vorherigen Klassenstufen zurückgegriffen werden, wonach Wissenschaftspropädeutik in Mathematik nicht alleinige Aufgabe der gymnasialen Oberstufe zu sein scheint:

> [...] fällt mir zum Beispiel noch ein, eine Sache in dieser Richtung ist eben auch das Führen von Beweisen oder das Führen von Nachweisen [...], was man ja in der Sekundarstufe 1 schon beginnt. Wie wird ein Beweis geführt? Worauf muss ich achten? (Interview J, Z. 204–207)

Zudem kann aus Sicht der Lehrkräfte die Tätigkeit des Beweisens in der Schule auf unterschiedlichen Anforderungsniveaus geübt werden. Dafür betonen die Lehrkräfte unterschiedliche Teilkompetenzen beim Beweisen und äußern Unterschiede im Hinblick auf die Bedeutung des Beweisens zwischen Grund- und Leistungskurs. Als eine Teilkompetenz wird das *Erkennen von Mustern und Strukturen* genannt (vgl. Interview G, Z. 205 und I, Z. 369–371), d. h. die Fähigkeit, eine Menge an Informationen so zu verdichten, dass Regel- beziehungsweise Gesetzmäßigkeiten abgeleitet werden können. Dieses induktive Vorgehen (Schließen von Beispielen auf eine allgemeine Regel) mündet dann wiederum in dem Formulieren einer Vermutung (vgl. Interview G, Z. 231–233). Das *Aufstellen einer Vermutung* wird dabei als eine weitere Teilkompetenz gesehen. Bezogen auf den Prozess des Beweisens unterscheiden die Lehrkräfte zwischen dem (1) *Nachvollziehen von (präsentierten) Beweisen* und dem (2) *Führen von Beweisen.* Dabei gehört zum Nachvollziehen von Beweisen sowohl das Verstehen einzelner Beweisschritte als auch der dem Beweis zugrundeliegenden Beweisidee (vgl. Interview C, Z. 431–453). Das Beweisverständnis kann sich beispielsweise in der Erläuterung einzelner Voraussetzungen, dem Begründen der Beweisidee oder dem Illustrieren von Beweisschritten anhand von Beispielen niederschlagen (vgl. Interview C, Z. 431–453). In Bezug auf das Führen von Beweisen äußert eine Lehrkraft (vgl. Interview A, Z. 300–308), dass bestimmte Beweisverfahren (z. B. direkte und indirekte Beweise, Widerlegung durch Gegenbeispiel) exemplarisch für den Erkenntnisprozess innerhalb der Wissenschaft Mathematik stehen.

Diese Kategorie impliziert ebenfalls die Reflexion über das Wesen der Mathematik. Zum Beispiel stellt eine Lehrkraft dar, dass die Schülerinnen und Schüler über das Wissen verfügen sollten, dass Mathematik eine nichtabgeschlossene Wissenschaft ist:

> Aber das [den Erkenntnisprozess] muss man denen schon schon deutlich machen. Also es ist, es ist nichts, was abgeschlossen ist, es ist nicht, was, man kann immer, man muss eine Entwicklung aufzeigen. Ja das gehört einfach dazu. Es ist nichts Fertiges und das, deswegen das, ja das so würde ich das jetzt sehen. Erstmal da einen Schwerpunkt darauf zu setzen. (Interview E, Z. 174–178)

Eine weitere Vorstellung bezieht sich auf mathematikspezifische Aspekte von Wissenschaftspropädeutik aus einer Anwendungsperspektive. In diesem Zusammenhang äußerten die Lehrkräfte fast ausnahmslos die besondere Rolle des Modellierens für Wissenschaftspropädeutik und für die Mathematik insgesamt. Diese Haltung wird im folgenden Auszug deutlich:

> Ich sag das einfach mal so, wie es ist. Das erste ja, wissenschaftliches Herangehen, das ist ok, das ist ja, Modellbildung ist das zentrale Thema der Mathematik, das ist so. (Interview B, Z. 109–111)

Dabei ist festzuhalten, dass die meisten Lehrkräfte die allgemein mathematische Kompetenz des Modellierens explizit benennen (vgl. z. B. Interview B, Z. 177) oder das mathematische Modellieren implizieren, indem sie Begriffe wie Anwendungsorientierung (vgl. Interview G, Z. 375) verwenden oder den Begriff als Übertragung von einem Realproblem in die Mathematik (vgl. Interview J, Z. 283–284) umschreiben. Für die Lehrkräfte sind bestimmte Phasen im Modellierungsprozess wichtig und werden auch vor dem Hintergrund von Wissenschaftspropädeutik als bedeutsam herausgestellt:

> Was gut geht ist Modellbildung, also natürlich wieder an einem eher simpel aufgearbeiteten Problem, ähm, dass die Schüler dann ein mathematisches Modell bilden können, sich daran üben können, was kann ich aus der Realität weglassen, was brauche ich für mathematische Bildung [...]. Ähm, auch das mit dem Schätzen finde ich gut, wenn man da den Bezug zur Realität hat und das fällt vielen ziemlich schwer. [...] Potential bietet die vor allem in Richtung Modellbildung und eine günstige Gelegenheit zu überprüfen, ob das, was man sich ausgedacht hat, auch wirklich stimmt. (Interview D, Z. 212–220)

Als einen wesentlichen Bestandteil von Wissenschaftspropädeutik bezogen auf Mathematik als anwendungsorientierte Disziplin sehen Lehrkräfte im Rahmen des Mathematikunterrichts den Modellierungsprozess an. Die Bedeutung, die dem mathematischen Modellieren von Mathematiklehrkräften zugeschrieben wird, fußt auf der wahrgenommenen Relevanz der einzelnen (Teil-)Kompetenzen beim mathematischen Modellieren. Das Vereinfachen, das Schätzen von fehlenden Angaben, das Mathematisieren und das Validieren werden als wichtige mathematische Denk- und Arbeitsweisen beschrieben, die überdies zu einer holistischen Sicht auf Mathematik im Sinne einer Anwendungsorientierung und einer Umwelterschließung beitragen (vgl. Interview G, Z. 248–256 & Z. 336–341). Mathematisches Modellieren respektive der adäquate Umgang mit mathematischen Modellen gilt als eine fachspezifische Arbeitsweise der anwendungsorientierten Seite von Mathematik, die allerdings im Rahmen dieser Arbeit weitestgehend unberücksichtigt bleibt (Kapitel 3).

Vorstellungen über die unterrichtliche Implementierung von Wissenschaftspropädeutik

Zu den Vorstellungen der Lehrkräfte über die unterrichtliche Implementierung von Wissenschaftspropädeutik wurden die Hauptkategorien

- U1: Inszenierungsmöglichkeiten abseits des regulären Mathematikunterrichts,
- U2: Inszenierungsmöglichkeiten im regulären Mathematikunterricht,
- U3: Historisch-genetischer Mathematikunterricht und
- U4: Wahrgenommene Hemmnisse bei der Unterrichtsgestaltung

gebildet. Dabei fokussieren die ersten beiden Hauptkategorien U1 und U2 Inszenierungsmöglichkeiten von Wissenschaftspropädeutik, die außerhalb beziehungsweise innerhalb des regulären Mathematikunterrichts liegen. Eine Lehrkraft (vgl. Interview E, Z. 478–509) stellt den historisch-genetischen Mathematikunterricht als ein aus ihrer Sicht geeignetes Unterrichtsprinzip für Wissenschaftspropädeutik dar. Dabei wird begründet, dass durch den Einbezug von mathematikhistorischen Aspekten in den Unterricht, den Schülerinnen und Schülern ein angemesseneres Bild von Mathematik vermittelt werden kann, z. B. dass mathematische Erkenntnisse zum Teil auf einer längeren Geschichte beruhen und dass Mathematik bis heute keine abgeschlossene Wissenschaft darstellt. Daneben wurde von den Lehrkräften geäußert, warum aus ihrer Sicht die Umsetzung von Wissenschaftspropädeutik schwierig ist, z. B. die Stoffmenge und der damit einhergehende Zeitmangel (vgl. z. B. Interview B, Z. 117–118). Da die wahrgenommenen Hemmnisse im Rahmen dieser Studie nicht fokussiert werden sollen, soll dies im Weiteren nicht in Blick genommen werden. Im Folgenden werden die beiden Hauptkategorien U1 und U2 vor dem Hintergrund der Forschungsfragen detaillierter beschrieben.

Inszenierungsmöglichkeiten abseits des regulären Mathematikunterrichts
Als besondere Inszenierungsmöglichkeiten von Wissenschaftspropädeutik äußerten die Lehrkräfte zum einen das Verfassen von sogenannten Facharbeiten und zum anderen das Lernen in außerschulischen Lernorten. Das Schreiben von Fach- respektive Hausarbeiten im Kontext von Unterricht wird von drei befragten Lehrkräften explizit benannt (vgl. z. B. Interview H, Z. 383–384). Im Rahmen des Anfertigungsprozesses einer solchen Facharbeit entwickeln die Schülerinnen und Schüler ihre Kompetenzen im wissenschaftlichen Arbeiten weiter. Dafür müssen die Schülerinnen und Schüler

> in der Lage sein, selbstständig arbeiten zu können. Sie müssen in der Lage sein, das, was sie vielleicht in einer Vorlesung[12] hören, äh, zu verstehen und zu verarbeiten und auf jeweilige Fragestellungen zu übertragen. Sie sollten in der Lage sein, äh, wissenschaftliche Ausarbeitungen machen zu können, also jetzt in Richtung Facharbeit […]. Sie müssen in der Lage sein, äh, Literatur selbstständig […] zu lesen, zu interpretieren, herauszufiltern, was für sie wichtig ist, (..) Internetquellen zu nutzen (..), alles das. (Interview J, Z. 428–435)

Dieser Auszug illustriert das Potential hinsichtlich Wissenschaftspropädeutik, welches aus Sicht von Lehrkräften von Facharbeiten ausgeht. Im Zuge der Anfertigung einer solchen Arbeit erwerben die Schülerinnen und Schüler Kompetenzen, die sie dazu befähigen, eine wissenschaftliche Arbeit zu erstellen (z. B. Entwicklung einer Fragestellung, Literaturrecherche). Zudem wurde als eine Inszenierungsmöglichkeit von Wissenschaftspropädeutik das Lernen an außerschulischen Lernorten genannt (vgl. Interview I, Z. 503–514). Die Lehrkraft, die Wissenschaftspropädeutik eher vor dem Hintergrund von Mathematik als anwendungsorientierte Disziplin auffasst, sieht bei Exkursionen viele Vorteile und führt diese auf:

> Naja […] am liebsten würde ich einfach sagen, wir gehen jetzt irgendwo hin, in, in die Stadt, machen eine kleine Exkursion, gucken uns das vor Ort an […] Dass man sich das einfach am Modell anschaut und dass man wirklich äh versucht, halt ein praktisches Modell zu haben, was weiß ich, eine Kurbelwelle von einem Auto und sagt, okay, wie funktioniert das jetzt alles? Ja, dass ich wirklich immer wieder auf (..) leider zu wenig Erfahrungswerte der Schüler, dass man sagt, hier, das Ding ist

12 An dieser Stelle handelt es sich um *keinen* Versprecher. Die Lehrkraft wurde zuvor gefragt, welche wissenschaftlichen respektive wissenschaftsnahen Kompetenzen für den Übergang Schule-Hochschule zuträglich sind und was davon in der Institution Schule vorbereitet werden kann.

> tatsächlich im Leben relevant, ja und dass man dort versucht das zu machen. (Interview I, Z. 503–514)

In diesem Interviewauszug impliziert die Lehrkraft, dass für einzelne Modellierungsaufgaben die Schülerinnen und Schüler zu wenig Kontextwissen beziehungsweise zu wenige Erfahrungen mit einem Gegenstand gemacht haben. Daher erscheint es aus Sicht der befragten Lehrkraft als lohnenswert, wenn Schülerinnen und Schüler zunächst „praktische“ Erfahrungen im Gegenstandsbereich der jeweiligen Aufgabe sammeln, um die Alltagsbedeutung der Modellierung zu erkennen. Damit wird deutlich, dass das Lernen an außerschulischen Lernorten der Lebensweltorientierung und Authentizität bei der Bearbeitung von Modellierungsaufgaben und damit für die Inszenierung von Wissenschaftspropädeutik als relevant angesehen werden, wenn Mathematik als anwendungsorientierte Disziplin von Lehrkräften fokussiert wird. In Kontrast zum Mathematikunterricht berichtet eine andere Lehrkraft mit Physik als zweites Unterrichtsfach, dass es im naturwissenschaftlichen Unterricht deutlich naheliegender ist, in Laboren (als außerschulische Lernorte) zu lernen (vgl. Interview C, Z. 365–371). Die Schülerinnen und Schüler können in authentischen Lernsettings erfahren, wodurch sich wissenschaftliches Arbeiten in den Naturwissenschaften auszeichnet und worin sich authentisches wissenschaftliches Arbeiten von (vor-)wissenschaftlichem Arbeiten im schulischen Kontext unterscheidet, d. h. Schülerinnen und „Schülern klar machen kann, wie arbeiten wir mit unseren Möglichkeiten und wie arbeitet wirklich die Wissenschaft“ (Interview C, Z. 364–365).

Inszenierungsmöglichkeiten im regulären Mathematikunterricht
Während die Vorstellungen zu Inszenierungsmöglichkeiten abseits des regulären Mathematikunterrichts eher eine untergeordnete Rolle spielten, äußerten die Lehrkräfte unterschiedliche Vorstellungen zur unterrichtlichen Umsetzung innerhalb des Mathematikunterrichts. Dabei äußerten Lehrkräfte verschiedene Vorstellungen zu den Entscheidungsfeldern ihrer Profession (primär zu den Inhalten und Zielen des Mathematikunterrichts und nur sekundär zur didaktisch-methodischen Gestaltung des Unterrichts).

Die induktiv gebildeten Subsubkategorien, die Lehrkraftvorstellungen zu Unterrichtsinhalten, die aus Sicht der Lehrkräfte geeignet sind, um die Zieldimension Wissenschaftspropädeutik umzusetzen, konnten wie folgt zusammengefasst werden:

- U2.1: Analysis/Kurvendiskussion
- U2.2: (Analytische) Geometrie
- U2.3: Beurteilende Statistik

Es lässt sich feststellen, dass von den Lehrkräften die drei mathematischen Stoffgebiete des Mathematikunterrichts der gymnasialen Oberstufe als geeignet angesehen werden, um die Zieldimension Wissenschaftspropädeutik zu bearbeiten. Im Hinblick auf alle Nennungen kann davon ausgegangen werden, dass die Lehrkräfte die Inhalte für Wissenschaftspropädeutik als gleichwertig ansehen. Demnach scheinen aus Sicht der Lehrkräfte keine Inhalte besser oder schlechter geeignet zu sein, um wissenschaftspropädeutischen Mathematikunterricht zu gestalten. Allerdings können sich die Vorstellungen der Lehrkräfte fallweise von dieser Zusammenfassung unterscheiden und stehen in einer Beziehung mit der Begriffsvorstellung über Wissenschaftspropädeutik (siehe nächster Abschnitt). In den folgenden Auszügen lässt sich deutlich erkennen, dass die Lehrkraft dem Stochastikunterricht eine höhere Priorität hinsichtlich Wissenschaftspropädeutik zuschreibt als den anderen beiden mathematischen Stoffgebieten:

> Und wenn's dann in der 8. Klasse losgeht mit Funktionen und das bis zur 12. Klasse Analysis und analytische Geometrie, wir kommen nicht weit genug, um wirklich Wissenschaftspropädeutik zu machen. Das Einzige, wo es ein bisschen geht, ist Stochastik, aber auch nur ein kleines bisschen. Also besonders, wenn man jetzt die beurteilende Statistik nimmt, da kann man ja schon ein bisschen was dazu machen. Das mache ich auch. Aber es ist schwer, weil das, was wir schaffen an höherer Mathematik zu behandeln, reicht schlicht nicht aus für Wissenschaftspropädeutik. (Interview D, Z. 135–142)

> Die Probleme der Stochastik liegen ja nicht in der Mathematik, sondern außen rum, und da geht das gut, da kann man was machen. Aber in anderen Bereichen ist das sehr, sehr schwer. Also Analysis, analytische Geometrie wüsste ich nichts. (Interview D, Z. 180–183)

Die befragte Lehrkraft äußert zwar, dass aus ihrer Sicht der Stochastikunterricht besser geeignet sei, allerdings stellt die Lehrkraft dar, dass es nicht an den Inhalten per se liege, sondern daran, dass die schulischen Inhalte innerhalb des Analysis- und Geometrieunterrichts nicht weit genug gehen. Innerhalb der Stochastik werden vor allem die Möglichkeiten der Beurteilenden Statistik hinsichtlich Wissenschaftspropädeutik betont. Im Rahmen des Interviews D (Z. 180–182) erklärt die Lehrkraft, dass die Probleme der Stochastik keine originär mathematischen Fragestellungen seien, sondern durch die Anwendungsdisziplinen motiviert würden. Damit impliziert die Lehrkraft, dass die Anbahnung einzelner wissenschaftlicher Denk- und Arbeitsweisen anderer Disziplinen (z. B. der Naturwissenschaften) prinzipiell im Stochastikunterricht möglich sei, aber eine Anbahnung mathematikgenuiner Denk- und Arbeitsweisen im Mathematikunterricht zu komplex sei. So äußern die befragten Lehrkräfte Vorstellungen darüber, dass es im Rahmen des Unterrichts möglich wäre, einen kritischen Umgang mit empirischer Evidenz zu fördern. Beispielsweise könnten so die Grenzen von statistischen Methoden und Aussagen, z. B. Scheinkorrelationen, im Mathematikunterricht diskutiert werden (vgl. Interview D, Z. 172–180).

Insgesamt ist in allen Passagen festzustellen, dass die befragten Lehrkräfte zwar die mathematischen Stoffgebiete benannt haben, aber nur wenig konkrete Inhalte innerhalb der Stoffgebiete nennen und die Relevanz hinsichtlich Wissenschaftspropädeutik erläutern konnten. Aus dem exemplarisch ausgewählten Auszug wird nicht explizit deutlich, inwiefern die genannten Inhalte mit Wissenschaftspropädeutik in Verbindung stehen, sondern werden mehr oder weniger zusammenhangslos aufgezählt:

> Jetzt nochmal speziell zum Mathematikunterricht, ähm da tun sich Themen auf wie eben Beweisführung, wie ähm ja äh Matrizenrechnung und Dinge, die ich in der Analysis brauche, die einfach auf noch höherem Niveau tatsächlich schon im Studium fast vorausgesetzt werden, wenn ich mich an die ersten Vorlesungen erinnere. (Interview A, Z. 252–256)

In diesem Auszug impliziert die befragte Lehrkraft, dass hinsichtlich Wissenschaftspropädeutik die Wahl der Inhalte sich an den Inhalten der universitären Mathematik orientieren sollte. Bei dieser Lehrkraft dominiert dementsprechend bei der Wahl der Inhalte eher die studienvorbereitende Perspektive von Wissenschaftspropädeutik. Basierend auf den Daten scheinen die Lehrkräfte bei der Frage nach geeigneten Inhalten zur Bearbeitung von Wissenschaftspropädeutik unsicher zu sein. Ausgehend von den Beobachtungen wird auf eine solche Unsicherheit der Lehrkräfte geschlossen. Es zeigt sich, dass die Lehrkräfte uneinheitliche Vorstellungen über geeignete Inhalte haben und zum anderen teilweise nicht in der Lage waren, ihre Position mit Argumenten vor dem Hintergrund ihres Begriffsverständnisses von Wissenschaftspropädeutik zu untermauern.

Neben den Vorstellungen zu Inhalten bezieht sich ein Großteil der geäußerten Vorstellungen, die dieser Subkategorie zugeordnet wurden, auf Ziele und zum Teil implizit auf die didaktisch-methodische Gestaltung des Unterrichts in Hinblick auf Wissenschaftspropädeutik. Zu den geäußerten Lehrkraftvorstellungen wurden die folgenden Subsubkategorien induktiv gebildet:

- U2.4: Begründen, Argumentieren und Beweisen
- U2.5: Modellieren
- U2.6: Formale, symbolische und technische Aspekte
- U2.7: Mathematik und ihre Anwendungen reflektieren
- U2.8: Mathematik als Wissenschaft reflektieren
- U2.9: Realitätsbezüge stärker herstellen

Ein substantieller Anteil der geäußerten Vorstellungen bezieht sich auf konkrete allgemeine mathematische Kompetenzen, die aus Sicht der Lehrkräfte mit Wissenschaftspropädeutik einhergehen, und deren Förderung im Mathematikunterricht (Subkategorien U2.4 – U2.6). Deutlich weniger Vorstellungen sind losgelöst von konkreten Zielen beziehungsweise zu fördernden Kompetenzen, die die Lehrkräfte mit Wissenschaftspropädeutik verknüpfen. Demnach orientieren sich die Lehrkräfte bei der fachlichen Konkretisierung von Wissenschaftspropädeutik an den curricular verankerten prozessbezogenen Kompetenzen sowie an den durch die curricularen Bestimmungen vorgegebenen Inhaltsbereiche (z. B. durch die Fachlehrpläne oder Bildungsstandards).

Eine aus Sicht der Lehrkräfte potentielle Implementierungsmöglichkeit von Wissenschaftspropädeutik stellt das mathematische Begründen, Argumentieren und Beweisen dar. Hier benennen die Lehrkräfte vor allem das stärkere Einbeziehen von Beweisen in den Unterricht, anhand derer die Schülerinnen und Schüler exemplarische Beweisstrategien kennenlernen (vgl. Interview A, Z. 299–308) oder die Relevanz von Voraussetzungen von mathematischen Sätzen nachvollziehen (vgl. Interview C, Z. 431–453) können. Vor allem die jüngeren Lehrkräfte erachten es für wichtig, stärker das mathematische Argumentieren in den Mathematikunterricht der gymnasialen Oberstufe einzubinden. Zur Beschäftigung mit Beweisen gehört nach den Vorstellungen der Lehrkräfte unter anderem die Besprechung der Struktur und der Funktion von Beweisen (vgl. Interview C, Z. 416–422). Mit dieser Vorstellung geht die Subsubkategorie U2.8 einher, das Schaffen von

Diskussions- und Reflexionsanlässen über die Bedeutung von Beweisen für die strukturorientierte Disziplin Mathematik (vgl. Interview A, Z. 525–526). An den geäußerten Vorstellungen wurde ebenfalls deutlich, dass nicht nur Beweise als zentrales Evidenzinstrument im Mathematikunterricht eine Rolle spielen sollten, sondern es auch darum gehen sollte, was die Personen, die Mathematik betreiben, ausmacht. Konkret sollten aus Sicht einer Lehrkraft Schülerinnen und Schüler eine Vorstellung darüber haben, was zum Aufgabenfeld von Mathematikerinnen und Mathematikern in ihren Institutionen (z. B. in Universitäten oder in Unternehmen) gehört, und darüber reflektieren können.

Eng verknüpft mit dem Beweisen ist aus Sicht der Lehrkräfte das Arbeiten mit formalen und symbolischen Aspekten der Mathematik, was auch mit dem Blick auf ein Hochschulstudium von besonderer Relevanz ist. Durch einen höheren Grad der Formalität können Argumentationen konkreter und schlüssiger formuliert werden (vgl. Interview C, Z. 195–198). Hierbei soll allerdings darauf geachtet werden, dass die Formalisierung des Mathematikunterrichts nicht zuungunsten der Verstehensorientierung einhergehen sollte. Demnach scheinen die Lehrkräfte es als didaktische Aufgabe wahrzunehmen, das formal-mathematische Arbeiten hinsichtlich von Wissenschaftspropädeutik zu berücksichtigen, aber nicht in solch einem Rahmen, dass es für Verstehensprozesse von Schülerinnen und Schülern hinderlich wird. Dies lässt sich mithilfe des folgenden Auszugs verdeutlichen:

> Dass dem Schüler nicht nur das Formale klar wird, sondern auch immer wieder dieser Rückschluss gemacht wird, was […] man darunter verstehen kann. Dementsprechend, ich glaube, das brauchen auch die Schüler. Also rein […] ins Wissenschaftspropädeutische zu gehen und sich an Fachsymbolik und Fachsprache beispielsweise zu ketten, hilft wenigen Schülern. (Interview C, Z. 319–323)

Neben der Bedeutung des mathematischen Argumentierens für wissenschaftspropädeutischen Unterricht wurde auch das mathematische Modellieren von Lehrkräften als relevante Implementierung genannt. Die Lehrkraftvorstellung darüber, dass das Fördern des mathematischen Modellierens beziehungsweise das stärkere Einbeziehen von Modellierungsaufgaben eine Inszenierungsmöglichkeit von Wissenschaftspropädeutik sei, kam in den Interviews vergleichsweise häufig vor (vgl. z. B. Interview D, Z. 212–220). So soll der stärkere Einbezug von Modellierungsaufgaben dazu führen, dass Schülerinnen und Schüler zum einen begreifen, dass Mathematik ein Werkzeug ist, um reale Anwendungsprobleme zu lösen. Zum anderen ist es dadurch möglich, den Lernenden zu verdeutlichen, dass es das Ziel der (Hilfs-)Wissenschaft Mathematik ist, neue (möglicherweise effizientere) Werkzeuge für die Lösung von realen Problemen zu entwickeln und für andere Personen nutzbar zu machen:

> Also wenn […] es jetzt […] geklappt hat der Unterricht, dann gehe ich mal davon aus, dass die Schüler wissen, dass Mathematik ein Handwerkszeug ist, um andere wissenschaftliche Probleme zu lösen. Wenn, äh, mathematisch interessierte Schüler dabei sind, wissen die auch, dass das eine Wissenschaft ist, in der geforscht wird oder eine Hilfswissenschaft, in der geforscht wird und weitere innermathematische, äh, Handwerkszeug zu schaffen für spätere Zeiten, äh, falls da mal irgendeiner kommt und was braucht und dann […] das Handwerkszeug des Mathematikers anwenden kann. Das sind die beiden Aspekte, die also auch im Unterricht irgendwo zum, zur Sprache kommen. (Interview B, Z. 222–231)

Innerhalb des Modellierungsprozesses ist aus Sicht der Lehrkräfte ein wichtiger Bestandteil das mathematische Arbeiten. Hierfür müssen die Schülerinnen und Schüler in der Lage sein, bestimmte Verfahren und Algorithmen richtig und korrekt anzuwenden, weshalb aus Sicht der Lehrkräfte auch das Erlernen und Üben technischer Elemente im Unterricht (z. B. Verfahren) notwendig sei (vgl. Interview G, Z. 305–306). Das sichere Beherrschen von mathematischen Verfahrensweisen wird zudem vor dem Hintergrund der zu absolvierenden Abiturprüfung als relevant angesehen (vgl. Interview J, Z. 279–287). Analog zum vorherigen Abschnitt geht mit dieser Kategorie die Subsubkategorie U2.7 einher, innerhalb welcher das Schaffen von Diskussions- und Reflexionsanlässen über die Bedeutung von Mathematik für den Alltag sowie für andere wissenschaftliche Disziplinen zusammengefasst wird. Beispielsweise wurde von einer Lehrkraft geäußert, dass es wichtig sei, Schülerinnen und Schülern zu verdeutlichen, dass Mathematik universell einsetzbar sei (vgl. Interview E, Z. 396–400). Das ist zum einen möglich, indem Aufgabenkontexte so gewählt werden, dass es in der Erfahrungswelt der Schülerinnen und Schüler liegt und ihnen so die Alltagsrelevanz von Mathematik verdeutlicht werden kann (vgl. Interview E, Z. 400–407) oder beispielsweise die Relevanz von Mathematik für andere Wissenschaften diskutiert wird. In einem fachübergreifenden Unterricht ist es für die Lernenden möglich, einzusehen, dass Mathematik als eine Art Grundlage für andere wissenschaftliche Disziplinen (z. B. die Messfehlerberechnung in Physik) angesehen werden kann (vgl. Interview G, Z. 236–242).

Mit dem mathematischen Modellieren ist die Lehrkraftvorstellung verknüpft, stärker Realitätsbezüge im Mathematikunterricht aufzuzeigen. Dabei können sowohl Bezüge zur persönlichen Umwelt der Schülerinnen und Schüler als auch Bezüge zu anderen wissenschaftlichen Disziplinen (wie z. B. den Naturwissenschaften) gemeint sein (vgl. Interview I, Z. 430–445), die für Schülerinnen und Schüler von Interesse oder von Bedeutung für die allgemeine Gesellschaft sind. Eine Lehrkraft beschreibt deutlich, dass sie ihren Unterricht als wissenschaftspropädeutisch ansieht, weil sie versucht, möglichst viele Realitätsbezüge herzustellen:

> Aus meiner Sicht versuche ich schon [...] immer wieder Beispiele zu finden aus dem täglichen Leben, wo man sagt, ähm, dort können wir Mathematik anwenden, äh, dort sehen wir Verbindungen zur Mathematik. (..) Also bestes Beispiel ähm COVID, auch statistischer (lachen) Richtung. Also ich denk mal in 2, 3 Jahren werden wir da dann Aufgaben im Abitur finden, die diese ganze Geschichte mathematisch hinterlegen. Das ist schon (..) hochinteressant, wie man diese Modelle bildet und Modellbildung machen kann. (Interview I, Z. 420–427)

Allerdings äußern Lehrkräfte, dass sie das stärkere Einbeziehen von Realitätsbezügen als keine einfache Aufgabe ansehen. Dies sei aus Sicht der Lehrkräfte auf mehrere Gründe zurückzuführen: Zum einen wird kritisiert, dass es sich bei Schulbuchaufgaben zumeist nur um eingekleidete Aufgaben handele, d. h. der vorliegende Sachkontext beliebig austauschbar ist, was zum Teil selbst den Lernenden auffällt. Zum anderen wird die Kritik geäußert, dass es nicht möglich wäre, „richtige, reale Aufgaben“ zu verwenden, weil zur Bearbeitung solcher Aufgaben mathematisches Vorwissen notwendig sei, welches über schulisches Wissen hinausginge (vgl. Interview D, Z. 170–172).

Zusammenhänge zwischen den Vorstellungsdimensionen

In diesem Abschnitt werden Zusammenhänge zwischen den Vorstellungsdimensionen vorgestellt. Dafür wird sich auf die zusammengefassten Vorstellungsdimensionen aus dem vorherigen Abschnitt bezogen. Aufgrund des begrenzten Rahmens dieser Arbeit wird ausschließlich auf den identifizierten Zusammenhang zwischen den Subkategorien W3: Mathematikspezifisches Verständnis von Wissenschaftspropädeutik und U2: Inszenierungsmöglichkeiten im regulären Mathematikunterricht eingegangen. Erste Hinweise auf einen möglichen Zusammenhang zwischen diesen beiden Kategorien sind unter Umständen schon im vorherigen Abschnitt angeklungen. Da die Subkategorie W3 sich in zwei Subsubkategorien untergliedern lässt, wurde sich dafür entschieden, den Zusammenhang zwischen beiden Subkategorien mithilfe einer tabellarischen Darstellung (siehe Tabelle 28) zu visualisieren:

Tabelle 28: Zusammenhänge zwischen den Subkategorien W3 und U2.

	W3: Wissenschaftspropädeutik zur Anbahnung von Mathematik als …	
U2: Welche Lerngelegenheiten werden geschaffen?	… anwendungsorientierte Disziplin	… strukturorientierte Disziplin
	• Alltagsrelevanz von Mathematik stärker verdeutlichen (z. B. mit Modellierungsaufgaben)	• Begründungen und Erklärungen von Schülerinnen und Schülern konsequenter einfordern
	• Modellierungskompetenzen fördern (z. B. Annahmen treffen, validieren)	• Exemplarische Beweisstrategien kennenlernen lassen
	• Fachübergreifendes Arbeiten ermöglichen (z. B. mit Physik) und wissenschaftliche Tätigkeiten üben	• Voraussetzungen von mathematischen Sätzen identifizieren und ihre Relevanz nachvollziehen lassen
	• Technische Elemente der Mathematik (Verfahren) sicher beherrschen	• Formale Aspekte beim Aufschrieb mathematischer Texte berücksichtigen
	• Reflexionen über Charakteristika von Mathematik anregen, z. B. die Nützlichkeit von Mathematik (für andere Wissenschaften)	• Reflexionen über Charakteristika von Mathematik anregen, z. B. Bedeutung von Beweisen für die Wissenschaft Mathematik

Aus dieser Tabelle lässt sich erkennen, dass bestimmte Lehrkraftvorstellungen über Inszenierungsmöglichkeiten im regulären Mathematikunterricht mit dem jeweiligen mathematikspezifischen Verständnis von Wissenschaftspropädeutik einhergehen. Sofern Lehrkräfte die Zielstellung von Wissenschaftspropädeutik darin sehen, Mathematik vor dem Hintergrund ihres Anwendungsaspekts und die dazugehörigen Grundbegriffe/-methoden anzubahnen, äußern diese Lehrkräfte eher Vorstellungen darüber, das mathematische Modellieren im Mathematikunterricht zu fördern. Diesbezüglich wird von diesen Lehrkräften geäußert, dass die in Wissenschaftspropädeutik enthaltene Zielstellung vor allem mit dem Lösen von Modellierungsaufgaben erreicht werden könne. Im Besonderen bieten Modellbildungsprozesse (abhängig vom Sachkontext) das Potential, fachübergreifende

Aspekte zu thematisieren. Damit geht die Lehrkraftvorstellung einher, dass das Einbeziehen von fachübergreifenden Aspekten die Anwendbarkeit von Mathematik in anderen Disziplinen verdeutlicht. Durch die Beschäftigung mit geeigneten Modellierungsaufgaben können aus Sicht der Lehrkräfte die Schülerinnen und Schüler verschiedene wissenschaftspropädeutische Kompetenzen erwerben. Dazu gehören das Wissen über Mathematik und ihre Anwendbarkeit im Alltag und anderen Disziplinen, Modellierungskompetenzen (z. B. das Interpretieren und Validieren von Ergebnissen) sowie Reflexionsfähigkeiten, die beispielsweise im Rahmen von unterrichtlichen Diskussionen über die Charakteristika von Mathematik (z. B. ihr Nutzen für andere Disziplinen) erworben werden können.

Aus Sicht von Lehrkräften, die die Zielstellung von Wissenschaftspropädeutik darin sehen, Mathematik als strukturorientierte Disziplin und ihre Grundbegriffe/-methoden vorzubereiten, steht die allgemeine mathematische Kompetenz des Argumentierens, Begründens und Beweisens im Vordergrund. Diese Lehrkräfte äußern, dass aus ihrer Sicht der stärkere Einbezug von mathematischen Argumentationen auf unterschiedlichen Abstraktionsniveaus (bis zu formalen Beweisen) im Unterricht notwendig sei. Anhand der Implementierung von Beweisen können Schülerinnen und Schüler sowohl Wissen über Beweise erwerben (z. B. Beweisstrategien kennenlernen), sich der „Methode" des Beweisens bewusstwerden (z. B. durch das Nachvollziehen beziehungsweise selbstständige Führen von Beweisen) und über die Bedeutung von Beweisen für die Mathematik reflektieren.

In beiden Verständnissen von Wissenschaftspropädeutik lassen sich hinsichtlich der zugeordneten Inszenierungsmöglichkeiten die drei Dimensionen des Kompetenzmodells von Müsche (2009) wiederfinden. Zwar wurde das Modell von Müsche (2009) von den Lehrkräften nicht explizit benannt, aber es scheint zumindest ein impliziter Bestandteil der Lehrkraftvorstellungen zu sein. Möglicherweise beziehen die Lehrkräfte – auch wenn unbewusst – den ausgehändigten Definitionsstimulus mit ein, durch welchen sich die geäußerten Vorstellungen an der darin enthaltenen Beschreibung von Wissenschaftspropädeutik orientieren.

7.5 Diskussion

Im Rahmen der hier vorgestellten Interviewstudie wurde untersucht, was Mathematiklehrkräfte an Gymnasien unter der gymnasialen Zieldimension Wissenschaftspropädeutik verstehen und welche Möglichkeiten sie zur unterrichtlichen Umsetzung dieser Zieldimension im Mathematikunterricht sehen. Das Forschungsinteresse der vorliegenden Studie wurde mithilfe von den folgenden Themenbereichen konkretisiert:

(1) *Vorstellungen über Wissenschaftspropädeutik als Zieldimension*

(2) *Vorstellungen über die unterrichtliche Implementierung von Wissenschaftspropädeutik*

(3) *Zusammenhänge zwischen Lehrkraftvorstellungen und Personenmerkmalen*

Zur Untersuchung dieser Themenbereiche wurden leitfadengestützte Interviews mit zehn Lehrkräften geführt, die qualitativ analysiert wurden. Um die Bedeutung der Studienergebnisse richtig bewerten zu können, sollte beachtet werden, dass die Reichweite der Ergebnisse (aufgrund Art und Größe der Stichprobe) eingeschränkt ist. Im Folgenden werden die Ergebnisse kurz zusammengefasst, theoretisch eingeordnet und kritisch diskutiert. Abschließend werden in dem Ausblick Implikationen für Theorie und Praxis erläutert.

Zusammenfassung, Interpretation und Einordnung der Befunde

Die im Folgenden dargestellten Forschungsergebnisse werden thematisch anhand der Forschungsfelder kurz zusammengefasst, vor dem Hintergrund des theoretischen Rahmens interpretiert und eingeordnet. Dabei orientiert sich dieser Abschnitt anhand der Reihenfolge der Ergebnisdarstellung. Wie für qualitative Forschung üblich, werden am Ende der Arbeit Hypothesen als Zusammenfassungen der Ergebnisse generiert.

Vorstellungen über Wissenschaftspropädeutik als Zieldimension

Zunächst ist hinsichtlich der *ersten Fragestellung*, der Identifikation von Lehrkraftvorstellungen über Wissenschaftspropädeutik als Zieldimension der gymnasialen Oberstufe, festzuhalten, dass nicht alle befragten Lehrkräfte den Begriffsinhalt von Wissenschaftspropädeutik kannten. Dies ist darauf zurückzuführen, dass Lehrkräfte zum einen die Begriffsbezeichnung per se nicht kannten oder zum anderen zwar die Begriffsbezeichnung kannten, aber keine Vorstellung über den Begriffsinhalt hatten. Trotz dessen, dass Wissenschaftspropädeutik ein curricular verankertes und damit verpflichtendes Unterrichtsanliegen der gymnasialen Oberstufe zu sein scheint (KMK, 2023; Müsche, 2009), können nicht alle Lehrkräfte Vorstellungen über Wissenschaftspropädeutik äußern. Dies wird zudem daran deutlich, dass keine der befragten Lehrkräfte im Rahmen der Interviews von sich aus Wissenschaftspropädeutik angesprochen hat, als allgemeine Ziele der gymnasialen Oberstufe im Interview thematisiert wurden. Fraglich bleibt, in welchem Rahmen beziehungsweise in welcher Phase der Lehramtsausbildung die Ziele der gymnasialen Oberstufe und im Besonderen Wissenschaftspropädeutik eine Rolle spielen. Oder anders formuliert: Wird von (angehenden) Lehrkräften gefordert, sich selbstständig in Wissenschaftspropädeutik einzuarbeiten, dann ist es nicht verwunderlich, dass nicht alle Lehrkräfte Vorstellungen über Wissenschaftspropädeutik äußern konnten. Insgesamt lässt sich hieraus die folgende Hypothese ableiten:

Hypothese 1: Es gibt Mathematiklehrkräfte, die keine Vorstellungen über Wissenschaftspropädeutik als (allgemeine) Zieldimension der gymnasialen Oberstufe haben.

Die Lehrkraftvorstellungen über Wissenschaftspropädeutik sind mehrdimensional und lassen sich in fachübergreifende sowie mathematikspezifische Vorstellungen untergliedern. Hinsichtlich der fachübergreifenden Vorstellungen über Wissenschaftspropädeutik verbinden die befragten Lehrkräfte vor allem allgemein-wissenschaftliche Kompetenzen, die im Rahmen von empirischen Erkenntnisprozessen relevant erscheinen (z. B. Formulieren von Fragestellungen). Die identifizierten Subkategorien spiegeln in ihrer Gesamtheit einen idealtypischen Forschungsprozess (von der Analyse einer Ausgangssituation bis zur Kommunikation der Forschungsergebnisse) wider. Auffällig ist, dass die Subkategorien eine große Schnittmenge mit dem Methodenbewusstsein im Rahmen des dreidimensionalen Kompetenzmodells von Müsche (2009) aufweisen. Dies ist vor dem Hintergrund, dass Müsche (2009) ihrem Modell den empirischen Erkenntnisprozess der Naturwissenschaften zugrunde legt, wenig überraschend. Die Vorstellung, dass Wissenschaftspropädeutik mit der Entwicklung und Förderung allgemein-wissenschaftlicher Arbeitstechniken in Verbindung stehe, wurde von nahezu allen Lehrkräften geäußert. Demnach kann diese Vorstellung als eine unter Lehrkräften geteilte Vorstellung aufgefasst werden. Allerdings muss einschränkend hinzugefügt werden, dass dies womöglich auf die Art der Stichprobe zurückzuführen ist. Dadurch, dass fast alle befragten Lehrkräfte als zweites Unterrichtsfach eine Naturwissenschaft angegeben haben, ist es denkbar, dass die Lehrkraftvorstellungen über Wissenschaftspropädeutik von ihrem Verständnis von Naturwissenschaften geprägt sind. Dieses Ergebnis ist dementsprechend vor dem Hintergrund einer potentiellen Stichprobenverzerrung vorsichtig zu interpretieren.

Die mathematikspezifischen Vorstellungen über Wissenschaftspropädeutik ließen sich in zwei Subkategorien untergliedern. Dabei unterschieden die Lehrkräfte zwischen Wissenschaftspropädeutik als Anbahnung mathematischer Denk- und Arbeitsweisen, die (1) als vorbereitend für die Wissenschaft Mathematik und (2) als vorbereitend für Anwendungsdisziplinen angesehen werden können. Innerhalb dieser Subkategorie dominierte die Vorstellung, dass Wissenschaftspropädeutik vor dem Hintergrund des Mathematikunterrichts vor allem mathematische Denk- und Arbeitsweisen anbahnen sollte, die für den Erkenntnisprozess anderer wissenschaftlicher Disziplinen zuträglich sind. Darunter fällt aus Sicht der Lehrkräfte das mathematische Modellieren. Teilweise betonten die Lehrkräfte in diesem Zusammenhang, dass es vor allem um den Umgang mit Unsicherheit und Evidenz ginge, was beim Modellieren von stochastischen Prozessen besonders zum Tragen käme. Wissenschaftspropädeutik im Mathematikunterricht wird demnach häufig als eine Vorbereitung von Schülerinnen und Schülern auf mathematisches Arbeiten in anderen wissenschaftlichen Disziplinen verstanden.

Hinsichtlich mathematikspezifischer Vorstellungen über Wissenschaftspropädeutik, um Mathematik als strukturorientierte Disziplin anzubahnen, überwog bei den Lehrkräften die Vorstellung, dass das mathematische Beweisen eng mit Wissenschaftspropädeutik verzahnt ist. In diesem Zusammenhang wird sowohl das Wissen und die Reflexion über die Bedeutung von Beweisen für die Wissenschaft Mathematik angesprochen als auch zu fördernde Kompetenzen, die mit dem mathematischen Argumentieren, Begründen und Beweisen (z. B. Vermutungen aufstellen) einhergehen. Diese Perspektive scheint bei den Lehrkräften deutlich weniger intuitiv verankert zu sein, wofür die eher seltenen Nennungen durch die Lehrkräfte sprechen. Die mathematikspezifischen Vorstellungen über Wissenschaftspropädeutik münden in die Formulierung der zweiten Hypothese:

Hypothese 2: Lehrkräfte scheinen hinsichtlich Wissenschaftspropädeutik im Mathematikunterricht eher die mathematischen Denk- und Arbeitsweisen für die Anwendungsdisziplinen zu fokussieren als die fachgenuinen Denk- und Arbeitsweisen der strukturorientierten Seite von Mathematik.

Die dieser Studie zugrundeliegende Datenlage suggeriert, dass ein möglicher Zusammenhang zwischen den mathematikspezifischen Vorstellungen über Wissenschaftspropädeutik und dem Alter der befragten Lehrkräfte besteht. Es zeigte sich in den Daten, dass vor allem die älteren Lehrkräfte eher die Vorstellung hatten, Wissenschaftspropädeutik im Mathematikunterricht diene dem Einüben von mathematischen Denk- und Arbeitsweisen für andere wissenschaftliche Disziplinen, in denen Mathematik angewendet wird. Die jüngeren Lehrkräfte äußerten hingegen, dass aus ihrer Sicht Wissenschaftspropädeutik vor allem das Anbahnen der strukturorientierten Seite von Mathematik und ihrer evidenzsichernden Methoden beinhaltet. An dieser Stelle kann über die kausale Beziehung nur gemutmaßt werden, da die Daten darüber keine Auskunft liefern können. Beispielsweise wäre es vorstellbar, dass im Laufe des Berufslebens (abhängig von der vergangenen Zeit seit dem Beenden des Lehramtsstudiums) Vergessensprozesse einsetzen und beispielsweise die Bedeutung von Beweisen für den mathematischen Theorieaufbau im Laufe der Schulzeit in den Hintergrund rückt. Eine andere Möglichkeit liegt darin, dass die älteren Lehrkräfte, die in der ehemaligen DDR Lehrkräfte wurden, eine teilweise andere Lehramtsausbildung durchlaufen haben. Möglicherweise wurde im Rahmen der fachdidaktischen Veranstaltungen des damaligen Lehramtsstudiums verstärkt auf die Anwendungsorientierung von Mathematik eingegangen. Diese Erklärungsansätze bleiben an dieser Stelle allerdings nur auf einer spekulativen Ebene und sollten daher in folgenden Forschungsprojekten nachgegangen werden. Vor dem Hintergrund dieser Zusammenfassung lässt sich die folgende Hypothese formulieren:

Hypothese 3: Die mathematikspezifischen Vorstellungen über Wissenschaftspropädeutik hängen vom Alter der befragten Lehrkräfte ab. Während ältere Lehrkräfte Wissenschaftspropädeutik eher als Vorbereitung von mathematischen Denk- und Arbeitsweisen, die für die Anwendungsdisziplinen dienlich sind, verstehen, stellen jüngere Lehrkräfte eher die fachgenuinen Denk- und Arbeitsweisen der Mathematik (z. B. Beweisen) in den Vordergrund.

Vorstellungen über die unterrichtliche Implementierung von Wissenschaftspropädeutik

Zur Beantwortung der *zweiten Fragestellung* wurden die geäußerten Lehrkraftvorstellungen zur unterrichtlichen Implementierung von Wissenschaftspropädeutik analysiert. Dabei konnten zur Differenzierung der geäußerten Lehrkraftvorstellungen neun Subsubkategorien gebildet werden. Drei von den neun identifizierten Lehrkraftvorstellungen beinhalteten Inhaltsbereiche, welche aus Sicht der Lehrkräfte sich besonders eignen, um an diesen Inhalten wissenschaftspropädeutische Aspekte zu vermitteln. Auffällig ist, dass hierbei alle drei Inhaltsbereiche der gymnasialen Oberstufe als relevant identifiziert wurden. Allerdings konnten die Lehrkräfte wenig konkrete unterrichtliche Inszenierungen nennen, die im Rahmen der Inhaltsbereiche als wissenschaftspropädeutisch angesehen werden. Es kann vermutet werden, dass die Lehrkräfte keine konkreten unterrichtlichen Inszenierungen nennen können, weil sie sich vorher darüber noch keine konkreten Gedanken gemacht haben, sondern im Rahmen des Interviews erstmals mit dem Begriff und der unterrichtlichen Implementierung von Wissenschaftspropädeutik konfrontiert wurden. Demnach ist es möglich, dass die Lehrkräfte zur Beantwortung der Interviewfragen sich auf das intendierte Curriculum und dementsprechend auf die drei Inhaltsbereiche des Mathematikunterrichts in der gymnasialen Oberstufe beziehen.

Die weiteren sechs Subsubkategorien, die zur Differenzierung der Lehrkraftvorstellungen über die unterrichtliche Implementierung von Wissenschaftspropädeutik induktiv entwickelt wurden, beziehen sich eher auf die didaktisch-methodische Gestaltung des Unterrichts. Allerdings können auch hier die Lehrkräfte keine konkreten Lerngelegenheiten beschreiben, die aus ihrer Sicht besonders geeignet sind, um mathematikbezogene wissenschaftspropädeutische Kompetenzen zu fördern. Der Großteil der geäußerten Lehrkraftvorstellungen befasste sich mit der unterrichtlichen Behandlung der als wissenschaftspropädeutisch wahrgenommenen Kompetenzen des (1) mathematischen Begründens, Argumentierens und Beweisens sowie dem (2) mathematischen Modellieren. Zur Förderung der allgemeinen mathematischen Kompetenzen, die wie die Inhaltsbereiche ebenfalls curricular verankert sind, äußerten die Lehrkräfte beispielsweise das Lösen von entsprechenden Aufgaben. In diesem Zuge wurde von den Lehrkräften (zum Teil implizit) geäußert, dass das Schaffen von Diskussions- und Reflexionsanlässen über die Mathematik als wissenschaftliche Disziplin eine mögliche Inszenierungsmöglichkeit von Wissenschaftspropädeutik sei. Dabei können sowohl Charakteristika von Mathematik als anwendungs- als auch als strukturorientierte Disziplin von den Schülerinnen und Schülern reflektiert werden. Solche Lehrkraftvorstellungen ließen sich allerdings selten und zum Teil nur implizit wiederfinden, so dass der Großteil der geäußerten Lehrkraftvorstellungen kaum konkrete unterrichtliche Inszenierungen von Wissenschaftspropädeutik im Mathematikunterricht beinhalteten. Zusammenfassend münden die vorher dargestellten Überlegungen in die Formulierung der folgenden Hypothese:

Hypothese 4: Lehrkräfte können hinsichtlich unterrichtlicher Inszenierungsmöglichkeiten von Wissenschaftspropädeutik nur wenig konkrete Unterrichtssituationen benennen. Dies ist möglicherweise darauf zurückzuführen, dass es sich bei Wissenschaftspropädeutik um ein in der Literatur wenig berücksichtigtes Thema handelt und nicht genügend Gelegenheiten etabliert sind, um über die Implementierung von Wissenschaftspropädeutik nachzudenken.

Zusammenhänge zwischen den Vorstellungsdimensionen

Die *dritte Fragestellung* beschäftigt sich mit der Analyse von potentiellen Zusammenhängen zwischen den identifizierten Vorstellungsdimensionen. Dabei konnte ein Zusammenhang zwischen dem mathematikspezifischen Verständnis von Wissenschaftspropädeutik und Lehrkraftvorstellungen über unterrichtliche Inszenierungsmöglichkeiten von Wissenschaftspropädeutik identifiziert werden. Es zeigte sich, dass ein Verständnis von Wissenschaftspropädeutik, welches auf die Anbahnung von Mathematik als anwendungsorientierte Disziplin zielt, eher mit einer unterrichtlichen Fokussierung auf das mathematische Modellieren einhergeht. Neben dem stärkeren Fokus auf das mathematische Modellieren wird mit solch einem Verständnis von Wissenschaftspropädeutik auch das Verdeutlichen der Alltagsrelevanz von Mathematik und die Reflexion darüber sowie die Implementierung von fachübergreifenden Aspekten in den Mathematikunterricht assoziiert. Auf der anderen Seite scheint die Auffassung, Wissenschaftspropädeutik als Anbahnung von Mathematik als strukturorientierte Disziplin zu verstehen, eher mit dem unterrichtlichen Inszenieren von Lerngelegenheiten für das mathematische Argumentieren zusammenzuhängen. Daneben hängt dieses Verständnis von Wissenschaftspropädeutik mit dem stärkeren Einbeziehen von komplexeren Argumentationen, dem exemplarischen Kennenlernen von Beweisstrategien und der Reflexion über die Bedeutung von Beweisen für die Mathematik zusammen. Insgesamt ist dieser identifizierte Zusammenhang wenig überraschend: Wenn Lehrkräfte Wissenschaftspropädeutik vor allem mit der Förderung von entweder (1) mathematischen Modellieren oder (2) mathematischen Argumentieren verbinden, dann korrespondieren die geäußerten Lehrkraftvorstellungen über die unterrichtliche Inszenierung von Wissenschaftspropädeutik mit der unterrichtlichen Förderung eben dieser Kompetenzen. Aus dieser Zusammenfassung lässt sich Hypothese 5 folgern:

> **Hypothese 5:** Abhängig vom mathematikspezifischen Verständnis von Wissenschaftspropädeutik der Lehrkräfte unterscheiden sich die Lehrkraftvorstellungen über Inszenierungsmöglichkeiten von Wissenschaftspropädeutik im regulären Unterricht.

Damit konnte die vorliegende Studie zum einen fünf Hypothesen für anschließende Forschungsprojekte generieren und erste Ergebnisse liefern, die zur Beantwortung der übergeordneten Leitfrage beitragen. Zusammengefasst wird das übergeordnete Forschungsinteresse dieser Studie durch die folgende übergeordnete Fragestellung ausgedrückt:

üFF *Welche Vorstellungen haben Lehrkräfte über das Lehren und Lernen von Mathematik in der gymnasialen Oberstufe in Hinblick auf Wissenschaftspropädeutik?*

Insgesamt ist festzuhalten, dass die meisten der befragten Lehrkräfte Vorstellungen über Wissenschaftspropädeutik haben und äußern konnten. Zu Beginn äußerten die Mathematiklehrkräfte eher allgemein-wissenschaftliche Arbeitstechniken (wie z. B. das Durchführen und Protokolieren von Experimenten), die sie als wissenschaftspropädeutisch ansehen. Wird diesen geäußerten Lehrkraftvorstellungen das dreidimensionale Kompetenzmodell von Müsche (2009) gegenübergestellt, so lässt sich eine deutliche Überlappung zwischen diesen Vorstellungen und der zweiten Dimension des Methodenbewusstseins feststellen. Dies ist möglicherweise darauf zurückzuführen, dass der Großteil der befragten Lehrkräfte neben Mathematik eine Naturwissenschaft unterrichtet. Neben den allgemein-wissenschaftlichen Arbeitstechniken wurden auch allgemeine mathematische Kompetenzen genannt, die nach Auffassung der Lehrkräfte mit Wissenschaftspropädeutik im Mathematikunterricht einhergehen. Vor allem wurde das mathematische Modellieren von den Lehrkräften als wissenschaftspropädeutisch aufgefasst, während das mathematische Argumentieren eine eher untergeordnete Rolle einnahm. Vorsichtig interpretiert, könnte hierausgeschlossen werden, dass auch die Lehrkräfte selbst eher den Anwendungsaspekt von Mathematik sehen. Dies würde mit den Ergebnissen von Grigutsch et al. (1998), Tatto et al. (2012) und Voss et al. (2011) konformgehen. Damit scheinen Lehrkräfte mit Wissenschaftspropädeutik eher das Ziel zu verbinden, Mathematik als eine anwendungsorientierte Disziplin und weniger als eine strukturorientierte Disziplin in ihrem Unterricht vorzubereiten.

Das mathematikspezifische Verständnis von Wissenschaftspropädeutik scheint nach dieser Studie mit den Vorstellungen über Inszenierungsmöglichkeiten von Wissenschaftspropädeutik zusammenzuhängen. So berichten die befragten Lehrkräfte (abhängig von ihrem mathematikspezifischen Verständnis), dass sie eher das mathematische Modellieren beziehungsweise das mathematische Argumentieren und die Reflexion darüber in ihrem Unterricht fokussieren. Wenn allerdings ein Großteil der Lehrkräfte eher den Anwendungsaspekt von Mathematik in ihrem Unterricht fokussiert, dann ist es fraglich, im Rahmen welcher Lerngelegenheiten die Schülerinnen und Schüler Mathematik als strukturorientierte Disziplin, die dazugehörigen Grundbegriffe und -methoden kennenlernen sollen. Die Ergebnisse dieser Studie legen dementsprechend die Vermutung nahe, dass abhängig von der Lehrkraft eher wenige Schülerinnen und Schüler im Rahmen des Oberstufenunterrichts Mathematik als strukturorientierte Disziplin erfahren. Infolgedessen erscheint es nicht verwunderlich, dass Studienanfängerinnen und -anfänger über ausbaufähige mathematikbezogene wissenschaftspropädeutische Kompetenzen verfügen, wenn der Erwerb eben solcher Kompetenzen im Mathematikunterricht der gymnasialen Oberstufe überwiegend nicht fokussiert wird.

Einschränkungen der Studie und Kritik

Die vorliegende Studie kann einen ersten Eindruck darüber geben, welche Vorstellungen Mathematiklehrkräfte vom Begriff Wissenschaftspropädeutik haben und welche Umsetzungsmöglichkeiten von Wissenschaftspropädeutik sie für den Mathematikunterricht als plausibel erachten. Jedoch weist auch diese Studie einige Einschränkungen auf. Ein einschränkender Faktor ist die Generierung der Stichprobe. Insgesamt haben sich nur sehr wenige Lehrkräfte zurückgemeldet, was möglicherweise auf eine mangelnde Teilnahmemotivation zurückzuführen ist. Als ein weiterer limitierender Faktor ist die Zusammensetzung der Stichprobe zu nennen. Konkret bekleiden acht der zehn Lehrkräfte (mindestens) eine relevante Funktionsstelle an ihrer Schule. Bei Lehrkräften mit Funktionsstellen ist davon auszugehen, dass diese Lehrkräfte fachdidaktischer Forschung eine höhere Relevanz beimessen beziehungsweise stärker an fachdidaktischer Forschung interessiert sind und daher ihre Teilnahmemotivation höher ist. Damit wurde das Sample mithilfe einer Gelegenheitsstichprobe realisiert, weshalb von einer positiv selektierten Stichprobe ausgegangen werden muss.

Bezüglich der Stichprobengröße muss limitierend ergänzt werden, dass es sich mit $n = 10$ um eine eher kleine Stichprobengröße handelt. Zudem ist hinzuzufügen, dass die Daten ausschließlich in Sachsen-Anhalt erhoben wurden. Trotz dessen, dass kein qualitativer Stichprobenplan strikt befolgt wurde und nur eine geringe Stichprobengröße realisiert werden konnte, sind viele verschiedene Merkmalsausprägungen der Lehrkräfte aufgetreten. Allerdings wies die Stichprobe nicht jede mögliche Merkmalskombination auf. Sowohl die Art als auch Größe der Stichprobe schränken die Generalisierbarkeit der Ergebnisse ein. Dementsprechend ist es fraglich, inwieweit Verallgemeinerungen aus den Ergebnissen getroffen werden können.

Wie schon angeklungen, wurde sich in dieser Studie nur auf Selbstberichte von den Lehrkräften gestützt, um Informationen darüber zu generieren, wie die Lehrkräfte die Zieldimension Wissenschaftspropädeutik in ihrem Unterricht umsetzen. Selbstberichte können hierfür erste Anhaltspunkte liefern. Allerdings ist es auch möglich, dass die spezifische Interviewsituation ein sozial erwünschtes Antwortverhalten von Lehrkräften begünstigt. So ist es vorstellbar, dass Lehrkräfte in einem Gespräch mit einer Fachdidaktikerin beziehungsweise einem Fachdidaktiker sich in der Situation sehen, ihren Unterricht in gewisser Weise zu „verteidigen“ und deshalb ihren Unterricht möglichst positiv darstellen möchten. Demnach sollten die geäußerten Lehrkraftvorstellungen über ihren Mathematikunterricht nur mit besonderer Vorsicht als Indikator für die tatsächliche Unterrichtsrealität interpretiert werden.

Wie aus den Ergebnissen deutlich wurde, scheint es Lehrkräften schwer zu fallen, Inszenierungsmöglichkeiten für Wissenschaftspropädeutik zu benennen. Anstatt konkrete Schülerinnen- und Schülertätigkeiten zu beschreiben, die ein wissenschaftspropädeutischer Mathematikunterricht inszenieren soll, werden eher Ziele eines solchen Unterrichts dargelegt. Ein möglicher Erklärungsansatz für dieses Phänomen könnte sein, dass die entwickelten Leit- und Nachfragen nicht genau genug formuliert waren beziehungsweise im Rahmen der Interviewsituation spezifischer nachgefragt werden müsste, damit die befragten Lehrkräfte auf konkrete Inszenierungsmöglichkeiten eingehen. Dieser Vermutung müsste im Rahmen einer genaueren Analyse der Interviewtranskripte nochmals nachgegangen werden. Basierend auf diesen Ergebnissen könnten bestimmte Leit- und Nachfragen angepasst respektive gänzlich neu entwickelt werden.

Ausblick
Aus den theoretischen Vorüberlegungen, den Ergebnissen der vorherigen Untersuchungen (Kapitel 5 und 6), der Durchführung der Studie zu Lehrkraftvorstellungen und ihren Ergebnissen lassen sich zum einen praktische und zum anderen theoretische Implikationen für verschiedene Felder der Mathematikdidaktik ableiten. Aus theoretischer Sicht können die Ergebnisse neue Forschungsperspektiven eröffnen. Zudem können die im Rahmen dieser Studie erzielten Ergebnisse zu Vorstellungen von Lehrkräften genutzt werden, um zusätzliche Lernangebote für (angehende) Lehrkräfte zu entwickeln.

Praktische Implikationen
Beispielsweise können Ergebnisse wie,

- dass nicht alle Lehrkräfte ein weiterführendes Begriffsverständnis vom Begriff Wissenschaftspropädeutik haben,
- dass Lehrkräfte (abhängig von ihrem mathematikspezifischen Verständnis von Wissenschaftspropädeutik) bestimmte Perspektiven auf Wissenschaftspropädeutik priorisieren respektive vernachlässigen oder
- dass Lehrkräfte vergleichsweise nur wenige fachliche Inszenierungsmöglichkeiten von Wissenschaftspropädeutik für den Mathematikunterricht benennen und erläutern können

für die Lehre im Rahmen eines Lehramtsstudiums beziehungsweise für Fort- und Weiterbildungsangebote von Mathematiklehrkräften genutzt werden. So können die Ergebnisse auf didaktische Gestaltungsprinzipien von potentiellen Lernangeboten für Mathematiklehrkräfte angewendet werden.

Die vorliegende Studie konnte Hinweise dafür generieren, dass Mathematiklehrkräfte zum Teil kein beziehungsweise kein weiterführendes Begriffsverständnis von Wissenschaftspropädeutik haben und deshalb über nur wenige Vorstellungen von adäquaten Inszenierungsmöglichkeiten von Wissenschaftspropädeutik für den Mathematikunterricht verfügen. Dementsprechend sollte es im Rahmen von Fort- und Weiterbildungsangeboten primär darum gehen, bei den Lehrkräften ein weiterführendes Verständnis von Wissenschaftspropädeutik zu etablieren und aufzuzeigen, wie exemplarische Lerngelegenheiten für den Mathematikunterricht aussehen könnten. Aufbauend darauf könnten die Lehrkräfte selbst aus ihrem Unterricht berichten, inwieweit ihre eigenen Unterrichtskonzeptionen (auch wenn diese nicht primär vor dem Hintergrund dieser Zieldimension entwickelt wurden) wissenschaftspropädeutisch sind. Die Berücksichtigung *beider* Perspektiven ist wichtig, um die Passung von Theorie und Praxis besser einschätzen zu können. Im Rahmen solch eines methodischen Vorgehens wären die Lehrkräfte angehalten, über ihren Unterricht zu reflektieren, was eine Möglichkeit zur eigenen Unterrichtsentwicklung ist. Alternativ wäre es auch denkbar, die Lehrkräfte selbst Unterrichtskonzeptionen entwickeln zu lassen und im Rahmen der Fort- und Weiterbildungen mit anderen Lehrkräften zu diskutieren. Ein ähnliches Vorgehen ist auch für die universitäre Lehre im Rahmen der Lehramtsausbildung möglich. Zusätzlich könnten einzelne Auszüge aus den Interviews als Materialien für die Lehre verwendet werden, um die Bedeutung von (Selbst-)Reflexionen zu illustrieren und Lernenden ein exemplarisches Feld der mathematikdidaktischen Forschung zugänglich zu machen. Hier könnten Interviewauszüge als Gesprächs- respektive Reflexionsanlässe in Lehrveranstaltungen genutzt werden. So könnten Lernende ihre (möglicherweise konfligierenden) Vorstellungen zu den Auszügen äußern, welche durch die Lehrperson gegebenenfalls geändert und didaktisch genutzt werden können.

Daneben berichteten die Lehrkräfte, dass sie Wissenschaftspropädeutik als eine *zusätzliche* Zieldimension wahrnehmen, wofür sich die Lehrkräfte Unterstützung bei ihrer Unterrichtsgestaltung wünschen. So sollte laut den Vorstellungen der befragten Lehrkräfte die Konzeption von Unterrichtseinheiten sowie von -materialien bei der Entwicklung von Fort- und Weiterbildungsangeboten berücksichtigt werden. Dies würde allerdings das Vorliegen von bereits etablierten Lernumgebungen zu Wissenschaftspropädeutik im Mathematikunterricht voraussetzen, was in der Literatur aber kaum vorhanden ist. Demnach sollten vorab (z. B. im Rahmen der didaktischen Entwicklungsforschung) jeweilige Lernumgebungen entwickelt und erprobt werden, die dann beispielsweise in Fort- und Weiterbildungen diskutiert werden könnten. Weitere Forschungslinien, die eher theoretisch akzentuiert sind, werden im folgenden Abschnitt skizziert.

Theoretische Implikationen

Neben praktischen Implikationen weist die vorliegende Studie auch das Potential auf, Forschungsperspektiven für weitere Studien aufzuzeigen. Die Studie ist entstanden, um einen möglichen Grund für die ausbaufähigen mathematikbezogenen wissenschaftspropädeutischen Kompetenzen, nämlich kein entsprechendes Lernangebot während der Schulzeit, zu untersuchen. Es konnte gezeigt werden, dass nicht alle befragten Lehrkräfte ein weiterführendes Begriffsverständnis von Wissenschaftspropädeutik zu haben scheinen, was als Hinweise dafür interpretiert werden kann, dass die Lehrkräfte die Zieldimension in ihrem Unterricht nicht explizit fokussieren. Allerdings kann über die Relevanz dieses Grundes für die ausbaufähigen Kompetenzen der Schulabsolventinnen und -absolventen nur vermutet werden. Außerdem spiegeln die Vorstellungen von Lehrkräften nicht zwingend wider, wie der jeweilige Unterricht der Lehrkräfte gestaltet ist. So kann es möglich sein, dass die Lehrkräfte zwar äußern, dass sie Wissenschaftspropädeutik nicht kennen, aber trotzdem wissenschaftspropädeutische Aspekte in ihrem Unterricht (unbewusst) berücksichtigen, et vice versa.

Im Anschluss an die Bearbeitung und Beantwortung der Forschungsfragen der vorliegenden Studie ergeben sich neue Fragen, die Perspektiven für folgende Forschungsprojekte bieten. Dazu gehören die folgenden fünf Forschungsfelder:

- *Stichprobenerweiterung*: Eine erste naheliegende Idee ist eine Erweiterung der vorliegenden Studie, d. h. die Vergrößerung des Stichprobenumfangs. Zum einen wäre es denkbar, die Stichprobe nach einem qualitativen Stichprobenplan zu ziehen, um zu gewährleisten, dass alle relevanten Merkmale der Lehrkräfte (und auch potentielle Merkmalskombinationen, z. B. andere Zweitfächer) in der Stichprobe berücksichtigt werden. Zum anderen wäre es auch interessant, Mathematiklehrkräfte außerhalb von Sachsen-Anhalt zu befragen. Dies ist vor allem vor dem Hintergrund dessen bedeutsam, dass vor allem die älteren Lehrkräfte, die vor der Wiedervereinigung Deutschlands ihre Lehramtsausbildung absolviert haben, eher eine Anwendungsperspektive auf Mathematik und Wissenschaftspropädeutik haben. Ein systematischer Vergleich der Lehrkraftvorstellungen einer neuen Stichprobe (z. B. aus Niedersachsen) mit denen der vorliegenden Stichprobe könnte aufschlussreich sein.
- *Analyse weiterer Daten*: Im Rahmen dieser Studie wurden zudem auch die Vorstellungen über Mathematik als wissenschaftliche Disziplin erhoben. Aufgrund des begrenzten Rahmens und der inhaltlichen Fokussierung dieser Studie wurden die Daten an dieser Stelle nicht ausgewertet. Möglicherweise könnten Vorstellungen über Mathematik als Wissenschaft mit dem mathematikspezifischen Verständnis von Wissenschaftspropädeutik und den Vorstellungen über die unterrichtliche Implementierung einhergehen. Es ist beispielsweise möglich, dass die Lehrkräfte, die Mathematik eher als ein *Werkzeug* auffassen, primär Wissenschaftspropädeutik zur Anbahnung von Mathematik als anwendungsorientierte Wissenschaft verstehen. Daneben wäre es denkbar, neben den Vorstellungen über Mathematik andere Personenmerkmale einzubeziehen (z. B. andere professionelle Kompetenzen von Lehrkräften) und diese explorativ auf mögliche Zusammenhänge mit den Vorstellungsdimensionen zu analysieren, um mögliche Ursachen für diese Vorstellungen zu identifizieren.
- *Zusammenhang von Lehrkraftvorstellungen und unterrichtlichem Handeln*: Wie oben schon angeklungen, müssen die geäußerten Lehrkraftvorstellungen nicht mit der Unterrichtsrealität korrespondieren. Um zu untersuchen, ob die geäußerten Vorstellungen mit dem unterrichtlichen Handeln von Lehrkräften übereinstimmen, wäre eine entsprechende Studie interessant. Im Rahmen solch einer Studie müssten neben der Erhebung der Lehrkraftvorstellungen auch das unterrichtliche Handeln der Lehrkräfte untersucht und anschließend geprüft werden, inwieweit mögliche Kongruenzen beziehungsweise Inkongruenzen vorliegen. Das unterrichtliche Handeln von Lehrkräften könnte beispielsweise mithilfe von nichtteilnehmenden Beobachtungen oder videografischen Aufzeichnungen erfasst werden.

- *Zusammenhang von Lehrkraftvorstellungen und Lernoutcomes*: Darüber hinaus bleibt das dieser Studie zugrundeliegende Forschungsinteresse, dem Nachgehen von potentiellen Gründen für die eher ausbaufähigen mathematikbezogenen wissenschaftspropädeutischen Kompetenzen von Schülerinnen und Schülern, weiterbestehen. Demnach ist es nicht klar, wie *stark* die Lehrkraftvorstellungen über Wissenschaftspropädeutik mit den jeweiligen Kompetenzen von Lernenden zusammenhängen.
- *Veränderbarkeit von Lehrkraftvorstellungen*: Auch wäre es denkbar zu untersuchen, inwieweit sich Vorstellungen von Lehrkräften über Wissenschaftspropädeutik und ihre Bedeutung für Schülerinnen und Schüler ändern lassen. Dafür wäre es notwendig festzulegen, was aus normativer Sicht wünschenswerte Vorstellungen über Wissenschaftspropädeutik sind und möglicherweise ein Fort-/Weiterbildungsangebot zu entwickeln, welches darauf abzielt, diese Vorstellungen bei Lehrkräften aufzubauen. In diesem Kontext wäre es interessant, Bedingungen von solchen Angeboten zu identifizieren, die die Veränderung von Lehrkraftvorstellungen begünstigen.

8 Übergreifende Diskussion

Ausgangspunkt der vorliegenden Arbeit war die spärlich geführte wissenschaftliche Diskussion um Wissenschaftspropädeutik. Dabei handelt es sich bei Wissenschaftspropädeutik um eine verbindliche Zieldimension des gymnasialen Oberstufenunterrichts im Allgemeinen und damit auch des Mathematikunterrichts im Besonderen. Hinsichtlich der Frage, was Wissenschaftspropädeutik für den Mathematikunterricht bedeutet und ob die in Wissenschaftspropädeutik enthaltene Zielstellung im Mathematikunterricht der gymnasialen Oberstufe erreicht wird, war bis dato ungeklärt. Dementsprechend lag das übergreifende Forschungsinteresse der Arbeit in der (empirischen) Untersuchung von Wissenschaftspropädeutik im Mathematikunterricht der gymnasialen Oberstufe.

8.1 Zusammenfassung und übergreifende Limitationen

Ausgehend vom Forschungsinteresse der vorliegenden Arbeit wurden curriculare und theoretische Perspektiven auf Wissenschaftspropädeutik eingenommen sowie Modelle zur Konkretisierung von wissenschaftspropädeutischen Kompetenzen vorgestellt (Kapitel 2). Während einige inhaltliche Anknüpfungspunkte in der bildungswissenschaftlichen und psychologischen Forschung vorliegen (z. B. Habel, 1990; Huber, 1997; Müsche, 2009), konnten aufgrund der Literaturlage kaum mathematikdidaktische Arbeiten (eine Ausnahme hierfür bildet Frank (2020)) herangezogen werden. Bei der Auseinandersetzung mit Wissenschaftspropädeutik stellt sich immer die Frage, welche Wissenschaft angebahnt werden soll. Im Rahmen dieser Arbeit handelt es sich um Mathematik als strukturorientierte Disziplin. Hierfür wurde die strukturorientierte Seite von Mathematik samt wesentlicher Charakteristika deskriptiv dargestellt (Kapitel 3). Ausgehend von dieser theoretischen Einbettung wurden vier Hauptzielstellungen formuliert, die verschiedene Perspektiven des Themas adressieren:

- theoriebasierte Entwicklung eines Modells zur Beschreibung mathematikbezogener wissenschaftspropädeutischer Kompetenzen (Kapitel 4)
- Entwicklung und Validierung eines Testinstruments zur Erfassung mathematikbezogener wissenschaftspropädeutischer Kompetenzen (Kapitel 5)
- Untersuchung von Zusammenhängen zwischen mathematikbezogenen wissenschaftspropädeutischen Kompetenzen und individuellen Merkmalen (Kapitel 6) und
- Erfassung von Lehrkraftvorstellungen über Wissenschaftspropädeutik im Mathematikunterricht der gymnasialen Oberstufe (Kapitel 7).

Die erste Hauptzielstellung der vorliegenden Arbeit bestand darin, ein Modell zur Beschreibung mathematikbezogener wissenschaftspropädeutischer Kompetenzen zu entwickeln (Kapitel 4). Basierend auf den theoretischen Vorüberlegungen (Kapitel 2 und 3) wurde zunächst eine Definition für den Begriff *mathematikbezogene wissenschaftspropädeutische Kompetenzen* entwickelt und anschließend theoriebasiert ein Modell zur Beschreibung dieser Kompetenzen konzeptualisiert. Das entwickelte Modell fungierte unter anderem als theoretische Fundierung für die folgenden drei empirischen Studien. Dabei nahmen sich die empirischen Studien der Beantwortung der folgenden Fragestellungen an:

- Wie können mathematikbezogene wissenschaftspropädeutische Kompetenzen mithilfe eines Testinstruments empirisch erfassbar gemacht werden? (Kapitel 5)
- Über welche mathematikbezogenen wissenschaftspropädeutischen Kompetenzen verfügen Studienanfängerinnen und -anfänger aus Studiengängen der Fachmathematik? (Kapitel 6)
- Welche Vorstellungen haben Lehrkräfte über das Lehren und Lernen von Mathematik in der gymnasialen Oberstufe in Hinblick auf Wissenschaftspropädeutik? (Kapitel 7)

Dieses kleinschrittige Vorgehen hatte zum Ziel, empirische Anhaltspunkte zu gewinnen, um zu überprüfen, inwieweit Wissenschaftspropädeutik im Rahmen des aktuellen Mathematikunterrichts der gymnasialen Oberstufe berücksichtigt wird.

Bevor in den folgenden Abschnitten die zentralen Ergebnisse abschließend diskutiert und in ein Gesamtbild eingeordnet sowie mögliche Implikationen vorgestellt werden, sollen kurz *Limitationen und Einschränkungen* der vorliegenden Arbeit diskutiert werden. Zur Vermeidung von Redundanzen soll an dieser Stelle nicht auf Limitationen der einzelnen Studien eingegangen werden, da diese schon im Rahmen der jeweiligen Kapitel andiskutiert wurden (Kapitel 5 bis 7). Im Folgenden sollen zentrale Einschränkungen thematisiert werden, die sich auf die gesamte Arbeit oder auf mehrere Teile der Arbeit beziehen.

In der vorliegenden Arbeit basiert das Verständnis von mathematikbezogenen wissenschaftspropädeutischen Kompetenzen und damit das entwickelte Kompetenzmodell ausschließlich auf der strukturorientierten Seite von Mathematik. Abhängig von der Fokussierung auf die struktur- respektive anwendungsorientierte Seite von Mathematik unterscheiden sich theoretische Zugänge, was sich in unterschiedlich akzentuierten Prozessen der mathematischen Erkenntnisgewinnung niederschlägt. Konkret bedeutet dies, dass zwei Modelle zur Beschreibung mathematikbezogener wissenschaftspropädeutischer Kompetenzen nötig wären – ein Modell zur Spezifizierung wissenschaftspropädeutischer Kompetenzen für die strukturorientierte Seite und ein weiteres Modell als Spezifizierung für die anwendungsorientierte Seite von Mathematik. Die Fokussierung auf die strukturorientierte Seite von Mathematik ermöglicht es folglich, nur Aussagen über wissenschaftspropädeutische Kompetenzen hinsichtlich der strukturorientierten Seite von Mathematik zu treffen.

Neben den Prozessen der mathematischen Erkenntnisgewinnung unterscheidet das in Anlehnung an Müsche (2009) adaptierte Kompetenzmodell die folgenden drei Anforderungsbereiche: meta-wissenschaftliches Wissen, Methodenbewusstsein und meta-wissenschaftliche Reflexion. In dieser Arbeit wurden die Anforderungsbereiche des meta-wissenschaftlichen Wissens und des Methodenbewusstseins mithilfe von Items operationalisiert und im Rahmen von empirischen Untersuchungen validiert. Dementsprechend beziehen sich die berichteten Ergebnisse ausschließlich auf die ersten beiden Anforderungsbereiche. Die Operationalisierung der meta-wissenschaftlichen Reflexion war im Rahmen des Dissertationsvorhabens nicht beabsichtigt und zeitlich nicht möglich. Eine Möglichkeit zur Erfassung der meta-wissenschaftlichen Reflexion von Studienanfängerinnen und Studienanfängern kann bei Fesser und Rach (2022b) nachgelesen werden. In nachfolgenden Projekten sollte allerdings der Frage nachgegangen werden, ob das skizzierte Vorgehen auch bei Abiturientinnen und Abiturienten einsetzbar ist und auch so Erkenntnisse über deren Kompetenzen bezüglich meta-wissenschaftlicher Reflexion erhoben werden können.

Für die empirischen Studien dieser Arbeit muss einschränkend festgehalten werden, dass die Untersuchungsergebnisse und ihre Aussagekraft sich vordergründig auf die einbezogenen Stichproben beschränken. Bedingt durch die COVID-19-Pandemiesituation musste aus forschungspragmatischen Gründen auf Stichproben mit gewissen Einschränkungen zurückgegriffen werden. Zum einen ist das entwickelte Testinstrument für die Gruppe von Studienanfängerinnen und Studienanfänger validiert (Studie 1) und zum anderen beziehen sich die gewonnenen Ergebnisse auf Vorkursteilnehmende (Studie 2). Inwieweit die Ergebnisse auf die wesentliche Zielgruppe von Abiturientinnen und Abiturienten überführbar sind, ist an dieser Stelle nicht gänzlich geklärt. Erste Anhaltspunkte zu dieser Frage lassen sich in Fesser et al. (2023) nachlesen. Zusätzlich sei darauf hingewiesen, dass vor allem Lehrkräfte mit gewissen Funktionsstellen (Positivselektion) einbezogen werden konnten (Studie 3).

8.2 Modellentwicklung

Ziel der vorliegenden Arbeit war es, den aktuellen Mathematikunterricht der gymnasialen Oberstufe hinsichtlich der Umsetzung von Wissenschaftspropädeutik zu untersuchen. Allerdings lag bisher kein Kompetenzmodell zur Beschreibung von wissenschaftspropädeutischen Kompetenzen für den Mathematikunterricht vor. Dementsprechend war es zunächst notwendig, das durch den Begriff Wissenschaftspropädeutik ausgedrückte Ziel, die Förderung wissenschaftspropädeutischer Kompetenzen, fachlich für den Mathematikunterricht auszubuchstabieren, d. h. theoretisch zu klären, welche mathematischen Denk- und Arbeitsweisen in der gymnasialen Oberstufe angebahnt werden sollen.

Wissenschaftspropädeutik und wissenschaftspropädeutische Kompetenzen sind in der Literatur ein nicht gänzlich einheitlich definiertes Konstrukt, weshalb eine Klärung dieser beiden Begriffe keine triviale Aufgabe war (Kapitel 2). Auf Grundlage curricularer Bestimmungen und theoretischer Konzeptualisierungen wurde eine Arbeitsdefinition von mathematikbezogenen wissenschaftspropädeutischen Kompetenzen entwickelt. Nach dieser Arbeitsdefinition setzen sich mathematikbezogene wissenschaftspropädeutische Kompetenzen unter anderem aus den folgenden Aspekten zusammen: Mathematikbezogene wissenschaftspropädeutische Kompetenzen bestehen aus (1) kognitiven Leistungsdispositionen, (2) fokussieren die strukturorientierte Seite von Mathematik und beziehen sich (3) auf Anforderungssituationen, bei denen ein selbstbestimmter, verantwortungsbewusster und kritischer Umgang mit mathematischen Arbeitsweisen sowie ihren Erkenntnissen gefordert ist.

Die vorliegende Arbeitsdefinition ist zwar noch relativ allgemein formuliert, dennoch ist sie hilfreich, um das Konstrukt von theorieähnlichen Konstrukten abzugrenzen. Die Formulierung einer Arbeitsdefinition ist ein notwendiger Schritt, um die Zielstellung von Wissenschaftspropädeutik für den Mathematikunterricht zu beschreiben. Zur Überprüfung von festgehaltenen Bildungszielen werden in der Bildungsforschung Kompetenzmodelle eingesetzt (Fleischer et al., 2013). Vor dem Hintergrund der drei gewählten theoretischen Zugänge (curriculare, allgemeindidaktische und fachmathematische Perspektive) konnte ein Kompetenzmodell entwickelt werden, welches einem kognitiv-orientierten Verständnis von Kompetenzen folgt. Inhaltlich wurde in Anlehnung an die Arbeitsdefinition von mathematikbezogenen wissenschaftspropädeutischen Kompetenzen die strukturorientierte Seite von Mathematik fokussiert. Diese Schwerpunktsetzung kann mit Blick auf den dualen Charakter von Mathematik (z. B. von Hentig, 1980) kritisch betrachtet werden. Gerade mit dem Blick auf curriculare Vorgaben (z. B. KMK, 2012), in denen meist in der Fachpräambel auf die drei Grunderfahrungen nach Winter (1995) verwiesen wird, kann diese Fokussierung als ein einschränkender Faktor der vorliegenden Arbeit aufgefasst werden (Kapitel 8.1). Die anwendungsorientierte Seite von Mathematik, die sich in curricularen Vorgaben vor allem in der prozessbezogenen Kompetenz des mathematischen Modellierens niederschlägt, bleibt im Rahmen des Kompetenzmodells unberücksichtigt. Daher kann die Arbeitsdefinition und damit das darauf aufbauende Kompetenzmodell nur als ein erster Schritt in Richtung der Konzeptualisierung von mathematikbezogenen wissenschaftspropädeutischen Kompetenzen verstanden werden. Der Einbezug der anwendungsorientierten Seite von Mathematik ist auch aus dem Grund wichtig, weil nur bei Betrachtung beider Seiten Schülerinnen und Schüler meta-wissenschaftlich über Mathematik in ihrer Gesamtheit reflektieren (z. B. Fragen, die beide Seiten von Mathematik tangieren: *Was macht Mathematik als Strukturdisziplin so nützlich für Anwendungsdisziplinen?*) und ein umfassendes Bild von der Wissenschaft Mathematik erlangen können.

Neben der konzeptionellen Nähe zu curricularen Vorgaben liegen dem Kompetenzmodell eine allgemeindidaktische und fachmathematische Orientierung zugrunde. Als allgemeindidaktische und (lern-)psychologische Fundierung basiert die Entwicklung des Kompetenzmodells auf dem dreidimensionalen Modell nach Müsche (2009). Es beschreibt das Konstrukt von wissenschaftspropädeutischen Kompetenzen auf drei Abstraktionsgraden: als Wissen über Grundbegriffe und -methoden von Wissenschaft (*meta-wissenschaftliches Wissen*), als die Fähigkeit des Nachvollziehens und Anwendens von wissenschaftlichen Denk- und Arbeitsweisen (*Methodenbewusstsein*) und als die Fähigkeit, über Charakteristika und Methoden der Wissenschaft zu reflektieren (*meta-wissenschaftliche Reflexion*). Zur fachlichen Ausdifferenzierung wurden aus der Literatur drei Prozesse synthetisiert, die in idealtypischer Form wesentliche Prozesse der mathematischen Erkenntnisgewinnung darstellen. Der Prozess der mathematischen Erkenntnisgewinnung setzt sich aus den folgenden drei Teilprozessen zusammen: (1) *Mathematik explorieren*, (2) *Mathematik deduzieren* und (3) *Mathematik kommunizieren.*

Demnach wird das in dieser Arbeit vorgeschlagene Kompetenzmodell zur Beschreibung von mathematikbezogenen wissenschaftspropädeutischen Kompetenzen als ein zweidimensionales Modell entwickelt. Mit der Modellierung von mathematikbezogenen wissenschaftspropädeutischen Kompetenzen konnte dementsprechend ein theoretisch begründbares und präskriptives Modell entwickelt werden. Bei der Modellentwicklung wäre es auch möglich gewesen, bestimmte Entscheidungen anders zu treffen. Um zu überprüfen, inwieweit das Modell mathematikbezogene wissenschaftspropädeutische

Kompetenzen beschreiben und empirisch messbar machen kann, ist es hierfür sinnvoll, empirische Hinweise zu generieren.

Neben der empirischen Validierung stellt sich auch die Frage nach der praktischen Umsetzung des Kompetenzmodells. Aufgrund der inhaltlichen Nähe und Anbindung zu den Bildungsstandards (KMK, 2012) sollte eine nachvollziehbare Grundlage für die unterrichtliche Umsetzung geschaffen werden, was als eine Erweiterung respektive Ergänzung der curricularen Vorgaben angesehen werden kann. Allerdings merkt Tulodziecki (2012) an, dass ein jenes Vorgehen grundsätzlich vorzuziehen ist, bei welchem beim Prozess der Kompetenzmodellierung Personen einbezogen werden, die das entwickelte Kompetenzmodell auch später umsetzen werden. Jedoch scheint es klar zu sein, dass die Expertise von Lehrkräften sich vor allem auf ihren Unterricht bezieht und es unter anderem an zeitlichen Ressourcen fehlt, um Kompetenzmodelle zu entwickeln. Dennoch ist es überlegenswert, bei der (Weiter-)Entwicklung von Kompetenzmodellen Lehrkräfte einzubeziehen, um die Praktikabilität des Modells und die Erreichbarkeit der mit dem Konstrukt verfolgten Kompetenzen einschätzen zu lassen. Die Verständigung mit Lehrkräften sollte vor allem das Ziel haben, zu eruieren, welche der festgehaltenen Kompetenzen im Rahmen der gymnasialen Oberstufe aufgebaut respektive gefördert werden können, auf welchen Lernvoraussetzungen aus der Sekundarstufe I konkret aufgebaut werden kann, welche Kompetenzen (beispielsweise aufgrund kognitiver Überfrachtung oder zeitlichen Nöten) nicht im Rahmen der Sekundarstufe II erreichbar sind und gegebenenfalls in die Studieneingangsphase verlagert werden müssen. In Anlehnung an das Vorgehen des Projekts MaLeMINT-Implementation (Weber et al., 2023) wäre es auch vorstellbar, Mathematiklehrkräfte und Hochschullehrende zusammenzubringen und inhaltliche Diskussionen hinsichtlich Wissenschaftspropädeutik im Mathematikunterricht anzuregen. Ein Diskussionsanlass könnte beispielsweise die Frage nach der Passung zwischen (a) Erwartungen der Hochschullehrenden hinsichtlich mathematikbezogener wissenschaftspropädeutischer Kompetenzen und der (b) realistischen Förderung dieser Kompetenzen im Mathematikunterricht der gymnasialen Oberstufe sein.

Wenn Wissenschaftspropädeutik vordergründig hinsichtlich der Übergangsproblematik von Schule zur Hochschule aufgefasst wird (Neubrand, 2009), dann ist es auch relevant die Hochschuldozierenden aus mathematischen Studiengängen in die Diskussion einzubeziehen. In diskursiver Auseinandersetzung zwischen Expertinnen und Experten der Fachdidaktiken, der Schulpraxis und der Hochschullehre können Fragen bezüglich der zeitlichen Entwicklung von mathematikbezogenen wissenschaftspropädeutischen Kompetenzen und des erwartbaren Niveaus dieser Kompetenzen zu einzelnen Zeitpunkten (Beginn und Ende der gymnasialen Oberstufe, Studieneingangsphase etc.) geklärt werden. Beispielsweise könnten in Anlehnung an das Vorgehen der Gruppe *cooperation schule : hochschule* (cosh, 2014) Anforderungskataloge bezüglich mathematikbezogener wissenschaftspropädeutischer Kompetenzen zu verschiedenen Ausbildungszeitpunkten (z. B. Beginn und Ende der Sekundarstufe II, 1. und 3. Fachsemester eines Mathematikstudiums) entwickelt werden. Diesbezüglich stellt sich auch die Frage nach Möglichkeiten der Kompetenzdiagnostik, d. h. dem Vorliegen von validierten Instrumenten zur Erfassung von mathematikbezogenen wissenschaftspropädeutischen Kompetenzen sowie dem Angebot von potentiellen Fördermaßnahmen, wenn Lernende zu gewissen Zeitpunkten bestimmte Kompetenzniveaus *nicht* erreicht haben. Diese offenen Fragen illustrieren, welche praktischen Schwierigkeiten die Umsetzung respektive die Erreichung der Zieldimension Wissenschaftspropädeutik mit sich führt. Diese abgeleiteten Fragen an die Praxis verdeutlichen möglicherweise auch, weshalb die Zieldimension Wissenschaftspropädeutik bisher ein eher spärlich beforschtes Feld darstellte. Zukünftig ist es daher wichtig, gute Lösungen für die offenen Fragen an die praktische Umsetzung von Wissenschaftspropädeutik zu finden.

8.3 Testentwicklung und -validierung

Das Anliegen der Studie 1 war es, ein Testinstrument zur Erfassung von mathematikbezogenen wissenschaftspropädeutischen Kompetenzen zu entwickeln und empirisch zu validieren. Mithilfe des entwickelten Tests sind erstmals Aussagen über das Kompetenzniveau von Studienanfängerinnen und -anfängern (respektive Abiturientinnen und Abiturienten) hinsichtlich mathematikbezogener wissenschaftspropädeutischer Kompetenzen möglich. Damit trägt diese Studie in wesentlichem Maße dazu bei, die Umsetzung von Wissenschaftspropädeutik im Mathematikunterricht der gymnasialen Oberstufe evidenzbasiert überprüfen zu können. Zudem geben die Ergebnisse erste Hinweise darüber, wie die Kompetenzen von Studienanfängerinnen und -anfängern ausgeprägt sind und wie das Konstrukt mit individuellen Merkmalen zusammenhängt.

Ausgehend vom entwickelten Kompetenzmodell wurden Testitems systematisch hergeleitet und im Rahmen von zwei Vorstudien pilotiert. Die Ergebnisse der Vorstudien legten nahe, dass von inhaltlicher Validität der Items ausgegangen werden kann und diese auch praktisch einsetzbar sind. Nach den Vorstudien lag ein pilotiertes Instrument mit 26 Items vor. Im Rahmen der Hauptuntersuchung sollte die psychometrische Güte des Testinstruments überprüft werden. Hierfür nahmen 313 Studienanfängerinnen und -anfängern an einer Onlinebefragung teil. Die durchgeführten Analysen nach der klassischen Testtheorie weisen darauf hin, dass der entwickelte Test über eine angemessene psychometrische Güte verfügt. Auffällig ist allerdings, dass nur drei der eingesetzten Items dem oberen Skalendrittel bezüglich der Aufgabenschwierigkeit (als relative Lösungshäufigkeit) zugeordnet werden konnten, d. h. nur drei Items sind als eher leichte Items zu bezeichnen. Da der Test insgesamt 26 Items umfasst, ist es denkbar, weitere Items zu entwickeln, um besser Leistungen im unteren Leistungssegment differenzieren zu können. Die Vergrößerung der Itemanzahl ist auch vor dem Hintergrund wichtig, um jede (Teil-)Kompetenz des Konstrukts mit einer ausgewogenen Anzahl von Items zu messen. Daher wäre es für nachfolgende Untersuchungen sinnvoll, weitere Items zur Erfassung von mathematikbezogenen wissenschaftspropädeutischen Kompetenzen zu entwickeln und zu validieren.

Eine Hauptzielstellung der Arbeit war es, mathematikbezogene wissenschaftspropädeutische Kompetenzen auf einer eindimensionalen Kompetenzskala zu erfassen. Die Analysen zur Dimensionalität der Skala ergaben, dass von Eindimensionalität ausgegangen werden kann. Die Reliabilität der Skala wurde zunächst mit Methoden der klassischen Testtheorie überprüft. Die Ergebnisse legen nahe, dass aufgrund der Breite des Konstrukts die Reliabilität als akzeptabel angesehen werden kann. Neben der Eindimensionalität des Konstrukts wäre es auch denkbar gewesen, von beispielsweise drei Dimensionen

(z. B. nach den Anforderungsbereichen) auszugehen. Mithilfe faktorenanalytischer Methoden wäre es möglich, zu überprüfen, ob ein dreidimensionales Modell geeignet ist, um die Daten abzubilden, und inwieweit es die Daten besser erklärt als die eindimensionale Lösung. Auch hierfür wäre es sinnvoll, zusätzliche Items so zu entwickeln, dass die Anzahl der Items zu den jeweiligen Teilkompetenzen möglichst gleichverteilt ist. Dies ist wichtig, um sicherzustellen, dass alle Teilkompetenzen (z. B. Methodenbewusstsein) umfassend und mit ausreichend vielen Items erfasst werden.

Neben Methoden der klassischen Testtheorie wurden die Testitems auch mithilfe IRT-basierter Auswertungsverfahren analysiert. Hierfür wurde das Rasch-Modell herangezogen, wofür bestimmte Grundannahmen (z. B. stochastische Unabhängigkeit) überprüft wurden. Die Kennwerte der probabilistischen Testtheorie geben ebenfalls Hinweise auf eine ausreichende Reliabilität. Im nächsten Schritt wurde überprüft, ob sich Aufgabenschwierigkeiten hinsichtlich bestimmter Personenmerkmale (z. B. Abiturnote, letzte Mathematiknote etc.) signifikant unterscheiden. Hierfür wurden unter anderem DIF-Analysen durchgeführt. Insgesamt konnte ein Item identifiziert werden, das Personen mit einer schlechteren Abiturnote benachteiligt. Jedoch beeinträchtigt eine geringe Anzahl an DIF-Items kaum die Messgenauigkeit eines Tests (Bond & Fox, 2007), weshalb das jeweilige Item aus inhaltlichen Gründen (möglichst breite Abdeckung des Konstrukts) für weitere Analysen beibehalten werden kann. Aus den IRT-berechneten Itemparameter und bedeutenden „Sprüngen“ zwischen diesen Itemparametern lassen sich auf Grundlage der empirischen Daten Kompetenzniveaus ermitteln. Mit diesem Vorgehen konnten fünf Kompetenzniveaus aus der Verteilung der Itemparameter bestimmt und inhaltlich begründet werden. Werden die Studienteilnehmerinnen und -teilnehmer den jeweiligen Kompetenzniveaus zugeordnet, so ergibt sich das folgende Bild: Mehr als die Hälfte der befragten Studierenden befinden sich auf dem untersten Kompetenzniveau 0 (*kein, wenig oder nur oberflächliches Wissen*), etwa ein Viertel der Studierenden auf Kompetenzniveau I (*begriffliches Wissen und oberflächliches Verständnis der Strukturen von Mathematik*), etwa ein Sechstel der Studierenden auf Kompetenzniveau II (*Kenntnis über die Grundbegriffe und Strukturen der Mathematik sowie elementare Anwendung*) und etwa ein Zwanzigstel der Studierenden auf Kompetenzniveau III (*vertieftes Wissen über Grundbegriffe und Methoden sowie ihre Anwendung*). Das Kompetenzniveau IV (*umfassendes Fachwissen zu Grundbegriffen und Strukturen sowie eine sichere Anwendung*) wird von keinem der befragten Studierenden erreicht. Diese Ergebnisse deuten darauf hin, dass die mathematikbezogenen wissenschaftspropädeutischen Kompetenzen der befragten Studierenden eher schwach ausgeprägt zu sein scheinen. Allerdings muss an dieser Stelle angemerkt werden, dass ohne Vorliegen eines sinnvollen Vergleichsmaßstabs die Daten nur absolut beurteilt werden können. Unter Berücksichtigung der Zusammensetzung der zugrundeliegenden Stichprobe muss einschränkend ergänzt werden, dass es sich bei einem Großteil der Teilnehmenden um Studienanfängerinnen und -anfänger von Anwendungsfächern der Mathematik (mehr als die Hälfte der Studienteilnehmenden sind in sozial- und wirtschaftswissenschaftlichen Studiengängen eingeschrieben) handelt. Dementsprechend kann davon ausgegangen werden, dass bei nochmaliger Durchführung der Studie mit Studierenden eines Mathematikstudiums sich die Verteilung auf die Kompetenzniveaus im Mittel nach oben verschiebt. Für zukünftige Untersuchungen wäre es demnach sinnvoll, die Zusammenstellung der Stichprobe zu variieren, um theoretisch begründbare Unterschiede zwischen Studierendengruppen zu untersuchen.

Zur Überprüfung der externen Validität wurden Mittelwertvergleiche und Korrelationsanalysen durchgeführt. Als externe Validitätskriterien wurden das *belegte Kursniveau* von Mathematik, die *Abitur-* und die *letzte Mathematiknote* sowie das *Selbstkonzept* und das *Interesse bezüglich Beweisen* herangezogen. Es ergaben sich erwartungsgemäß niedrige Zusammenhänge zwischen mathematikbezogenen wissenschaftspropädeutischen Kompetenzen und affektiven Personenmerkmalen. Etwas höhere Korrelationen konnten mit den schulischen Leistungsmaßen und vor allem mit der Abiturnote festgestellt werden. Dieser Befund gibt Hinweise auf eine inhaltliche Nähe beider Konstrukte. Ein möglicher Erklärungsansatz hierfür ist, dass die Abiturnote als ein Konglomerat an kognitiven und motivationalen Dispositionen angesehen werden kann. Beispielsweise belegen empirische Studien, dass allgemeine Intelligenz, akademisches Selbstkonzept und Gewissenhaftigkeit die Abiturnote prädizieren (Köller et al., 2019). Besonders der Zusammenhang von Abiturnote und allgemeiner Intelligenz, die sich unter anderem aus Problemlösefähigkeiten und logischem Denken zusammensetzt, könnte als ein möglicher Erklärungsansatz angesehen werden (vgl. Müsche, 2009). Neben den erwartungsgemäßen Befunden der Korrelationsanalysen zeigte der Mittelwertvergleich keine signifikanten Unterschiede zwischen Studienanfängerinnen und -anfängern, die in der gymnasialen Oberstufe Mathematik als Grund- beziehungsweise als Leistungskurs belegt haben. Eine plausible Erklärung hierfür ist die geringe Datenqualität. Da sich zum Erhebungszeitpunkt die gymnasiale Oberstufe Sachsen-Anhalts in einem Transformationsprozess zum Kurssystem befand, ist es eher unwahrscheinlich, dass (wie von den Studienteilnehmenden angegeben wurde) ein substantieller Anteil in einem Kurssystem unterrichtet wurde. Deswegen sollte im Rahmen von zukünftigen Untersuchungen ein besonderes Augenmerk auf den erwartbaren Unterschied zwischen Abiturientinnen und Abiturienten aus Grund- und Leistungskursen gelegt werden.

Es ist einschränkend anzumerken, dass mit diesem Vorgehen vordergründig die *externe Validität* untersucht wurde. Da bis dato kein standardisiertes Instrument zur Erfassung von mathematikbezogenen wissenschaftspropädeutischen Kompetenzen vorlag, konnten zur Untersuchung der *externen Validität* nur kognitive und affektive Maße (wie z. B. letzte Mathematiknote) herangezogen werden. Für die Zukunft liegt ein Forschungspotential darin, den Zusammenhang von mathematikbezogenen wissenschaftspropädeutischen Kompetenzen mit Ergebnissen eines Tests zur Erfassung eines theorieähnlichen Konstrukts (z. B. mathematische (Teil-)Kompetenzen) zu analysieren. Ein Beispiel hierfür könnte der im Rahmen von TIMSS entwickelte Fachleistungstest für Schülerinnen und Schüler am Ende der gymnasialen Oberstufe sein, welcher voruniversitäre mathematische Kompetenzen misst. Anders als Tests zur mathematischen Grundbildung fokussiert der Fachleistungstest in voruniversitärer Mathematik „fachliche, ‚akademische' Kompetenzen" (Klieme, 2000, S. 57). Neben Facetten zu konkreten Inhaltsgebieten (z. B. Analysis oder Geometrie) beinhaltet der Test auch die Facette *Aussagenlogik und Beweise* (Klieme, 2000), was auf eine inhaltliche Nähe zum Konstrukt der mathematikbezogenen wissenschaftspropädeutischen Kompetenzen schließen lässt. Aufgrund der funktionalen

Ausrichtung des Fachleistungstests in voruniversitärer Mathematik kommt die Vermutung auf, dass dieser Test Bestandteile der Zieldimensionen Wissenschaftspropädeutik und Studierfähigkeit abdeckt. Dagegen weisen Tests zur Erfassung der mathematischen Grundbildung Kongruenzen zur (vertieften) Allgemeinbildung auf. Da die vorliegende Arbeit nicht auf die Untersuchung dieser Vermutung abzielte, wurden hierfür keine Anhaltspunkte generiert, was allerdings die Notwendigkeit weiterer Studien hinsichtlich der Zieltrias illustriert.

Insgesamt legen die erzielten Ergebnisse nahe, dass es mithilfe des entwickelten Tests möglich ist, mathematikbezogene wissenschaftspropädeutische Kompetenzen valide zu messen. Allerdings ist es wichtig anzumerken, dass der Test aus forschungspragmatischen Gründen so konzipiert ist, dass dieser nur die ersten beiden Anforderungsbereiche (und vordergründig das meta-wissenschaftliche Wissen) inhaltlich abdeckt. Demzufolge ist es mithilfe des entwickelten Tests nicht möglich, mathematikbezogene wissenschaftspropädeutische Kompetenzen in ihrer gesamten Breite zu erfassen. Im Besonderen wird durch den Test nicht der Anforderungsbereich der meta-wissenschaftlichen Reflexion abgebildet. Dieser Anforderungsbereich nimmt eine Art Sonderrolle ein, weil Reflexionen als höchst individuelle Prozesses des (Nach-)Denkens und Einordnens (Daudelin, 1996) gelten. Durch die starke Subjektbezogenheit von Reflexionsleistungen ist es fraglich, inwieweit sich die Erfassung von meta-wissenschaftlicher Reflexion in möglichst objektive Erhebungsformate einpassen lässt. Da im Rahmen von Multiple-Choice-Items die Aufgabe darin besteht, die korrekte(n) Antwort(en) zu identifizieren, ist es unklar, ob solche Items zur Erfassung von Reflexionen konstruiert werden können oder ob diese wiederum deklaratives Wissen erfassen. Für die Erfassung von meta-wissenschaftlicher Reflexion scheinen demnach offene Itemformate sinnvoller zu sein, um der Subjektbezogenheit von Reflexionen gerecht zu werden. Insgesamt zeigt sich, dass der Test in seiner aktuellen Fassung über eine angemessene psychometrische Güte verfügt, aber die entwickelten Items nicht das theoretische Potential der spezifischen Kompetenzmodellierung gänzlich ausschöpfen können. Für die Zukunft scheint es daher angemessen zu sein, sich mit alternativen Erhebungsformaten zur Erfassung von mathematikbezogenen wissenschaftspropädeutischen Kompetenzen auseinanderzusetzen.

8.4 Zusammenhänge mit individuellen Merkmalen

Erkenntnisleitend für Studie 2 war die Frage nach möglichen Zusammenhängen zwischen mathematikbezogenen wissenschaftspropädeutischen Kompetenzen und individuellen Merkmalen von Vorkursteilnehmenden. In Kontrast zur Studie 1 sind die Teilnehmenden in Studiengängen eingeschrieben, in denen Mathematik als strukturorientierte Disziplin kennengelernt wird. Der rezipierte Forschungsstand zu verwandten Konstrukten legt nahe, dass vordergründig kognitive Leistungsmerkmale (wie ähnliche Leistungsmaße oder Schulnoten) zu einem großen Anteil zur Varianzaufklärung an mathematikbezogenen wissenschaftspropädeutischen Kompetenzen beitragen. Eine eher untergeordnete Rolle bei der Varianzaufklärung sollten aus theoretischer Perspektive affektive Merkmale (z. B. Interesse bezüglich Beweisen) einnehmen. Zusätzlich werden bildungsbiographische Merkmale (z. B. Studiengang) in die Analysen einbezogen. Neben korrelativen Analysen wird auch im Rahmen eines Prä-Post-Designs untersucht, wie sich die Outcome-

Variable (hier: mathematikbezogene wissenschaftspropädeutische Kompetenzen) über den Vorkurs hinweg entwickelt hat. Ziel des Prä-Post-Designs ist es zu überprüfen, inwieweit das Instrument sensitiv auf Lernzuwächse durch (universitäre) Lernangebote reagiert.

Zur Beantwortung der aufgeworfenen Fragestellungen wurde ein quantitatives Design gewählt. Hierfür wurden zu zwei Messzeitpunkten (Beginn der Wintersemester 2020/21 und 2021/22) 183 Vorkursteilnehmende aus zwei verschiedenen Universitäten Deutschlands befragt. Im Gegensatz zur ersten Studie wurden die Daten mithilfe eines computergestützten adaptiven Testformats erhoben. Die Datenanalyse erfolgt ebenfalls computergestützt mithilfe von grundlegenden Methoden der quantitativen Datenauswertung.

Zur Charakterisierung der Vorkursteilnehmenden wurden die Deskriptiva des Kompetenzkonstrukts herangezogen. Im Mittel erreichten die Studienteilnehmerinnen und -teilnehmer einen Personenparameter von 0,16 (SD = 0,67). Im Vergleich hierzu erzielten die Studienanfängerinnen und -anfänger aus Studie 1 im Mittel einen Personenparameter von 0,00 (SD = 0,79). Erwartungsgemäß zeigt sich, dass der mittlere Personenparameter der Studienteilnehmenden aus Studie 2 deskriptiv etwas höher ist als derjenige der Teilnehmenden aus Studie 1. Allerdings weist der ermittelte Mittelwertunterschied nicht auf einen substantiellen Unterschied hin, wie es möglicherweise denkbar wäre. Eine potentielle Erklärung könnte der Erhebungszeitpunkt sein. Während die Studie 2 im Rahmen eines Vorkurses durchgeführt wurde, wurde Studie 1 im Laufe der zweiten und dritten Veranstaltungswoche durchgeführt, d. h., es wäre denkbar, dass die Studierenden aus Studie 1 in den ersten Veranstaltungswochen bereits Möglichkeiten zur Förderung ihrer mathematikbezogenen wissenschaftspropädeutischen Kompetenzen wahrnehmen und dadurch einen potentiellen Mangel an diesen Kompetenzen kompensieren konnten. Dieser Vermutung müsste in einer Folgestudie nachgegangen werden, da Studie 2 dazu keine konkreten Hinweise liefert. Werden die Standardabweichungen beider Stichproben miteinander verglichen, könnte dies als ein Hinweis dafür interpretiert werden, dass die Stichprobe der zweiten Studie als homogener hinsichtlich der mathematikbezogenen wissenschaftspropädeutischen Kompetenzen aufgefasst werden kann. Dies ist nicht verwunderlich, da die Zusammensetzung der zweiten Stichprobe hinsichtlich der Studiengänge homogener ist. Während sich die erste Stichprobe aus Studierenden der Wirtschafts-, Ingenieurwissenschaften, Informatik, Mathematik oder des Lehramts zusammensetzt, besteht die Stichprobe in Studie 2 zum Großteil aus Studienanfängerinnen und -anfängern, für die Mathematik als strukturorientierte Disziplin eine wichtige Rolle im Studium spielt.

In Bezug auf die Kompetenzunterschiede zwischen den Studiengängen kann die Vermutung bestätigt werden, dass der Studiengang der Teilnehmenden mit den mathematikbezogenen wissenschaftspropädeutischen Kompetenzen zusammenhängt. Entsprechend vorheriger Studien zu anderen kognitiven Konstrukten (z. B. Pustelnik, 2018) konnte auch in dieser Studie gezeigt werden, dass Mathematikstudierende über höhere mathematische Kompetenzen verfügen als Lehramtsstudierende respektive Mathematikstudierende mit stärkerem Anwendungsbezug (hier: Wirtschaftsmathematik). Die Ergebnisse von Studie 2 legen nahe, dass die Leistungen der Wirtschaftsmathematik- (d = 0,74) und Lehramtsstudierenden (d = 0,79) sich erheblich von den der Mathematikstudierenden unterscheiden. Für das Studium der Wirtschaftsmathematik kann dies möglicherweise durch die stärkere Akzentuierung der Anwendungsorientierung des Studiums (Orientierung an ökonomischen Kontexten) erklärt werden. So ist es denkbar, dass die Studienwahl von Wirtschaftsmathematikstudierenden dadurch bestimmt ist, dass sie sich zum einen für das Anwenden von Mathematik interessieren und sie sich darin kompetent fühlen und zum anderen die primäre Bedeutung von Mathematik in ihrer Anwendung sehen. Problematischer ist der Befund, dass die mathematikbezogenen wissenschaftspropädeutischen Kompetenzen von den Lehramtsstudierenden im Vergleich zu den Mathematikstudierenden deutlich unterdurchschnittlich ausgeprägt sind. Neben möglichen Problemen, die das Fehlen von mathematikbezogenen wissenschaftspropädeutischen Kompetenzen für die Studieneingangsphase mit sich bringen kann, kann es auch zu Problemen in zukünftigen Anforderungssituationen im Unterrichtsalltag (z. B. Entwicklung von wissenschaftspropädeutischen Lerngelegenheiten) führen. Daher ist es besonders für die Lehramtsstudierenden wichtig, dass universitäre Lernangebote in der Studieneingangsphase geschaffen werden, um mögliche Rückstände hinsichtlich ihrer mathematikbezogenen wissenschaftspropädeutischen Kompetenzen nachzuholen.

Im Rahmen der ersten Regressionsanalyse (nur Vorwissensfacetten) zeigt sich, dass die beiden universitären Vorwissensfacetten mathematikbezogene wissenschaftspropädeutische Kompetenzen prädizieren können. Insgesamt kann das Modell 29% der gesamten Varianz erklären. Das zweite Modell besteht aus den schulischen Leistungsmaßen und den affektiven Merkmalen, wobei sich nur die Abiturnote und das Interesse bezüglich Beweisen prädiktiv für mathematikbezogene wissenschaftspropädeutische Kompetenzen zeigen. Das Modell kann 20% der Varianz im Kriterium aufklären. Wie bereits andere Studien (z. B. Neuhaus-Eckhardt, 2022; Pustelnik, 2018) zeigen konnten, scheinen mathematische (Teil-)Kompetenzen weniger mit der letzten Mathematiknote als mit der Abiturnote zusammenzuhängen. Etwas überraschend ist jedoch, dass sich das Interesse bezüglich Beweisen als Prädiktor herauskristallisiert hat. Aus vorherigen Studien (z. B. Neuhaus-Eckhardt, 2022) scheint vor allem das Selbstkonzept mathematische Kompetenzen zu prädizieren. Eine mögliche Erklärung für diese unterschiedlichen Befunde könnte in der Erfassung der Konstrukte liegen. Da zu mathematikbezogenen wissenschaftspropädeutischen Kompetenzen unter anderem meta-wissenschaftliches Wissen gehört, was im Rahmen des Testinstruments als deklaratives Wissen erhoben wurde, und das Selbstkonzept bezüglich Beweisen sich konkret auf die Bewältigung von Anforderungssituationen bezieht (Beispielitem: Mathematische Beweise zu verstehen, fällt mir leicht.), ist es möglich, dass die beiden Konstrukte weniger zusammenhängen als zu erwarten wäre. Wie aus der Diskussion zur vorherigen Studie zu entnehmen ist, ist es ratsam, weitere Items zum Methodenbewusstsein zu entwickeln und zu validieren. Da die Items zum Methodenbewusstsein sowohl konzeptuelles als auch prozedurales Wissen fokussieren, könnte vermutet werden, dass die Kompetenzfacette stärker mit dem Selbstkonzept bezüglich Beweisen zusammenhängt. Dieser Vermutung kann im Rahmen weiterer Studien nachgegangen werden.

Bei Einbezug aller möglichen Prädiktoren kann das dazugehörige Modell X insgesamt 36% der Varianz im Kriterium erklären. Unter Kontrolle aller anderen Variablen zeigt sich, dass nur die universitäre Vorwissensfacette *Analysis* und *logisches Denken* signifikante Prädiktoren für mathematikbezogene wissenschaftspropädeutische Kompetenzen sind. Dass kognitive Merkmale wie inhaltliches Vorwissen und logisches Denken sich bei der Prädiktion von mathematikbezogenen wissenschaftspropädeutischen Kompetenzen durchsetzen, ist nicht überraschend. Auch in anderen Studien konnte festgestellt werden, dass mathematische (Teil-)Kompetenzen sich durch kognitive Lernvoraussetzungen am besten prädizieren lassen (z. B. Neuhaus-Eckhardt, 2022; Rach, 2014). Neben dem inhaltlichen Vorwissen spielt auch das logische Denken für die Prädiktion von mathematikbezogenen wissenschaftspropädeutischen Kompetenzen eine wichtige Rolle. Dies könnte dadurch erklärt werden, dass logische Aspekte im Rahmen des Testinstruments explizit abgefragt wurden, weil Logik eine Grundlage für Mathematik als strukturorientierte Disziplin darstellt. Andererseits ist es möglich, dass logisches Denken (im Sinne der allgemeinen Intelligenz) für die korrekte Beantwortung einzelner Items ausreicht oder zumindest hilfreich ist (z. B. wenn sich Distraktoren *logisch* ausschließen lassen).

Mithilfe eines Prä-Post-Tests sollte der Frage nachgegangen werden, inwieweit sich das entwickelte Testinstrument sensitiv gegenüber Lernzuwächsen durch universitäre Lernangebote verhält. Es zeigte sich, dass die kleine Stichprobe am Ende des Vorkurses über höhere Personenparameter aufwiesen als zu Beginn des Vorkurses (*Cohens* $d = 0{,}63$). Dieses Ergebnis liefert einen Hinweis für die Sensitivität des Instruments. Dementsprechend ist es mithilfe des vorliegenden Instruments möglich, Lernzuwächse von Schülerinnen und Schülern respektive von Studienanfängerinnen und -anfängern zu erheben. Konkret bedeutet dies, dass zukünftig mithilfe des Instruments Lernangebote hinsichtlich ihres Nutzens bezüglich der Förderung von mathematikbezogenen wissenschaftspropädeutischen Kompetenzen evaluiert werden können.

Insgesamt konnte mithilfe dieser Studie ein Beschreibungswissen über mathematikbezogene wissenschaftspropädeutische Kompetenzen von Vorkursteilnehmenden generiert werden. Da es bisher keine Studien zu diesem Konstrukt gibt, konnten die Ergebnisse dieser Studie nur mit theorieähnlichen Konstrukten verglichen werden. In diesem Zusammenhang konnten im Rahmen dieser Studie ähnliche Ergebnisse erzielt werden, wie sie aus anderen Untersuchungen zu kognitiven Merkmalen von Lernenden in der Studieneingangsphase bekannt sind. Etwas überraschend zeigte sich, dass die mathematikbezogenen wissenschaftspropädeutischen Kompetenzen von Studienanfängerinnen und -anfängern in einem mathematischen Studiengang (Positivselektion) nicht substantiell besser ausgeprägt sind als von Studierenden aus anwendungsorientierten Studiengängen (siehe Studie 1). Es bleibt fraglich, wodurch die ausbaufähige Verteilung auf die Kompetenzniveaus zu erklären ist. Ein plausibler Erklärungsansatz liegt darin, dass im Laufe ihrer Bildungsbiographie möglicherweise Lernangebote nicht wahrgenommen oder nicht ausreichend viele Lernangebote geschaffen wurden. Um dieser Erklärung nachzugehen, ist es sinnvoll, die Perspektive von Lehrkräften einzubeziehen.

8.5 Lehrkraftvorstellungen zu Wissenschaftspropädeutik

Die dritte Studie leistet einen Beitrag zur Untersuchung der Vorstellungen von Lehrkräften zu Wissenschaftspropädeutik, die im Forschungsfeld der Wissenschaftspropädeutik bislang kaum Beachtung fanden. In diesem Rahmen soll vordergründig untersucht werden, was Lehrkräfte unter der Zieldimension Wissenschaftspropädeutik verstehen und welche Vorstellungen Lehrkräfte über eine mögliche Implementierung von Wissenschaftspropädeutik im Mathematikunterricht haben. Aus der Studienlage zu Vorstellungen von Lehrkräften geht hervor, dass diese (zumindest implizit) einen Einfluss auf die Unterrichtsgestaltung nehmen können. Daher ist die Erforschung von Lehrkraftvorstellungen ein erster Ansatz, um einen Einblick in die Gestaltung des Mathematikunterrichts der gymnasialen Oberstufe zu bekommen.

Zur Beantwortung der aufgeworfenen Forschungsfragen wurde ein qualitatives Design gewählt. Hierfür wurden zehn Mathematiklehrkräfte im Rahmen von leitfadengestützten Interviews zu ihren Vorstellungen über die Zieldimension Wissenschaftspropädeutik befragt. Die Auswertung der Daten erfolgte computergestützt mithilfe der inhaltlich-strukturierenden qualitativen Inhaltsanalyse nach Kuckartz (2018).

Insgesamt konnte der Großteil der befragten Lehrkräfte eine Beschreibung der Zieldimension Wissenschaftspropädeutik formulieren. Dabei zeigte sich, dass Lehrkräfte Wissenschaftspropädeutik sowohl fachübergreifend (im Sinne von allgemein-wissenschaftlichen Arbeitsweisen) als auch mathematikspezifisch verstehen. Ein fachübergreifendes Verständnis von Wissenschaftspropädeutik äußerte sich dadurch, dass Lehrkräfte bei der Beschreibung von Wissenschaftspropädeutik auf das Ziel rekurrierten, das *Allgemeine* von wissenschaftlichen Denk- und Arbeitsweisen anzubahnen. Beispielsweise wurden Tätigkeiten wie „Fragestellungen entwickeln“ und „Hypothesen bilden“ genannt, die wichtige Prozesse beim wissenschaftlichen Vorgehen darstellen. Hinsichtlich eines mathematikspezifischen Verständnisses von Mathematik unterschieden die Lehrkräfte zwischen der Anbahnung von mathematischen Denk- und Arbeitsweisen (a) der struktur- und (b) der anwendungsorientierten Disziplin Mathematik. Abhängig davon, welche Seite von Mathematik aus Sicht der Lehrkräfte angebahnt werden soll, wird hauptsächlich auf die prozessbezogenen mathematischen Kompetenzen (a) des Argumentierens beziehungsweise (b) des Modellierens rekurriert. Dabei zeigte sich, dass Lehrkräfte implizit eine Hierarchisierung beim Anwenden der mathematischen Arbeitsweisen vornehmen. So unterscheiden die befragten Lehrkräfte zwischen einer selbstständigen Durchführung und eines eher passiven Nachvollziehens von mathematischen Arbeitsweisen, was in Einklang zum Methodenbewusstsein nach Müsche (2009) steht.

Neben dem Verständnis von Wissenschaftspropädeutik wurden auch Vorstellungen zur unterrichtlichen Implementierung von Wissenschaftspropädeutik erhoben. Es zeigte sich, dass die Lehrkräfte vordergründig zwischen zwei Inszenierungsmöglichkeiten von Wissenschaftspropädeutik differenzieren: (1) Inszenierungsmöglichkeiten abseits des regulären Mathematikunterrichts und (2) Inszenierungsmöglichkeiten im regulären Mathematikunterricht. In Bezug auf außerunterrichtliche Inszenierungen von Wissenschaftspropädeutik nennen die Lehrkräfte das Schreiben von Fach- respektive Hausarbeiten (Boggasch, 2011; Krause, 2014) und das Lernen an außerschulischen Lernorten. Die Teilnahme an W-Seminaren (Frank, 2020) wurde von den interviewten Lehrkräften nicht genannt, was möglicherweise darauf zurückzuführen ist, dass in Sachsen-Anhalt ein Angebot von W-Seminaren curricular nicht vorgesehen ist. Mit Blick auf Inszenierungsmöglichkeiten im regulären Mathematikunterricht ergibt sich ein differenzierteres Bild. Hierfür beziehen sich die befragten Lehrkräfte sowohl auf curriculare Inhalte der gymnasialen Oberstufe als auch auf didaktische Gestaltungsentscheidungen. Bezugnehmend zu den

Inhalten, die aus Sicht der Lehrkräfte als wissenschaftspropädeutisch gelten, lässt sich feststellen, dass prinzipiell alle Stoffgebiete für die Zielerreichung von Wissenschaftspropädeutik als bedeutsam angesehen werden. Neben den Inhalten bezieht sich ein Großteil der Äußerungen auf die Förderung konkreter allgemeiner mathematischer Kompetenzen, die aus Sicht der Lehrkräfte mit der Zielerreichung von Wissenschaftspropädeutik einhergehen. Dazu zählen das mathematische Argumentieren, Begründen und Beweisen, das mathematische Modellieren, das Verwenden formaler, symbolischer und technischer Aspekte der Mathematik, aber auch das Reflektieren über *beide* Seiten von Mathematik. In Zusammenhang mit der Fokussierung auf die Anwendungsseite von Mathematik und dem mathematischen Modellieren nimmt das Herstellen von Realitätsbezügen aus Sicht der Lehrkräfte eine bedeutende Rolle ein. Insgesamt scheinen die befragten Lehrkräfte jedoch Schwierigkeiten zu haben, konkrete Unterrichtssituationen zu beschreiben und didaktisch-methodisch zu legitimieren, die als wissenschaftspropädeutisch bezeichnet werden.

Die Ergebnisse der Studie 3 stellen einen wichtigen Schritt zur Erforschung von Lehrkraftvorstellungen über Wissenschaftspropädeutik und ihrer unterrichtlichen Implementierung dar. Da bislang keine Untersuchungen zu Lehrkraftvorstellungen über Wissenschaftspropädeutik vorliegen, können die Ergebnisse nur schwer mit vorherigen Studien verglichen werden. Allerdings lassen sich die Ergebnisse vor dem Hintergrund des theoretischen Rahmens zur Zieldimension Wissenschaftspropädeutik interpretieren und bezugnehmend zur Theorie einordnen. Ähnlich wie die Diskussion um die unterschiedliche Auffassung von *Wissenschaft* beim Begriff Wissenschaftspropädeutik (Huber, 1994; 2009a; von Hentig, 1980) scheinen auch die befragten Lehrkräfte beiden Interpretationen von „Wissenschaft" eine Bedeutung zuzuschreiben. So sehen die befragten Lehrkräfte das Ziel von Wissenschaftspropädeutik sowohl in der Anbahnung des *Allgemeinen* von Wissenschaft als auch des *Besonderen* von Mathematik. In Hinblick auf die geäußerten Denk- und Arbeitsweisen, die das Allgemeine von Wissenschaft anbahnen sollen, lässt sich eine große Übereinstimmung zwischen den Lehrkraftvorstellungen und der zweiten Dimension des Kompetenzmodells nach Müsche (2009) feststellen. Es konnten alle Kompetenzbeschreibungen (zumindest implizit) des Methodenbewusstseins (Müsche, 2009) durch die geäußerten Lehrkraftvorstellungen repliziert werden. Vorsichtig interpretiert kann dies als eine Validierung des Kompetenzmodells von Müsche (2009) aufgefasst werden. Ebenfalls theoriekonform scheinen die geäußerten Vorstellungen zum mathematikspezifischen Verständnis von Wissenschaftspropädeutik zu sein. Übereinstimmend mit den kontrastierten Funktionen eines wissenschaftspropädeutischen Mathematikunterrichts (vgl. von Hentig, 1980) wird von den befragten Lehrkräften die Anbahnung beider Seiten von Mathematik angesprochen. Allerdings muss limitierend ergänzt werden, dass die befragten Lehrkräfte zum Teil nur eine Seite von Mathematik isoliert betrachtet haben beziehungsweise eine Seite von Mathematik stark in den Vordergrund gerückt haben (meist Mathematik als Anwendungsdisziplin). Demnach ist die Frage naheliegend, ob sich die unverhältnismäßige Fokussierung auf die anwendungsorientierte Seite von Mathematik auch im realisierten Mathematikunterricht der gymnasialen Oberstufe zeigt. Da wir noch vergleichsweise wenig über den Mathematikunterricht in der gymnasialen Oberstufe und dessen Unterrichtsqualität wissen (Ufer & Praetorius, 2022), kann diese Frage nicht auf Basis der aktuellen Forschungslage beantwortet werden. Jedoch kann dieser

Frage beispielsweise im Rahmen einer weiterführenden Videostudie zur Untersuchung des Mathematikunterrichts in der gymnasialen Oberstufe nachgegangen werden.

Die Frage danach, welche unterrichtlichen Inszenierungsmöglichkeiten von Wissenschaftspropädeutik im Mathematikunterricht von Lehrkräften fokussiert werden, stellt eine wichtige Ergänzung zur bisherigen Forschungslandschaft dar. Darüber hinaus können aus den Antworten der Lehrkräfte möglicherweise praktische Implikationen abgeleitet werden. Hinsichtlich des bisherigen Forschungsstandes konnte festgestellt werden, dass das Verfassen einer Haus- respektive Facharbeit von den Lehrkräften als eine wichtige außerunterrichtliche Inszenierung von Wissenschaftspropädeutik wahrgenommen wird. Entgegen der Arbeit von Frank (2020), in welcher das wissenschaftspropädeutische Lernen von Schülerinnen und Schülern in W-Seminaren in den Mittelpunkt gestellt wird, wurden solche institutionalisierten Lernformen nicht von den befragten Lehrkräften genannt. Dies ist möglicherweise mit dem situativen Kontext der durchgeführten Studie zu erklären. Da das W-Seminar im Lehrplan Sachsen-Anhalts kein institutionalisiertes (Wahl-)Pflichtfach darstellt, ist es möglich, dass die befragten Lehrkräfte ein solches Unterrichtsangebot (wie es in Bildungsplänen anderer Länder der Bundesrepublik Deutschland vorkommen kann) nicht kennen. Um zu untersuchen, inwieweit Lehrkräfte von anderen deutschen Ländern bei der Frage nach einer möglichen Inszenierung von Wissenschaftspropädeutik das W-Seminar als relevante Lernform hervorheben, ist eine Ausweitung der Studie ratsam. Den befragten Lehrkräften fiel es schwer, unterrichtliche Inszenierungen von Wissenschaftspropädeutik zu benennen. Möglicherweise ist dies darauf zurückzuführen, dass Lehrkräfte nicht ausreichend viele Lernangebote hinsichtlich Wissenschaftspropädeutik genutzt haben respektive nutzen konnten. Da Lehrkräfte augenscheinlich Schwierigkeiten haben, unterrichtliche Inszenierungen von Wissenschaftspropädeutik zu nennen respektive zu entwickeln, könnte es (vorsichtig interpretiert) auch Auswirkungen auf die Unterrichtsqualität haben. Daher ist es beispielsweise vorstellbar, dass Mathematiklehrkräfte im Rahmen ihres Oberstufenunterrichts die Zieldimension Wissenschaftspropädeutik nicht oder nur einseitig fokussieren. Aus diesem Grund bedarf es weiterer Studien, die konkret den realisierten Mathematikunterricht in der gymnasialen Oberstufe untersuchen. Zur Verbesserung der Unterrichtsqualität könnte ein intensiveres Lernangebot hinsichtlich Wissenschaftspropädeutik für angehende Lehrkräfte (z. B. universitäre Lehrveranstaltungen zur Zieldimension Wissenschaftspropädeutik) als auch für praktizierende Lehrkräfte (z. B. Lehrkraftfortbildungen zur Gestaltung von wissenschaftspropädeutischem Mathematikunterricht) beitragen.

8.6 Resümee und weitere Forschungsperspektiven

Die vorliegende Dissertation zielte auf eine Untersuchung des aktuellen Mathematikunterrichts und dessen Beitrag hinsichtlich Wissenschaftspropädeutik hin. Als Resümee der vorliegenden Arbeit kann festgehalten werden, dass zunächst der Begriff der mathematikbezogenen wissenschaftspropädeutischen Kompetenzen theoriebasiert beschrieben wurde und diese Kompetenzen mithilfe eines sinnvollen Modells konkretisiert wurden. Ausgehend von dieser theoretischen Konzeptualisierung wurde ein Testinstrument zur Erfassung mathematikbezogener wissenschaftspropädeutischer Kompetenzen entwickelt, für dessen Eignung empirische Hinweise generiert werden konnten. Deshalb kann es als wertvolles Instrument zur Überprüfung der Zielerreichung von Wissenschaftspropädeutik (zumindest für den Mathematikunterricht) angesehen werden. Insgesamt deuten die Ergebnisse der durchgeführten Studien darauf hin, dass die Zieldimension Wissenschaftspropädeutik im aktuellen Mathematikunterricht zum Teil schon berücksichtigt wird, allerdings an gewissen Stellen *Nachholbedarfe* zu verzeichnen sind. Der verzeichnete Nachholbedarf bezieht sich dabei nicht nur auf die bisher mangelnde theoretische Auseinandersetzung mit der Zieldimension Wissenschaftspropädeutik, sondern lässt sich auch auf verschiedenen Ebenen antreffen:

- *Curriculare Ebene*: Fehlende Konkretisierung der Zieldimension Wissenschaftspropädeutik in den curricularen Bestimmungen
- *Theoretische Ebene*: Mangelnde Auseinandersetzung mit der Zieldimension Wissenschaftspropädeutik aus fachdidaktischer Perspektive
- *Ebene der Lernenden*: Ausbaufähiges Vorhandensein von mathematikbezogenen wissenschaftspropädeutischen Kompetenzen bei Studienanfängerinnen und -anfängern (unabhängig vom Studiengang)
- *Ebene der Lehrenden*: Geringe Fokussierung der strukturorientierten Seite von Mathematik und Schwierigkeiten bei exemplarischer Nennung von unterrichtlichen Inszenierungsmöglichkeiten von Wissenschaftspropädeutik

Diese vier aufgeworfenen Ebenen, auf welchen Nachholbedarfe identifiziert werden konnten, lassen sich aus den theoretischen Vorbetrachtungen sowie den vorgestellten und diskutierten Ergebnissen der vorangegangenen Abschnitte ableiten. Die Entwicklung und Validierung eines Tests zur Erfassung von mathematikbezogenen wissenschaftspropädeutischen Kompetenzen konnte einige nicht ausgeschöpfte Potentiale für die Zukunft aufzeigen. Dabei soll an dieser Stelle nochmals ausdrücklich darauf hingewiesen werden, dass eine Validierung des Testinstruments für die Zielgruppe von Abiturientinnen und Abiturienten noch aussteht. Trotz dessen kann die theoretische Auseinandersetzung mit Wissenschaftspropädeutik, die theoriebasierte Entwicklung eines Modells zur Beschreibung fachbezogener wissenschaftspropädeutischer Kompetenzen und die Testentwicklung als Anknüpfungspunkte für eine mögliche Übertragung auf andere Unterrichtsfächer gelten, denn neben Mathematik haben auch die anderen beiden Kernfächer *Deutsch* und die fortgeführte *Fremdsprache* bei der Zielerreichung von Wissenschaftspropädeutik eine zentrale Rolle (KMK, 2023). Neben der Validierung des Testinstruments mit einer anderen Stichprobe sowie die Überführung des Vorgehens auf andere Unterrichtsfächer sind die Ergebnisse dieser Arbeit sowie die identifizierten Nachholbedarfe geeignet, um weitere Forschungsperspektiven aufzuzeigen und zu begründen. In diesem Kontext konnten drei potentielle Forschungsbereiche aufgedeckt werden, die im Folgenden nacheinander beschrieben werden.

Forschungsbereich 1: Entwicklung und wissenschaftliche Begleitung von Lerngelegenheiten

Studie 2 liefert empirische Hinweise darauf, dass Mathematikvorkurse förderlich für die Entwicklung von mathematikbezogenen wissenschaftspropädeutischen Kompetenzen sein können. Allerdings sollten diese Ergebnisse nur sehr vorsichtig interpretiert werden, da es sich dabei nicht um eine experimentelle Studie handelt, weshalb es unklar ist, ob der Zuwachs von mathematikbezogenen wissenschaftspropädeutischen Kompetenzen gänzlich auf die Teilnahme des Vorkurses zurückzuführen ist. Ebenso unklar ist die Frage, was konkrete Gelingensbedingungen des Vorkurses sind, d. h. welche Merkmale des Vorkurses zum Aufbau der mathematikbezogenen wissenschaftspropädeutischen Kompetenzen beigetragen haben. Auch muss auf die geringe Stichprobengröße als limitierender Faktor von Studie 2 hingewiesen werden. Nichtsdestotrotz konnte die Sensitivität des Instruments empirisch nachgewiesen werden. Demzufolge ist das Testinstrument geeignet, um andere beziehungsweise neu entwickelte Interventionen zur Förderung von mathematikbezogenen wissenschaftspropädeutischen Kompetenzen zu evaluieren. In diesem Zusammenhang ist es auch möglich, den Mathematikunterricht der gymnasialen Oberstufe hinsichtlich der Förderung mathematikbezogener wissenschaftspropädeutischer Kompetenzen zu untersuchen. In diesem Rahmen könnte beispielsweise untersucht werden, über welche mathematikbezogenen wissenschaftspropädeutischen Kompetenzen Abiturientinnen und Abiturienten verfügen und wie sich diese beispielsweise auf Systemebene (z. B. abhängig von den länderspezifischen Curricula) unterscheiden. Daneben könnte der Test auch verwendet werden, um Interventionen, welche die Förderung verwandter Konstrukte (z. B. prozessbezogene mathematische Kompetenzen wie das mathematische Argumentieren) fokussieren, hinsichtlich der Förderung mathematikbezogener wissenschaftspropädeutischer Kompetenzen zu untersuchen. Es wäre durchaus denkbar, dass es bereits Konzeptionen gibt, die implizit mathematikbezogene wissenschaftspropädeutische Kompetenzen fördern, und anhand derer Gestaltungsmerkmale extrahiert werden können, die für die Entwicklung neuer Lerngelegenheiten herangezogen werden können.

In bisherigen Konzeptionen zur Förderung von mathematikbezogenen wissenschaftspropädeutischen Kompetenzen wurde bisher der Nutzen von extracurricularen Lerngelegenheiten betont und systematisch untersucht. In diesem Kontext liegen beispielsweise Untersuchungen zu W-Seminaren (Frank, 2020) oder mathematischen Facharbeiten (Krause, 2014) vor. Aus einer aktuellen Studie von Fesser et al. (2023) liegen empirische Hinweise darüber vor, dass neben dem belegten Kursniveau (Leistungs- vs. Grundkurs) die Teilnahme an extracurricularen Lerngelegenheiten prädiktiv für mathematikbezogene wissenschaftspropädeutische Kompetenzen sind. Zu diesen Lerngelegenheiten zählten die Teilnahme an mathematikspezifischen Arbeitsgemeinschaften (z. B. Mathematik-AG), an universitären Angeboten (z. B. Schnuppervorlesungen) oder an Wettbewerben (z. B. Mathematik-Olympiade). Allerdings handelt es sich hierbei nur um fakultative Lerngelegenheiten und nicht um den grundlegenden Mathematikunterricht, welcher für alle Schülerinnen und Schüler die vornehmliche Lerngelegenheit zur Förderung von mathematikbezogenen wissenschaftspropädeutischen Kompetenzen darstellt. Da aus Studie 1 und 2 bekannt ist, dass die Kompetenzen ausbaufähig sind, scheint der aktuelle Mathematikunterricht nicht gänzlich die Zieldimension Wissenschaftspropädeutik zu erreichen. Dementsprechend müssten wissenschaftspropädeutische Inszenierungsmöglichkeiten für den Mathematikunterricht entwickelt (Genaueres hierzu in Kapitel 8.7), erprobt und in Hinblick auf ihre Effektivität wissenschaftlich untersucht werden.

Bei der Entwicklung des Kompetenzmodells wurde sich an den Forderungen der Bildungsstandards und deren Überprüfung orientiert. Ein möglicher Nutzen von validierten

Kompetenzmodellen und dazugehörigen Testinstrumenten könnte darin liegen, Schülerinnen und Schülern von ihren Schulen Feedback über ihre verfügbaren Kompetenzen geben zu lassen. Solche Rückmeldungen sind nicht nur interessant für die einzelnen Schülerinnen und Schüler, sondern könnten auch auf Ebene der Schule wichtig sein, damit sie eine kriteriumsorientierte Rückmeldung darüber bekommen würden, über welche Kompetenzen ihre Schülerinnen und Schüler verfügen (Klieme et al., 2003). Die wissenschaftliche Überprüfung von Interventionen zur Förderung von mathematikbezogenen wissenschaftspropädeutischen Kompetenzen als auch die Evaluierung der Rückmeldefunktion des entwickelten Kompetenzmodells sind Ansatzpunkte, die zur Überprüfung der *konsequentiellen Validität* herangezogen werden können.

Forschungsbereich 2: Erfassung der Zieltrias der gymnasialen Oberstufe
Mit den Studien 1 und 2 ist es gelungen, mathematikbezogene wissenschaftspropädeutische Kompetenzen theoretisch zu konzeptualisieren sowie einen Test zur Erfassung dieser Kompetenzen zu entwickeln und empirisch zu validieren. Damit konnte der Frage nachgegangen werden, wie *eine* Dimension der Zieltrias (zumindest für den Mathematikunterricht) empirisch erfassbar und überprüfbar gemacht werden kann. Allerdings gehören neben Wissenschaftspropädeutik auch die vertiefte Allgemeinbildung und allgemeine Studierfähigkeit zur Zieltrias der gymnasialen Oberstufe (KMK, 2023). Dies ist vor dem Hintergrund der theoretischen Auseinandersetzung mit den einzelnen Dimensionen der Zieltrias (Kapitel 2) aus dem Grund besonders wichtig, da es unklar zu sein scheint, inwieweit die Dimensionen jeweils für sich alleinstehende und demnach voneinander abgrenzbare Ziele darstellen. Erste Anhaltspunkte, die für eine theoretische Konzeptualisierung und Operationalisierung herangezogen werden könnten, liegen für den Mathematikunterricht und für beide Konstrukte (1) vertiefte Allgemeinbildung (Rolfes & Heinze, 2022) und (2) allgemeine Studierfähigkeit (Ufer, 2022) vor. Nach Rolfes & Heinze (2022) wird das in der Sekundarstufe I verstandene Ziel der Allgemeinbildung in der gymnasialen Oberstufe dadurch *vertieft*, dass die Lerninhalte entweder qualitativ (im Sinne einer breiteren Vernetzung der bereits erworbenen Kompetenzen und eines Erwerbs von Wissens über Mathematik als strukturorientierte Disziplin) oder quantitativ (im Sinne einer Ausbreitung der fachlichen Wissensbestände) erweitert werden. Besonders die Vertiefung als qualitative Erweiterung der Lerninhalte, die das Kennenlernen von Mathematik als strukturorientierte Disziplin beinhaltet, illustriert die inhaltliche Nähe beider Konstrukte. Ähnlich zum Verhältnis von Wissenschaftspropädeutik und vertiefter Allgemeinbildung können auch Kongruenzen zwischen Wissenschaftspropädeutik und allgemeiner Studierfähigkeit festgehalten werden. In Anlehnung an das von Ufer (2022) adaptierte Rahmenmodell zur Beschreibung des Beitrags des Mathematikunterrichts zur Studierfähigkeit werden drei Komponenten von Studierfähigkeit unterschieden: (1) domänenübergreifend (überfachliche Personenmerkmale, z. B. allgemeine Intelligenz), (2) mathematisch-übergreifend (mathematische und nicht studienfachspezifische Kompetenzen, z. B. tragfähige Vorstellungen zu statistischen Grundbegriffen) und (3) mathematisch-spezifisch. Die mathematisch-spezifische Komponente beinhaltet fachliche Kompetenzen, die für eine spezifische Menge von Studiengängen als besonders relevant gelten. Diese Fachspezifität der Studiengänge hinsichtlich ihrer mathematischen Lernvoraussetzungen wird besonders deutlich, wenn die Ergebnisse der MaLeMINT- (Neumann et al., 2017) und MaLeMINT-E-Studie (Neumann et al., 2021) miteinander verglichen werden. Es zeigt

sich, dass bezüglich des Wesens der Mathematik die Hochschullehrenden im MINT-Bereich sich über die Notwendigkeit des Wissens einig sind. Bei Hochschullehrenden außerhalb des MINT-Bereichs zeigt sich (mit Ausnahme der ingenieur- und wirtschaftsbezogenen Studiengängen), dass ein Wissen über das Wesen der Mathematik als weniger relevant angesehen wird. Zum Wissen über das Wesen von Mathematik gehören Wissensbestände zu Merkmalen von Mathematik als strukturorientierte Disziplin. Demnach haben auch die in dieser Arbeit konzeptualisierten mathematikbezogenen wissenschaftspropädeutischen Kompetenzen und die Modellierung von Studierfähigkeit nach Ufer (2022) inhaltliche Schnittstellen.

Ein erster Schritt im Rahmen dieses Forschungsbereichs besteht darin, vor dem Hintergrund des Forschungsstands zur vertieften Allgemeinbildung und allgemeinen Studierfähigkeit beide Konstrukte theoretisch zu konzeptualisieren und mithilfe eines geeigneten Instruments empirisch messbar zu machen. Falls validierte Testinstrumente zur Erfassung beider Zieldimensionen vorliegen, kann in einem nächsten Schritt beispielsweise folgenden Forschungsfragen nachgegangen werden: Inwieweit lassen sich die drei Zieldimensionen empirisch voneinander trennen? Gibt es in Hinblick auf die Erreichung der drei Zieldimensionen Unterschiede zwischen Abiturientinnen und Abiturienten aus der Oberstufe mit einem Kurssystem (z. B. Sachsen-Anhalt) gegenüber Abiturientinnen und Abiturienten aus einer Profiloberstufe (z. B. Bayern)? Wie entwickeln sich die hinter den drei Zieldimensionen liegenden Kompetenzen über die gymnasiale Oberstufe hinweg?

Forschungsbereich 3: Übergang Schule-Hochschule

Die gymnasiale Oberstufe als Ganzes und demnach auch die Zieltrias der gymnasialen Oberstufe können als Schnittstelle von Schule und Hochschule angesehen werden. Besonders der Übergang in ein Mathematikstudium ist für Schülerinnen und Schüler respektive Studienanfängerinnen und Studienanfänger ein herausfordernder Prozess, der sich in einer vergleichsweise hohen Studienabbruchquote niederschlägt. Dieses Phänomen ist neben dem Zurechtfinden in den Strukturen einer neuen Institution unter anderem auf die Veränderung des Lerngegenstands zurückzuführen (Rach & Heinze, 2017). Einen guten Überblick darüber, welche Kompetenzen aus Sicht von Hochschullehrenden von Studienanfängerinnen und Studienanfängern in einem MINT-Studium erwartet werden, liefern die Ergebnisse der MaLeMINT-Studie (Neumann et al., 2017). Zu den relevanten mathematischen Arbeitstätigkeiten, die zum Teil durch die nationalen Bildungsstandards abgedeckt werden, gehören unter anderem das Definieren, Argumentieren und Beweisen, Kommunizieren und Problemlösen. „Auch ein Metawissen über Mathematik als wissenschaftliche Disziplin ist als Lernvoraussetzung für ein MINT-Studium notwendig" (Neumann et al., 2017, S. 28). Diese mathematischen Arbeitstätigkeiten sowie das Wissen über das Wesen von Mathematik, die von den Hochschullehrenden als notwendige Lernvoraussetzungen genannt werden, sind sowohl implizite als auch explizite Bestandteile der theoretischen Konzeptualisierung von mathematikbezogenen wissenschaftspropädeutischen Kompetenzen. Damit liegt die Vermutung nahe, dass mathematikbezogene wissenschaftspropädeutische Kompetenzen den Übergang in die Hochschulmathematik erleichtern können. In diesem Kontext wäre es interessant zu untersuchen, inwieweit mathematikbezogene wissenschaftspropädeutische Kompetenzen als relevanter Bedingungsfaktor für den Erfolg in einem Mathematikstudium (vgl. Rach, 2014) respektive als relevanter Faktor von Mathematikstudierenden für das Weiterstudieren (vgl. Geisler, 2020) gelten. Falls im Rahmen solcher Forschungsvorhaben die Vermutung, dass mathematikbezogene wissenschaftspropädeutische Kompetenzen den Studienerfolg prädizieren, bestätigt wird, stellt sich dann sofort die Anschlussfrage nach möglichen Unterstützungsangeboten für Studienanfängerinnen und Studienanfänger zur Förderung eben dieser Kompetenzen. Mögliche Ansatzpunkte könnten die Weiterentwicklung des Vorkursangebots sein oder das Belegen einer verpflichtenden Vorlesung zu Beginn des Studiums, in welcher die Charakteristika der strukturorientierten Seite von Mathematik kennengelernt und an Beispielen (z. B. aus der elementaren Zahlentheorie) exemplarisch angewendet werden.

Neben der Entwicklung von Unterstützungsangeboten stellt sich die Frage, inwieweit im Rahmen des Studiums der Fachmathematik fehlende mathematikbezogene wissenschaftspropädeutische Kompetenzen kompensiert werden können beziehungsweise während des Fachstudiums aufgebaut werden. Ausgehend von den Ergebnissen einer aktuellen Studie von Hoffmann und Even (2023) scheinen Hochschullehrenden meta-wissenschaftliche Fragen (z. B. Was ist Mathematik?, Wie wird Mathematik praktiziert? oder Warum sollte sich mit Mathematik beschäftigt werden?) und auch die Vermittlung meta-wissenschaftlichen Wissens im Rahmen der fachmathematischen Anteile eines Lehramtsstudiums wichtig zu sein. Zwar gibt es Ansatzpunkte aus qualitativen Studien (z. B. Hoffmann & Even, 2021), die Hinweise auf einen Zuwachs von meta-wissenschaftlichem Wissen liefern, aber es ist unklar, wie sich ein solches Wissen (und damit auch mathematikbezogene wissenschaftspropädeutische Kompetenzen) über einen längeren Zeitraum entwickelt.

Hinsichtlich der vielfältigen Forschungsperspektiven wird nochmals verdeutlicht, warum die mit dieser Arbeit intendierte Kompetenzmodellierung und Erfassung von mathematikbezogenen wissenschaftspropädeutischen Kompetenzen so bedeutsam für die mathematikdidaktische Forschung ist. Ohne eine fachspezifische Modellierung und ein validiertes Testinstrument zur Erfassung von mathematikbezogenen wissenschaftspropädeutischen Kompetenzen können curricular verankerte Ziele hinsichtlich der Förderung von wissenschaftspropädeutischen Kompetenzen im Mathematikunterricht nicht umfänglich überprüft werden. Daneben hat sich der Einsatz des Testinstruments auch praktisch als anwendbar erwiesen, woraus praktische Implikationen erwachsen können.

8.7 Praktische Implikationen

Aus den berichteten Ergebnissen lassen sich neben weiteren Forschungsperspektiven auch praktische Implikationen ableiten. Die praktischen Implikationen tangieren die Themenbereiche *Unterrichtsentwicklung*, *Lehramtsstudium* sowie *Fortbildungsangebot für Mathematiklehrkräfte*.

Unterrichtsentwicklung
Aus den Studien 1 und 2 geht hervor, dass die mathematikbezogenen wissenschaftspropädeutischen Kompetenzen bei Studienanfängerinnen und Studienanfängern insgesamt ausbaufähig sind. Besondere Schwierigkeiten schienen die Studienteilnehmenden mit dem Grundbegriff *Axiom* und mit den Items, die den Begriff enthielten, als auch mit

Items, die Wissen zum mathematischen Erkenntnisgewinnungsprozess fokussieren, zu haben (Fesser & Rach, 2022c). Neben extracurricularen Lern- und Organisationsformen (z. B. Lernen in W-Seminaren, Verfassen einer Facharbeit etc.) ist für die Zielerreichung von Wissenschaftspropädeutik vordergründig der Fachunterricht verantwortlich. Um Schülerinnen und Schülern Mathematik als strukturorientierte Disziplin erfahrbar zu machen, ist es wichtig, an die Methodenkenntnisse der Sekundarstufe I (z. B. Wissen über respektive Anwendung von mathematischen Arbeitsweisen) anzuknüpfen und diese im Rahmen der Sekundarstufe II zu vertiefen und zu systematisieren (Fesser & Rach, 2022a). Dabei sollte explizit gemacht werden, welche konkreten Grundbegriffe und -methoden charakteristisch für Mathematik als strukturorientierte Disziplin sind. Hierfür ist beispielsweise ein Mathematikunterricht (z. B. im Rahmen einer Unterrichtsreihe) geeignet, in welchem Schülerinnen und Schüler exemplarisch die axiomatische Methode kennenlernen. Ein konkretes Beispiel für eine solche Unterrichtskonzeption ist bei Hock et al. (2016) nachzulesen, die für die gymnasiale Oberstufe eine Unterrichtsreihe zu den *Kolmogoroff-Axiomen* konzipiert und didaktisch begründet haben. Ein anderes Beispiel, welches Ansatzpunkte für die Gestaltung eines wissenschaftspropädeutischen Mathematikunterrichts liefern kann, ist der von Schüler-Meyer (2018) konzipierte Zusatzkurs für mathematisch interessierte Schülerinnen und Schüler der gymnasialen Oberstufe. In diesem Kurs geht es inhaltlich um die *Folgenkonvergenz*. Dabei wurden Erkenntnisse darüber generiert, welche Unterstützungsmöglichkeiten Schülerinnen und Schülern helfen, die abstrakte Grenzwertdefinition besser zu verstehen. Neben der inhaltlichen Ausgestaltung von Unterricht spielen auch didaktisch-methodische Entscheidungen eine wichtige Rolle. Aus dem naturwissenschaftlichen Unterricht scheint klar zu sein, dass es beim Fördern von wissenschaftlichen Denk- und Arbeitsweisen wichtig ist, konstruktive *und* interaktive Lernaktivitäten anzuregen (Engelmann et al., 2016). Für den Mathematikunterricht könnte dies (im Sinne des entdeckenden respektive forschenden Lernens) beispielsweise bedeuten, dass Schülerinnen und Schüler konkret dazu angeregt werden sollten, selbst Fragen und Vermutungen aufzustellen, nach Argumenten für bestimmte Vermutungen zu suchen und sich dialogisch mit Mitschülerinnen und Mitschülern oder auch der Lehrkraft darüber auszutauschen.

Neben den Wissenslücken hinsichtlich des meta-wissenschaftlichen Wissens und dem Methodenbewusstsein ist auch die meta-wissenschaftliche Reflexion von Studienanfängerinnen und Studienanfängern divers entwickelt. So konnte in der Studie von Fesser und Rach (2022b) festgestellt werden, dass sich die Studienteilnehmenden bei mathematischen Reflexionsprozessen stark auf ihre vergangene Schulzeit berufen, aber zum Teil auch nicht in der Lage waren, schlüssig zu begründen und zu reflektieren. Eine Möglichkeit zur Förderung der (meta-wissenschaftlichen) Reflexion von Schülerinnen und Schülern könnte ein reflexionsorientierter Unterricht sein, welcher besondere Reflexionsanlässe schafft, um Schülerinnen und Schüler über Mathematik sprechen zu lassen (Schmitt, 2017). Am Beispiel der linearen Algebra hat Schmitt (2017) vier Themen der Sekundarstufe II (z. B. Algorithmisierung am Beispiel des Gauß-Algorithmus) sowohl inhaltlich legitimiert als auch didaktisch-methodische Hinweise für eine unterrichtliche Realisierung beschrieben und begründet.

Damit (angehende) Mathematiklehrkräfte Wissenschaftspropädeutik als ein verbindliches Unterrichtsanliegen begreifen und das darin enthaltene Ziel unterrichtlich umsetzen können, müssen gewisse Voraussetzungen (z. B. adäquates Fachwissen der Lehrkräfte) vorliegen. Für das Schaffen solcher Voraussetzungen ist die Lehrkräfteausbildung verantwortlich.

Lehramtsstudium
Den Ergebnissen aus Studie 3 folgend, konnten nicht alle Lehrkräfte Vorstellungen zum Begriff Wissenschaftspropädeutik äußern beziehungsweise keine wissenschaftspropädeutischen Inszenierungen von Mathematik als strukturorientierte Disziplin für den Mathematikunterricht nennen. Dementsprechend ist es besonders wichtig, Wissenschaftspropädeutik als Zieldimension explizit in der Lehrkräfteausbildung zu verankern und die fachmathematischen Anteile im Rahmen eines gymnasialen Lehramtsstudiums beizubehalten. Auf Ebene der ersten Phase der Lehrerinnen- und Lehrerbildung wurden von Fesser und Rach (2022a) bereits konkrete Forderungen für die Lehrkräfteausbildung formuliert. Da es sich bei Wissenschaftspropädeutik um ein stark in der deutschen Bildungstheorie verankerten Begriff handelt (Kapitel 2), ist es naheliegend, dass zunächst im Rahmen einer bildungswissenschaftlichen Veranstaltung (z. B. *Didaktische Perspektiven auf die gymnasiale Oberstufe* etc.) grundlegende Themen der gymnasialen Oberstufe aus allgemeindidaktischer Sicht (z. B. Zieltrias vor dem Hintergrund curricularer Vorgaben, typische Inszenierungsmöglichkeiten von Wissenschaftspropädeutik, forschendes Lernen etc.) thematisiert werden. Aufbauend auf den allgemeindidaktischen Grundlagen ist es dann im Rahmen von fachdidaktischen Veranstaltungen wichtig, Wissenschaftspropädeutik fachspezifisch zu klären und fachdidaktisch begründbare Inszenierungsmöglichkeiten für den Fachunterricht zu entwickeln. Für die fachspezifische Konkretisierung von Wissenschaftspropädeutik benötigen Lehramtsstudierende aber ein solides Metawissen darüber, was Mathematik als strukturorientierte Disziplin auszeichnet. Für diesen Wissenserwerb und den dazugehörigen Enkulturationsprozess sind vordergründig die Fachveranstaltungen verantwortlich. In diesen fachwissenschaftlichen Lehrveranstaltungen bekommen die Studierenden einen authentischen Einblick in mathematische Denk- und Arbeitsweisen, wodurch sie implizit[13] ein Wissen über das Wesen der Mathematik aufbauen. Ausgehend von den allgemeindidaktischen und fachmathematischen Grundlagen können Lehramtsstudierende exemplarisch Inszenierungsmöglichkeiten von Mathematik als strukturorientierte Disziplin für den gymnasialen Mathematikunterricht entwickeln, didaktisch-methodisch begründen und gegebenenfalls praktisch erproben sowie reflektieren.

Bei der universitären Behandlung der Zieldimension Wissenschaftspropädeutik und möglichen Inszenierungsmöglichkeiten von Wissenschaftspropädeutik wird die Bedeutung der universitären Lehre – in ihrer Trinität aus den Fachwissenschaften, den Fachdidakti-

13 Eine in diesem Kontext ungeklärte Frage ist, ob und in welchem Ausmaß Wissen über das Wesen der Mathematik implizit aufgebaut wird. Es wäre auch vorstellbar, dass durch fachwissenschaftliche Lehrveranstaltungen nur wenig Wissen über das Wesen der Mathematik implizit erworben wird und es möglicherweise Veranstaltungen braucht, die auf eine explizite Vermittlung von Wissen über das Wesen von Mathematik abzielen.

ken und den Bildungswissenschaften – deutlich. Dabei spielt hinsichtlich Wissenschaftspropädeutik die Fachausbildung von Gymnasiallehrkräften eine zentrale Rolle (Fesser & Rach, 2022a). Vor dem Hintergrund aktueller und bildungspolitischer Entwicklungen ist es wichtig zu betonen, dass die fachwissenschaftlichen Anteile im Rahmen von Lehramtsstudiengängen keine historischen Artefakte darstellen, sondern von inhaltlicher Relevanz sind und daher theoretisch legitimierbar sind.

Fortbildungsangebot für Mathematiklehrkräfte
Auch die Ebene der dritten Phase der Lehrerinnen- und Lehrerbildung ist notwendig, um praktizierende Lehrkräfte im Rahmen von Fortbildungsangeboten bei der unterrichtlichen Zielerreichung von Wissenschaftspropädeutik zu unterstützen. Da es sich bei der Entwicklung von wissenschaftspropädeutischen Lerngelegenheiten um keine triviale Aufgabe handelt, ist es sinnvoll, Lehrkräfte im Rahmen von Fortbildungen zu unterstützen. Dabei ist es aber auch wichtig, mögliche Inszenierungen von Lehrkräften aufzugreifen und weiterzuentwickeln, weil die Entwicklung von konkreten Lerngelegenheiten zur Inszenierung von Mathematik als strukturorientierte Disziplin wenig beforscht ist. In diesem Zusammenhang wurden vom Autor dieser Arbeit bereits konkrete Maßnahmen unternommen, indem zwei Fortbildungsformate entwickelt und erprobt wurden. Beide Fortbildungsangebote thematisieren die Zieldimension Wissenschaftspropädeutik vor dem Hintergrund von Mathematik als strukturorientierte Disziplin, jedoch werden im Rahmen der konzipierten Angebote unterschiedliche Aspekte fokussiert. Während ein Angebot (1) *die Identifikation und unterrichtliche Implementierung von Aufgaben mit wissenschaftspropädeutischem Potential* schwerpunktmäßig beinhaltet, lenkt das zweite Angebot den Fokus auf (2) *die mathematische Facharbeit als besondere Inszenierung von Wissenschaftspropädeutik*. Allerdings wurden beide Fortbildungsangebote jeweils nur ein- beziehungsweise zweimal durchgeführt, wurden nicht evaluiert und unterlagen dementsprechend noch keinen inhaltlichen Anpassungen. Neben der Konzeption neuer Angebote wäre es für die Zukunft sinnvoll, die bereits vorhandenen Fortbildungsangebote und die dazugehörigen Materialien derart anzupassen, dass es auch Multiplikatorinnen und Multiplikatoren (z. B. Fachleitungen) nutzen können. Dann könnten beispielsweise die Fachleiterinnen und Fachleiter andere Lehrkräfte an ihren Schulen unterstützen und so einen Beitrag für eine gelingende Unterrichtsentwicklung hinsichtlich Wissenschaftspropädeutik leisten.

9 Fazit

Wissenschaftspropädeutik respektive der Erwerb (mathematikbezogener) wissenschaftspropädeutischer Kompetenzen ist eine verbindliche Zielstellung des (Mathematik-)Unterrichts in der gymnasialen Oberstufe. Dabei geht es darum, Schülerinnen und Schüler derart an wissenschaftliche Denk- und Arbeitsweisen heranzuführen, dass sie sich verantwortungsbewusst in einer zunehmend wissenschaftlichen Welt verhalten können (z. B. Umgang mit Daten und evidenzbasierten Aussagen). Wissenschaftspropädeutik beinhaltet jedoch nicht nur das sichere Beherrschen allgemein-wissenschaftlicher Arbeitstechniken (z. B. korrektes Zitieren), sondern muss für jedes Unterrichtsfach konkretisiert werden. Für Mathematik bedeutet dies beispielsweise, dass Kennen mathematischer Grundbegriffe (z. B. „Definition"), das Nachvollziehen respektive selbstständige Anwenden von mathematischen Methoden der Erkenntnisgewinnung (z. B. Konstruktion von Beweisen) als auch die Reflexion über den mathematischen Erkenntnisgewinnungsprozess (z. B. über die Gültigkeit mathematischer Erkenntnisse). Allerdings gibt es in der Literatur bisher kein Modell, welches wissenschaftspropädeutische Kompetenzen für den Mathematikunterricht konkretisiert.

An dieser Stelle setzte die vorliegende Arbeit an und nahm sich zum Ziel, wissenschaftspropädeutische Kompetenzen für Mathematik als strukturorientierte Disziplin theoretisch zu konzeptualisieren und mithilfe eines Testinstruments zu operationalisieren. Zunächst wurde auf Grundlage von theoretischen Überlegungen zu wissenschaftspropädeutischen Kompetenzen und zur strukturorientierten Disziplin Mathematik *mathematikbezogene wissenschaftspropädeutische Kompetenzen* als mathematikspezifische kognitive Leistungsdispositionen konzeptualisiert. Ausgehend von der theoretischen Fundierung wurde in Kapitel 4 ein Kompetenzmodell zur Beschreibung mathematikbezogener wissenschaftspropädeutischer Kompetenzen entwickelt, welches auf dem dreidimensionalen Kompetenzmodell von Müsche (2009) basiert. Das entwickelte Kompetenzmodell kann als theoretische Grundlage für die Entwicklung eines Testinstruments zur Messung mathematikbezogener wissenschaftspropädeutischer Kompetenzen angesehen werden.

Ausgehend von diesen theoretischen Vorbetrachtungen lässt sich das dieser Arbeit zugrundeliegende Forschungsinteresse ableiten. Zum einen ist es interessant zu untersuchen, inwieweit die in Wissenschaftspropädeutik enthaltene Zielstellung von Abiturientinnen und Abiturienten erreicht wird und zum anderen, wie Wissenschaftspropädeutik von Mathematiklehrkräften unterrichtlich umgesetzt wird. Diesem Forschungsinteresse wurde in drei empirischen Studien nachgegangen:

- Studie 1: Entwicklung und Validierung eines Testinstruments zur Erfassung mathematikbezogener wissenschaftspropädeutischer Kompetenzen
- Studie 2: Untersuchung von Zusammenhängen zwischen mathematikbezogenen wissenschaftspropädeutischen Kompetenzen und individuellen Merkmalen
- Studie 3: Erfassung von Lehrkraftvorstellungen zu Wissenschaftspropädeutik im Mathematikunterricht der gymnasialen Oberstufe

Die Studien 1 und 2 legen nahe, dass mathematikbezogene wissenschaftspropädeutische Kompetenzen von Studienanfängerinnen und Studienanfängern vor allem durch kognitive Merkmale prädiziert werden können. Dazu zählen neben schulischen Leistungsmaßen vornehmlich inhaltliches Vorwissen und logisches Denken. Dagegen sind affektive Merkmale nur schwach mit mathematikbezogenen wissenschaftspropädeutischen Kompetenzen korreliert. Jedoch scheint klar zu sein, dass der Studiengang eine bedeutende Rolle bei der Analyse von mathematikbezogenen wissenschaftspropädeutischen Kompetenzen einnimmt. Erwartungsgemäß zeigt sich, dass Mathematikstudierende über ein höheres Maß an mathematikbezogenen wissenschaftspropädeutischen Kompetenzen verfügen als Studierende der Wirtschaftsmathematik und Lehramtsstudierende mit Fach Mathematik. Zu der Frage, ob das belegte Kursniveau des Unterrichtsfachs Mathematik in der gymnasialen Oberstufe prädiktiv für mathematikbezogene wissenschaftspropädeutische Kompetenzen ist, liegen widersprüchliche Befunde vor. Während Studie 1 einen möglichen Zusammenhang zwischen mathematikbezogenen wissenschaftspropädeutischen Kompetenzen und Kursniveau nicht bestätigen kann, konnte im Rahmen einer aktuelleren Studie (Fesser et al., 2023) mit Schülerinnen und Schülern der Jahrgangsstufe 12 dieser Zusammenhang nachgewiesen werden. Zusätzlich konnte im Rahmen dieser aktuelleren Studie gezeigt werden, dass auch extracurriculare Angebote (z. B. Teilnahme an Mathematik-Wettbewerben) mit dem Erwerb mathematikbezogener wissenschaftspropädeutischer Kompetenzen zusammenhängen.

Studie 3 konnte erste Hinweise dafür liefern, welche Vorstellungen Mathematiklehrkräfte zu Wissenschaftspropädeutik äußern und wie aus Sicht von Lehrkräften Wissenschaftspropädeutik unterrichtlich umsetzbar sei. Dabei konnte zunächst festgestellt werden, dass die meisten Lehrkräfte ein adäquates Verständnis von Wissenschaftspropädeutik äußerten. Bezogen auf Mathematik und die Umsetzung von Wissenschaftspropädeutik im Mathematikunterricht fokussiert ein Großteil der befragten Lehrkräfte den Anwendungsaspekt von Mathematik und demnach das mathematische Modellieren als zentrale Arbeitsweise im Mathematikunterricht.

Ausgehend von den Ergebnissen der empirischen Studien lassen sich neue Forschungsfragen ableiten, denen im Rahmen von anschließenden Studien nachgegangen werden kann. Zunächst ist es möglich, das für diese Arbeit entwickelte Testinstrument in weiteren Studien zu verwenden respektive weiterzuentwickeln. Beispielsweise könnte untersucht werden, inwieweit mathematikbezogene wissenschaftspropädeutische Kompetenzen Studienerfolg im Rahmen eines Mathematikstudiums prädizieren können. Auch eine systematische Untersuchung von mathematikbezogenen wissenschaftspropädeutischen Kompetenzen von Schülerinnen und Schülern der gymnasialen Oberstufe (z. B. als Entwicklung über die Jahrgangsstufen 10 bis 12) könnte aus einer Forschungsperspektive von Interesse sein. In diesem Zusammenhang ist es wichtig festzuhalten, dass das Instrument (aus forschungspragmatischen Gründen) primär für die Studieneingangsphase validiert ist. Daher ist es erforderlich im Rahmen einer Anschlussstudie zu überprüfen, inwieweit das Instrument auch für den schulischen Kontext geeignet ist. Daneben können auch praktische Implikationen abgeleitet werden, z. B. die Entwicklung von Maßnahmen zur Förderung von mathematikbezogenen wissenschaftspropädeutischen Kompetenzen oder die Notwendigkeit von Lehrkraftfortbildungen in Bezug auf Wissenschaftspropädeutik.

Seit 1972 ist Wissenschaftspropädeutik neben vertiefter Allgemeinbildung und allgemeiner Studierfähigkeit eine curricular verankerte Zielstellung der gymnasialen Oberstufe (KMK, 2023). Allerdings wurde Wissenschaftspropädeutik eher spärlich beforscht. So betitelte Huber (1994, S. 246) Wissenschaftspropädeutik als „die *unerledigte Hausaufgabe* der Allgemeinen Didaktik“ und stellte fest, dass fachliche Konkretisierungen von Wissenschaftspropädeutik „prinzipiell den Fachdidaktiken aufgetragen [wurden], wenn auch […] von ihnen noch nicht befriedigend ausgearbeitet sind“ (Huber, 1994, S. 244). Die vorliegende Arbeit hat sich der Forderung von Huber (1994) angenommen und einen Vorschlag für die Konkretisierung von Wissenschaftspropädeutik für die strukturorientierte Disziplin Mathematik entwickelt. In diesem Rahmen konnten sowohl ein Modell zur Beschreibung sowie ein Test zur Erfassung mathematikbezogener wissenschaftspropädeutischer Kompetenzen entwickelt werden als auch empirische Befunde generiert werden, die eine erste Analyse von mathematikbezogenen wissenschaftspropädeutischen Kompetenzen ermöglicht haben.

10 Literatur

Aberdein, A. (2019). Evidence, proofs, and derivations. *ZDM – mathematics education, 51*, 825-834. https://doi.org/10.1007/s11858-019-01049-5

Adams, R. J. & Carstensen, C. (2002). Scaling outcomes. In R. J. Adams & M. Wu (Hrsg.), *PISA 2000 Technical Report* (S. 149–162). OECD.

Adams, R. J. & Khoo, S. (1996). *Quest: the interactive test analysis system (Version 2.1)*. Australian Council for Educational Research.

Adnan, M., Zakaria, E. & Maat, S. M. (2012). Relationship between mathematics beliefs, conceptual knowledge and mathematical experience among pre-service teachers. *Procedia – Social and Behavioral Sciences, 46*, 1714–1719. https://doi.org/10.1016/j.sbspro.2012.05.366

Ajzen, I. & Dasgupta, N. (2015). Explicit and Implicit Beliefs, Attitudes, and Intentions: The Role of Conscious and Unconscious Processes in Human Behavior. In P. Haggard & B. Eitam (Hrsg.), *The Sense of Agency* (S. 115–144). Oxford University Press Inc. https://doi.org/10.1093/acprof:oso/9780190267278.003.0005

Aljaberi, N. M. & Gheith, E. (2018). In-Service Mathematics Teachers' Beliefs About Teaching, Learning and Nature of Mathematics and Their Mathematics Teaching Practices. *Journal of Education and Learning, 7*(5), 156–173. https://doi.org/10.5539/jel.v7n5p156

Allen, M. J. & Yen, W. M. (1979). *Introduction to Measurement Theory*. Brooks/Cole.

Andersen, E. B. (1973). A goodness of fit test for the Rasch model. *Psychometrika, 38*(1), 123–140. https://doi.org/10.1007/BF02291180

Anderson, J. R. (1982). Acquisition of cognitive skills. *Psychological Review, 89*(4), 369–406. https://doi.org/10.1037/0033-295X.89.4.369

Arrasmith, D. G., Sheehan, D. S. & Applebaum, W. R. (1984). A Comparison of the Selected-Response Strategy and the Constructed-Response Strategy for Assessment of a Third-Grade Writng Task. *The Journal of Educational Research, 77*(3), 172–177. https://doi.org/10.1080/00220671.1984.10885519

Asdonk, J., Bornkessel, P. & Glässing, G. (2009). Wissenschaftspropädeutische Kompetenzen und soziokulturelle Lernbedingungen. *TriOS, 4*(2), 111–149.

Asdonk, J. & Sterzik, C. (2011). Kompetenzen für den Übergang zur Hochschule. In P. Bornkessel & J. Asdonk (Hrsg.), *Der Übergang Schule – Hochschule: Zur Bedeutung sozialer, persönlicher und institutioneller Faktoren am Ende der Sekundarstufe II* (S. 191–249). VS Verlag. https://doi.org/10.1007/978-3-531-94016-8_6

Ashton, P. T. (2014). Historical Overview and Theoretical Perspectives of Research on Teachers' Beliefs. In H. Fives & M. G. Gill (Hrsg.), *International Handbook of Research on Teachers' Beliefs* (S. 31–47). Routledge.

Asseburg, R. (2012). *Leistungsbereitschaft in Testsituationen. Motivation zur Bearbeitung adaptiver und nicht-adaptiver Leistungstests*. Tectum.

Astleitner, H. (2002). Teaching Critical Thinking Online. *Journal of Instructional Psychology, 29*(2), 53–76.

Astudillo, C., Rivarosa, A. & Adúriz-Bravo, A. (2018). Evolución biológica y reflexión metacientífica. Aportes para la formación docente del profesorado de ciencias

[Biological Evolution and Meta-Scientific Reflection. Contributions for Teacher Training of Science Teachers]. *Tecné, Episteme y Didaxis: TED, 43*, 91–116. https://doi.org/10.17227/ted.num43-8653

Attridge, N. (2013). *Advanced Mathematics and Deductive Reasoning Skills: Testing the Theory of Formal Discipline* [Dissertation, Loughborough University]. Repository. https://hdl.handle.net/2134/12166

Backhaus, K., Erichson, B., Plinke, W. & Weiber, R. (2016). *Multivariate Analysemethoden: Eine anwendungsorientierte Einführung* (14. Aufl.). Springer Gabler.

Bailin, S., Case, R., Coombs, J. R. & Daniels, L. B. (1999). Conceptualizing Critical Thinking. *Journal of Curriculum Studies, 31*, 285–302. https://doi.org/10.1080/002202799183133

Bartolucci, F., Bacci, S. & Gnaldi, M. (2019). *Statistical Analysis of Questionnaires: A Unified Approach Based on R and Stata*. CRC Press.

Baum, S., Roth, J. & Oechsler, R. (2013). Schülerlabore Mathematik – Außerschulische Lernstandorte zum intentionalen mathematischen Lernen. *Der Mathematikunterricht, 59*(5), 4–11.

Baumert, J., Brunner, M., Lüdtke, O. & Trautwein, U. (2007). Was messen internationale Schulleistungsstudien? – Resultate kumulativer Wissenserwerbsprozesse. *Psychologische Rundschau, 58*(2), 118–145. https://doi.org/10.1026/0033-3042.58.2.118

Baumert, J. & Köller, O. (2000a). Motivation, Fachwahlen, selbstreguliertes Lernen und Fachleistungen im Mathematik- und Physikunterricht der gymnasialen Oberstufe. In J. Baumert, W. Bos & R. Lehmann (Hrsg.), *TIMSS/III: Dritte Internationale Mathematik- und Naturwissenschaftsstudie – Mathematische und naturwissenschaftliche Bildung am Ende der Schullaufbahn* (S. 181–213). Leske + Budrich. https://doi.org/10.1007/978-3-322-83411-9

Baumert, J. & Köller, O. (2000b). Unterrichtsgestaltung, verständnisvolles Lernen und multiple Zielerreichung im Mathematik- und Physikunterricht der gymnasialen Oberstufe. In J. Baumert, W. Bos & R. Lehmann (Hrsg.), *TIMSS/III: Dritte Internationale Mathematik- und Naturwissenschaftsstudie – Mathematische und naturwissenschaftliche Bildung am Ende der Schullaufbahn* (S. 271–315). Leske + Budrich. https://doi.org/10.1007/978-3-322-83411-9

Baumert, J. & Kunter, M. (2011). Das Kompetenzmodell von COACTIV. In M. Kunter, J. Baumert, W. Blum, U. Klusmann, S. Krauss & M. Neubrand (Hrsg.), *Professionelle Kompetenz von Lehrkräften – Ergebnisse des Forschungsprogramms COACTIV* (S. 29–53). Waxmann.

Baumert, J., Stanat, P. & Demmrich, A. (2001). PISA 2000: Untersuchungsgegenstand, theoretische Grundlagen und Durchführung der Studie. In Deutsches PISA-Konsortium (Hrsg.), *PISA 2000 – Basiskompetenzen von Schülerinnen und Schülern im internationalen Vergleich* (S. 15–68). Leske + Budrich. https://doi.org/10.1007/978-3-322-83412-6_3

Bausch, I., Fischer, P. R. & Oesterhaus, J. (2014). Facetten von Blended Learning Szenarien für das interaktive Lernmaterial VEMINT – Design und Evaluationsergebnisse an den Partneruniversitäten Kassel, Darmstadt und Paderborn. In I.

Bausch, R. Biehler, R. Bruder, P. R. Fischer, R. Hochmuth, W. Koepf, S. Schreiber & T. Wassong (Hrsg.), *Mathematische Vor- und Brückenkurse – Konzepte, Probleme und Perspektiven* (S. 87–102). Springer Spektrum. https://doi.org/10.1007/978-3-658-03065-0_7

Bayrhuber, M., Leuders, T., Bruder, R. & Wirtz, M. (2010). Repräsentationswechsel beim Umgang mit Funktionen – Identifikation von Kompetenzprofilen auf der Basis eines Kompetenzstrukturmodells. Projekt HEUREKO. In E. Klieme, D. Leutner & M. Kenk (Hrsg.), *Kompetenzmodellierung – Zwischenbilanz des DFG-Schwerpunktprogramms und Perspektiven des Forschungsansatzes* (S. 28–39). Beltz. https://doi.org/10.25656/01:3345

Beaton, A. E. & Allen, N. L. (1992). Interpreting Scales Through Scale Anchoring. *Journal of Educational Statistics, 17*(2), 191–204. https://doi.org/10.2307/1165169

Becker, J. (2004). *Computergestütztes Adaptives Testen (CAT) von Angst entwickelt auf der Grundlage der Item Response Theorie (IRT)* [Dissertation, Freie Universität Berlin] Refubium – Repositorium der freien Universität Berlin. http://dx.doi.org/10.17169/refubium-11432

Becker, K. A. & Bergstrom, B. A. (2013). Test Administration Models. *Practical Assessment, Research & Evaluation, 18*(14), 1–7. https://doi.org/10.7275/pntr-yz21

Bedürftig, T. & Murawski, R. (2019). *Philosophie der Mathematik* (4. Aufl.). De Gruyter. https://doi.org/10.1515/9783110546989

Bender, E., Schaper, N. & Seifert, A. (2018). Professionelle Überzeugungen und motivationale Orientierungen von Informatiklehrkräften. *Journal for educational research online, 10*(1), 70–99. https://doi.org/10.25656/01:15414

Berndt, S., Felix, A. & Anacker, J. (2021). Die Wirkungen von MINT-Vorkursen – ein systematischer Literaturreview. *Zeitschrift für Hochschulentwicklung, 16*(1), 97–116. https://doi.org/10.3217/zfhe-16-01/06

Bernholt, S., Parchmann, I. & Commons, M. L. (2009). Kompetenzmodellierung zwischen Forschung und Unterrichtspraxis. *Zeitschrift für Didaktik der Naturwissenschaften, 15*, 219–245.

Betz, A., Firstein, A. & Schmidt, K. (2019). Wissenschaftspropädeutik im (Deutsch)Unterricht – eine theoretische Einführung. In A. Betz & A. Firstein (Hrsg.), *Schülerinnen und Schülern Linguistik näher bringen. Perspektiven einer linguistischen Wissenschaftspropädeutik* (S. 1–13). Schneider Verlag Hohengehren.

Biehler, R. & Leuders, T. (2014). Kompetenzmodellierungen für den Mathematikunterricht – Eine Zwischenbilanz aus Sicht der Mathematikdidaktik. *Journal für Mathematik-Didaktik, 35*, 1–5. https://doi.org/10.1007/s13138-014-0062-9

Biehler, R., Bruder, R., Hochmuth, R. & Koepf, W. (2014). Einleitung. In I. Bausch, R. Biehler, R. Bruder, P. R. Fischer, R. Hochmuth, W. Koepf, S. Schreiber & T. Wassong (Hrsg.), *Mathematische Vor- und Brückenkurse – Konzepte, Probleme und Perspektiven* (S. 1–6). Springer Spektrum. https://doi.org/10.1007/978-3-658-03065-0_1

Bishara, A. J. & Hittner, J. B. (2017). Confidence intervals for correlations when data are not normal. *Behavior Research Methods, 49*(1), 294–309. https://doi.org/10.3758/s13428-016-0702-8

Black, A. & Ammon, P. (1992). A Developmental-Constructivist Approach to Teacher Education. *Journal of Teacher Education, 43*(5), 323–335. https://doi.org/10.1177/0022487192043005002

Blömeke, S. (2009). Ausbildungs- und Berufserfolg im Lehramtsstudium im Vergleich zum Diplom-Studium – Zur prognostischen Validität kognitiver und psycho-motivationaler Auswahlkriterien. *Zeitschrift für Erziehungswissenschaft, 12*, 82–110. https://doi.org/10.1007/s11618-008-0044-0

Bloor, D. (1978). Polyhedra and the abominations of leviticus. *The British Journal for the History of Science, 11*(3), 245–272. https://doi.org/10.1017/S000708740004379X

Blum, W. (2015). Zur Konzeption der Bildungsstandards Mathematik für die Allgemeine Hochschulreife. In W. Blum, S. Vogel, C. Drüke-Noe & A. Roppelt (Hrsg.), *Bildungsstandards aktuell: Mathematik in der Sekundarstufe II* (S. 16–30). Westermann Schroedel Diesterweg.

Boero, P. (1999). Argumentation and mathematical proof: a complex, productive, unavoidable relationship in mathematics and mathematics education. *International Newsletter on the Teaching and Learning of Mathematical proof, 7/8.* http://www.lettredelapreuve.org/OldPreuve/Newsletter/990708Theme/990708ThemeUK.html

Boggasch, M. (2011). *Wissenschaftspropädeutik in der Schule – Musik und Literatur als wissenschaftspropädeutisches Seminar in der gymnasialen Oberstufe* [Dissertation, Universität der Künste Berlin]. OPUS. urn:nbn:de:kobv:b170-opus-390

Boldt, A. (2010). Extending arxiv.org to achieve open peer review and publishing. *ArXiv*. https://doi.org/10.48550/arXiv.1011.6590

Bond, T. G. & Fox, C. M. (2007). *Applying the Rasch model: Fundamental measurement in the human sciences* (2. Aufl.). Lawrence Erlbaum Associates Publishers.

Bortz, J. & Schuster, C. (2010). *Statistik für Human- und Sozialwissenschaftler* (7. Aufl.). Springer. https://doi.org/10.1007/978-3-642-12770-0

Boscher, C., Steinle, J., Raiber, L., Fischer, F. & Winter, M. H.-J. (2022). „Möchten Sie uns abschießend noch etwas mitteilen?" – Auswertung der offenen Abschlussfrage in einem sozialwissenschaftlichen Survey. *HBScience*. https://doi.org/10.1007/s16024-022-00376-0

Bosse, D. (2009). Zur Zukunft des allgemein bildenden Gymnasiums. In D. Bosse (Hrsg.), *Gymnasiale Bildung zwischen Kompetenzorientierung und Kulturarbeit* (S. 15–28). VS Verlag. https://doi.org/10.1007/978-3-531-91485-5_2

Brandt, H. & Moosbrugger, H. (2020). Planungsaspekte und Konstruktionsphasen von Tests und Fragebogen. In H. Moosbrugger & A. Kelava (Hrsg.), *Testtheorie und Fragebogenkonstruktion* (3. Aufl., S. 39–66). Springer. https://doi.org/10.1007/978-3-662-61532-4_3

Brennan, R. L. & Prediger, D. J. (1981). Coefficient Kappa: Some Uses, Misuses and Alternatives. *Educational and Psychological Measurement, 41*(3), 687–699. https://doi.org/10.1177/001316448104100307

Brese, F. & Tatto, M. T. (Hrsg.) (2012). *TEDS-M 2008 User Guide for the International Database.* International Association for the Evaluation of Educational Achievement (IEA).

Bromme, R. & Kienhues, D. (2008). Allgemeinbildung. In W. Schneider & M. Hasselhorn (Hrsg.), *Handbuch der Pädagogischen Psychologie* (S. 619–628). Hogrefe.

Buchholtz, C., Doll, J., Stancel-Piątek, A., Blömeke, S., Lehmann, R. & Schwippert, K. (2011). Anlage und Durchführung der TEDS-LT. In S. Blömeke, A. Bremerich-Vos, H. Haudeck, G. Kaiser, G. Nold, K. Schwippert & H. Willenberg (Hrsg.), *Kompetenzen von Lehramtsstudierenden in gering strukturierten Domänen: Erste Ergebnisse aus TEDS-LT* (S. 25–46). Waxmann.

Buchholtz, N. & Kaiser, G. (2013). Improving mathematics teacher education in Germany: empirical results from a longitudinal evaluation of innovative programs. *International Journal of Science and Mathematics Education, 11*, 949–977. https://doi.org/10.1007/s10763-013-9427-7

Bühner, M. (2011). *Einführung in die Test- und Fragebogenkonstruktion* (3. Aufl.). Pearson Studium.

Burns, A. (1992). Teacher Beliefs and their Influence on Classroom Practice. *Prospect, 7*(3), 56–66.

Burton, D. M. (2011). *The history of mathematics. An introduction* (7. Aufl.). McGraw-Hill.

Bybee, R. W. (2002). Scientific Literacy – Mythos oder Realität?. In W. Gräber, P. Nentwig, T. Koballa & R. Evans (Hrsg.), *Scientific Literacy – Der Beitrag der Naturwissenschaften zur Allgemeinen Bildung* (S. 21–44). Leske + Budrich. https://doi.org/10.1007/978-3-322-80863-9_2

Byers, V. & Erlwanger, S. (1984). Content and form in mathematics. *Educational Studies in Mathematics, 15*, 259–275. https://doi.org/10.1007/BF00312077

Byers, V. (1982). Why study the history of mathematics?. *International Journal of Mathematical Education in Science and Technology, 13*(1), 59–66. https://doi.org/10.1080/0020739820130109

Canty A. & Ripley B. D. (2021). *boot: Bootstrap R (S-Plus) Functions. R package version 1.3-28*. https://cran.r-project.org/web/packages/boot/boot.pdf

Castejón Costa, J.-L., Gilar Corbi, R. & Pertegal Felices, M. L. (2010). Competence profile differences among graduates from different academic subject fields: implications for improving students' education. In M. Valenčič Zuljan & J. Vogrinc (Hrsg.), *Facilitating Effective Student Learning through Teacher Research and Innovation* (S. 253–276). Faculty of Education.

Chen, W.-H. & Thissen, D. (1997). Local Dependence Indexes for Item Pairs Using Item Response Theory. *Journal of Educational and Behavioral Statistics, 22*(3), 265–289. https://doi.org/10.2307/1165285

Chimoni, M. & Pitta-Pantazi, D. (2015). Connections between algebraic thinking and reasoning processes. *CERME 9 – Ninth Congress of the European Society for Research in Mathematics Education* (S. 398–404). ERME.

Cizek, G. J. & Bunch, M. B. (2007). *Standard setting: A guide to establishing and evaluating performance standards on tests*. Sage. https://doi.org/10.4135/9781412985918

Cohen, J. (1988). *Statistical Power Analysis for the Behavioral Sciences*. Taylor and Francis.

Cole, J. C. (2009). Creativity, freedom, and authority: a new perspective on the metaphysics of mathematics. *Australasian Journal of Philosophy, 87*(4), 589–608. https://doi.org/10.1080/00048400802598629

Cooke, R. (2005). *The history of mathematics: a brief course* (2. Aufl.). John Wiley & Sons. https://doi.org/10.1002/9781118033098

cosh [Cooperation Schule : Hochschule] (2014). *Mindestanforderungskatalog Mathematik (Version 2.0) der Hochschulen Baden-Württembergs für ein Studium von WiMINT-Fächern (Wirtschaft, Mathematik, Informatik, Naturwissenschaft und Technik).* https://lehrerfortbildung-bw.de/u_matnatech/mathematik/bs/bk/cosh/katalog/makv20b_ohne_leerseiten.pdf

Dai, S., Wang, X. & Svetina, D. (2019). *subscore: Computing subscores in classical test theory and item response theory. 3.1.* https://cran.r-project.org/web/packages/subscore/subscore.pdf

Daniel, A. & Neumann, M. (2022). Schule und Studium. In T. Hascher, T.-S. Idel & W. Helsper (Hrsg.), *Handbuch Schulforschung* (3. Aufl., S. 733–757). Springer VS. https://doi.org/10.1007/978-3-658-24729-4_73

Datsogianni, A., Sodian, B., Markovits, H. & Ufer, S. (2020). Reasoning With Conditionals About Everyday and Mathematical Concepts in Primary School. *Frontiers in Psychology, 11*, 531640. https://doi.org/10.3389/fpsyg.2020.531640

Daudelin, M. W. (1996). Learning from experience through reflection. *Organizational Dynamics, 24*(3), 36-48. https://doi.org/10.1016/S0090-2616(96)90004-2

Davis, P. J. & Hersh, R. (1981). *The mathematical experience.* Birkhäuser.

DBR [Deutscher Bildungsrat] (1971). *Empfehlungen der Bildungskommission – Struktur für das Bildungswesen* (3. Aufl.). Ernst Klett Verlag.

Dettmers, S., Trautwein, U., Neumann, M. & Lüdtke, O. (2010). Aspekte von Wissenschaftspropädeutik. In U. Trautwein, M. Neumann, G. Nagy, O. Lüdtke & K. Maaz (Hrsg.), *Schulleistungen und Abiturienten. Die neu geordnete gymnasiale Oberstufe auf dem Prüfstand* (S. 243–266). VS Verlag. https://doi.org/10.1007/978-3-531-92037-5_9

DeVellis, R. F. (2012). *Scale development: Theory and applications* (3. Aufl.). Sage publications.

Dick, H.-P. (1984). „Wissenschaftsorientierung" und „Wissenschaftspropädeutik" in der gymnasialen Oberstufenreform seit 1945. *Vierteljahresschrift für wissenschaftliche Pädagogik, 60*(4), 491–526.

Dick, R. D. (1991). An empirical taxonomy of critical thinking. *Journal of Instructional Psychology, 18*, 79–92. https://doi.org/10.1086/448624

Dieter, M. & Törner, G. (2012). Vier von fünf geben auf: Studienabbruch und Fachwechsel in der Mathematik. *Forschung & Lehre, 19*(10), 826–827.

Dochy, F. J. R. C. (1988). *The „Prior Knowledge State" of Students and Its Facilitating Effect on Learning. OTIC Research Report 1.2.* Heerlen: Center for Educational Technology and Innovation.

Dochy, F. J. R. C. & Alexander, P. A. (1995). Mapping Prior Knowledge: A Framework for Discussion among Researchers. *European Journal of Psychology of Education, 10*(3), 225–242. https://doi.org/10.1007/BF03172918

Doll, J. & Prenzel, M. (2003). Das DFG-Schwerpunktprogramm „Bildungsqualität von Schule“: Themenschwerpunkte und Ergebnisse. In I. Gogolin & R. Tippelt (Hrsg.), *Innovation durch Bildung – Beiträge zum 18. Kongress der Deutschen Gesellschaft für Erziehungswissenschaft* (S. 225–239). Leske + Budrich. https://doi.org/10.1007/978-3-322-80938-4_14

Döring, N. & Bortz, J. (2016). *Forschungsmethoden und Evaluation in den Sozial- und Humanwissenschaften* (5. Aufl.). Springer. https://doi.org/10.1007/978-3-642-41089-5

Dossey, J. A. (1992). The nature of mathematics: its role and its influence. In D. A. Grouws (Hrsg.), *Handbook of research on mathematics teaching and learning* (S. 39–48). Macmillan.

Drasgow, F., & Lissak, R. I. (1983). Modified parallel analysis: A procedure for examining the latent dimensionality of dichotomously scored item responses. *Journal of Applied Psychology, 68*(3), 363–373. https://doi.org/10.1037/0021-9010.68.3.363

Dresing, T. & Pehl, T. (2015). *Praxisbuch – Interview, Transkription & Analyse: Anleitungen und Regelsysteme für qualitativ Forschende* (6. Aufl.). Eigenverlag.

Dummett, M. (1994). What is mathematics about?. In A. George (Hrsg.), *Mathematics and mind* (S. 11–26). Oxford University Press. https://doi.org/10.1093/oso/9780195079296.003.0002

Dummett, M. (2005). Elemente des Intuitionismus. In W. Büttemeyer (Hrsg.), *Philosophie der Mathematik* (S. 147–162). Karl Alber.

Eberle, F., Gehrer, K., Jaggi, B., Kottonau, J., Oepke, M. & Pflüger, M. (2008). *Evaluation der Maturitätsreform 1995 (EVAMAR): Schlussbericht zur Phase II.* Staatssekretariat für Bildung und Forschung SBF.

Ebner, K. (2009). Entwicklung der Studierfähigkeit als Aufgabe der Universität: Coaching studentischer Selbstmanagementkompetenzen. *Zeitschrift für Hochschulentwicklung, 4*(3), 37–52. https://doi.org/10.3217/zfhe-4-03/03

Edwards, B. & Ward, M. B. (2008). The role of mathematical definitions in mathematics and in undergraduate mathematics courses. In M. P. Carlson & C. Rasmussen (Hrsg.), *Making the connection: research to practice in undergraduate mathematics education* (S. 223–232). Mathematical Assoociation of America. https://doi.org/10.5948/UPO9780883859759.018

Eid, M. & Schmidt, K. (2014). *Testtheorie und Testkonstruktion.* Hogrefe.

Engelmann, K., Neuhaus, B. J. & Fischer, F. (2016). Fostering scientific reasoning in education – meta-analytic evidence from intervention studies. *Educational Research and Evaluation, 22*(5–6), 333–349. https://doi.org/10.1080/13803611.2016.1240089

Erens, R. & Eichler, A. (2019). Belief Changes in the Transition from University Studies to School Practice. In M. S. Hannula, G. C. Leder, F. Morselli, M. Vollstedt & Q. Zhang (Hrsg.), *Affect and Mathematics Education – Fresh Perspectives on Motivation, Engagement, and Identity* (S. 345–373.) Springer. https://doi.org/10.1007/978-3-030-13761-8_16

Erhorn, J. & Schwier, J. (2016). Außerschulische Lernorte. Eine Einleitung. In J. Erhorn & J. Schwier (Hrsg.), *Pädagogik außerschulischer Lernorte – Eine interdisziplinäre Annäherung* (S. 7–13). transcript Verlag. https://doi.org/10.1515/9783839431320-001

Ernest, P. (1992). The nature of mathematics: towards a social constructivist account. *Science & Education, 1*, 89–100. https://doi.org/10.1007/BF00430212

Ernest, P. (1999). Is mathematics discovered or invented?. *Philosophy of mathematics education journal, 12*.

Facione, N. C. & Facione, P. A. (1997). *Critical Thinking Assessment in Nursing Education Programs: An Aggregate Data Analysis*. California Academic Press.

Facione, P. A. (1990). *The California Critical Thinking Skills Test -- College Level. Techninal report #2: Factors predictive of CT skills*. California Academic Press.

Fadel, C., Bialik, M. & Trilling, B. (2017). *Die vier Dimensionen der Bildung – Was Schülerinnen und Schüler im 21. Jahrhundert lernen müssen. Deutsche Übersetzung von Jöran Muuß-Merholz*. ZLL21.

Felbrich, A., Kaiser, G. & Schmotz, C. (2012). The cultural dimension of beliefs: an investigation of future primary teachers' epistemological beliefs concerning the nature of mathematics. *ZDM – mathematics education, 44*, 355–366. https://doi.org/10.1007/978-94-007-6437-8_10

Fesser, P., Hergeselle, N. & Rach, S. (2023). What do students learn about the discipline of mathematics in upper-secondary classes?. In M. Ayalon, B. Koichu, R. Leikin, L. Rubel, & M. Tabach (Hrsg.), *Proceedings of the 46th Conference of the International Group for the Psychology of Mathematics Education*, Vol. 2 (S. 323–330). PME.

Fesser, P. & Rach, S. (2022a). Wissenschaftspropädeutik als eine Zieldimension von Mathematikunterricht in der gymnasialen Oberstufe – Normative und analytische Perspektiven. In T. Rolfes, S. Rach, S. Ufer & A. Heinze (Hrsg.), *Das Fach Mathematik in der gymnasialen Oberstufe* (S. 47–73). Waxmann.

Fesser, P. & Rach, S. (2022b). Meta-scientific reflection of undergraduate students: Is mathematics a natural science?. In C. Fernández, S. Llinares, Á. Gutiérrez & N. Planas (Hrsg.), *Proceedings of the 45th Congress of the International Group for the Psychology in Mathematics Education,* Vol. 2 (S. 259–266). PME.

Fesser, P. & Rach, S. (2022c). Wissenschaftspropädeutik in der gymnasialen Oberstufe: Theoretische und empirische Zugänge sowie erste Befunde zu meta-wissenschaftlichem Wissen über Mathematik. In T. Rolfes, S. Rach, S. Ufer & A. Heinze (Hrsg.), *Das Fach Mathematik in der gymnasialen Oberstufe* (S. 261–284). Waxmann.

Field, A. (2009). *Discovering statistics using SPSS (and sex and drugs and rock 'n' roll* (3. Aufl.). Sage Publications Ltd.

Field, A., Miles, J. & Field, Z. (2012). *Discovering statistics using R*. Sage Publications Ltd.

Fischer, A., Heinze, A. & Wagner, D. (2009). Mathematiklernen in der Schule – Mathematiklernen an der Hochschule: die Schwierigkeiten von Lernenden beim Übergang ins Studium. In A. Heinze & M. Grüßing (Hrsg.), *Mathematiklernen vom*

Kindergarten bis zum Studium. Kontinuität und Kohärenz als Herausforderung für den Mathematikunterricht (S. 245–264). Waxmann.

Fischler, H., Gebhard, U. & Rehm, M. (2018). Naturwissenschaftliche Bildung und Scientific *Literacy*. In D. Krüger, I. Parchmann & H. Schecker (Hrsg.), *Theorien in der naturwissenschaftsdidaktischen Forschung* (S. 11–29). Springer. https://doi.org/10.1007/978-3-662-56320-5_2

Fleischer, J., Koeppen, K., Kenk, M., Klieme, E. & Leutner, D. (2013). Kompetenzmodellierung: Struktur, Konzepte und Forschungszugänge des DFG-Schwerpunktprogramms. *Zeitschrift für Erziehungswissenschaft, 16*, 5–22. https://doi.org/10.1007/s11618-013-0379-z

Fleischhack, C. (2010). Mathematik. In E.-M. Engelen, C. Fleischhack, C. G. Galizia & K. Landfester (Hrsg.), *Heureka – Evidenzkriterien in den Wissenschaften* (S. 150–168). Spektrum Akademischer Verlag. https://doi.org/10.1007/978-3-8274-2657-4_10

Flick, U. (1995). Stationen des qualitativen Forschungsprozesses. In U. Flick, E. v. Kardorff, H. Keupp, L. v. Rosenstiel & S. Wolff (Hrsg.), *Handbuch Qualitative Sozialforschung – Grundlagen, Konzepte, Methoden und Anwendungen* (2. Aufl., S. 148–173). Beltz.

Flitner, W. (1968). Sprache und Erziehung heute. In O. F. Bollnow (Hrsg.), *Sprache und Erziehung. Bericht über die Arbeitstagung der Deutschen Gesellschaft für Erziehungswissenschaft vom 7. bis 10. April 1968 in Göttingen* (S. 9–26). Beltz.

Foltz, C., Overton, W. F. & Ricco, R. B. (1995). Proof Construction: Adolescent Development from Inductive to Deductive Problem-Solving Strategies. *Journal of Experimental Child Psychology, 59*, 175–195. https://doi.org/10.1006/jecp.1995.1008

Fontaine, J. R. J. (2005). Equivalence. In K. Kempf-Leonard (Hrsg.), *Encyclopedia of Social Measurement* (Vol. 1, S. 803–813). Academic Press. https://doi.org/10.1016/B0-12-369398-5/00116-X

Frank, A. (2020). *Wissenschaftspropädeutisches Lernen in Mathematik – Wie überzeugend ist das W-Seminar?*. WTM-Verlag. https://doi.org/10.37626/GA9783959871464.0

Frisby, C. L. (1992). Construct Validity and Psychometric Properties of the Cornell Critical Thinking Test (Level Z): A contrasted Group Analysis. *Psychological Reports, 71*, 291–303. https://doi.org/10.2466/pr0.1992.71.1.291

Frougny, C. & Pfeiffer, J. (1985). Der mathematische Formalismus – eine Maschine, die Wahres aussondert. *Feministische Studien, 4*(1), 61–77. https://doi.org/10.1515/fs-1985-0107

Gehlen, C. (2016). Kompetenzstruktur naturwissenschaftlicher Erkenntnisgewinnung im Fach Chemie. In H. Niederer, H. Fischler & E. Sumfleth (Hrsg.), *Studien zum Physik- und Chemielernen*. Logos.

Geisler, S. (2020). *Bleiben oder Gehen? Eine empirische Untersuchung von Bedingungsfaktoren und Motiven für frühen Studienabbruch und Fachwechsel in Mathematik* [Dissertation, Ruhr-Universität Bochum]. OPUS. https://doi.org/10.13154/294-7163

Geisler, S. & Rolka, K. (2021). „That wasn't the math I wanted to do!" – students' beliefs during the transition from school to university mathematics. *International Journal of Science and Mathematics Education, 19*, 599–618. https://doi.org/10.1007/s10763-020-10072-y

George, A. C. (2021). Empirische Bildungsforschung mittels kognitiver Diagnosemodelle: Ziele, State of the Art & Entwicklungsperspektiven. *R&E-SOURCE: Online Journal for Research and Education, 2021*(15), 1–9. https://journal.ph-noe.ac.at/index.php/resource/article/view/969

George, A. C. & Robitzsch, A. (2015). Cognitive Diagnosis Models in R: A Didactic. *The Quantiative Methods for Psychology, 11*(3), 189–205. http://dx.doi.org/10.20982/tqmp.11.3.p189

George, D. & Mallery, P. (2019). *IBM SPSS Statistics 25 Step by Step: A Simple Guide and Reference* (15. Aufl.). Routledge. https://doi.org/10.4324/9781351033909

Gerdes, A., Halverscheid, S. & Schneider, S. (2021). Teilnahme an mathematischen Vorkursen und langfristiger Studienerfolg. Eine empirische Untersuchung. *Journal für Mathematik-Didaktik, 43*, 377–403. https://doi.org/10.1007/s13138-021-00194-3

Giacomin, M. & Jordan, C. (2017). Self-Enhancement Motives. In V. Zeigler-Hill & T. Shackelford (Hrsg.), *Encyclopedia of personality and individual differences*. Springer. https://doi.org/10.1007/978-3-319-28099-8_1168-1

Glug, I. (2009). *Entwicklung und Validierung eines Multiple-Choice-Tests zur Erfassung prozessbezogener naturwissenschaftlicher Grundbildung* [Dissertation, Christian-Albrechts-Universität zu Kiel]. MACAU. urn:nbn:de:gbv:8-diss-36491

Gómez Veiga, I., Vila Chaves, J. O., Duque, G. & García Madruga, J. A. (2018). A New Look to a Classic Issue: Reasoning and Academic Achievement at Secondary School. *Frontiers in Psychology, 9*, 40. https://doi.org/10.3389/fpsyg.2018.00400

Greefrath, G., Koepf, W. & Neugebauer, C. (2017). Is there a link between Preparatory Course Attendance and Academic Success? A Case Study of Degree Programmes in Electrical Engineering and Computer Science. *International Journal of Research in Undergraduate Mathmatics Education, 3*(1), 143–167. https://doi.org/10.1007/s40753-016-0047-9

Griese, W. (1983). *Wissenschaftspropädeutik in der gymnasialen Oberstufe*. M-1-Verlag.

Grigutsch, S., Raatz, U. & Törner, G. (1998). Einstellungen gegenüber Mathematik bei Mathematiklehrern. *Journal für Mathematik-Didaktik, 19*(1), 3–45. https://doi.org/10.1007/BF03338859

Gruber, H. & Stamouli, E. (2020). Intelligenz und Vorwissen. In E. Wild & J. Möller (Hrsg.), *Pädagogische Psychologie* (3. Aufl., S. 25–44). Springer. https://doi.org/10.1007/978-3-662-61403-7_2

Gueudet, C. (2008). Investigating the secondary-tertiary transition. *Educational Studies in Mathematics, 67*(3), 237-254. https://doi.org/10.1007/s10649-007-9100-6

Günzler, C. (1989). Philosophische Propädeutik. In J. Ritter (Hrsg.), *Historisches Wörterbuch der Philosophie* (Band 7, S. 1468–1471). Schwabe.

Habel, W. (1990). *Wissenschaftspropädeutik – Untersuchungen zur gymnasialen Bildungstheorie des 19. und 20. Jahrhunderts*. Böhlau.

Hahn, S. (2008). Wissenschaftspropädeutik: Der „kompetente“ Umgang mit Fachperspektiven. In J. Keuffer & M. Kublitz-Kramer (Hrsg.), *Was braucht die Oberstufe?* (S. 157–168). Beltz.

Hahn, S. (2009). Wissenschaftspropädeutik in der Sekundarstufe II: Bildungsgeschichtlicher Rückblick und aktuelle Entwicklungen. *TriOS, 4*(2), 5–37.

Hailikari, T. (2009). *Assessing University Students' Prior Knowledge. Implications for Theory and Practice* [Dissertation, University of Helsinki]. HELDA. http://hdl.handle.net/10138/19841

Halpern, D. F. (1998). Teaching Critical Thinking for Transfer Across Domains – Dispositions, Skills, Structure Training, and Metacognitive Monitoring. *American Psychologist, 53*(4), 449–455. https://doi.org/10.1037/0003-066X.53.4.449

Halverscheid, S. & Pustelnik, K. (2013). Studying math at the university: Is dropout predictable?. In A. M. Lindmeier & A. Heinze (Hrsg.), *Proceedings oft he 37th Conference oft he International Group for Psychology of Mathematics Education* (Vol. 2, S. 417–424). PME.

Hartig, J. (2007). Skalierung und Definition von Kompetenzniveaus. In E. Klieme & B. Beck (Hrsg.), *Sprachliche Kompetenzen. Konzepte und Messung. DESI-Studie (Deutsch Englisch Schülerleistungen International)* (S. 83–99). Beltz.

Hartig, J. & Frey, A. (2013). Sind Modelle der Item-Response-Theorie (IRT) das „Mittel der Wahl“ für die Modellierung von Kompetenzen?. *Zeitschrift für Erziehungswissenschaft, 16*, 47–51. https://doi.org/10.1007/s11618-013-0386-0

Hartig, J., Frey, A. & Jude, N. (2012). Validität. In H. Moosbrugger & A. Kelava (Hrsg.), *Testtheorie & Fragebogenkonstruktion* (S. 143–171). Springer. https://doi.org/10.1007/978-3-642-20072-4_7

Hartig, J. & Jude, N. (2007). Empirische Erfassung von Kompetenzen und psychometrische Kompetenzmodelle. In J. Hartig & E. Klieme (Hrsg)., *Möglichkeiten und Voraussetzungen technologiebasierter Kompetenzdiagnostik. Bildungsforschung, Band 20* (S. 17–36). BMBF.

Hartig, J. & Klieme, E. (2006). Kompetenz und Kompetenzdiagnostik. In K. Schweizer (Hrsg.), *Leistung und Leistungsdiagnostik* (S. 127–143). Springer. https://doi.org/10.1007/3-540-33020-8_9

Hattie, J. (2015). *Lernen sichtbar machen. Überarbeitete deutschsprachige Ausgabe von Visible Learning, besorgt von Wolfgang Beywl und Klaus Zierer* (3. Aufl.). Schneider.

Healy, L. & Hoyles, C. (1998). *Justifying and proving in school mathematics – technical report on the nationwide survey.* University of London. http://doc.ukdataservice.ac.uk/doc/4004/mrdoc/pdf/a4004uab.pdf

Heine, J.-H. & Reiss, K. (2019). PISA 2018 – die Methodologie. In K. Reiss, M. Weis, E. Klieme & O. Köller (Hrsg.), *PISA 2018: Grundbildung im internationalen Vergleich* (S. 241–258). Waxmann.

Heintz, B. (1993). *Die Herrschaft der Regel – Zur Grundlagengeschichte des Computers.* Campus Verlag.

Heintz, B. (2000a). *Die Innenwelt der Mathematik – Zur Kultur und Praxis einer beweisenden Disziplin.* Springer.

Heintz, B. (2000b). „In der Mathematik ist ein Streit mit Sicherheit zu entscheiden“ – Perspektiven einer Soziologie der Mathematik. *Zeitschrift für Soziologie, 29*(5), 339–360. https://doi.org/10.1515/zfsoz-2000-0501

Heinze, A. & Reiss, K. (2007). Reasoning and proof in the mathematics classroom. *Analysis, 27*, 333–357. https://doi.org/10.1524/anly.2007.27.2-3.333

Heinze, A., Reiss, K. & Rudolph, F. (2005). Mathematics achievement and interest in mathematics from a differential perspective. *ZDM – mathematics education, 37*(3), 212–220. https://doi.org/10.1007/s11858-005-0011-7

Helfferich, C. (2011). *Die Qualität qualitativer Daten – Manual für die Durchführung qualitativer Interviews* (4. Aufl.). VS Verlag. https://doi.org/10.1007/978-3-531-92076-4

Helfferich, C. (2014). Leitfaden- und Experteninterviews. In N. Baur & J. Blasius (Hrsg.), *Handbuch Methoden der empirischen Sozialforschung* (S. 559–574). Springer. https://doi.org/10.1007/978-3-531-18939-0_39

Helmke, A. (2012). *Unterrichtsqualität und Lehrerprofessionalität. Diagnose, Evaluation und Verbesserung des Unterrichts* (4. Aufl.). Klett-Kallmeyer.

Henkel, C. (2013). *Fächerübergreifender Unterricht in der Oberstufe entwickeln und erproben. Ein theoretischer und empirischer Beitrag zu einer fächerübergreifenden Didaktik* [Dissertation, Universität Bielefeld]. Universitätsbibliothek. urn:nbn:de:hbz:361-26770033

Hersh, R. (1993). Proving is convincing and explaining. *Educational Studies in Mathematics, 24*, 389–399. https://doi.org/10.1007/BF01273372

Hersh, R. (1995). Fresh Breezes in the Philosophy of Mathematics. *The American Mathematical Monthly, 102*(7), 589–594. https://doi.org/10.2307/2974553

Hersh, R. (1997). *What is Mathematics, really?*. Oxford University Press. https://doi.org/10.1515/dmvm-1998-020

Hock, T., Heitzer, J. & Schwank, I. (2016). Axiomatisches Denken und Arbeiten im Mathematikunterricht. *Journal für Mathematik-Didaktik, 37*, 181–208. https://doi.org/10.1007/s13138-016-0088-2

Hofer, B. K. & Pintrich, P. R. (1997). The development of Epistemological Theories: beliefs about knowledge and knowing and their relation to learning. *Review of Educational Research, 67*(1), 88–140. https://doi.org/10.3102/00346543067001088

Hoffkamp, A., Paravicini, W. & Schneider, J. (2016). Denk- und Arbeitsstrategien für das Lernen von Mathematik am Übergang Schule-Hochschule. In A. Hoppenbrock, R. Biehler, R. Hochmuth & H.-G. Rück (Hrsg.), *Lehren und Lernen von Mathematik in der Studieneingangsphase. Herausforderungen und Lösungsansätze* (S. 295–309). Springer Spektrum. https://doi.org/10.1007/978-3-658-10261-6_19

Hoffmann, A. & Even, R. (2021). What do teachers learn about the discipline of mathematics in academic mathematics courses?. In M. Inprasitha, N. Changsri & N. Boonsena (Hrsg.), *Proceedings of the 44th Conference of the International Group for the Psychology of Mathematical Education* (Vol. 3, S. 51–60). PME.

Hoffmann, A. & Even, R. (2023). What do mathematicians wish to teach teachers about the discipline of mathematics?. *Journal of mathematics teacher education.* https://doi.org/10.1007/ s10857-023-09577-4

Huber, L. (1994). Wissenschaftspropädeutik: eine unerledigte Hausaufgabe der allgemeinen Didaktik. In M. A. Meyer (Hrsg.), *Allgemeine Didaktik, Fachdidaktik und Fachunterricht. Studien zur Schulpädagogik und Didaktik 10* (S. 243–253). Beltz.

Huber, L. (1995). Die gymnasiale Oberstufe in überregionaler bildungstheoretischer Perspektive. In E. Fuhrmann (Hrsg.), *Chancen und Probleme der gymnasialen Oberstufe* (S. 18–36). Raabe.

Huber, L. (1997). Fähigkeit zum Studieren – Bildung durch Wissenschaft. Zum Problem der Passung zwischen Gymnasialer Oberstufe und Hochschule. In E. Liebau, W. Mack & C. Scheilke (Hrsg.), *Das Gymnasium. Alltag, Reform, Geschichte, Theorie* (S. 333–351). Juventa.

Huber, L. (1998). Allgemeine Studierfähigkeit, basale Fähigkeiten, Grundbildung. Zur aktuellen Diskussion um die gymnasiale Oberstufe. In R. Messner, E. Wicke & D. Bosse (Hrsg.), *Die Zukunft der gymnasialen Oberstufe* (S. 150–181). Beltz.

Huber, L. (2009a). Wissenschaftspropädeutik ist mehr! *TriOS, 4*(2), 39–60.

Huber, L. (2009b). Von „basalen Fähigkeiten" bis „vertiefte Allgemeinbildung": Was sollen Abiturientinnen und Abiturienten für das Studium mitbringen?. In D. Bosse (Hrsg.), *Gymnasiale Bildung zwischen Kompetenzorientierung und Kulturarbeit* (S. 107–124). VS Verlag. https://doi.org/10.1007/978-3-531-91485-5_8

Inglis, M. & Aberdein, A. (2015). Beauty is not simplicity: an analysis of mathematicians' proof appraisals. *Philosophia Mathematics, 23*(1), 87–109. https://doi.org/10.1093/philmat/nku014

Isphording, I. & Wozny, F. (2018). *Ursachen des Studienabbruchs – eine Analyse des Nationalen Bildungspanels* (IZA Research Report No. 82). IZA. https://docs.iza.org/report_pdfs/iza_report_82.pdf

Jablonka, E. (2003). Mathematical literacy. In A. J. Bishop, M. A. Clements, C. Keitel, J. Kilpatrick & F. K. S. Leung (Hrsg.), *Second international handbook of mathematics education* (S. 75–102). Springer. https://doi.org/10.1007/978-94-010-0273-8_4

Jaffe, A. & Quinn, F. (1993). „Theoretical mathematics": towards a cultural synthesis of mathematics and theoretical physics. *Bulletin of the American mathematical society, 29*(1), 1–13. https://doi.org/10.48550/arXiv.math/9307227

Jahn, D. & Cursio, M. (2021). *Kritisches Denken – Eine Einführung in die Didaktik der Denkschulung.* Springer VS. https://doi.org/10.1007/978-3-658-34985-1

Jahnke, H. N. & Ufer, S. (2015). Argumentieren und Beweisen. In R. Bruder, L. Hefendehl-Hebeker, B. Schmidt-Thieme & H.-G. Weigand (Hrsg.), *Handbuch der Mathematikdidaktik* (S. 331–355). Springer Spektrum. https://doi.org/10.1007/978-3-642-35119-8_12

Johnson-Laird, P. N. (1972). The three-term series problem. *Cognition, 1*(1), 57–82. https://doi.org/10.1016/0010-0277(72)90045-5

Kampa, N., Köller, O., Schmidt, F. T. C. & Leucht, M. (2016). Kompetenzen im Fach Mathematik. In M. Leucht, N. Kampa & O. Köller (Hrsg.), *Fachleistungen beim Abitur: Vergleich allgemeinbildender und beruflicher Gymnasien in Schleswig-Holstein* (S. 119–143). Waxmann.

Kaufhold, M. (2006). *Kompetenz und Kompetenzerfassung. Analyse und Beurteilung von Verfahren der Kompetenzerfassung.* VS Verlag.

Kelava, A. & Moosbrugger, H. (2020). Einführung in die Item-Response-Theorie (IRT). In H. Moosbrugger & A. Kelava (Hrsg.), *Testtheorie und Fragebogenkonstruktion* (3. Aufl., S. 369–409). Springer. https://doi.org/10.1007/978-3-662-61532-4_16

Kelle, U. & Kluge, S. (2010). *Vom Einzelfall zum Typus: Fallvergleich und Fallkontrastierung in der qualitativen Sozialforschung* (2. Aufl.). VS Verlag. https://doi.org/10.1007/978-3-531-92366-6

Kempen, L. (2019). *Begründen und Beweisen im Übergang von der Schule zur Hochschule – Theoretische Begründung, Weiterentwicklung und Evaluation einer universitären Erstsemesterveranstaltung unter der Perspektive der doppelten Diskontinuität.* Springer. https://doi.org/10.1007/978-3-658-24415-6

Kiesow, C. (2016). *Die Mathematik als Denkwerk – Eine Studie zur kommunikativen und visuellen Performanz.* Springer VS. https://doi.org/10.1007/978-3-658-11410-7

Kircher, E. (2007). Über die Natur der Naturwissenschaften lernen. In E. Kircher, R. Girwidz & P. Häußler (Hrsg.), *Physikdidaktik – Theorie und Praxis* (S. 707–742). Springer. https://doi.org/10.1007/978-3-540-34091-1_24

Kirchner, V. (2016). *Wirtschaftsunterricht aus der Sicht von Lehrpersonen – Eine qualitative Studie zu fachdidaktischen teachers' beliefs in der ökonomischen Bildung.* Springer VS. https://doi.org/10.1007/978-3-658-10832-8

Kirchner, V. (2020). Grundlegende Überlegungen zum fachspezifischen Beitrag der ökonomischen Bildung zur Wissenschaftspropädeutik. *Zeitschrift für ökonomische Bildung, Sondernummer, Jahresband DeGÖB 2018*, 1–16. https://doi.org/10.7808/zfoeb.2020.10001.59

Kitchener, K. S., King, P. M. & DeLuca, S. (2006). Development of reflective judgement in adulthood. C. Hoare (Hrsg.), *Handbook of adult development and learning* (S. 73–98). Oxford University Press.

Klafki, W. (1986). Die Bedeutung der klassischen Bildungstheorien für ein zeitgemäßes Konzept allgemeiner Bildung. *Zeitschrift für Pädagogik, 32*(4), 455–476. https://doi.org/10.25656/01:14397

Klafki, W. (2007). *Neue Studien zur Bildungstheorie und Didaktik. Zeitgemäße Allgemeinbildung und kritisch-konstruktive Didaktik* (5. Aufl.) Beltz.

Kleinke, K. (2018). Multiple Imputation by Predictive Mean Matching When Sample Size Is Small. *Methodology, 14*(1), 3–15. https://doi.org/10.1027/1614-2241/a000141

Klieme, E. (2000). Fachleistungen im voruniversitären Mathematik- und Physikunterricht: Theoretische Grundlagen, Kompetenzstufen und Unterrichtsschwerpunkte. In J. Baumert, W. Bos & R. Lehmann (Hrsg.), *TIMSS/III: Dritte Inter-*

nationale Mathematik- und Naturwissenschaftsstudie – Mathematische und naturwissenschaftliche Bildung am Ende der Schullaufbahn (S. 57–128). Leske + Budrich.

Klieme, E., Avenarius, H., Blum, W., Döbrich, P., Gruber, H., Prenzel, M., Reiss, K., Riquarts, K., Rost, J., Tenorth, H.-E. & Vollmer, H. J. (2003). *Zur Entwicklung nationaler Bildungsstandards. Eine Expertise*. BMBF.

Klieme, E. & Hartig, J. (2007). Kompetenzkonzepte in den Sozialwissenschaften und im erziehungswissenschaftlichen Diskurs. *Zeitschrift für Erziehungswissenschaft, Sonderheft 8*, 11–29. https://doi.org/10.1007/978-3-531-90865-6_2

Klieme, E. & Leutner, D. (2006). Kompetenzmodelle zur Erfassung individueller Lernergebnisse und zur Bilanzierung von Bildungsprozessen. Beschreibung eines neu eingerichteten Schwerpunktprogramms der DFG. *Zeitschrift für Pädagogik, 63*(6), 876–903. https://doi.org/10.25656/01:4493

Klieme, E., Neubrand, M. & Lüdtke, O. (2001). Mathematische Grundbildung: Testkonzeption und Ergebnisse. In J. Baumert, E. Klieme, M. Neubrand, M. Prenzel, U. Schiefele, W. Schneider, P. Stanat, K.-J. Tilmmann & M. Weiß (Hrsg.), *PISA 2000 – Basiskompetenzen von Schülerinnen und Schülern im internationalen Vergleich* (S. 138–190). Leske + Budrich. https://doi.org/10.1007/978-3-322-83412-6_5

Klieme, E. & Rakoczy, K. (2008). Empirische Unterrichtsforschung und Fachdidaktik. Outcome-orientierte Messung und Prozessqualität des Unterrichts. *Zeitschrift für Pädagogik, 54*(2), 222–237. https://doi.org/10.25656/01:4348

Klusmann, U., Trautwein, U., Lüdtke, O., Kunter, M. & Baumert, J. (2009). Eingangsvoraussetzungen beim Studienbeginn – Werden die Lehramtskandidaten unterschätzt?. *Zeitschrift für Pädagogische Psychologie, 23*(3-4), 265–278. https://doi.org/10.1024/1010-0652.23.34.265

KMK [Sekretariat der Kultusministerkonferenz] (1988). *Empfehlungen zur Arbeit in der gymnasialen Oberstufe gemäß Vereinbarung zur Neugestaltung der gymnasialen Oberstufe in der Sekundarstufe II – Beschluß der Kultusministerkonferenz vom 7.7.1972 i. d. F. vom 11.4.1988*. https://www.kmk.org/fileadmin/Dateien/veroeffentlichungen_beschluesse/1977/1977_12_02-Arbeit-in-der-gymnasialen-Oberstufe.pdf

KMK [Sekretariat der Kultusministerkonferenz] (1995). *Weiterentwicklung der Prinzipien der gymnasialen Oberstufe und des Abiturs. Abschlußbericht der von der Kultusministerkonferenz eingesetzten Expertenkommission*. Schmidt & Klaunig.

KMK [Sekretariat der Kultusministerkonferenz] (2012). *Bildungsstandards im Fach Mathematik für die Allgemeine Hochschulreife* (Beschluss der Kultusministerkonferenz vom 18.10.2012). Wolters Kluwer.

KMK [Sekretariat der Kultusministerkonferenz] (2020). *Vereinbarung über die Schularten und Bildungsgänge im Sekundarbereich I* (Beschluss der Kultusministerkonferenz vom 03.12.1993 i. d. F. vom 26.03.2020). https://www.kmk.org/fileadmin/Dateien/veroeffentlichungen_beschluesse/1993/1993-12-03-VB-Sek-1.pdf

KMK [Sekretariat der Kultusministerkonferenz] (2023). *Vereinbarung zur Gestaltung der gymnasialen Oberstufe und der Abiturprüfung (Beschluss der KMK vom 07.07.1972 i. d. F. vom 16.03.2023).*

https://www.kmk.org/fileadmin/veroeffentlichungen_beschluesse/1972/1972_07_07-VB-gymnasiale-Oberstufe-Abiturpruefung.pdf

Knauff, M. & Knoblich, G. (2017). Logisches Denken. In J. Müsseler & M. Rieger (Hrsg.), *Allgemeine Psychologie* (3 Aufl., S. 533–585). Springer. https://doi.org/10.1007/978-3-642-53898-8_15

Knigge, J. (2010). *Modellbasierte Entwicklung und Analyse von Testaufgaben zur Erfassung der Kompetenz „Musik wahrnehmen und kontextualisieren"* [Dissertation, Universität Bremen]. Staats- und Universitätsbibliothek Bremen. urn:nbn:de:gbv:46-diss000120066

Koller, I. & Hatzinger, R. (2013). Nonparametric tests for the Rasch model: explanation, development, and application of quasi-exact tests for small samples. *Interstat, 11*, 1–16.

Köller, O. (2001). Mathematical world views and achievement in advanced mathematics in Germany: Findings from TIMSS population 3. *Studies in Educational Evaluation, 27*, 65–78. https://doi.org/10.1016/S0191-491X(01)00014-1

Köller, O. (2008). Bildungsstandards in einem Gesamtsystem der Qualitätssicherung im allgemeinbildenden Schulsystem Deutschlands. In E. Klieme & R. Tippelt (Hrsg.), *Qualitätssicherung im Bildungswesen* (S. 59–75). Beltz.

Köller, O., Baumert, J. & Schnabel, K. (2001). Does Interest matter? The Relationship between Academic Interest and Achievement in Mathematics. *Journal for Research in Mathematics Education, 32*(5), 448–470. https://doi.org/10.2307/749801

Köller, O., Meyer, J., Saß, S. & Baumert, J. (2019). New analyses of an old topic. Effects of intelligence and motivation on academic achievement. *Journal for educational research online, 11*(1), 166–189. https://doi.org/10.25656/01:16792

Köller, O., Trautwein, U., Lüdtke, O. & Baumert, J. (2006). Zum Zusammenspiel von schulischer Leistung, Selbstkonzept und Interesse in der gymnasialen Oberstufe. *Zeitschrift für Pädagogische Psychologie, 20*(1/2), 27–39. https://doi.org/10.1024/1010-0652.20.12.27

Krapp, A. (1992a). Das Interessenkonstrukt: Bestimmungsmerkmale der Interessenhandlung und des individuellen Interesses aus Sicht der einer Person-Gegenstands-Konzeption. In A. Krapp & M. Prenzel (Hrsg.), *Interesse, Lernen, Leistung: Neuere Ansätze der pädagogisch-psychologischen Interessenforschung* (S. 297–329). Aschendorff.

Krapp, A. (1992b). Interesse, Lernen und Leistung. Neue Forschungsansätze in der Pädagogischen Psychologie. *Zeitschrift für Pädagogik, 38*(5), 747–770. https://doi.org/10.25656/01:13977

Krapp, A., Schiefele, U. & Schreyer, I. (1993). Metaanalyse des Zusammenhangs von Interesse und schulischer Leistung. *Zeitschrift für Entwicklungspsychologie und Pädagogische Psychologie, 10*(2), 120–148.

Krause, N. M. (2014). *Wissenschaftspropädeutik im Kontext vom Mathematikunterricht in der gymnasialen Oberstufe. Facharbeiten als mathematikdidaktischer Ansatz für eine Öffnung des Mathematikunterrichts zur Verbesserung der Studierfähigkeit und zur Veränderung des Mathematikbilds* [Dissertation, Martin-Luther-Universität Halle-Wittenberg]. Open Data. http://dx.doi.org/10.25673/1381

Kuckartz, U. (2018). *Qualitative Inhaltsanalyse. Methoden, Praxis, Computerunterstützung* (4. Aufl.). Beltz Juventa.

Kuhn, D. (1999). A Developmental Model of Critical Thinking. *Educational Researcher, 28*(2), 16–26. https://doi.org/10.3102/0013189X028002016

Kühnert, F. (1961). *Allgemeinbildung und Fachbildung in der Antike*. Akademie-Verlag. https://doi.org/10.1515/9783112481943

Kunter, M., Klusmann, U. & Baumert, J. (2009). Professionelle Kompetenz von Mathematiklehrkräften: Das COACTIV-Modell. In O. Zlatkin-Troitschanskaia, K. Beck, D. Sembill, R. Nickolaus & R. Mulder (Hrsg.), *Lehrprofessionalität – Bedingungen, Genese, Wirkungen und ihre Messung* (S. 153–165). Beltz.

Kuntze, A., Heinze, A. & Reiss, K. (2008). Vorstellungen von Mathematiklehrkräften zum Umgang mit Fehlern im Unterrichtsgespräch. *Journal für Mathematik-Didaktik, 29*(3/4), 199–222. https://doi.org/10.1007/BF03339062

Kurtz, T. (2010). Der Kompetenzbegriff in der Soziologie. In T. Kurtz & M. Pfadenhauer (Hrsg.), *Soziologie der Kompetenz* (S. 7–25). VS Verlag. https://doi.org/10.1007/978-3-531-91951-5_1

Lakatos, I. (1976). *Proofs and refutations: the logic of mathematical discovery*. Cambridge University Press. https://doi.org/10.1017/CBO9781139171472

Lamnek, S. & Krell, C. (2016). *Qualitative Sozialforschung* (6. Aufl.). Beltz.

Langemeyer, I. (2019). Enkulturation in die Wissenschaft durch forschungsorientiertes Lehren und Lernen. In M. E. Kaufmann, A. Satilmis & H. A. Mieg (Hrsg.), *Forschendes Lernen in den Geisteswissenschaften. Konzepte, Praktiken und Perspektiven hermeneutischer Fächer* (S. 59–77). Springer VS. https://doi.org/10.1007/978-3-658-21738-9_4

Lankeit, E., Biehler, R., Schürmann, M., Hochmuth, R., Schaper, N., Kuklinski, C. & Liebendörfer, M. (2020). *Skala zur Erfassung des erlernten Metawissens zur Hochschulmathematik in mathematischen Vorkursen* [Skala: Version 1.0]. Forschungsdatenzentrum Bildung am DIPF. https://doi.org/10.7477/410:263:10521

Laugksch, R. C. (2000). Scientific Literacy: a conceptual overview. *Science Education, 84*(1), 71–94. http://dx.doi.org/10.1002/(SICI)1098-237X(200001)84:13.0.CO;2-C

Ledermann, M. G. (2006). Syntax of nature of science within inquiry and science instruction. In L. B. Flick & M. G. Ledermann (Hrsg.), *Scientific inquiry and Nature of Science: implications for teaching, learning, and teacher education* (S. 301–317). Springer. https://doi.org/10.1007/1-4020-2672-2_14

Leuders, T. (2014). Modellierungen mathematischer Kompetenzen – Kriterien für eine Validitätsprüfung aus fachdidaktischer Sicht. *Journal für Mathematik-Didaktik, 35*, 7–48. https://doi.org/10.1007/s13138-013-0060-3

Leuders, T. & Philipp, K. (2014). Mit Beispielen zum Erkenntnisgewinn – Experiment und Induktion in der Mathematik. *mathematica didactica, 37*, 163–190. https://doi.org/10.18716/ojs/md/2014.1125

Lienert, G. A. & Raatz, U. (1998). *Testaufbau und Testanalyse* (6. Aufl.). Beltz/Psychologie Verlags Union.

Linacre, J. M. (2002). What do infit and outfit, mean-square and standardized mean?. *Rasch Measurement Transactions, 16*(2), 878.

Loerwald, D. (2008). Multiperspektivität im Wirtschaftsunterricht. In D. Loerwald, M. Wiesweg & A. Zoerner (Hrsg.), *Ökonomik und Gesellschaft* (S. 232–266). VS Verlag. https://doi.org/10.1007/978-3-531-91057-4_15

Loos, A., Sinn, R. & Ziegler, G. M. (2022). *Panorama der Mathematik*. Springer. https://doi.org/10.1007/978-3-662-54873-8

Lorenz, J. H. (2005). Zentrale Lernstandsmessung in der Primarstufe – Vergleichsarbeiten Klasse 4 (VERA) in sieben Bundesländern. *ZDM – mathematics education, 37*(4), 317–323. https://doi.org/10.1007/BF02655818

Lüken, M. M. (2012). *Muster und Strukturen im mathematischen Anfangsunterricht. Grundlegung und empirische Forschung zum Struktursinn von Schulanfängern*. Waxmann.

Magis, D., Beland, S. & Raiche, G. (2020). *difR: Collection of Methods to Detect Dichotomous Differential Item Functioning (DIF). 5.1*. https://cran.r-project.org/web/packages/difR/difR.pdf

Maier, P., Hatzinger, R., Maier, M. J., Rutsch, T. & Debelak, R. (2021). *eRm: Extended Rasch Modeling. 1.0-2*. https://cran.r-project.org/web/packages/eRm/eRm.pdf

Mancosu, P. (Hrsg.) (2008). *The Philosophy of Mathematical Practice*. Oxford University Press. https://doi.org/10.1093/acprof:oso/9780199296453.001.0001

Manin, Y. I. (2010). *A Course in Mathematical Logic for Mathematicians* (2. Aufl.). Springer. https://doi.org/10.1007/978-1-4419-0615-1

Martens, E. (1999). *Philosophieren mit Kindern: Eine Einführung in die Philosophie*. Reclam.

Mason, L. & Bromme, R. (2010). Situating and relating epistemological beliefs into metacognition: Studies on beliefs about knowledge and knowing. *Metacognition and learning, 5*(1), 1–6. https://doi.org/10.1007/s11409-009-9050-8

Mayring, P. & Fenzl, T. (2014). Qualitative Inhaltsanalyse. In N. Baur & J. Blasius (Hrsg.), *Handbuch Methoden der empirischen Sozialforschung* (S. 543–556). Springer VS. https://doi.org/10.1007/978-3-531-18939-0_38

McLeod, D. B. (1992). Research on affect in mathematics education: a reconceptualization. In D. A. Grows (Hrsg.), *Handbook of research on mathematics teaching and learning* (S. 575–596). National Council of Teachers of Mathematics (NCTM).

Meister, A. & Sonar, T. (2019). *Numerik: Eine lebendige und gut verständliche Einführung mit vielen Beispielen*. Springer Spektrum. https://doi.org/10.1007/978-3-662-58358-6

Messner, R. (2009). Forschendes Lernen aus pädagogischer Sicht. In R. Messner (Hrsg.), *Schule forscht: Ansätze und Methoden zum forschenden Lernen* (S. 15–30). Körber Stiftung.

Messner, R. (2014). Schülerwettbewerbe als exemplarische Praxis der Inszenierung wissenschaftlichen Lernens. In F. Beilecke, R. Messner & R. Weskamp (Hrsg.), *Wissenschaft inszenieren* (S. 31–40). Julius Klinkhardt.

Meyer, M. A. & Keuffer, J. (2000). Transformationsprozesse, Allgemeine Didaktik, Unterrichtsmethodik, Wissenschaftspropädeutik und psychologische Lehr-Lern-Forschung. In M. A. Meinert & R. Schmidt (Hrsg.), *Schülermitbeteiligung im*

Fachunterricht. Englisch, Geschichte, Physik und Chemie im Blickfeld von Lehrern, Schülern und Unterrichtsforschern (S. 21–31). Leske + Budrich. https://doi.org/10.1007/978-3-322-97464-8_2

Midway, S., Robertson, M., Flinn, S. & Kaller, M. (2020). Comparing multiple comparisons: pratical guidance for choosing the best multiple comparisons test. *PeerJ* 8:e10387. http://doi.org/10.7717/peerj.10387

Miller, J. D. (1983). Scientific Literacy: a conceptual and empirical review. *Daedalus, 112*(2), 29–48. https://www.jstor.org/stable/20024852

Möhringer, J. (2019). *Begabtenförderung in der gymnasialen Oberstufe*. LIT-Verlag.

Möller, J. & Trautwein, U. (2020). Selbstkonzept. In E. Wild & J. Möller (Hrsg.), *Pädagogische Psychologie* (3. Aufl., S. 187–209). Springer. https://doi.org/10.1007/978-3-662-61403-7_8

Möltner, A., Schellberg, D. & Jünger, J. (2006). Grundlegende quantitative Analysen medizinischer Prüfungen. *GMS Zeitschrift für Medizinische Ausbildung, 23*(3), Doc53. http://www.egms.de/en/journals/zma/2006-23/zma000272.shtml

Montero-Rojas, E. & Moreira-Mora, T. E. (2017). DIF in Spanish and Mathematics from Costa Rica's national tests in reported students with ADHD. *Actualidades Investigativas en Educació, 17*(2), 1–22. http://doi.org/10.15517/aie.v17i1.28661

Moosbrugger, H. (2012). Item-Response-Theorie (IRT). In H. Moosbrugger & A. Kelava (Hrsg.), *Testtheorie und Fragebogenkonstruktion* (2. Aufl., S. 227–274). Springer. https://doi.org/10.1007/978-3-642-20072-4_10

Moosbrugger, H. & Brandt, H. (2020). Antwortformate und Itemtypen. In H. Moosbrugger & A. Kelava (Hrsg.), *Testtheorie und Fragebogenkonstruktion* (3. Aufl., S. 91–117). Springer. https://doi.org/10.1007/978-3-662-61532-4_5

Moosbrugger, H. & Kelava, A. (2020). Qualitätsanforderungen an Tests und Fragebogen („Gütekriterien"). In H. Moosbrugger & A. Kelava (Hrsg.), *Testtheorie und Fragebogenkonstruktion* (3. Aufl., S. 13–38). Springer. https://doi.org/10.1007/978-3-662-61532-4_2

Müller, H. (1999). *Probabilistische Testmodelle für diskrete und kontinuierliche Ratingskalen*. Huber.

Mullis, I. V.S., Martin, M. O., Foy, P. & Arora, A. (2012). *TIMSS 2011 International Results in Mathematics*. International Association for the Evaluation of Educational Achievement (IEA).

Müsche, H. (2009). Wissenschaftspropädeutik aus psychologischer Perspektive – Zur Dimensionierung und Konkretisierung eines bildungstheoretischen Konstrukts. *TriOS, 4*(2), 61–109.

Müsche, H. (2011). Epistemologische Überzeugungen in der Domäne der Mathematik. *TriOS, 6*(1), 85–164.

Nagy, G. (2007). *Berufliche Interessen, kognitive Fähigkeiten und fachgebundene Kompetenzen* [Dissertation, Freie Universität Berlin] Refubium – Repositorium der freien Universität Berlin. http://dx.doi.org/10.17169/refubium-14210

Neubrand, M. (2009). Mathematische Bildung in der Sekundarstufe: Orientierungen für die inhaltliche Ausgestaltung von Übergängen. In A. Heinze & M. Grüßing (Hrsg.), *Mathematiklernen vom Kindergarten bis zum Studium. Kontinuität und*

Kohärenz als Herausforderung für den Mathematikunterricht (S. 181–190). Waxmann.

Neubrand, M., Klieme, E., Lüdtke, O. & Neubrand, J. (2002). Kompetenzstufen und Schwierigkeitsmodelle für den PISA-Test zur mathematischen Grundbildung. *Unterrichtswissenschaft, 30*(2), 100–119. https://doi.org/10.25656/01:7681

Neugebauer, M. (2013). Wer entscheidet sich für ein Lehramtsstudium – und warum? Eine empirische Überprüfung der These von Negativselektion in den Lehrerberuf. *Zeitschrift für Erziehungswissenschaft, 16*, 157–184. https://doi.org/10.25656/01:10587

Neuhaus-Eckhardt, S. (2022). *Beweisverständnis von Studierenden – Zusammenhänge zu individuellen Merkmalen und der Nutzung von Beweislesestrategien.* Waxmann.

Neumann, I. & Kremer, K. (2013). Nature of Science und epistemologische Überzeugungen – Ähnlichkeiten und Unterschiede. *Zeitschrift für Didaktik der Naturwissenschaften, 19*, 209–232.

Neumann, I., Pigge, C., & Heinze, A. (2017). *Welche mathematischen Lernvoraussetzungen erwarten Hochschullehrende für ein MINT-Studium? Eine Delphi-Studie.* IPN.

Neumann, I., Rohenroth, D. & Heinze, A. (2021). *Studieren ohne Mathe? Welche mathematischen Lernvoraussetzungen erwarten Hochschullehrende für Studienfächer außerhalb des MINT-Bereichs?*. IPN.

NRC [National Research Council] (1996). *National Science Education Standards.* National Academy Press. https://doi.org/10.17226/4962

OECD [Organisation for economic co-operation and development] (2003). *The PISA 2003 assessment framework mathematics, reading, science and problem solving knowledge and skills.* OECD Publishing. https://doi.org/10.1787/19963777

Oepke, M. & Eberle, F. (2016). Deutsch- und Mathematikkompetenzen – wichtig für die (allgemeine) Studierfähigkeit?. In J. Kramer, M. Neumann & U. Trautwein (Hrsg.), *Abitur und Matura im Wandel – Historische Entwicklungslinien, aktuelle Reformen und ihre Effekte* (S. 161–252). Springer. https://doi.org/10.1007/978-3-658-11693-4_9

Op't Eynde, P., De Corte, E. & Verschaffel, L. (2002). Framing students' mathematics related beliefs. In G. C. Leder, E. Pehkonen & G. Törner (Hrsg.), *Beliefs: A Hidden Variable in Mathematics Education?* (S. 13–37). Kluwer Academic Publishers. https://doi.org/10.1007/0-306-47958-3_2

Paasch, D., Schmid, C., Kallinger-Aufner, A. & Knollmüller, R. (2019). Noten und Kompetenzen in verschiedenen Fächern, Schulstufen und Schulformen. In A.-C. George, C. Schreiner, C. Wiesner, M. Pointinger & K. Pacher (Hrsg.), *Fünf Jahre flächendeckende Bildungsstandardüberprüfungen in Österreich – Vertiefende Analysen zum Zyklus 2012 bis 2016* (S. 161–177). Waxmann.

Pahl, J.-P. (2022). *Berufliche Aus- und Weiterbildung im Berufsbildungsgesamtsystem – Der lange Weg von der Fremd- zur Selbsterziehung in Betrieb, Schule und Hochschule.* Springer Gabler. https://doi.org/10.1007/978-3-658-35842-6

Pajares, M. F. (1992). Teachers' Beliefs and Educational Research: Cleaning Up a Messy Construct. *Review of Educational Research, 62*(3), 307–332. https://doi.org/10.3102/00346543062003307

Pawek, C. (2009). *Schülerlabore als interessenfördernde außerschulische Lernumgebungen für Schülerinnen und Schüler aus der Mittel- und Oberstufe* [Dissertation, Christian-Albrechts-Universität zu Kiel]. MACAU. urn:nbn:de:gbv:8-diss-36693

Peterson, S. E., Ridenour, M. E. & Somers, S. L. (1990). Declarative, Conceptual, and Procedural Knowledge in the Understanding of Fractions and Acquisition of Ruler Measurement Skills. *The Journal of Experimental Education, 58*(3), 185–193. https://doi.org/10.1080/00220973.1990.10806534

Philipp, K. (2013). *Experimentelles Denken – Theoretische und empirische Konkretisierung einer mathematischen Kompetenz*. Springer Spektrum. https://doi.org/10.1007/978-3-658-01120-8

Philipp, R. A. (2007). Mathematics teachers' beliefs and affect. In F. K. Lester (Hrsg.), *Second handbook of research on mathematics teaching and learning* (S. 257–315). Information Age.

Pólya, G. (1954). *Mathematics and plausible reasoning*. Princeton University Press. https://doi.org/10.1515/9780691218304

Pólya, G. (1985). *How to solve it: a new aspect of mathematical method* (2. Aufl.). Princeton University Press.

Ponocny, I. (2001). Nonparametric goodness-of-fit tests for the rasch model. *Psychometrika, 66*, 437–459. https://doi.org/10.1007/BF02294444

Prenninger, E. M. & Altrichter, H. (2012). Schülerwettbewerbe und schulexterne Zertifikate als Veränderung schulischer Arbeit und schulischen Lernens?. *Die deutsche Schule, 104*(2), 164–184. https://doi.org/10.25656/01:25728

Prenzel, M., Rost, J., Senkbeil, M., Häußler, P. & Klopp, A. (2001). Naturwissenschaftliche Grundbildung: Testkonzeption und Ergebnisse. In Deutsches PISA-Konsortium (Hrsg.), *PISA 2000 – Basiskompetenzen von Schülerinnen und Schülern im internationalen Vergleich* (S. 191–248). Leske + Budrich. https://doi.org/10.1007/978-3-322-83412-6_6

Pustelnik, K. (2018). *Bedingungsfaktoren für den erfolgreichen Übergang von Schule zu Hochschule* [Dissertation, Georg-August-Universität Göttingen]. SUB Göttingen (Zentralbibliothek). http://dx.doi.org/10.53846/goediss-7069

Rach, S. (2014). *Charakteristika von Lehr-Lern-Prozessen im Mathematikstudium: Bedingungsfaktoren für den Studienerfolg im ersten Semester*. Waxmann.

Rach, S. (2019). Lehramtsstudierende im Fach Mathematik – Wie hilft uns die Analyse von Lernvoraussetzungen für eine kohärente Lehrerbildung?. In K. Hellmann, J. Kreutz, M. Schwichow & K. Zaki (Hrsg.), *Kohärenz in der Lehrerbildung: Theorien, Modelle und empirische Befunde* (S. 68–84). Springer VS. https://doi.org/10.1007/978-3-658-23940-4_5

Rach, S. & Heinze, A. (2017). The Transition from School to University in Mathematics: Which Influence Do School-Related Variables Have?. *International Journal of Science and Mathematics Education, 15*(7), 1343–1363. https://doi.org/10.1007/s10763-016-9744-8

Rach, S., Kosiol, T. & Ufer, S. (2017). Interest and self-concept conerning two characters of mathematics: All the same, or different effects? In R. Göller, R. Biehler, R. Hochmuth & H.-G. Rück (Hrsg.), *Didactics of mathematics in higher education as a scientific discipline conference proceedings* (S. 295-299). Universitätsbibliothek Kassel.

Rach, S., Sommerhoff, D. & Ufer, S. (2021). *Technical Report – Knowledge for University and Mathematics (KUM) and Mathematics Online Assessment System (MOAS)*. Magdeburg, Kiel, Munich.

Rach, S. & Ufer, S. (2020). Which Prior Mathematical Knowledge Is Necessary for Study Success in the University Study Entrance Phase? Results on a New Model of Knowledge Levels Based on a Reanalysis of Data from Existing Studies. *International Journal of Research in Undergraduate Mathematics Education, 6*, 375–403. http://dx.doi.org/10.25673/81571

Rasch, D., Kubinger, K. D. & Moder, K. (2011). The two-sample t test: Pre-testing its assumptions does not pay off. *Statistical Papers, 52*(1), 219–231. https://doi.org/10.1007/s00362-009-0224-x

Reichersdorfer, E., Ufer, S., Lindmeier, A. & Reiss, K. (2014). Der Übergang von der Schule zur Universität: Theoretische Fundierung und praktische Umsetzung einer Unterstützungsmaßnahme am Beginn des Mathematikstudiums. In I. Bausch, R. Biehler, R. Bruder, P. R. Fischer, R. Hochmuth, W. Koepf, S. Schreiber & T. Wassong (Hrsg.), *Mathematische Vor- und Brückenkurse* (S. 37–53). Springer Spektrum. https://doi.org/10.1007/978-3-658-03065-0_4

Reid, D. A. (2002). Conjectures and refutations in Grade 5 mathematics. *Journal for Research in Mathematics Education, 33*(1), 5–29. https://doi.org/10.2307/749867

Reinders, H. (2012). *Qualitative Interviews mit Jugendlichen führen: Ein Leitfaden* (2. Aufl.). Oldenbourg. https://doi.org/10.1524/9783486717600

Reitinger, J. (2013). Forschendes Lernen und Reflexion. In A. Weinberger (Hrsg.), *Reflexion im pädagogischen Kontext* (S. 9–37). LIT Verlag.

Rich, J. D., Fullard, W. & Overton, W. (2011). The Relationship Between Deductive Reasoning Ability, Test Anxiety, and Standardized Test Scores in Latino Sample. *Hispanic Journal of Behavorial Sciences, 32*(2), 261–277. https://doi.org/10.1177/0739986311404020

Ritchhart, R. & Perkins, D. N. (2005). Learning to Think: The Challenges of Teaching Thinking. In K. J. Holyoak & R. G. Morrison (Hrsg.), *The Cambridge handbook of thinking and reasoning* (S. 775–802). Cambridge University Press.

Rittle-Johnson, B., Schneider, M. & Star, J. R. (2015). Not a one-way street: bidirectional relations between procedural and conceptual knowledge of mathematics. *Educational Psychology Review, 27*(4), 587–595. https://doi.org/10.1007/s10648-015-9302-x

Rizopoulos, D. (2018). *ltm: Latent Trait Models under IRT. 1.2-0*. https://cran.r-project.org/web/packages/ltm/ltm.pdf

Roberts, R. E. (2020). Qualitative Interview Questions: Guidance for Novice Researchers. *The Qualitative Report, 25*(9), 3185–3203. https://doi.org/10.46743/2160-3715/2020.4640

Robitzsch, A. (2013). Wie robust sind Struktur- und Niveaumodelle? Wie zeitlich stabil und über Situationen hinweg konstant sind Kompetenzen?. *Zeitschrift für Erziehungswissenschaft, 16*, 41–45. https://doi.org/10.1007/s11618-013-0383-3

Robitzsch, A., Kiefer, T. & Wu, M. (2021). *TAM: Test Analysis Modules. 3.7-16.* https://cran.r-project.org/web/packages/TAM/TAM.pdf

Roegner, K., Seiler, R. & Timmreck, D. (2014). E-xploratives Lernen an der Schnittstelle Schule/Hoschule. In I. Bausch, R. Biehler, R. Bruder, P. R. Fischer, R. Hochmuth, W. Koepf, S. Schreiber & T. Wassong (Hrsg.), *Mathematische Vor- und Brückenkurse – Konzepte, Probleme und Perspektiven* (S. 181–196). Springer Spektrum. https://doi.org/10.1007/978-3-658-03065-0_13

Rolfes, T. & Heinze, A. (2022). Vertiefte Allgemeinbildung als eine Zieldimension von Mathematikunterricht in der gymnasialen Oberstufe. In T. Rolfes, S. Rach, S. Ufer & A. Heinze (Hrsg.), *Das Fach Mathematik in der gymnasialen Oberstufe* (S. 19–46). Waxmann. https://doi.org/10.31244/9783830996019

Rost, J. (2004). *Lehrbuch Testtheorie – Testkonstruktion* (2. Aufl.). Verlag Hans Huber.

Roth, J. & Weigand, H.-G. (2014). Forschendes Lernen: Eine Annäherung an wissenschaftliches Arbeiten. *Mathematik lehren, 184*, 2–9.

Roth, J. (2013). Mathematik-Labor „Mathe ist mehr" – Forschendes Lernen im Schülerlabor mit dem Mathematikunterricht vernetzen. *Der Mathematikunterricht, 59*(5), 12–20.

Saß, S., Kampa, N. & Köller, O. (2017). The interplay of g and mathematical abilities in large-scale assessments across grades. *Intelligence, 63*, 33–44. https://doi.org/10.1016/j.intell.2017.05.001

Schadl, C. & Lindmeier, A. (2022). Modelling proportional reasoning skills in levels within a digital setting. In C. Fernández, S. Llinares, A. Gutiérrez & N. Planas (Hrsg.), *Proceedings of the 45th Conference of the International Group for the Psychology of Mathematics Education* (Vol. 3, S. 387–394). PME.

Scheiblechner, H. (1996). Item-Response-Theorie: Prozeßmodelle. In E. Erdfelder, R. Mausfeld, T. Meiser & G. Rudinger (Hrsg.), *Handbuch Quantitative Methoden* (S. 459–466). Beltz/Psychologie Verlags Union.

Scheuerl, H. (1962). *Probleme der Hochschulreife – Bericht über die Verhandlungen zwischen Beauftragten der Ständigen Konferenz der Kultusminister und der Westdeutschen Rektorenkonferenz*. Quelle & Meyer.

Scheuerl, H. (1964). Die Einheit der Grundbildung und die Typen der höheren Schule. In G. Geißler (Hrsg.), *Einsichten und Impulse – Wilhelm Flitner zum 75. Geburtstag am 20. August 1964* (S. 96–116). Beltz.

Schiefele, U. & Schaffner, E. (2020). Motivation. In E. Wild & J. Möller (Hrsg.), *Pädagogische Psychologie* (3. Aufl., S. 163–185). Springer. https://doi.org/10.1007/978-3-662-61403-7_7

Schleicher, A. (2019). *PISA 2018 – Insights and Interpretation*. Organisation for Economic Co-operation and Development (OECD).

Schmidt, A. (1994). *Das Gymnasium im Aufwind – Entwicklung, Struktur, Probleme seiner Oberstufe* (2. Aufl.). Hahner Verlagsgesellschaft.

Schmidt-Atzert, L. & Amelang, M. (2012). *Psychologische Diagnostik* (5. Aufl.). Springer. https://doi.org/10.1007/978-3-642-17001-0

Schmitt, O. (2017). *Reflexionswissen zur linearen Algebra in der Sekundarstufe II*. Springer. https://doi.org/10.1007/978-3-658-16365-5

Schoenfield, J. R. (1967). *Mathematical Logic*. Addison-Wesley Pub. Co.

Scholl, D. (2009). *Sind die traditionellen Lehrpläne überflüssig? Zur lehrplantheoretischen Problematik von Bildungsstandards und Kernlehrplänen.* VS Verlag. https://doi.org/10.1007/978-3-531-91222-6

Scholze, P. (2021). Mochizuki, Shinichi: Inter-universal Teichmüller theory. I.: Construction of Hodge theaters. *Zentralblatt MATH.* Zbl 1465.14002

Schreier, M. (2011). Qualitative Stichprobenkonzepte. In G. Naderer & E. Balzer (Hrsg.), *Qualitative Marktforschung in Theorie und Praxis: Grundlagen – Methoden – Anwendungen* (2. Aufl., S. 241–256). Gabler. https://doi.org/10.1007/978-3-8349-6790-9_13

Schreier, M. (2013). Qualitative Forschungsmethoden. In W. Hussy, M. Schreier & G. Echterhoff (Hrsg.), *Forschungsmethoden in Psychologie und Sozialwissenschaften für Bachelor* (2. Aufl., S. 189–221). Springer. https://doi.org/10.1007/978-3-642-34362-9_5

Schüler-Meyer, A. (2018). Defining as discursive practice in transistion – Upper secondary students reinvent the formal definition of convergent sequences. In V. Durand-Guerrier, R. Hochmuth, S. Goodchild & N. M. Hogstad (Hrsg.), *Proceedings of INDRUM 2018: Second Conference of the International Network for Didactic Research in University Mathematics* (S. 537–546). University of Agder and INDRUM.

Schwarz, B. B., Hershkowitz, R. & Prusak, N. (2010). Argumentation and mathematics. In K. Littleton & C. Howe (Hrsg.), *Educational dialogues: Understanding and promoting productive interaction* (S. 103–127). Routledge.

Schwindt, J.-M. (2020). *Universum ohne Dinge – Physik in einer ungreifbaren Wirklichkeit.* Springer. https://doi.org/10.1007/978-3-662-60705-3

Sill, H.-D. (2019). *Grundkurs Mathematikdidaktik.* Ferdinand Schöningh. https://doi.org/10.36198/9783838550084

Sodian, B., Thoermer, C., Kircher, E., Grygier, P. & Günther, J. (2002). Vermittlung von Wissenschaftsverständnis in der Grundschule. In M. Prenzel & J. Doll (Hrsg.), *Bildungsqualität von Schule: Schulische und außerschulische Bedingungen mathematischer, naturwissenschaftlicher und überfachlicher Kompetenzen* (S. 192–206). Beltz.

Sommerhoff, D. (2017). *The individual cognitive resources underlying students' mathematical argumentation and proof skills: from theory to intervention* [Dissertation, Ludwigs-Maximilians-Universität München]. Elektronische Hochschulschriften der LMU München. https://doi.org/10.5282/edoc.22687

Spinner, K. H. (2008). Bildungsstandards und Literaturunterricht. *Zeitschrift für Erziehungswissenschaft, Sonderheft 9*(10), 313–323. https://doi.org/10.1007/978-3-531-91775-7_20

Stewart, I. (2001). *Die Zahlen der Natur. Mathematik als Fenster zur Welt.* Spektrum Akademischer Verlag.

Stumpf, H. (1996). Klassische Testtheorie. In E. Erdfelder, R. Mausfeld, T. Meiser & G. Rudinger (Hrsg.), *Handbuch Quantitative Methoden* (S. 411–430). Beltz/Psychologie Verlags Union.

Tall, D. (1992). The Transition to Advanced Mathematical Thinking: Functions, Limits, Infinity and Proof. In D. A. Grouws (Hrsg.), *Handbook of Research on Mathematics Teaching and Learning* (S. 495–511). Macmillan Publishing Co, Inc.

Tall, D. (2002). The psychology of advanced mathematical thinking. In D. Tall (Hrsg.), *Advanced mathematical thinking* (S. 3–21). Kluwer Academic Publishers. https://doi.org/10.1007/0-306-47203-1_1

Tarski, A. (1994). *Introduction to logic and to the methodology of deductive sciences* (4. Aufl.). Oxford University Press. https://doi.org/10.1093/oso/9780195044720.001.0001

Tatsuoka, K. (1984). *Analysis of errors in fraction addition and subtraction problems (Final report for Grant No. NIE-G-81-0002)*. University of Illinois, Computer-based Education Research Laboratory (CERL).

Tatto, M. T., Schwille, J., Senk, S. L., Ingvarson, L., Rowley, G., Peck, R., Bankov, K., Rodriguez, M. & Reckase, M. (2012). *Policy, Practice, and Readiness to Teach Primary and Secondary Mathematics in 17 Countries – Findings from the IEA Teacher Education and Development Study in Mathematics (TEDS-M)*. International Association for the Evaluation of Educational Achievement (IEA).

Tennyson, R. D. & Cocchiarella, M. J. (1986). An Empirically Based Instructional Design Theory for Teaching Concepts. *Review of Educational Research, 56*(1), 40–71. https://doi.org/10.2307/1170286

Thomas, B. (2009). Lernorte außerhalb der Schule. In K.-H. Arnold, U. Sandfuchs & J. Wiechmann (Hrsg.), *Handbuch Unterricht* (2. Aufl., S. 283–287). Julius Klinkhardt.

Thompson, A. G. (1992). Teachers' beliefs and conceptions: a synthesis of the research. In D. A. Grouws (Hrsg.), *Handbook of research on mathematics teaching and learning* (S. 127–146). National Council of Teachers of Mathematics (NCTM).

Thurston, W. P. (1994). On proof and progress in mathematics. *American Mathematical Society, 30*(2), 161–177. https://doi.org/10.48550/arXiv.math/9404236

Tietze, U.-P. (2000). Auswahl und Begründung von Zielen, Inhalten und Methoden. In U.-P. Tietze, M. Klika & H. Wolpers (Hrsg.), *Mathematikunterricht in der Sekundarstufe II. Band 1: Fachdidaktische Grundfragen – Didaktik der Analysis* (2. Aufl., S. 1-49). Springer. https://doi.org/10.1007/978-3-322-91965-6_1

Timmermann, H. L., Toll, S. W.M. & van Luit, J. E.H. (2017). The relation between math self-concept, test and math anxiety, achievement motivation and math achievement in 12 to 14-year- old typically developing adolescents. *Psychology, Society, & Education, 9*(1), 89–103. https://doi.org/10.25115/psye.v9i1.465

Töpfer, C. (2017). *Sportbezogene Gesundheitskompetenz: Kompetenzmodellierung und Testentwicklung für den Sportunterricht* [Dissertation, Friedrich-Alexander-Universität Erlangen-Nürnberg]. OPUS FAU. urn:nbn:de:bvb:29-opus4-90521

Törner, G. (2002). Mathematical beliefs – A search for a common ground: Some theoretical considerations on structuring beliefs, some research questions, and some phenomenological observations. In G. C. Leder, E. Pehkonen & G. Törner (Hrsg.), *Beliefs: A Hidden Variable in Mathematics Education?* (S. 73–94). Kluwer Academic Publishers. https://doi.org/10.1007/0-306-47958-3_5

Toulmin, S. E. (2003). *The uses of arguments* (2. Aufl.). Cambridge University Press. https://doi.org/10.1017/CBO9780511840005

Trakulphadetkrai, N. V. (2022). Mathematical Epistemic Beliefs: Through the Gender Lens. *Frontiers in Education, 7*, 832462. https://doi.org/10.3389/feduc.2022.832462

Trautwein, U. & Lüdtke, O. (2004). Aspekte von Wissenschaftspropädeutik und Studierfähigkeit. In O. Köller, R. Watermann, U. Trautwein & O. Lüdtke (Hrsg.), *Wege zur Hochschulreife in Baden-Württemberg: TOSCA – Eine Untersuchung an allgemein bildenden und beruflichen Gymnasien* (S. 327–366). Leske + Budrich. https://doi.org/10.1007/978-3-322-80906-3_10

Trautwein, U. & Lüdtke, O. (2007). Epistemological beliefs, school achievement, and college major: A large-scale longitudinal study on the impact of certainty beliefs. *Contemporary Educational Psychology, 32*, 348–366. https://doi.org/10.1016/j.cedpsych.2005.11.003

Trautwein, U., Lüdtke, O. & Beyer, B. (2004). Rauchen ist tödlich, Computerspiele machen aggressiv? Allgemeine und theorienspezifische epistemologische Überzeugungen bei Studierenden unterschiedlicher Fachrichtungen. *Zeitschrift für Pädagogische Psychologie, 18*(3/4), 187–199. https://doi.org/10.1024/1010-0652.18.34.187

Tulodziecki, G. (2012). Medienpädagogische Kompetenz und Standards in der Lehrerbildung. In R. Schulz-Zander, B. Eickelmann, H. Moser, H. Niesyto & P. Grell (Hrsg*.), Jahrbuch Medienpädagogik 9* (S. 271–297). Springer VS. https://doi.org/10.1007/978-3-531-94219-3_13

Ufer, S. (2022). Studierfähigkeit als eine Zieldimension von Mathematikunterricht in der gymnasialen Oberstufe – Konzepte, Modelle und Beitrag des Mathematikunterrichts. In T. Rolfes, S. Rach, S. Ufer & A. Heinze (Hrsg.), *Das Fach Mathematik in der gymnasialen Oberstufe* (S. 75–101). Waxmann.

Ufer, S., Heinze, A., Kuntze, S. & Rudolph-Albert, F. (2009a). Beweisen und Begründen im Mathematikunterricht – Die Rolle von Methodenwissen für das Beweisen in der Geometrie. *Journal für Mathematik-Didaktik, 30*(1), 30–54. https://doi.org/10.1007/BF03339072

Ufer, S., Rach, S. & Kosiol, T. (2017). Interest in mathematics = interest in mathematics? What genereal measures of interest reflect when the object of interest changes. *ZDM – mathematics education, 49*, 397–409. https://doi.org/10.1007/s11858-016-0828-2

Ufer, S. & Reiss, K. (2009). Was macht mathematisches Arbeiten aus? Empirische Ergebnisse zum Argumentieren, Begründen und Beweisen. *Jahresbericht der DMV, 111*(4), 155–177.

Ufer, S., Reiss, K. & Heinze, A. (2009b). BIGMATH – Ergebnisse zur Entwicklung mathematischer Kompetenz in der Primarstufe. In A. Heinze & M. Grüßing (Hrsg.), *Mathematiklernen vom Kindergarten bis zum Studium – Kontinuität und Kohärenz als Herausforderung für den Mathematikunterricht* (S. 61–85). Waxmann.

Ufer, S. & Praetorius, A.-K. (2022). Unterrichtsqualität im Mathematikunterricht der gymnasialen Oberstufe. In T. Rolfes, S. Rach, S. Ufer & A. Heinze (Hrsg.), *Das Fach Mathematik in der gymnasialen Oberstufe* (S. 287–315). Waxmann.

Ungermann, M. (2022). *Förderung des Verständnisses von Nature of Science und der experimentellen Kompetenz im Schüler*innen-Labor Physik in Abgrenzung zum Regelunterricht*. Logos Verlag.

Urhahne, D., Kremer, K. & Mayer, J. (2008). Welches Verständnis haben Jugendliche von Natur der Naturwissenschaften? Entwicklung und erste Schritte zur Validierung eines Fragebogens. *Unterrichtswissenschaft, 36*(1), 71–93.

van Buuren, S. & Groothuis-Oudshoorn, K. (2011). mice: Multivariate Imputation by Chained Equations in R. *Journal of Statistical Software, 45*(3), 1–67. https://doi.org/10.18637/jss.v045.i03

van Dormolen, J. & Zaslavsky, O. (2003). The many facets of a definition: The case of periodicity. *Journal of Mathematical Behavior, 22*, 91–106. https://doi.org/10.1016/S0732-3123(03)00006-3

Vinner, S. (1991). The role of definitions in the teaching and learning of mathematics. In D. Tall (Hrsg.), *Advanced mathematical thinking* (S. 65–80). Kluwer Academic Press. https://doi.org/10.1007/0-306-47203-1_5

Vollstedt, M., Heinze, A., Gojdka, K. & Rach, S. (2014). Framework for Examining the Transformation of Mathematics and Mathematics Learning in the Transistion from School to University. In S. Rezat, M. Hattermann & A. Peter-Koop (Hrsg.), *Transformation – A Fundamental Idea of Mathematics Education* (S. 29–50). Springer. https://doi.org/10.1007/978-1-4614-3489-4_2

von Hentig, H. (1971). *Das Bielefelder Oberstufen-Kolleg. Begründung, Funktionsplan und Rahmen-Flächenprogramm*. Klett-Cotta.

von Hentig, H. (1974). *Magier oder Magister? Über die Einheit der Wissenschaft im Verständigungsprozeß*. Suhrkamp.

von Hentig, H. (1980). *Die Krise des Abiturs und eine Alternative*. Klett-Cotta.

Voss, T., Kleickmann, T., Kunter, M. & Hachfeld, A. (2011). Überzeugungen von Mathematiklehrkräften. In M. Kunter, J. Baumert, W. Blum, U. Klusmann, S. Krauss & M. Neubrand (Hrsg.), *Professionelle Kompetenz von Lehrkräften. Ergebnisse des Forschungsprogramms COACTIV* (S. 235–257). Waxmann.

Wagner, H. & Neber, H. (2007). Nationale und internationale Leistungswettbewerbe im Kontext. In K. A. Heller & A. Ziegler (Hrsg.), *Talentförderung – Expertiseentwicklung – Leistungsexzellenz* (S. 209–232). LIT Verlag.

Weber, B.-J. & Lindmeier, A. (2020). Viel Beweisen, kaum Rechnen? Gestaltungsmerkmale mathematischer Übungsaufgaben im Studium. *Mathematische Semesterberichte, 67*, 263–284. https://doi.org/10.1007/s00591-020-00274-4

Weber, B.-J., Schumacher, M., Rolfes, T., Neumann, I., Abshagen, M. & Heinze, A. (2023). Mathematische Mindestanforderungen für ein MINT-Studium: Was können Hochschulen fordern, was sollten Schulen leisten? Ein Design-Based-Research-Projekt zur Abstimmung zwischen den beiden Institutionen. *Journal für Mathematik-Didaktik, 44*, 83–116. https://doi.org/ 10.1007/s13138-022-00211-z

Weber, K. (2004). Traditional instruction in advanced mathematics courses: a case study of one professor's lectures and proofs in an introductory real analysis course. *Journal of Mathematical Behavior, 23*, 115–133. https://doi.org/10.1016/j.jmathb.2004.03.001

Weber, K., Inglis, M. & Mejia-Ramos, J. P. (2014). How mathematicians obtain conviction: implications for mathematics instruction and research on epistemic cognition. *Educational Psychologist, 49*(1), 36–58. https://doi.org/10.1080/00461520.2013.865527

Weigand, H.-G. (2015). Begriffsbildung. In R. Bruder, L. Hefendehl-Hebeker, B. Schmidt-Thieme & H.-G. Weigand (Hrsg.), *Handbuch der Mathematikdidaktik* (S. 255–278). Springer Spektrum. https://doi.org/10.1007/978-3-642-35119-8_9

Weinert, F. E. (2002). Vergleichende Leistungsmessung in Schulen – eine umstrittene Selbstverständlichkeit. In F. E. Weinert (Hrsg.), *Leistungsmessungen in Schulen* (2. Aufl., S. 17–32). Beltz Pädagogik.

Weskamp, R. (2014). Wissenschaftliches Lernen als Ziel und Aufgabe der Schulentwicklung in der gymnasialen Oberstufe. In F. Beilecke, R. Messner & R. Weskamp (Hrsg.), *Wissenschaft inszenieren: Perspektiven des wissenschaftlichen Lernens für die gymnasiale Oberstufe* (S. 17–30). Julius Klinkhardt.

Weygandt, B. (2021). *Mathematische Weltbilder weiter denken – Eine empirische Untersuchung des Mathematikbildes von Lehramtsstudierenden am Übergang Schule-Hochschule sowie dessen Veränderungen durch eine hochschuldidaktische Mathematikvorlesung*. Springer Spektrum. https://doi.org/10.1007/978-3-658-34662-1

Wilhelm, O. & Kunina-Habenicht, O. (2020). Pädagogisch-psychologische Diagnostik. In E. Wild & J. Möller (Hrsg.), *Pädagogische Psychologie* (3. Aufl., S. 311–334). Springer. https://doi.org/10.1007/978-3-662-61403-7_13

Wilson, M. (2005). *Constructing measures: An item response modelling approach.* Lawrence Erlbaum Associates.

Winter, H. (1975). Allgemeine Lernziele für den Mathematikunterricht. *ZDM – mathematics education, 7*(3), 106–116.

Winter, H. (1995). Mathematikunterricht und Allgemeinbildung. *Mitteilungen der Gesellschaft für Didaktik der Mathematik, 61*, 37–46. https://doi.org/10.1515/dmvm-1996-0214

Wischmeier, I. (2012). „Teachers' Beliefs": Überzeugungen von (Grundschul-)Lehrkräften über Schüler und Schülerinnen mit Migrationshintergrund – Theorietische Konzeption und empirische Überprüfung. In W. Wiater & D. Manschke (Hrsg.), *Verstehen und Kultur – Mentale Modelle und kulturelle Prägungen* (S. 167–189). Springer VS. https://doi.org/10.1007/978-3-531-94085-4_8

Witzke, I. (2015). Different understandings of mathematics. An epistemological approach to bridge the gap between school and university mathematics. In E. Barbin, U. T. Jankvist & T. H. Kjeldsen (Hrsg.), *ESU 7* (S. 304–322). Danish School of Education.

Woltron, F. (2020). *Nature of mathematics: Vorstellungen von Lehrkräften und ihr Einfluss auf den Unterricht* [Dissertation, Karl-Franzens-Universität Graz]. UNIPUB. urn:nbn:at:at-ubg:1-162873

Wright, B. D. & Linacre, J. M. (1994). Reasonable mean-square fit values. *Rasch Measurement Transactions, 8*(3), 370–371.

Wußing, H. (2013a). *6000 Jahre Mathematik – Eine kulturgeschichtliche Zeitreise. I: Von den Anfängen bis Leibniz und Newton.* Springer.

Wußing, H. (2013b). *6000 Jahre Mathematik – Eine kulturgeschichtliche Zeitreise. II: Von Euler bis zur Gegenwart*. Springer.

Xie, S. & Cai, J. (2021). Teachers' Beliefs about Mathematics, Learning, Teaching, Students, and Teachers: Perspectives from High School In-Service Mathematics Teachers. *International Journal of Science and Mathematics Education, 19*, 747–769. https://doi.org/10.1007/s10763-020-10074-w

Yang, X. & Leung, F. K. S. (2015). The Relationships among Pre-service Mathematics Teachers' Beliefs about Mathematics, Mathematics Teaching, and Use of Technology in China. *Eurasia Journal of Mathematics, Science & Technology Education, 11*(6), 1368–1378. https://doi.org/10.12973/eurasia.2015.1393a

Yen, W. M. (1984). Effects of local item dependence on the fit and equating performance of the Three-Parameter Logistic Model. *Applied Psychological Measurement, 8*, 125–145. https://doi.org/10.1177/014662168400800201

Yen, W. M. (1993). Scaling performance assessments: Strategies for managing local item dependence. *Journal of Educational Measurement, 30*, 187–213. https://doi.org/10.1111/j.1745-3984.1993.tb00423.x

Zwick, R., Thayer, D. T. & Lewis, C. (2000). Using Loss Function for DIF Detection: An Empirical Bayes Approach. *Journal of Educational and Behavioral Statistics, 25*(2), 225–247. https://doi.org/10.2307/1165333

11 Abbildungsverzeichnis

12 Tabellenverzeichnis

13 Anhang

Der Anhang steht online unter https://waxmann.com/buch4857 zur Verfügung.